大学物理学学习指导

主　编　滕保华　吴　喆　廖　旭
副主编　黄乒花　任学藻　朱钦圣

科学出版社
北　京

内 容 简 介

本书是依据教育部非物理类专业物理基础课程教学指导分委员会制订的《理工科非物理类专业大学物理课程教学基本要求》编写的。在涵盖基本要求的所有核心内容的基础上，选题既有注重对学生进行基本分析和计算能力训练而从日常生活中提炼出的理想模型，又有联系现代科学技术和实际问题的题目，通过使学生接触各种难易适度、形式不同、提问角度不同的题目更好的体会物理问题所蕴含的奥妙。全书共20章，内容包括力学、热力学与统计物理初步、电磁学、波动光学和量子论，与《大学物理学（上、下册）》（滕保华等编写）配套使用。

本书适合普通高等学校理工科非物理专业的学生学习使用，也可作为相关人员的参考用书。

图书在版编目(CIP)数据

大学物理学学习指导/滕保华，吴喆，廖旭主编. —北京：科学出版社，2011
ISBN 978-7-03-030015-7

Ⅰ.①大… Ⅱ.①滕…②吴…③廖… Ⅲ.①物理学-高等学校-教学参考资料 Ⅳ.①O4

中国版本图书馆CIP数据核字(2011)第008039号

责任编辑：滕亚帆 唐保军 / 责任校对：张凤琴
责任印制：赵 博 / 封面设计：耕者设计工作室

科学出版社出版
北京东黄城根北街16号
邮政编码：100717
http://www.sciencep.com
北京市金木堂数码科技有限公司印刷

科学出版社发行 各地新华书店经销

*

2011年1月第 一 版 开本：720×1000 1/16
2025年2月第十四次印刷 印张：22 3/4
字数：456 000

定价：46.00元

（如有印装质量问题，我社负责调换）

前 言

大学物理是高等工科院校各专业学生的一门重要必修基础课，它对于培养学生的科学素质和创新能力起着不可替代的重要作用。大学物理与中学物理相比存在着较大的差别，这不仅表现在内容的深度和广度上，也表现在讲授方式上，这常使一些学生在初学大学物理时感到不适应，尤其在理论的应用方面不知从何入手，因此对低年级的学生加以学习方法的引导是有必要的。习题是帮助学生理解和掌握物理学基本概念、基本规律和基本方法的重要手段，也是培养学生学会用科学的思想方法分析问题和解决问题的有效途径。为了帮助学生掌握大学物理课程的基本理论和解题方法，我们根据长期教学研究和教学改革的实践经验编写了本书。

全书共 20 章，与教材《大学物理学(上、下册)》(滕保华等主编)配套使用，对教材中的思考题和习题都给出了解答，以供使用该教材的老师和同学们参考。本书在章节的编排上相对于教材也有其独立性，保持了作为指导书的特征，对于不使用该教材的各类理工科学生，本书也不失为一本好的参考书。

本书依据《理工科类大学物理课程教学基本要求(2008 版)》，覆盖了需要掌握的基本理论和方法。选材的类型既有注重对学生进行基本分析和计算能力训练而从日常生活中提炼出的理想模型，又有联系现代科学技术和实际问题的题目，使学生认识各种物理规律的价值，以利于他们科学素质的培养与提高。选题的内容力求全面，通过使学生接触各种难易适度、形式不同、提问角度不同的题目，更好地体会物理问题所蕴含的奥妙。

本书每章按基本要求、内容提要、例题详解、习题指导 4 个部分编写。基本要求中指出每章要了解、理解和掌握的内容；内容提要列出了本章具体的基本概念、定理和定律；例题详解针对章节知识点给出其具有代表性的典型应用，旨在帮助学生学会用基本理论去分析、判断和计算；习题指导配合教材，力求简便实用，开卷有益。参加编写工作的有黄乒花(第 1～3、6 章)、廖旭(第 4、5、12 章)、朱钦圣(第 7～9 章)、吴喆(第 10、11、12～20 章)。其中，习题指导部分中的解答由负责编写该章教材的老师提供：滕保华提供第 1～3 章的解答，廖旭提供第 4、5、12 章的解答，雷雨提供第 6、16～20 章的解答，许春青提供第 7～9 章的解答，孙云卿提供第 10、11 章的解答，黄乒花提供第 13～15 章的解答。

在编写过程中，编者得到了电子科技大学教务处、物理电子学院和大学物理课程组,以及西南科技大学教务处、理学院和大学物理课程组的大力支持,特别是谢兴盛老师为本书的编写提供了热心帮助和宝贵意见,在此致以衷心的感谢。

由于水平有限,书中难免有不足之处,敬请广大读者批评指正,不胜感激!

编　者

2010 年 9 月

目　　录

第一篇 力 学

第1章　运　动　学

一、基本要求

（1）正确理解运动参照系的意义，能用适当的坐标系描述质点的运动.

（2）正确理解运动叠加原理和描述质点运动的位置矢量、位移、速度，以及加速度（包括切向加速度和法向加速度）等量的物理意义.

（3）理解运动方程的物理意义及作用，掌握两大类运动学问题的计算方法：已知运动方程求速度和加速度，及根据给定的加速度（或速度）和运动的初始条件求速度或运动方程.

（4）掌握运动合成和相对运动的矢量运算方法和分量解析法.

二、内容提要

1. 参考系　坐标系

描述物体运动时用作参考的其他物体. 为定量描述物体的运动，必须在参考系上建立与之固连的坐标系. 选择适当的参考系和坐标系，可以简化运动的描述.

2. 描述质点运动的基本物理量

（1）线量描述

在直角坐标系中

位置矢量　$\boldsymbol{r}=x\boldsymbol{i}+y\boldsymbol{j}+z\boldsymbol{k}$，

运动学方程　$\boldsymbol{r}=\boldsymbol{r}(t)$ 或 $\begin{cases}x=x(t)\\y=y(t)\\z=z(t)\end{cases}$

位移矢量　$\Delta\boldsymbol{r}=\boldsymbol{r}(t+\Delta t)-\boldsymbol{r}(t)=\Delta x\boldsymbol{i}+\Delta y\boldsymbol{j}+\Delta z\boldsymbol{k}$

当 $\Delta t\to 0$ 时，$\Delta\boldsymbol{r}\to\mathrm{d}\boldsymbol{r}$，$\mathrm{d}\boldsymbol{r}=\mathrm{d}x\boldsymbol{i}+\mathrm{d}y\boldsymbol{j}+\mathrm{d}z\boldsymbol{k}$.

速度矢量　$v=\dfrac{\mathrm{d}\boldsymbol{r}}{\mathrm{d}t}=v_x\boldsymbol{i}+v_y\boldsymbol{j}+v_z\boldsymbol{k}$

式中，$v_x=\dfrac{\mathrm{d}x}{\mathrm{d}t}$，$v_y=\dfrac{\mathrm{d}y}{\mathrm{d}t}$，$v_z=\dfrac{\mathrm{d}z}{\mathrm{d}t}$.

加速度矢量　$\boldsymbol{a}=\dfrac{\mathrm{d}v}{\mathrm{d}t}=a_x\boldsymbol{i}+a_y\boldsymbol{j}+a_z\boldsymbol{k}$

式中，$a_x=\dfrac{\mathrm{d}v_x}{\mathrm{d}t}=\dfrac{\mathrm{d}^2x}{\mathrm{d}t^2}$，$a_y=\dfrac{\mathrm{d}v_y}{\mathrm{d}t}=\dfrac{\mathrm{d}^2y}{\mathrm{d}t^2}$，$a_z=\dfrac{\mathrm{d}v_z}{\mathrm{d}t}=\dfrac{\mathrm{d}^2z}{\mathrm{d}t^2}$.

在自然坐标系中

位置矢量　$\boldsymbol{r}$，　运动学方程　$s=s(t)$.

位移矢量　$\Delta\boldsymbol{r}=\boldsymbol{r}(t+\Delta t)-\boldsymbol{r}(t)$

当 $\Delta t\to 0$ 时，$\Delta\boldsymbol{r}\to \mathrm{d}\boldsymbol{r}$，$\mathrm{d}\boldsymbol{r}=\mathrm{d}s\boldsymbol{\tau}$.

速度矢量　$v=\dfrac{\mathrm{d}\boldsymbol{r}}{\mathrm{d}t}=v_\tau\boldsymbol{\tau}$

式中，$v_\tau=\dfrac{\mathrm{d}s}{\mathrm{d}t}$.

加速度矢量　$\boldsymbol{a}=\dfrac{\mathrm{d}\,v}{\mathrm{d}t}=a_n\boldsymbol{n}+a_\tau\boldsymbol{\tau}$

式中，$a_\tau=\dfrac{\mathrm{d}v}{\mathrm{d}t}=\dfrac{\mathrm{d}^2s}{\mathrm{d}t^2}$，$a_n=\dfrac{v^2}{\rho}$.

注意：一般地，$|\Delta\boldsymbol{r}|\neq\Delta\boldsymbol{r}$，$|\Delta\boldsymbol{r}|\neq\Delta\boldsymbol{s}$，$|\Delta v|\neq\Delta v$.

矢径、位移、速度、加速度均具有矢量性、瞬时性、叠加性和相对性.

(2) 角量描述

角位置(角坐标)　θ，　运动学方程 $\theta=\theta(t)$.

角位移　$\Delta\theta=\theta(t+\Delta t)-\theta(t)$

当 $\Delta t\to 0$ 时，$\Delta\theta\to\mathrm{d}\boldsymbol{\theta}$(矢量).

角速度(矢量)　$\omega=\dfrac{\mathrm{d}\theta}{\mathrm{d}t}$

方向：由右手螺旋法则判定.

角加速度(矢量)　$\beta=\dfrac{\mathrm{d}\omega}{\mathrm{d}t}=\dfrac{\mathrm{d}^2\theta}{\mathrm{d}t^2}$

方向：与角速度的增量方向一致.

(3) 线量与角量的关系

对于圆周运动　$s=R\theta$

$$v=\frac{\mathrm{d}s}{\mathrm{d}t}=R\frac{\mathrm{d}\theta}{\mathrm{d}t}=R\omega$$

$$a_\tau=\frac{\mathrm{d}v}{\mathrm{d}t}=R\frac{\mathrm{d}\omega}{\mathrm{d}t}=R\beta\quad\text{沿切线方向}$$

$$a_n=\frac{v^2}{R}=R\omega^2\quad\text{指向圆心}$$

3. 相对运动

在两个参考系(“静”系 S 和“动”系 S')中描述同一质点 A 的运动，有

$$\boldsymbol{r}_{AS}=\boldsymbol{r}_{AS'}+\boldsymbol{r}_{S'S},\quad v_{AS}=v_{AS'}+v_{S'S},\quad \boldsymbol{a}_{AS}=\boldsymbol{a}_{AS'}+\boldsymbol{a}_{S'S}$$

下标 AS，AS'分别表示 A 相对于 S 系和 S'系的运动，$S'S$ 表示 S'系相对于 S 系的运动.

4. 运动学两类基本问题

(1) 已知运动学方程求速度、加速度,解这类问题通常采用求导的方法.

(2) 已知加速度 $\boldsymbol{a}$ 和初始条件 v_0, $\boldsymbol{r}_0$,求速度和运动方程,解这类问题通常采用积分方法.

三、例题详解

例 1-1 质点在 xOy 平面内运动,$x=2t$,$y=19-2t^2$(SI 制);求:

(1) 质点在 $t=1\text{s}$,$t=2\text{s}$ 时刻的位置,以及这 1s 内的位移和平均速度;

(2) 第 1s 末的速度和加速度;

(3) 轨道方程;

(4) 何时质点离原点最近?

解 (1) 位矢

$$\boldsymbol{r}=2t\boldsymbol{i}+(19-2t^2)\boldsymbol{j}$$

当 $t=1\text{s}$ 时,$\boldsymbol{r}_1=2\boldsymbol{i}+17\boldsymbol{j}$;当 $t=2\text{s}$ 时,$\boldsymbol{r}_2=4\boldsymbol{i}+11\boldsymbol{j}$. 位移为

$$\Delta\boldsymbol{r}=\boldsymbol{r}_2-\boldsymbol{r}_1=2\boldsymbol{i}-6\boldsymbol{j}$$

平均速度为

$$\bar{v}=\frac{\Delta\boldsymbol{r}}{\Delta t}=\frac{\boldsymbol{r}_2-\boldsymbol{r}_1}{\Delta t}=2\boldsymbol{i}-6\boldsymbol{j}$$

这 1s 内平均速度的大小为

$$\bar{v}=\sqrt{\bar{v}_{1x}^2+\bar{v}_{1y}^2}=6.32\text{m/s}$$

方向与 x 轴的夹角为

$$\tan\alpha=\frac{\bar{v}_{1y}}{\bar{v}_{1x}}=\frac{-6}{2}=-3,\quad \alpha=-71.56°$$

(2) 速度 $v=\frac{\mathrm{d}\boldsymbol{r}}{\mathrm{d}t}=2\boldsymbol{i}-4t\boldsymbol{j}$,加速度 $\boldsymbol{a}=\frac{\mathrm{d}v}{\mathrm{d}t}=-4\boldsymbol{j}$,代入 $t=1\text{s}$ 得

$$v=2\boldsymbol{i}-4\boldsymbol{j},\quad \boldsymbol{a}=-4\boldsymbol{j}$$

此时速度与 x 轴的夹角为

$$\tan\alpha=\frac{v_{1y}}{v_{1x}}=\frac{-4}{2}=-2,\quad \alpha=-63.43°$$

大小为

$$v=\sqrt{v_{1x}^2+v_{1y}^2}=4.47\text{m/s}$$

而加速度与 y 轴反向,大小为 4m/s^2.

(3) 从 x,y 消去 t,就得轨道方程

$$y=19-\frac{1}{2}x^2$$

这是一条抛物线.

(4) 质点到原点的距离为

$$r=\sqrt{x^2+y^2}=\sqrt{(2t)^2+(19-2t^2)^2}$$

r 有极小值的必要条件是$\dfrac{\mathrm{d}r}{\mathrm{d}t}=0$,由此方程可解得

$$t=0\quad \text{或}\ t=3\text{s}\quad (\text{略去}\ t=-3\text{s})$$

代入 r,得 $t=0$ 时,$r=19\text{m}$;$t=3\text{s}$ 时,$r=6.08\text{m}$,可见 $t=3\text{s}$ 时最近.

说明:①注意区分平均速度与瞬时速度.②由运动方程在对应坐标轴上分量的参数形式分别对时间求一次导数和二次导数可得出速度和加速度的坐标轴分量式.

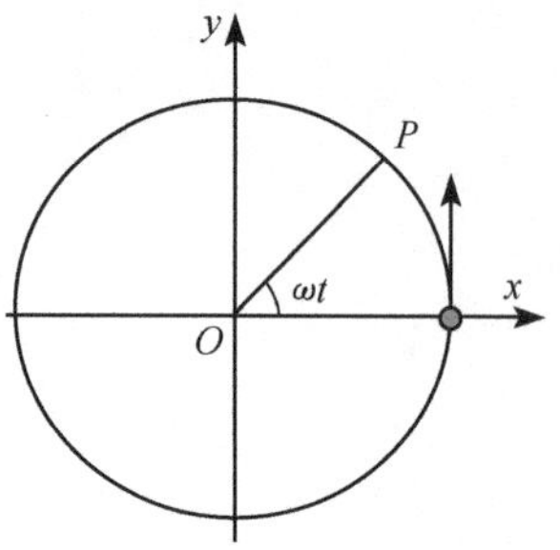

例 1-2 图

例 1-2　描述以角速度 ω 做半径为 R 的匀速圆周运动的质点的运动状态,并证明其速度方向沿圆周切线方向,加速度方向指向圆心.

解　如附图建立坐标系,则运动学方程为

$$x=R\cos\omega t,\quad y=R\sin\omega t$$

或

$$\boldsymbol{r}(t)=R\cos\omega t\boldsymbol{i}+R\sin\omega t\boldsymbol{j}$$

轨道方程为

$$x^2+y^2=R^2$$

速度为

$$\boldsymbol{v}(t)=-R\omega\sin\omega t\boldsymbol{i}+R\omega\cos\omega t\boldsymbol{j}$$

由速度 $\boldsymbol{v}$,$\boldsymbol{r}$ 的表达式有 $\boldsymbol{v}\cdot\boldsymbol{r}=0$,即速度方向沿圆周切线方向.

加速度为

$$\boldsymbol{a}(t)=\frac{\mathrm{d}\boldsymbol{v}}{\mathrm{d}t}$$

$$=-\omega^2R\cos\omega t\boldsymbol{i}-\omega^2R\sin\omega t\boldsymbol{j}=-\omega^2\boldsymbol{r}$$

负号表示加速度方向总与位矢的方向相反,也就是沿着半径指向圆心.因此,这一加速度叫向心加速度.

说明:(1) 对物体运动状态的描述,就是给出描述物体运动状态所有参量的表达式,即运动方程、轨道方程、速度、加速度.同样,分析物体的运动状态也必须完整分析物体的这几个状态参量,缺一不可.

(2) 讨论矢量方向的通用方法是,证明该矢量的单位矢量与一已知矢量的单位矢量的标积,从而确定其方向.

(3) 求质点运动方程或轨道方程的一般方法是,首先求出各分量坐标随时间变化的函数关系式,然后求得运动方程或轨道方程.

例 1-3　如附图所示，A、B 两物体由一长为 L 的刚性细杆连接并可在光滑直角轨道上滑行. 如果物体 A 以速率 v 匀速向左运动，当 $\alpha=60°$时，物体 B 的速度为多少？

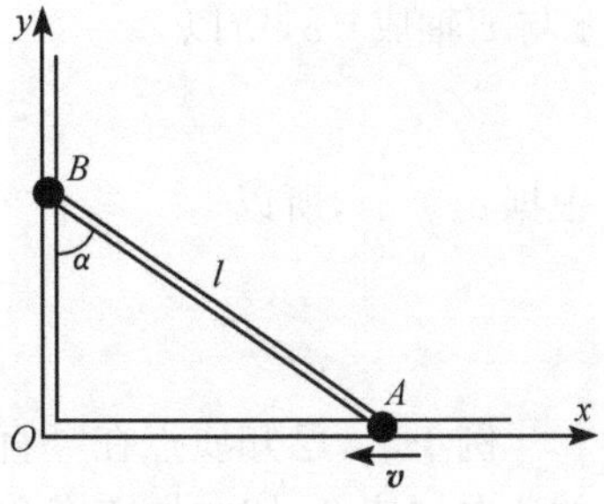

例 1-3 图

解　建立如附图所示坐标系，将物体 A 的速度表示为

$$v_A = v_x = \frac{\mathrm{d}x}{\mathrm{d}t}\boldsymbol{i} = -v\boldsymbol{i}$$

物体 B 的速度为

$$v_B = v_y = \frac{\mathrm{d}y}{\mathrm{d}t}\boldsymbol{j}$$

由于 $x^2+y^2=L^2$，且杆为刚性，x，y 为含时变量，此方程对时间求导，有

$$2x\frac{\mathrm{d}x}{\mathrm{d}t}+2y\frac{\mathrm{d}y}{\mathrm{d}t}=0$$

所以

$$\frac{\mathrm{d}y}{\mathrm{d}t}=-\frac{x}{y}\frac{\mathrm{d}x}{\mathrm{d}t}=v\tan\alpha$$

即当 $\alpha=60°$时，

$$v_B = v\tan60°\boldsymbol{j} = 1.73v\boldsymbol{j}$$

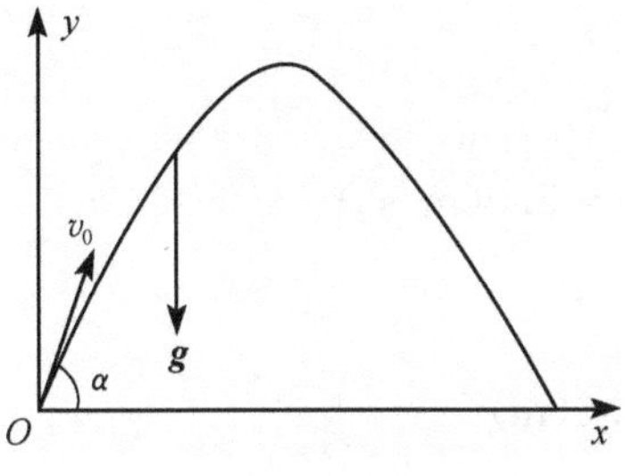

例 1-4 图

例 1-4　如附图所示，低速迫击炮弹以发射角 α，初速率 v_0 发射，在与发射点同一水平面上落地，不计空气阻力，求炮弹在最高点和落地点其运动轨迹的曲率.

解　将炮弹视为质点，它做抛体运动，轨迹为一抛物线，以投射处为坐标原点，在直角坐标系 Oxy 中，炮弹速度与加速度为

$$v = v_0\cos\alpha\boldsymbol{i}+(v_0\sin\alpha-gt)\boldsymbol{j},\quad \boldsymbol{a}=\boldsymbol{g}=-g\boldsymbol{j}$$

(1) 在最高点 $v_y=0$，所以

$$v = v_x\boldsymbol{i} = v_0\cos\alpha\boldsymbol{i}$$

以抛物线轨迹建立自然坐标系，在最高点处，切向单位矢量 $\boldsymbol{\tau}$ 与方向 $\boldsymbol{i}$ 一致，法向单位矢量 $\boldsymbol{n}$ 与 $\boldsymbol{j}$ 方向相反，故

$$v = v\boldsymbol{\tau} = v_0\cos\alpha\boldsymbol{\tau},\quad \boldsymbol{a}_n = a_n\boldsymbol{n} = g\boldsymbol{n}$$

因为 $a_n=\dfrac{v^2}{\rho}$，所以 $\rho=\dfrac{v^2}{a_n}=\dfrac{(v_0\cos\alpha)^2}{g}$

(2) 在落地点，炮弹的落地速率与发射速率相同，但其方向与 x 轴成 α 角，故

$$v = v\boldsymbol{\tau} = v_0\boldsymbol{\tau}$$

$\boldsymbol{\tau}$ 与 x 轴成 $-\alpha$，所以

$$\boldsymbol{a}_n = a_n\boldsymbol{n} = g\cos(-\alpha)\boldsymbol{n}$$

根据 $a_n=\dfrac{v^2}{\rho}$，所以

$$\rho = \frac{v^2}{a_n} = \frac{v_0^2}{g\cos\alpha}$$

例 1-5　已知质点在竖直平面内运动，位矢为 $\boldsymbol{r}=3t\boldsymbol{i}+(4t-3t^2)\boldsymbol{j}$，求 $t=1\text{s}$ 时的法向加速度、切向加速度和轨迹的曲率半径.

解　由位矢可求出速度和速率

$$v=\frac{\mathrm{d}\boldsymbol{r}}{\mathrm{d}t}=3\boldsymbol{i}+(4-6t)\boldsymbol{j},\quad v=\sqrt{v_x^2+v_y^2}=\sqrt{3^2+(4-6t)^2}$$

加速度为

$$\boldsymbol{a}=\frac{\mathrm{d}\,v}{\mathrm{d}t}=-6\boldsymbol{j}$$

切向加速度为

$$a_\tau=\frac{\mathrm{d}v}{\mathrm{d}t}=\frac{12(3t-2)}{\sqrt{3^2+(4-6t)^2}}$$

$t=1\text{s}$ 时，有

$$a_\tau=\frac{12}{\sqrt{13}}=3.3(\text{m/s})$$

法向加速度为

$$a_n=\sqrt{a^2-a_\tau^2}=\sqrt{6^2-\left(\frac{12}{\sqrt{13}}\right)^2}=5.0(\text{m/s}^2)$$

曲率半径为

$$\rho=\frac{v^2}{a_n}=\frac{3^2+(4-6)^2}{5}=2.6(\text{m})$$

从上面计算可以看出，速度 v 对时间的导数与速率 v 对时间的导数是完全不同的.

例 1-6　一张致密光盘(CD)音轨区域的内半径 $R_1=2.2\text{cm}$，外半径为 $R_1=5.6\text{cm}$，如附图(a)所示，径向音轨密度 $N=650$ 条/毫米. 在 CD 唱机内，光盘每转一圈，激光头沿径向向外移动一条音轨，激光束相对光盘是以 $v=1.3\text{m/s}$ 的恒定线速度运动的.

(1) 这张光盘的全部放音时间是多少？

(2) 激光束到达离盘心 $R=5.0\text{cm}$ 处时，光盘转动的角速度和角加速度各为多少？

解　(1) 如附图(b)所示，以 r 表示激光束打到音轨上的点对光盘中心的矢量

大小,则在 dr 宽度内的音轨长度为 $2\pi rN\mathrm{d}r$. 激光束划过这样长的音轨所用的时间为 $\mathrm{d}t=\frac{2\pi rN\mathrm{d}r}{v}$,由此得光盘的全部放音时间为

$$T=\int \mathrm{d}t=\int_{R_1}^{R_2}\frac{2\pi rN\mathrm{d}r}{v}=\frac{\pi N}{v}(R_2^2-R_1^2)$$

$$=\frac{\pi\times 650\times 10^3\times(0.056^2-0.022^2)}{1.3}$$

$$=4.16\times 10^3(\mathrm{s})=69.4(\mathrm{min})$$

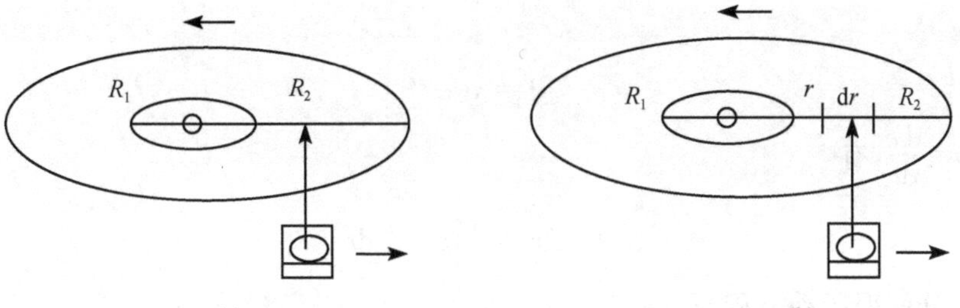

例 1-6 图

(2) 所求的角速度为

$$\omega=\frac{v}{r}=\frac{1.3}{0.05}=26(\mathrm{rad/s})$$

角速度为

$$\beta=\frac{\mathrm{d}\omega}{\mathrm{d}t}=-\frac{v}{r^2}\frac{\mathrm{d}r}{\mathrm{d}t}=-\frac{v}{r^2}\frac{v}{2\pi rN}=-\frac{v^2}{2\pi r^3N}$$

$$=-\frac{1.3^2}{2\pi\times 650\times 10^3\times 0.05^3}=-3.31\times 10^{-3}(\mathrm{rad/s^2})$$

例 1-7 一飞轮质量为 10.0kg,直径为 0.5m,此飞轮可视为圆盘. 现对飞轮施加一外力使其转动,由静止开始均匀地加速转动,经 5s 后转速为 1000r/min,求飞轮的角速度和在 $t=5\mathrm{s}$ 这段时间内的转数.

解 $t=5\mathrm{s}$ 时的角速度

$$\omega=2\pi\cdot\frac{1000}{60}=1.05\times 10^2(\mathrm{rad/s})$$

由已知 $\omega_0=0$,根据 $\omega=\omega_0+\beta t$,得

$$\beta=\frac{\omega-\omega_0}{t}=\frac{1.05\times 10^2-0}{5}=21.0(\mathrm{rad/s^2})$$

飞轮转过的角度

$$\Delta\theta=\omega_0 t+\frac{1}{2}\beta t^2=\frac{1}{2}\times 21.0\times 5^2=263.0(\mathrm{rad})$$

飞轮的转数

$$N=\frac{\Delta\theta}{2\pi}=\frac{263.0}{2\pi}=42.0(\mathrm{r})$$

例 1-8 质点沿 x 轴运动，加速度和速度的关系是 $a=-kv$，式中 k 为常量. $t=0$ 时，$x=x_0$，$v=v_0$，求质点的运动方程.

解 由 $a=\frac{\mathrm{d}v}{\mathrm{d}t}=-kv$，分离变量积分有

$$\int_{v_0}^{v}\frac{\mathrm{d}v}{v}=\int_0^t -k\mathrm{d}t$$

积分得

$$v=v_0\mathrm{e}^{-kt}$$

又由 $v=\frac{\mathrm{d}x}{\mathrm{d}t}$，有

$$\int_{x_0}^{x}\mathrm{d}x=\int_0^t v_0\mathrm{e}^{-kt}\mathrm{d}t$$

完成积分就得运动方程

$$x=x_0+\frac{v_0}{k}(1-\mathrm{e}^{-kt})$$

说明：本题属于运动学第二类问题，加速度是速度的函数，需将加速度表达式中的速度与时间进行变量分离后再做等式两边的积分.

例 1-9 质点沿 x 轴运动，其加速度与位置的关系为 $a=2+6x(\mathrm{m/s^2})$，已知质点在 $x=0$ 处的速度为 10m/s，试求质点的速度与位置的关系.

解 本题属于运动学第二类问题. 加速度是位置的函数，要求速度与位置的关系时，需引入位置作为中间变量后再进行变量分离，进而等式两边积分.

$$a=\frac{\mathrm{d}v}{\mathrm{d}t}=2+6x \tag{1}$$

对式(1)做如下变换

$$\frac{\mathrm{d}v}{\mathrm{d}t}=\frac{\mathrm{d}v}{\mathrm{d}x}\frac{\mathrm{d}x}{\mathrm{d}t}=v\frac{\mathrm{d}v}{\mathrm{d}x}=2+6x$$

分离变量，即

$$v\mathrm{d}v=(2+6x)\mathrm{d}x \tag{2}$$

考虑 $x=0$ 时，$v=10\mathrm{m/s}$，并对式(2)积分

$$\int_{10}^{v}v\mathrm{d}v=\int_0^x(2+6x)\mathrm{d}x$$

$$\frac{1}{2}v^2-50=2x+3x^2$$

由此得质点速度与位置关系为

$$v^2=6x^2+4x+100$$

例 1-10　如附图所示，一架飞机 A 以相对于地面 300km/h 的速度向北飞行，另一架飞机 B 以相对于地面 200km/h 的速度向北偏西 60°的方向飞行. 求 A 相对于 B 的速度.

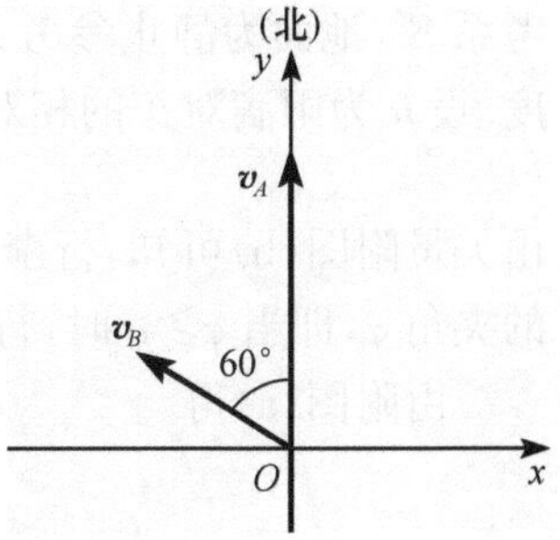

例 1-10 图

解　建立如附图所示的坐标系.

$$v_{A地} = v_A = 300\boldsymbol{j}\text{km/h}$$

$$v_{B地} = v_B = v_B\sin60°(-\boldsymbol{i}) + v_B\cos60°\boldsymbol{j}$$

$$= -100\sqrt{3}\boldsymbol{i} + 100\boldsymbol{j}(\text{km/h})$$

A 相对于 B 的速度

$$v_{AB} = v_{A地} - v_{B地} = 300\boldsymbol{j} - (-100\sqrt{3}\boldsymbol{i} + 100\boldsymbol{j})$$

$$= (100\sqrt{3}\boldsymbol{i} + 200\boldsymbol{j})(\text{km/h})$$

所以 A 相对于 B 的速度大小为 264.6km/h，方向为北偏东 40.9°.

例 1-11　河水自西向东流动，速度为 10km/h，一轮船在水中航行，船相对于河水的航向为北偏西 30°，航速为 20km/h. 此时风向为正西，风速为 10km/h. 试求在船上观察到地面上烟囱冒出的烟缕的飘向(设烟离开烟囱后即获得与风相同的速度).

解　已知　$v_{水} = 10\text{km/h}$，　正东

$v_{风} = 10\text{km/h}$，　正西

$v_{船对水} = 20\text{km/s}$，　北偏西 30°

由相对运动速度公式

$$v_{烟对船} = v_{风对船} = v_{风对地} - v_{船对地} \tag{1}$$

如附图所示求

$$v_{船对地} = v_{船对水} + v_{水对地} \tag{2}$$

由式(2)得 $v_{船对地} = 10\sqrt{3}\text{km/s}$ 方向正北.

由式(1)有

$$v_{风对船} = v_{风对地} - v_{船对地}$$

如附图

$$v_{风对地} = -v_{水对地}$$

所以

$$|v_{风对船}| = |v_{船对水}|$$

由附图知 $v_{风对船}$ 的方向为南偏西 30°(见例 1-10 图).

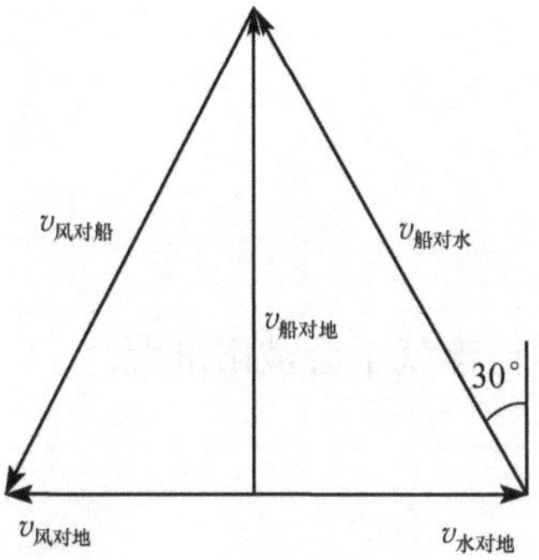

例 1-11 图

例 1-12　一辆汽车以速度 v_1 在雨中行驶，雨滴下落的速度 v_2 与竖直方向成 θ 角. 车后装有一捆行李，水平长度为 l，到车顶的距离为 h，如附图(a)所示. 试问这捆行李会不会被雨淋湿?

解　本题涉及雨滴对汽车的相对速度问题. 选雨滴为研究对象，汽车为运动参

考系 S',地面为静止参考系 S. v_1 为车对地的牵连速度,v_2 为雨滴对地的绝对速度. 设 $\boldsymbol{u}$ 为雨滴对车的相对速度,则

$$v_2 = v_1 + \boldsymbol{u}$$

由矢量附图(b)可知,行李是否被雨淋湿取决于雨滴对车的相对速度 $\boldsymbol{u}$ 与竖直方向的夹角 φ,即当 $\varphi \geqslant \alpha$ 时,行李不被淋湿,当 $\varphi < \alpha$ 时,行李会被淋湿.

由附图(a)得

$$\tan\alpha = \frac{l}{h}$$

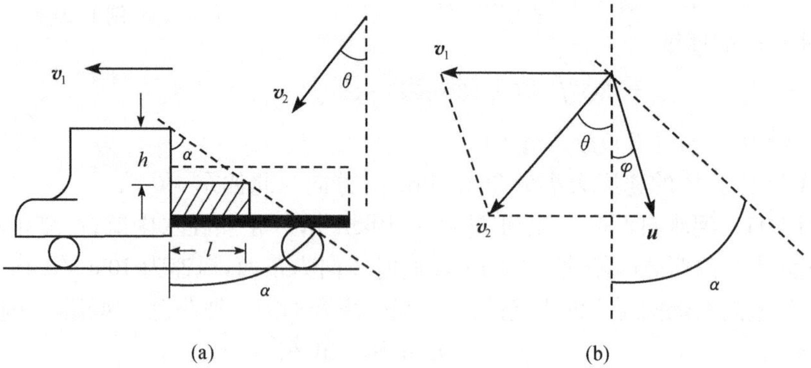

例 1-12 图

由附图(b)得

$$\tan\varphi = \frac{v_1 - v_2\sin\theta}{v_2\cos\theta}$$

则

$$\frac{l}{h} = \frac{v_1 - v_2\sin\theta}{v_2\cos\theta}$$

即

$$v_1 \geqslant \frac{l}{h} v_2\cos\theta + v_2\sin\theta$$

表明只要汽车的速度 v_1 满足上式条件,就可以使 $\varphi \geqslant \alpha$,行李就不会被雨淋湿.

四、习题指导

(一) 思考题

1-1 一运动质点在某瞬时位于矢径 $\boldsymbol{r}(x, y)$ 的端点处,其速度大小为(   ).

(A) $\dfrac{\mathrm{d}r}{\mathrm{d}t}$;   (B) $\dfrac{\mathrm{d}\boldsymbol{r}}{\mathrm{d}t}$;   (C) $\dfrac{\mathrm{d}|\boldsymbol{r}|}{\mathrm{d}t}$;   (D) $\sqrt{\left(\dfrac{\mathrm{d}x}{\mathrm{d}t}\right)^2 + \left(\dfrac{\mathrm{d}y}{\mathrm{d}t}\right)^2}$.

答 (D).

1-2 下列说法(   )是正确的.

(A) 加速度恒定不变时，物体运动方向也不变；

(B) 平均速率等于平均速度的大小；

(C) 不管加速度如何，平均速率表达式总可以写成 $\bar{v}=(v_1+v_2)/2$；

(D) 运动物体速率不变时，速度可以变化.

答　(D).

1-3　一质点 P 在一直线上运动，其坐标 x 与时间 t 有如下关系：$x=A\sin\omega t$(SI)(A 为常数). (1)任意时刻 t 时质点的加速度 $a=$____；(2)质点速度为零的时刻 $t=$____.

答　$-A\omega^2\sin\omega t(\mathrm{m/s^2})$；$(2n+1)\pi/2\omega(\mathrm{s})(n=0,1,\cdots)$.

1-4　一质点沿半径为 R 的圆周做匀速率运动，每 t 秒转一圈，在 $2t$ 时间间隔中，其平均速度大小与平均速率大小分别为(　　).

(A) $\dfrac{2\pi R}{t},\dfrac{2\pi R}{t}$；　(B) $0,\dfrac{2\pi R}{t}$；　(C) $0,0$；　(D) $\dfrac{2\pi R}{t},0$.

答　(B).

1-5　一质点在平面上做一般曲线运动，其瞬时速度为 $\boldsymbol{v}$，瞬时速率为 v，某一段时间内的平均速度为 $\bar{\boldsymbol{v}}$，平均速率为 $\bar{v}$，它们之间的关系必定有(　　).

(A) $|\boldsymbol{v}|=v,|\bar{\boldsymbol{v}}|=\bar{v}$；　(B) $|\boldsymbol{v}|\neq v,|\bar{\boldsymbol{v}}|=\bar{v}$；

(C) $|\boldsymbol{v}|\neq v,|\bar{\boldsymbol{v}}|\neq\bar{v}$；　(D) $|\boldsymbol{v}|=v,|\bar{\boldsymbol{v}}|\neq\bar{v}$.

答　(D).

1-6　某质点的运动方程为 $x=3t-5t^3+6$(SI)，则该质点做(　　).

(A) 匀加速直线运动，加速度沿 x 轴正方向；

(B) 匀加速直线运动，加速度沿 x 轴负方向；

(C) 变加速直线运动，加速度沿 x 轴正方向；

(D) 变加速直线运动，加速度沿 x 轴负方向.

答　(D).

1-7　一条河在某一段直线岸边有 A，B 两个码头，相距 1km. 甲、乙两人需要从码头 A 到码头 B，再立即由 B 返回. 甲划船前去，船相对河水的速度 4km/h；而乙沿岸步行，步行速度也为 4km/h. 如河水流速为 2km/h，方向从 A 到 B，则(　　).

(A) 甲比乙晚 10min 回到 A；　(B) 甲和乙同时回到 A；

(C) 甲比乙早 10min 回到 A；　(D) 甲比乙早 2min 回到 A.

答　(A).

(二) 习题

1-1　一质点在 xy 平面内运动，运动方程为 $x=3t+5$(SI)，$y=t^2/2+3t-$

4(SI).

(1) 以时间 t 为变量,写出质点位矢的表达式;

(2) 求出质点速度分量的表达式,并计算 $t=4$s 时,质点速度大小和方向;

(3) 求出质点加速度分量的表达式,并计算出 $t=4$s 时,质点加速度大小和方向.

解 (1) 质点位矢的表达式为

$$\boldsymbol{r}=(3t+5)\boldsymbol{i}+(t^2/2+3t-4)\boldsymbol{j}$$

(2) 质点速度为

$$v=\frac{\mathrm{d}\boldsymbol{r}}{\mathrm{d}t}=3\boldsymbol{i}+(t+3)\boldsymbol{j}$$

所以其分量的表达式为

$$v_x=3,\quad v_y=t+3$$

于是 $t=4$s 时质点速度大小和方向为

$$v=7.6\mathrm{m/s}$$

方向与 x 轴夹角为 $\theta=66°48'$.

(3) 质点加速度为 $\boldsymbol{a}=\frac{\mathrm{d}v}{\mathrm{d}t}=\boldsymbol{j}$,其分量为

$$a_x=0,\quad a_y=1$$

于是 $t=4$s 时质点加速度大小为

$$a=1\mathrm{m/s^2}$$

方向沿 y 轴正方向.

1-2 质点在 Oxy 平面内运动,运动方程为 $x=3t$(SI),$y=2-t^2$(SI).

(1) 写出质点运动轨道方程;

(2) 求 $t=2$s 时,质点的位矢、速度和加速度.

解 (1) 由运动方程的参数方程

$\begin{cases}x=3t\\ y=2-t^2\end{cases}$(SI),消去 t,得质点运动的轨道方程

$$y=2-x^2/9$$

(2) 质点位矢、速度、加速度的表达式分别为

$$\boldsymbol{r}=3t\boldsymbol{i}+(2-t^2)\boldsymbol{j},\quad v=\frac{\mathrm{d}\boldsymbol{r}}{\mathrm{d}t}=3\boldsymbol{i}-2t\boldsymbol{j},\quad \boldsymbol{a}=\frac{\mathrm{d}v}{\mathrm{d}t}=-2\boldsymbol{j}$$

于是 $t=2$s 时值分别为

$$\boldsymbol{r}=6\boldsymbol{i}-2\boldsymbol{j}\text{(SI)},\quad v=3\boldsymbol{i}-4\boldsymbol{j}\text{(SI)},\quad \boldsymbol{a}=-2\boldsymbol{j}\text{(SI)}$$

1-3 质点沿直线运动,其坐标 x 与时间 t 有如下关系:$x=A\mathrm{e}^{-\beta t}\cos\omega t$(SI)($A$,$\beta$ 皆为常量).

(1) 求任意时刻质点的加速度;

(2) 质点通过原点的时刻 t.

解 (1) 任意时刻质点的速度为

$$v=\frac{\mathrm{d}x}{\mathrm{d}t}=A\mathrm{e}^{-\beta t}(-\beta\cos\omega t-\omega\sin\omega t)$$

任意时刻质点的加速度为

$$a=\frac{\mathrm{d}v}{\mathrm{d}t}=A\mathrm{e}^{-\beta t}[(\beta^2-\omega^2)\cos\omega t+2\beta\omega\sin\omega t]$$

(2) 令 $x=A\mathrm{e}^{-\beta t}\cos\omega t=0$,即得质点通过原点的时刻为

$$t=(2n+1)\pi/2\omega\quad(n=0,1,2,\cdots)$$

1-4 物体在水平面上以 60°的倾角抛出,初速度为 v_0. 求任意时刻物体的切向加速度和法向加速度的大小.

解 由题意知,物体水平方向的速度为

$$v_1=\frac{v_0}{2}$$

而物体竖直方向的速度为

$$v_2=\frac{\sqrt{3}}{2}v_0-gt$$

则物体速度大小为

$$v=\sqrt{\left(\frac{v_0}{2}\right)^2+\left(\frac{\sqrt{3}}{2}v_0-gt\right)^2}$$

于是得到任意时刻物体运动的切向加速度为

$$a_t=\frac{\mathrm{d}v}{\mathrm{d}t}=\frac{\left(-\frac{\sqrt{3}}{2}v_0+gt\right)g}{\sqrt{v_0^2-\sqrt{3}v_0gt+g^2t^2}}$$

以及法向加速度为

$$\begin{aligned}a_n&=\sqrt{g^2-a_t^2}\\&=\frac{v_0g}{2\sqrt{v_0^2-\sqrt{3}v_0gt+g^2t^2}}\end{aligned}$$

1-5 一质点沿半径为 R 的圆周按规律 $s=v_0t-\frac{1}{2}bt^2$ 而运动,v_0、b 都是常量.

(1) 求 t 时刻质点的总加速度;

(2) t 为何值时总加速度在数值上等于 b?

(3) 当加速度达到 b 时,质点已沿圆周运行了多少圈?

解 (1) 依题意,t 时刻质点的速率为

$$v=\frac{\mathrm{d}s}{\mathrm{d}t}=v_0-bt$$

于是质点的切向加速度为

$$a_\tau=\frac{\mathrm{d}v}{\mathrm{d}t}=-b$$

质点的法向加速度为

$$a_n=\frac{v^2}{R}=\frac{(v-gt)^2}{R}$$

则 t 时刻质点的总加速度

$$a=\frac{\sqrt{R^2b^2+(v_0-bt)^4}}{R},\quad \theta=\arctan\left[-\frac{(v_0-bt)^2}{Rb}\right]$$

(2) 当 $a=b$ 时,得到 $t=\frac{v_0}{b}$.

(3) 当 $a=b$ 时,$s=\frac{v_0^2}{2b}$. 则质点运行了

$$n=\frac{s}{2\pi R}=\frac{v_0^2}{4\pi bR}$$

1-6 一质点在半径为 0.10m 的圆周上运动,其角位置为 $\theta=2+4t^3$(SI).

(1) 求在 $t=2.0$ 时质点的法向加速度和切向加速度;

(2) 当切向加速度的大小恰等于总加速度大小的一半时,θ 值为多少?

(3) t 为多少时,法向加速度与切向加速度的值相等?

解 (1) 依题意质点的速率为

$$v=R\frac{\mathrm{d}\theta}{\mathrm{d}t}=1.2t^2$$

质点的切向加速度和法向加速度,分别为

$$a_\tau=\frac{\mathrm{d}v}{\mathrm{d}t}=2.4t,\quad a_n=\frac{v^2}{R}=14.4t^4$$

于是在 $t=2.0$s 时质点的法向加速度和切向加速度分别为

$$a_n=2.30\times10^2\mathrm{m/s},\quad a_\tau=4.80\mathrm{m/s}$$

(2) 质点的总加速度为

$$a=\sqrt{a_n^2+a_\tau^2}$$

当 $a_\tau=\frac{1}{2}a$ 时,$t=0.66$s,此时

$$\theta=2+4\times0.66^3=3.15\mathrm{rad}$$

(3) 当 $a_\tau=a_n$,即 $2.4t=14.4t^4$,得 $t=0.55$s.

1-7 竖直上抛一小球,若空气阻力大小是重力的 0.1 倍,求小球上升到最高

点所用的时间与从最高点落到原位置所需的时间之比.

解 上抛时,由牛顿第二定律得 $0.1mg+mg=ma_1$,且 $h=\frac{1}{2}a_1t_1^2$.下落时

$$mg-0.1mg=ma_2$$

同样地

$$h=\frac{1}{2}a_2t_2^2$$

得到

$$\frac{t_1}{t_2}=0.9$$

1-8 一质点在 xOy 平面内运动,其运动方程为 $x=4t,y=10-2t^2$,求质点的位置矢量与速度矢量恰好垂直的时刻.

解 质点的位置矢量 $r=4t\boldsymbol{i}+(10-2t^2)\boldsymbol{j}$,质点的速度矢量

$$v=\frac{\mathrm{d}\boldsymbol{r}}{\mathrm{d}t}=4\boldsymbol{i}-4t\boldsymbol{j}$$

当 $\boldsymbol{r}\cdot v=0$ 时,有 $t=\sqrt{3}$s.

第 2 章　质点动力学

一、基本要求

(1) 理解惯性系的概念,掌握牛顿运动定律及其适用条件,能合理选择坐标系建立牛顿运动定律的矢量方程和分量方程.

(2) 掌握运用牛顿运动定律求解力和加速度的一般方法;对于某些较简单的力学问题,能根据受力情况建立起运动微分方程,并结合初始条件用积分方法求解运动方程.

(3) 了解惯性力的性质和非惯性系中力学问题的处理方法.

(4) 理解冲量、动量的意义,能用动量定理和动量守恒定律处理平面内运动的力学问题.

(5) 掌握功、能和功率的概念,理解保守力做功的特点及势能的概念,能用动能定理、功能原理和机械能守恒定律分析解决平面内运动的力学问题.

(6) 能综合运用前面学的各种力学原理和定律,解决较复杂的力学问题.

二、内容提要

1. 力的瞬时效应

(1) 牛顿第一定律　惯性和力的概念,惯性系的定义

牛顿第二定律　数学表达式

$$\boldsymbol{F} = \frac{\mathrm{d}\boldsymbol{p}}{\mathrm{d}t}, \quad 动量 \quad \boldsymbol{p} = m\boldsymbol{v}.$$

m 为常量时,有

$$\boldsymbol{F} = m\frac{\mathrm{d}\boldsymbol{v}}{\mathrm{d}t} = m\frac{\mathrm{d}^2\boldsymbol{r}}{\mathrm{d}t^2} = m\boldsymbol{a}$$

在直角坐标系中

$$F_x = ma_x = m\frac{\mathrm{d}^2 x}{\mathrm{d}t^2}, \quad F_y = ma_y = m\frac{\mathrm{d}^2 y}{\mathrm{d}t^2}, \quad F_z = ma_z = m\frac{\mathrm{d}^2 z}{\mathrm{d}t^2}$$

在自然坐标系中

$$F_n = ma_n = m\frac{v^2}{\rho}, \quad F_\tau = ma_\tau = m\frac{\mathrm{d}v}{\mathrm{d}t}$$

牛顿第三定律

$$\boldsymbol{F}_{12} = -\boldsymbol{F}_{21}$$

力的叠加原理

$$\boldsymbol{F}=\boldsymbol{F}_1+\boldsymbol{F}_2+\boldsymbol{F}_3+\cdots=\sum_i \boldsymbol{F}_i$$

(2) 动力学两类基本问题及解题思路

已知运动状态(或运动方程),求物体受力——求导;

已知物体受力,求运动状态或运动方程——积分.

求解动力学问题的基本思路:取隔离体,选坐标系,受力分析,列方程式,讨论结果.

(3) 惯性力指在非惯性系中引入的和参考系本身的加速运动相联系的力

在平动加速参考系中

$$\boldsymbol{F}_{惯}=-m\boldsymbol{a}_0$$

在转动参考系中

$$\boldsymbol{F}_{惯}=-mr\omega^2\boldsymbol{n}$$

2. 力的时间积累效应

(1) 冲量 $\boldsymbol{I}=\int_{t_0}^{t}\boldsymbol{F}\mathrm{d}t$, 冲量的方向在动量增量的方向

合力的冲量为

$$\int_{t_0}^{t}\boldsymbol{F}\mathrm{d}t=\sum_i\int_{t_0}^{t}\boldsymbol{F}_i\mathrm{d}t$$

内力的总冲量为

$$\sum_i\int_{t_0}^{t}\boldsymbol{f}_{i内}\mathrm{d}t=0$$

(2) 动量定理

$$\boldsymbol{F}=\frac{\mathrm{d}\boldsymbol{p}}{\mathrm{d}t}\quad(微分形式)$$

$$\int_{t_0}^{t}\boldsymbol{F}\mathrm{d}t=\int_{p_0}^{p}\mathrm{d}\boldsymbol{p}=\boldsymbol{p}-\boldsymbol{p}_0\quad(积分形式)$$

(3) 动量守恒定律

$$当\sum_i\boldsymbol{F}_{i外}=0\,时,\quad \boldsymbol{p}=\sum_i m_i v_i=常矢量$$

(4) 质心运动量

$$\boldsymbol{r}_c=\sum_i\frac{m_i\boldsymbol{r}_i}{m},\quad v_c=\frac{\mathrm{d}\boldsymbol{r}_c}{\mathrm{d}t},\quad \boldsymbol{p}_c=mv_c=\sum_i\boldsymbol{p}_i,\quad \boldsymbol{a}_c=\frac{\mathrm{d}v_c}{\mathrm{d}t}$$

3. 力的空间积累效应

(1) 功

$$\mathrm{d}A=\boldsymbol{F}\cdot\mathrm{d}\boldsymbol{r},\quad A_{AB}=\int_A^B\mathrm{d}A=\int_A^B\boldsymbol{F}\cdot\mathrm{d}\boldsymbol{r}$$

在自然坐标系中

$$A_{AB}=\int_A^B \boldsymbol{F}\cdot \mathrm{d}\boldsymbol{r}=\int_A^B F_\tau \mathrm{d}s$$

在直角坐标系中

$$A_{AB}=\int_A^B \boldsymbol{F}\cdot \mathrm{d}\boldsymbol{r}=\int_A^B (F_x\mathrm{d}x+F_y\mathrm{d}y+F_z\mathrm{d}z)$$

合力的功等于各分力的功的代数和 $A=\sum\limits_i A_i$，功率 $N=\dfrac{\mathrm{d}A}{\mathrm{d}t}=\boldsymbol{F}\cdot \boldsymbol{v}$.

(2) 动能定理

对于质点

$$A_{外}=E_\mathrm{k}-E_{\mathrm{k}0},\quad E_\mathrm{k}=\frac{1}{2}mv^2$$

对于质点系

$$\sum_i A_{i外}+\sum_i A_{i内}=\sum_i E_{i\mathrm{k}}-\sum_i E_{i\mathrm{k}0}$$

(3) 保守力

若 $\int\limits_{ACB}\boldsymbol{F}\cdot \mathrm{d}\boldsymbol{r}=\int\limits_{ADB}\boldsymbol{F}\cdot \mathrm{d}\boldsymbol{r}$ 或 $\oint\limits_l \boldsymbol{F}\cdot \mathrm{d}\boldsymbol{r}=0$，则 $\boldsymbol{F}$ 为保守力.

势能

$$E_{\mathrm{p}A}=\int_A^B \boldsymbol{F}_{保}\cdot \mathrm{d}\boldsymbol{r}=A_{AB}\quad (取\ E_{\mathrm{p}B}=0)$$

质点系的势能 $$E_\mathrm{p}=\sum_i\sum_{j>i}E_{\mathrm{p}ij}$$

势能与保守力的关系

$$E_{\mathrm{p}A}-E_{\mathrm{p}B}=\int_A^B \boldsymbol{F}_{保}\cdot \mathrm{d}\boldsymbol{r}$$

$$\boldsymbol{F}_{保}=-\nabla E_\mathrm{p}=-\left(\frac{\partial E_\mathrm{p}}{\partial x}\boldsymbol{i}+\frac{\partial E_\mathrm{p}}{\partial y}\boldsymbol{j}+\frac{\partial E_\mathrm{p}}{\partial z}\boldsymbol{k}\right)$$

常见的势能及其零点：

重力势能

$$E_\mathrm{p}=mgh\quad (h=0)$$

弹性势能

$$E_\mathrm{p}=\frac{1}{2}kx^2\quad (x=0)$$

引力势能

$$E_\mathrm{p}=-G\frac{m_1m_2}{r}\quad (r\to\infty)$$

(4) 功能原理

$$\sum_i A_{i外}+\sum_i A_{i非保守内}=E-E_0$$

系统的机械能

$$E=\sum_i E_{ik}+\sum_i E_{ip}$$

(5) 机械能守恒定律

当 $\sum_i A_{i外}+\sum_i A_{i非保守内}=0$ 时, $E=$ 恒量.

4. 碰撞

物体之间的短暂相互作用,而相互作用力又很大称为碰撞. 碰撞过程动量近似守恒. 碰撞分为弹性碰撞,完全非弹性碰撞,非弹性碰撞.

三、例题详解

例 2-1　如附图(a)所示,轮轴均光滑,求以多大水平力作用在小车上,才能使物体 A 与小车 D 之间无相对滑动(滑轮和绳的质量均不计,绳与滑轮间无滑动).

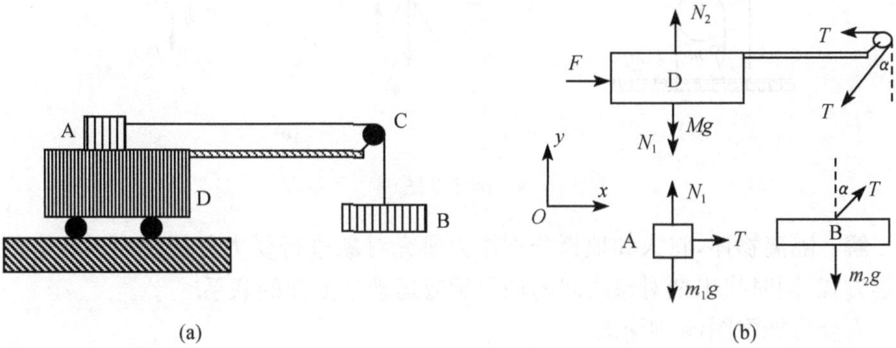

例 2-1 图

解　建立坐标系并作受力分析图(b),水平力作用时,设与物体 B 连接的绳与竖直方向的夹角为 α. 列方程

对 A

$$T=m_1a_x \tag{1}$$

对 B

$$T\sin\alpha=m_2a_x \tag{2}$$

$$T\cos\alpha=m_2g \tag{3}$$

对 D

$$F-T-T\sin\alpha=Ma_x \tag{4}$$

由以上四式可解得

$$a_x=\frac{m_2g}{\sqrt{m_1^2-m_2^2}},\quad T=\frac{m_1m_2g}{\sqrt{m_1^2-m_2^2}}$$

$$F=\frac{(m_1+m_2+M)m_2g}{\sqrt{m_1^2-m_2^2}}=784\text{N}$$

说明:应用牛顿运动定律求解问题的步骤①确定研究对象,分析物体受力及运动状态;②建立坐标系,列出动力学或运动学方程;③解算及讨论.

例 2-2 一质量为 60kg 的人,站在质量为 30kg 的底板上,用绳和滑轮连接如附图所示.设滑轮、绳的质量及轴处的摩擦可以忽略不计,绳子不可伸长,欲使人和底板能以 1m/s^2 的加速度上升,人对绳子的拉力 T_2 多大?人对底板的压力多大(取 $g=10\text{m/s}^2$)?

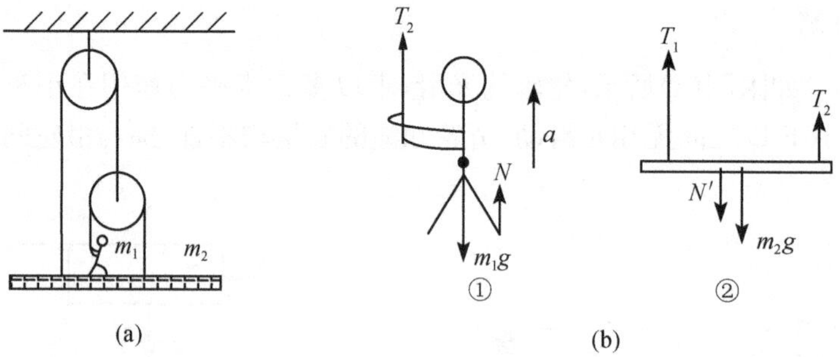

例 2-2 图

解 隔离物体,将人和地板分别作为研究对象进行受力分析并列出相应的动力学方程,同时找出两对象之间的动力学或运动学方面的联系.

人受力如附图(a)所示

$$T_2+N-m_1g=m_1a$$

底板受力如附图(b)所示

$$T_1+T_2-N'-m_2g=m_2a$$

且

$$T_1=2T_2,\quad N'=N$$

由以上四式可解得

$$4T_2-m_1g-m_2g=(m_1+m_2)a$$

所以

$$T_2=(m_1+m_2)(g+a)/4=247.5\text{N}$$

$$N'=N=m_1(g+a)-T_2=412.5\text{N}$$

例 2-3 如附图(a)所示,在顶角 $\theta=60°$ 的圆锥形漏斗内有一质量为 m 的小球,小球离尖底的高度 $h=0.2\text{m}$.如果小球与锥面间的静摩擦系数 $\mu=0.3$,要使小球稳定在此高度随锥面一起做匀角速转动,问小球的速率应为多大?

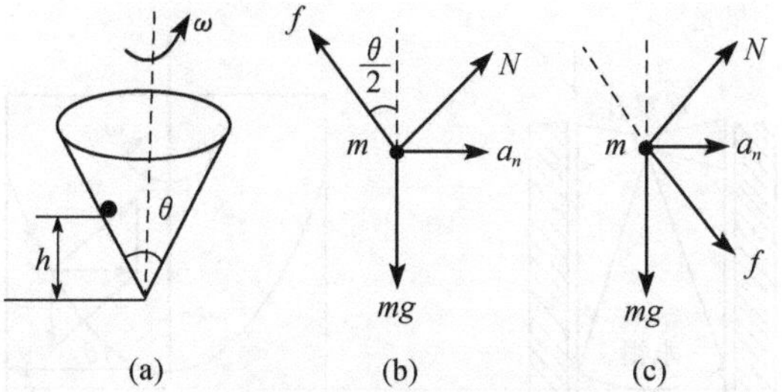

例 2-3 图

解　因小球做匀速圆周运动，故沿圆周的切向无外力作用，摩擦力只能沿锥面向上或向下，如附图(b)、(c)所示.

由附图(b)可得

$$N\cos\frac{\theta}{2}-f\sin\frac{\theta}{2}=m\frac{v^2}{r},\quad r=h\tan\frac{\theta}{2},\quad N\sin\frac{\theta}{2}+f\cos\frac{\theta}{2}-mg=0$$

当摩擦力为最大静摩擦力，即 $f_{\max}=\mu N$ 时，$v=v_{\min}$，此时速度最小，即

$$v_{\min}=\sqrt{\frac{1-\mu\tan\frac{\theta}{2}}{1+\mu\cot\frac{\theta}{2}}gh}=1.03\text{m/s}$$

由附图(c)可得

$$N\cos\frac{\theta}{2}+f\sin\frac{\theta}{2}=m\frac{v^2}{r},\quad r=h\tan\frac{\theta}{2},\quad N\sin\frac{\theta}{2}-f\cos\frac{\theta}{2}-mg=0$$

当 $f_{\max}=\mu N$ 时，$v=v_{\max}$，可得最大速度，即

$$v_{\max}=\sqrt{\frac{1+\mu\tan\frac{\theta}{2}}{1-\mu\cot\frac{\theta}{2}}gh}=2.19\text{m/s}$$

所以小球速率应限制在 1.03～2.19m/s，它才能稳定在 h 高度随锥面一起做匀角速转动.

例 2-4　天文学家为了观察遥远的天体，需要建造大口径的望远镜. 但这是一件非常费时、费工而且费钱的难事. 美国有架直径为 5m 的反射望远镜，为磨物镜花了整 7 年时间. 不久前，加拿大一位天文学家提出，利用液体的表面在旋转中呈旋转抛物面的事实，制造如附图(a)所示的旋转水银面望远镜. 这是在一个巨大的、边缘稍为翘起的圆盘上倒水银，当圆盘缓慢旋转时，能使水银表面成为十分理想的抛物面.

现有一个圆柱形器中盛着一些液体(附图(b)). 试证当容器绕其对称的竖直轴旋转时，旋转的液面是一抛物面.

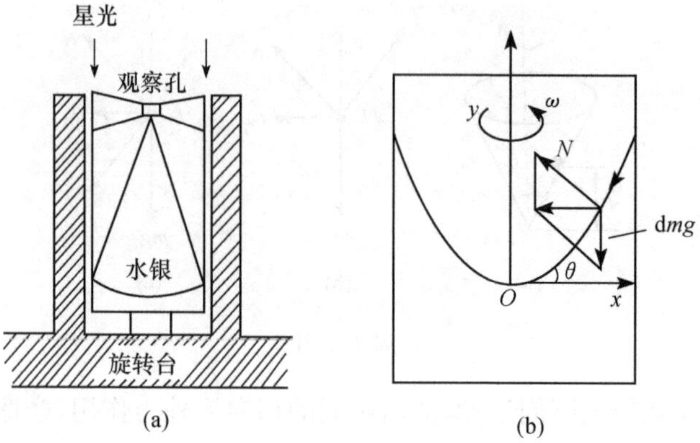

例 2-4 图

解　以容器的对称轴作为 y 轴建立如附图(b)所示 Oxy 坐标，在液面上取一个质量元 dm，其坐标为(x,y). 该质元受到两个力的作用：重力 dmg，方向竖直向下；液体对它的支承力 N，方向垂直液面，如附图(b)所示. 因质元做圆周运动，x 即其轨道半径. 设液体旋转的角速度为 ω，则由牛顿第二定律得

$$N\sin\theta = \mathrm{d}mx\omega^2 \tag{1}$$

$$N\cos\theta = \mathrm{d}mg \tag{2}$$

式(1)和(2)相除，得

$$\tan\theta = \frac{x\omega^2}{g} \tag{3}$$

从附图(b)上看出，$\tan\theta=\dfrac{\mathrm{d}y}{\mathrm{d}x}$为液面上该点的斜率，代入式(3)，并积分，有

$$\int_0^y \mathrm{d}y = \frac{\omega^2}{g}\int_0^x x\mathrm{d}x$$

得

$$y=\frac{\omega^2}{2g}x^2$$

所求得方程为抛物线方程，绕 y 轴旋转一圈，就成为抛物面. 由方程可看出，抛物线的焦距为$\dfrac{g}{2\omega^2}$，且只取决于液体旋转的角速度.

对此例结果由此有人联想到，百慕大群岛周围海域之所以连续发生飞机失事及海难，且找不到遗骸，其原因有可能是因大西洋的暖流和暗礁，使海水形成环流，旋转的海水表面呈抛物面形状，使阳光聚集，聚集区的温度高达千万度，从而把飞机烧成灰烬.

说明：对复杂问题的求解往往除运用动力学方程外，还需补充一些运动学方程或几何关系，如对式(3)的几何理解. 所以在学习大学物理时必须能很好地处理数学和物理的关系. 物理离不开数学，但数学绝不能掩盖或代替物理的思维.

例 2-5　一个质量为 $m=1.00\text{kg}$ 的质点，沿 Ox 轴做直线运动，其运动方程为 $x=t^3-4t^2+10t+1$，式中，x 的单位为 m，t 的单位为 s. 求运动中，时间 t 为 1s，$\frac{4}{3}$s，3s 各时刻时该质点所受到的力 F.

解　这是动力学中的第一类问题，已知运动方程，运用微分运算，由运动学方程求出加速度，进而用牛顿第二定律求出力.

$$v=\frac{\mathrm{d}x}{\mathrm{d}t}=\frac{\mathrm{d}}{\mathrm{d}t}(t^3-4t^2+10t+1)=3t^2-8t+10$$

$$a=\frac{\mathrm{d}v}{\mathrm{d}t}=\frac{\mathrm{d}}{\mathrm{d}t}(3t^2-8t+10)=6t-8$$

质点做一维直线运动，加速度的方向一定在这条直线上. 按照牛顿第二定律 $\boldsymbol{F}=m\boldsymbol{a}$，可知质点所受到的力 $\boldsymbol{F}$ 的方向也一定在这直线上，所以

$t_1=1\text{s}$ 时，$F_1=ma_1=m(6t_1-8)=1.00\times(6\times1-8)=-2.00(\text{N})$，负号表示此时质点所受到的力指向 x 轴反向，其大小为 2N.

$t_2=\frac{4}{3}\text{s}$ 时，$F_2=ma_2=m(6t_2-8)=1.00\times\left(6\times\frac{4}{3}-8\right)=0(\text{N})$，表示此时质点没有受到外力作用.

$t_3=3\text{s}$ 时，$F_3=ma_3=m(6t_3-8)=1.00\times(6\times3-8)=10.00(\text{N})$，表明此时质点受到的是指向 x 轴正向的大小为 10N 的力的作用.

例 2-6　设有一质量为 m 的质点，其运动规律为 $x=A\cos\omega t$，$y=A\sin\omega t$，式中，A，ω 为大于零的常量. 求该质点在运动过程中所受到的力.

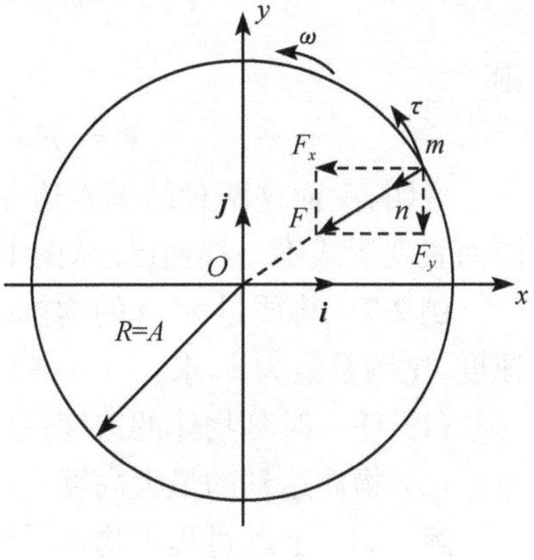

例 2-6 图

分析　此题也属于动力学的第二类问题，由运动学方程(二维空间)求所受到的力. 对于给定的运动学方程 $x=A\cos\omega t$，$y=A\sin\omega t$，消去时间 t，可得质点的运动轨迹为一圆，方程为 $x^2+y^2=A^2$. 质点做曲线运动，加速度可用两种坐标系中的形式来表达.

解法一　在直角坐标系中，有

$$\boldsymbol{a}=a_x\boldsymbol{i}+a_y\boldsymbol{j}=\frac{\mathrm{d}^2x}{\mathrm{d}t^2}\boldsymbol{i}+\frac{\mathrm{d}^2y}{\mathrm{d}t^2}\boldsymbol{j},\quad \boldsymbol{F}=F_x\boldsymbol{i}+F_y\boldsymbol{j}$$

其中

$$F_x=ma_x=m\frac{\mathrm{d}^2x}{\mathrm{d}t^2}=m\frac{\mathrm{d}^2}{\mathrm{d}t^2}(A\cos\omega t)=-m\omega^2A\cos\omega t$$

$$F_y = ma_y = m\frac{\mathrm{d}^2 y}{\mathrm{d}t^2} = m\frac{\mathrm{d}^2}{\mathrm{d}t^2}(A\sin\omega t) = -m\omega^2 A\sin\omega t$$

则
$$\boldsymbol{F} = F_x\boldsymbol{i} + F_y\boldsymbol{j} = -m\omega^2 A(\cos\omega t\boldsymbol{i} + \sin\omega t\boldsymbol{j})$$

解法二　在自然坐标系中，有

$$\boldsymbol{a} = a_\tau\boldsymbol{\tau} + a_n\boldsymbol{n} = \frac{\mathrm{d}v}{\mathrm{d}t}\boldsymbol{\tau} + \frac{v^2}{R}\boldsymbol{n},\quad \boldsymbol{F} = F_\tau\boldsymbol{\tau} + F_n\boldsymbol{n}$$

因为

$$v = \sqrt{v_x^2 + v_y^2}$$

$$v_x = \frac{\mathrm{d}x}{\mathrm{d}t} = \frac{\mathrm{d}}{\mathrm{d}t}(A\cos\omega t) = -A\omega\sin\omega t$$

$$v_y = \frac{\mathrm{d}y}{\mathrm{d}t} = \frac{\mathrm{d}}{\mathrm{d}t}(A\sin\omega t) = A\omega\cos\omega t$$

得

$$v = \sqrt{(-A\omega\sin\omega t)^2 + (A\omega\cos\omega t)^2} = \omega A = \text{常量}$$

故

$$F_\tau = ma_\tau = m\frac{\mathrm{d}v}{\mathrm{d}t} = 0$$

$$F_n = ma_n = m\frac{v^2}{R} = m\frac{(\omega A)^2}{A} = m\omega^2 A$$

则

$$\boldsymbol{F} = F_\tau\boldsymbol{\tau} + F_n\boldsymbol{n} = F_n\boldsymbol{n} = m\omega^2 A\boldsymbol{n}$$

说明：上面这两种结果表达方式是一致的，即等同的，只是采用了不同坐标系，因而表现形式不一样而已. 从图中可理解.

例 2-7　将质量为 m 的物体以初速度 v_0 竖直上抛，设空气阻力正比与物体的速度，比例系数为 k，求：

(1) 任一时刻物体的速度；

(2) 物体达到的最大高度.

解　(1) 上抛过程中物体受到重力和空气阻力的作用，方向皆向下，以向上为正建立坐标系.

$$m\frac{\mathrm{d}v}{\mathrm{d}t} = -(mg + kv) \tag{1}$$

分离变量得

$$-\frac{\mathrm{d}v}{g + \frac{k}{m}v} = \mathrm{d}t \tag{2}$$

由初始条件，$t=0$，$v=v_0>0$，有

$$-\int_{v_0}^{v}\frac{\mathrm{d}v}{g+\frac{k}{m}v}=\int_0^t \mathrm{d}t$$

所以

$$v=v_0\exp\left(-\frac{k}{m}t\right)+\frac{mg}{k}\left[\exp\left(-\frac{k}{m}t\right)-1\right]$$

(2) 将变量代换$\frac{\mathrm{d}v}{\mathrm{d}t}=\frac{\mathrm{d}v}{\mathrm{d}x}\frac{\mathrm{d}x}{\mathrm{d}t}=v\frac{\mathrm{d}v}{\mathrm{d}x}$代入式(1),有

$$-\frac{v\mathrm{d}v}{g+\frac{k}{m}v}=\mathrm{d}x$$

即

$$-\frac{m}{k}\mathrm{d}v+\frac{m^2}{k^2}g\frac{\mathrm{d}\left(g+\frac{k}{m}v\right)}{g+\frac{k}{m}v}=\mathrm{d}x \tag{3}$$

由条件 $x_0=0, v=v_0; x=H, v=0$,对式(3)积分,得

$$-\frac{m}{k}\int_{v_0}^{0}\mathrm{d}v+\frac{m^2}{k^2}g\int_{v_0}^{0}\frac{\mathrm{d}\left(g+\frac{k}{m}v\right)}{g+\frac{k}{m}v}=\int_0^H \mathrm{d}x$$

有

$$H=\frac{m}{k}v_0-\frac{m^2}{k^2}g\ln\left(1+\frac{kv_0}{mg}\right)$$

说明:在对简单的第二类动力学问题求解时,力常以时间、速度或者位置的一元函数形式出现,对前两种情况常采取直接分离变量作积分的方式进行处理,但对于力是位置的函数这种形式则需引入位置本身作为中间变量后再进行变量分离.

例 2-8　如附图所示,质量为 M 的滑块正沿着光滑水平地面向右滑动,一质量为 m 的小球水平向右飞行,以速度 v_1(对地)与滑块斜面相碰,碰后竖直向上弹起,速率为 v_2(对地). 若碰撞时间为 Δt,试计算此过程中滑块对地的平均作用力大小和滑块速度增量的大小.

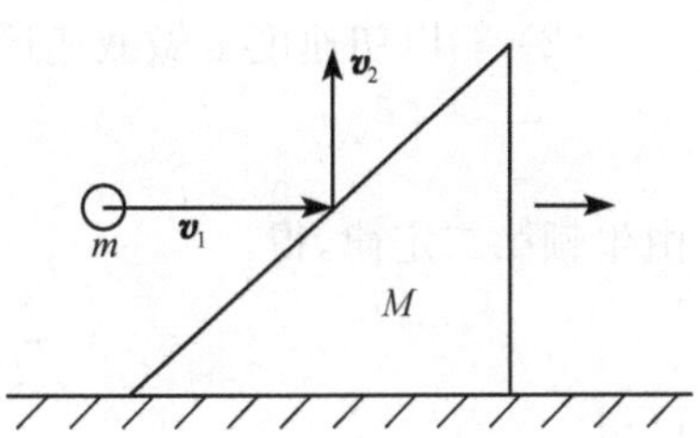

例 2-8 图

解　(1) 小球 m 在与 M 碰撞过程中给 M 的竖直方向冲力在数值上应等于 M 对小球的竖直冲力,而此冲力应等于小球在竖直方向的动量变化率,即

$$\bar{f}=\frac{mv_2}{\Delta t}$$

由牛顿第三定律,小球以此力作用于 M,其方向向下.

对 M，由牛顿第二定律，在竖直方向上，有

$$\overline{N}-Mg-\overline{f}=0$$

则

$$\overline{N}=Mg+\overline{f}$$

又由牛顿第三定律，M 给地面的平均作用力为

$$\overline{F}=\overline{f}+Mg=\frac{mv_2}{\Delta t}+Mg$$

方向竖直向下.

(2) 同理，M 受到小球的水平方向冲力大小应为 $\overline{f}'=\dfrac{mv_1}{\Delta t}$，方向与 m 原运动方向一致. 根据牛顿第二定律，对于 M，有

$$\overline{f}'=M\frac{\Delta v}{\Delta t}$$

利用上式的 $\overline{f}'$，即可得

$$\Delta v=mv_1/M$$

例 2-9 水面上有一质量为 M 的木船，开始时静止不动，从岸上以水平速度 v_0 将一质量为 m 的沙袋抛到船上，然后两者一起运动. 设运动过程中受到的阻力与速率成正比，比例系数为 k，沙袋与船的作用时间极短，求：

(1) 沙袋抛到船上后，船和沙袋一起开始运动的速率；

(2) 沙袋与船从开始运动到静止时所走过的距离.

解 (1) 设沙袋抛到船上后，共同运动的初速度为 v，并设此运动方向为正向，忽略沙袋撞击船时受水的阻力，则可认为沙袋和船组成的系统水平方向动量守恒，即

$$(M+m)v=mv_0 \quad v=\frac{mv_0}{M+m}$$

(2) 船以初速度 v 做减速运动，是因为受到水的阻力

$$f=-kv=-k\frac{\mathrm{d}x}{\mathrm{d}t}$$

由牛顿第二定律，得

$$-k\frac{\mathrm{d}x}{\mathrm{d}t}=(M+m)\frac{\mathrm{d}v}{\mathrm{d}t}$$

所以

$$\mathrm{d}x=-\frac{(M+m)}{k}\mathrm{d}v$$

代入已知条件积分

$$\int_0^x\mathrm{d}x=-\frac{(M+m)}{k}\int_v^0\mathrm{d}v=-\frac{M+m}{k}(0-v)$$

$$x=\frac{mv_0}{k}$$

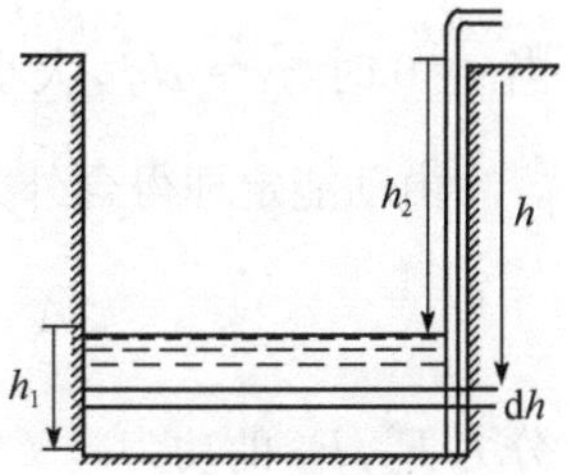

例 2-10 图

例 2-10　一长方体蓄水池，面积 $S=50\mathrm{m}^2$，储水深度 $h_1=1.5\mathrm{m}$. 假定水表面低于地面的高度是 $h_2=5\mathrm{m}$.

（1）若要将这池水全部抽到地面上来，抽水机需做多少功？

（2）若抽水机的效率为 80%，输入功率 $P=35\mathrm{kW}$，则抽完这池水需要多长时间？

解　（1）如附图所示，将厚为 $\mathrm{d}h$ 的水层抽到地面上需要做的功为 $\mathrm{d}A=\rho Sgh\mathrm{d}h$，将全部水抽上地面需做的功为

$$A=\int_{h_2}^{h_1+h_2}\rho Sgh\,\mathrm{d}h=\rho Sgh_1\left(\frac{h_1}{2}+h_2\right)$$

$$=1\times10^3\times1.5\times50\times9.8\times\left(\frac{1.5}{2}+5\right)=4.2\times10^6(\mathrm{J})$$

（2）以 T 表示抽完池中水所用的时间，则 $A=PT\eta$，由此

$$T=\frac{A}{P\eta}=\frac{4.23\times10^6}{35\times10^3\times0.8}=151(\mathrm{s})$$

说明：先设法求出元功再做积分求出总功，这对变力做功的情况是很重要的步骤.

例 2-11　一质量为 m 的质点在 xOy 平面上运动，其位置矢量为 $\boldsymbol{r}=a\cos\omega t\boldsymbol{i}+b\sin\omega t\boldsymbol{j}$（SI），式中 a,b,ω 是正值常数，且 $a>b$. 求：$t=0$ 到 $t=\dfrac{\pi}{2\omega}$ 时间内合外力的功及分力 F_x,F_y 的功.

解　求出合外力及分力：

$$\boldsymbol{F}=m\boldsymbol{a}=m\frac{\mathrm{d}^2\boldsymbol{r}}{\mathrm{d}t^2}=-m\omega^2(x\boldsymbol{i}+y\boldsymbol{j})$$

$$F_x=-m\omega^2x,\quad F_y=-m\omega^2y$$

其中

$$x=a\cos\omega t,\quad y=b\sin\omega t$$

当 $t=0$ 时，$x=a,y=0$；当 $t=\dfrac{\pi}{2\omega}$ 时，$x=0,y=b$. 则合外力的功为

$$A=\int_a^0F_x\mathrm{d}x+\int_0^bF_y\mathrm{d}y=\frac{1}{2}m\omega^2(a^2-b^2)$$

分力 F_x,F_y 的功为

$$A_x=\int_a^0F_x\mathrm{d}x=\frac{1}{2}m\omega^2a^2,\quad A_y=\int_0^bF_y\mathrm{d}y=-\frac{1}{2}m\omega^2b^2$$

显然由动能定理也可以求出

$$v=\frac{\mathrm{d}\boldsymbol{r}}{\mathrm{d}t}=-\omega a\sin\omega t\boldsymbol{i}+\omega b\cos\omega t\boldsymbol{j}$$

当 $t=0$ 时，$v_0=\omega b\boldsymbol{j}$，大小 $v_0=\omega b$；当 $t=\frac{\pi}{2\omega}$ 时，$v=-\omega a\boldsymbol{i}$，大小 $v=\omega a$.

由动能定理得合外力的功为

$$A=\frac{1}{2}mv^2-\frac{1}{2}mv_0^2=\frac{1}{2}m\omega^2(a^2-b^2)$$

分力 F_x，F_y 的功为

$$A_x=\frac{1}{2}m(v_x^2-v_{0x}^2)=\frac{1}{2}m\omega^2a^2,\quad A_y=\frac{1}{2}m(v_y^2-v_{0y}^2)=-\frac{1}{2}m\omega^2b^2$$

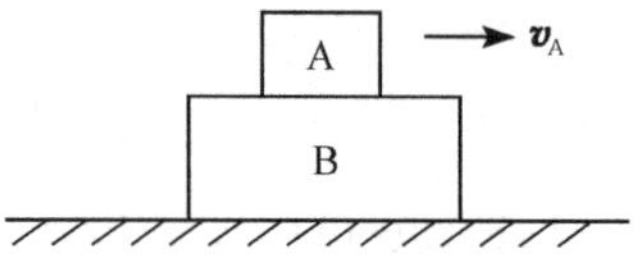

例 2-12 图

例 2-12　如附图所示，在光滑水平面一质量为 m_B 的静止物体 B，在 B 上又有一个质量为 m_A 的静止物体 A，现有一小球从左边射到 A 上并被弹回，于是 A 以速度 v_A（相对水平面的速度）向右运动. A 和 B 之间的摩擦系数为 μ. A 逐渐带动 B 运动，最后 A 与 B 以相同的速度一起运动，问 A 从开始运动到相对于 B 静止时，在 B 上移动了多长距离？

解　对于 A，B 组成的系统，在 A 开始运动到 A 带动 B 以相同速度 v 一起运动的过程中，作用在系统上的合外力为零，系统的动量守恒，因而有

$$m_Av_A=(m_A+m_B)v \tag{1}$$

设 A 从开始运动到相对于 B 静止时，在 B 上移动了 x 距离，而 B 相对与水平面移动了 l 距离，以地为参考系，根据动能定理，有

$$-\mu m_Ag(l+x)+\mu m_Agl=\frac{1}{2}(m_A+m_B)v^2-\frac{1}{2}m_Av_A^2$$

所以

$$\mu m_Agx=\frac{1}{2}m_Av_A^2-\frac{1}{2}(m_A+m_B)v^2 \tag{2}$$

联立式(1)、式(2)，解得

$$x=\frac{m_Bv_A^2}{2\mu g(m_A+m_B)}$$

例 2-13　如附图所示，在平面上放着一根倔强系数为 $k=500\text{N/m}$ 的弹簧，弹簧的一端靠着墙，另一端放有质量 $m=1\text{kg}$ 的滑块. 用手推动滑块压缩弹簧至压缩量 $x=0.2\text{m}$ 时松手，滑块被弹出并沿弧形路面上行. 当到达高度 $h=0.5\text{m}$ 处时的运动速率为 $v=1\text{m/s}$. 求整个过程中

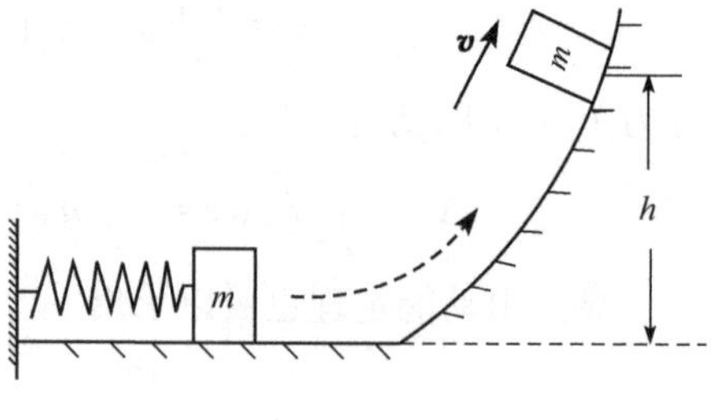

例 2-13 图

滑块所受到摩擦力做的功.

解　取滑块、弹簧、地球为系统，其合外力做功 $A_{外}=0$. 弹力与重力是保守内力，摩擦力为非保守内力，要求 $A_{非保内}$，可用功能原理. 以水平面为重力势能零点，弹簧原长为弹性势能零点，则系统的机械能为

初态　$E_{k0}=0,\quad E_{p0}=\frac{1}{2}kx^2,\quad E_0=E_{p0}+E_{k0}=\frac{1}{2}kx^2$

末态　$E_k=\frac{1}{2}mv^2,\quad E_p=mgh,\quad E=E_p+E_k=\frac{1}{2}mv^2+mgh$

摩擦力为非保守内力，由功能原理可得整个过程中摩擦力做功为

$$\begin{aligned}A_{非保内}&=E-E_0=\frac{1}{2}mv^2+mgh-\frac{1}{2}kx^2\\&=\left(\frac{1}{2}\times1\times1^2+1\times9.8\times0.5-\frac{1}{2}\times500\times0.2^2\right)=-4.6(\text{J})\end{aligned}$$

说明：在研究功能关系时，要注意系统的选取，分析好内力与外力，应该注意内力与外力是相对的，与所选取的研究对象有关. 同时要区分好内部保守力与非保守力的做功情况，从而决定运用功能原理还是机械能守恒定律.

例 2-14　如附图所示，一质量为 m 的地球卫星，沿半径为 $3R_E$ 的圆形轨道运动. R_E 为地球的半径. 已知地球的质量为 m_E. 求：(1) 卫星的动能；(2) 卫星的引力势能；(3) 卫星的机械能.

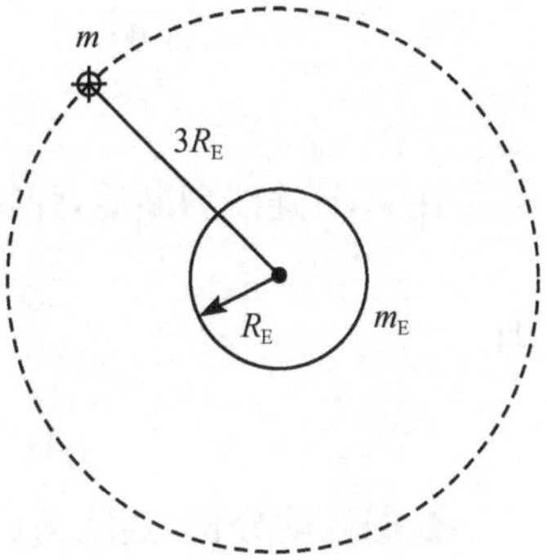

例 2-14 图

解　(1) 卫星与地球之间的万有引力提供卫星做圆周运动的向心力，由牛顿定律可得

$$G\frac{mm_E}{(3R_E)^2}=m\frac{v^2}{3R_E}$$

则

$$E_k=\frac{1}{2}mv^2=G\frac{mm_E}{6R_E}$$

(2) 取卫星与地球相距无限远 ($r\to\infty$) 时的势能为零，则处在轨道上的卫星 (与地球的系统) 所具有的势能为

$$E_p=\int_{3R_E}^{\infty}G\frac{mm_E}{r^2}\mathrm{d}r=-G\frac{mm_E}{3R_E}$$

(3) 卫星的机械能为

$$E=E_k+E_p=G\frac{mm_E}{6R_E}-G\frac{mm_E}{3R_E}=-G\frac{mm_E}{6R_E}$$

例 2-15　如附图所示，弹簧下面悬挂着质量分别为 m_1, m_2 的两个物体 A 和 B，设弹簧的倔强系数为 $k=8.9\text{N/m}$, $m_1=0.5\text{kg}$, $m_2=0.3\text{kg}$. 开始时它们都处于

静止状态. 若忽然将 A,B 之间的连线剪断,求物体 A 的最大速度是多少?

解　在 A,B 连线被剪断前,系统在 O_1 位置处于平衡,如附图(b)所示,此时弹簧伸长 y_1,则

$$(m_1+m_2)g=ky_1$$

即

$$y_1=\frac{m_1+m_2}{k}g=\frac{0.5+0.3}{8.9}\times 9.8=0.88(\mathrm{m})$$

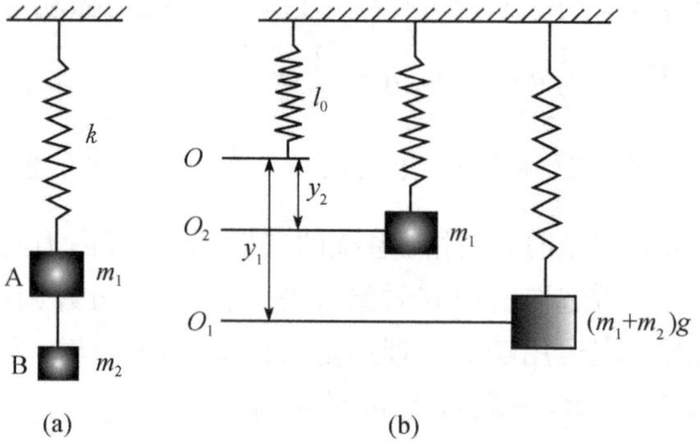

例 2-15 图

在 A,B 连线剪断后,弹簧下端只挂了物体 A,系统将在 O_2 位置处于平衡,则

$$m_1g=ky_2$$

即

$$y_2=\frac{m_1}{k}g=\frac{0.5}{8.9}\times 9.8=0.55(\mathrm{m})$$

根据运动分析,连线剪断后,物体 A 将以 O_2 为平衡位置上下来回振动,可见物体 A 通过 O_2 位置时具有最大速率 $v_{\max}$. 由于运动中 A 与弹簧组成的系统只受到弹性力 ky 和重力 m_1g 的作用,故机械能守恒. 取 O 点(弹簧原长处)为重力势能和弹性势能零点,对 A 为处于 O_1 和 O_2 两状态时总机械能相等,则有

$$\frac{1}{2}m_1v_{\max}^2-m_1gy_2+\frac{1}{2}ky_2^2=\frac{1}{2}ky_1^2-m_1gy_1$$

解得

$$\begin{aligned}v_{\max}&=\sqrt{\frac{1}{m_1}[k(y_1^2-y_2^2)-2m_1g(y_1-y_2)]}\\&=\sqrt{\frac{1}{0.5}[8.9\times(0.88^2-0.55^2)-2\times 0.5\times 9.8\times(0.88-0.55)]}\\&=1.39(\mathrm{m/s})\end{aligned}$$

例 2-16　航天器绕地球沿地表运动所需的速度称为第一宇宙速度 v_1,它脱离

地球所需的最小速度称为第二宇宙速度 v_2，它逃离太阳系所需的最小速度称为第三宇宙速度 v_3. 设地球的半径为 6.37×10^6m，地球绕太阳公转速度为 29.8×10^3m/s. 试计算 v_1,v_2,v_3.

解　本题是根据受力求运动状态.

(1) 第一宇宙速度可由航天器在地球引力作用下绕地球做圆周运动而求得

$$G\frac{mM_{地}}{r^2}=m\frac{v^2}{r}$$

$$v=\sqrt{G\frac{M_{地}}{r}}=\sqrt{\frac{R^2}{r}g_0} \tag{1}$$

式中 $g_0=G\dfrac{M_{地}}{R^2}$ 为地球表面处的重力加速度. 将 $r=R$ 代入上式，即得第一宇宙速度

$$v_1=\sqrt{Rg_0} \tag{2}$$

将地球半径 $R=6.37\times10^6$m，$g_0=9.8$m/s^2 代入上式，得

$$v_1=7.90\times10^3\text{m/s}$$

(2) 以地球和航天器为物体系，规定无穷远处势能为零，则在地球表面处系统的势能为 $-G\dfrac{mM_{地}}{R}$，动能为 $\dfrac{1}{2}mv^2$，航天器脱离地球到达引力可忽略的距离，系统势能为零，动能最小为零. 由机械能守恒，有

$$\frac{1}{2}mv_2^2-G\frac{mM_{地}}{R}=0 \tag{3}$$

由此求得第二宇宙速度

$$v_2=\sqrt{2Rg_0}=\sqrt{2}v_1=11.2\times10^3\text{m/s} \tag{4}$$

(3) 求第三宇宙速度可分两步进行：第一步从地球表面把航天器送出地球引力圈，在此过程略去太阳引力，这一步的计算方法与分析第二宇宙速度相似，所不同的是航天器还剩有一定的动能 $\dfrac{1}{2}mv^2$，因此

$$\frac{1}{2}mv_3^2-G\frac{mM_{地}}{R}=\frac{1}{2}mv^2 \tag{5}$$

由式(3)得

$$G\frac{mM_{地}}{R}=\frac{1}{2}mv_2^2$$

代入式(5)有

$$v_3^2=v_2^2+v^2 \tag{6}$$

第二步由航天器脱离地球引力圈的地点(认为在地球相对于太阳的轨道上)出发，以初速度 v 继续运动，逃逸太阳系，在这过程中忽略地球引力，以太阳为参考

系，地球绕太阳的公转速度为

$$v_1' = \sqrt{\frac{GM_{太}}{r_0}}$$

其中 $M_{太}$ 为太阳质量，r_0 为太阳中心到地球中心的距离，根据题中给定条件 $v_1' = 29.8\times10^3\,\text{m/s}$.

以太阳为参考系计算，逃离太阳引力范围所需的速度，与计算第二宇宙速度的式(4)相当，为

$$v_2' = \sqrt{\frac{2GM_{太}}{r_0}} = \sqrt{2}v_1'$$
$$= \sqrt{2}\times 29.8\times 10^3 = 42.1\times 10^3\,(\text{m/s})$$

为了充分利用地球的公转速度，使航天器在第二步开始时的速度沿公转方向. 这样，在第二步开始时，航天器所需的相对地球速度为

$$v = v_2' - v_1'$$
$$= 42.1\times 10^3 - 29.8\times 10^3 = 12.3\times 10^3\,(\text{m/s})$$

这就是第一步航天器所需的剩余动能所对应的速度. 代入式(6)得

$$v_3 = \sqrt{v_2^2 + v^2} = \sqrt{(11.2)^2 + (12.3)^2}\times 10^3$$
$$= 16.7\times 10^3\,(\text{m/s})$$

这就是第三宇宙速度. 注意这仅是在没有考虑空气阻力影响下的结果.

四、习题指导

（一）思考题

2-1　质量为 m 的小球，用轻绳 AB、BC 连接，如附图所示，剪断绳 AB 前后的瞬间，绳 BC 中的张力比 $T : T'$ 为多少？

答　$1/\cos^2\theta$.

2-2　如附图所示，一质点在几个力的作用下，沿半径为 R 的圆周运动，其中一个力是恒力 $\boldsymbol{F}_0$，方向始终沿 x 轴正向，即 $\boldsymbol{F}_0 = F_0\boldsymbol{i}$，当质点从 A 点沿逆时针方向走过 3/4 圆周到达 B 点时，$\boldsymbol{F}_0$ 所做的功为多少？

答　$-F_0R$.

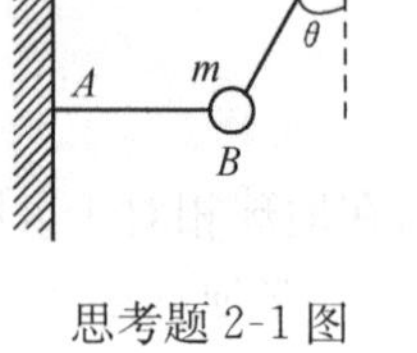

思考题 2-1 图

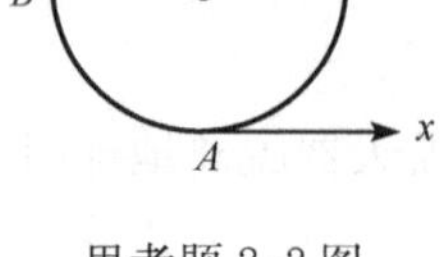

思考题 2-2 图

2-3　已知地球质量为 M，半径为 R. 一质量为 m 的火箭从地面上升到距地面高度为 $2R$ 处. 在此过程中，地球引力对火箭做的功为多少？

答　$GMm\left(\frac{1}{3R}-\frac{1}{R}\right)$.

2-4　一质量为 M 的质点沿 x 轴正向运动，假设该质点通过坐标为 x 时的速度大小为 kx（k 为正常量），则此时作用于该质点上的力 F 为多少？该质点从 $x=x_0$ 点出发运动到 $x=x_1$ 处所经历的时间 Δt 为多少？

答　Mk^2x；$\frac{1}{k}\ln\frac{x_1}{x_0}$.

2-5　设作用在质量为 1kg 的物体上的力 $F=6t+3$(SI). 如果物体在这一力的作用下，由静止开始沿直线运动，在 0 到 2s 的时间间隔内，这个力作用在物体上的冲量大小 I 为多少？

答　18N · s.

2-6　试说明质点做何种运动时，将出现下述各种情况（$v\neq 0$，a_τ，a_n 分别表示切向加速度和法向加速度）：(1) $a_\tau\neq 0$，$a_n\neq 0$；(2) $a_\tau\neq 0$，$a_n=0$.

答　变速率曲线运动；变速率直线运动.

2-7　质量为 m 的物体，初速为零，从原点起沿 x 轴正向运动. 所受外力方向沿 x 轴正向，大小为 $F=kx$. 物体从原点运动到坐标为 x_0 的点的过程中所受外力冲量的大小为多少？

答　$\sqrt{mkx_0^2}$.

2-8　有一人造地球卫星，质量为 m，在地球表面上空 2 倍于地球半径 R 的高度沿圆轨道运行，用 m，R，引力常数 G 和地球的质量 M 表示，卫星的动能和引力势能分别为多少？

答　$GMm/(6R)$；$-GMm/(3R)$.

2-9　在经典力学中，下列哪些物理量与参考系的选取有关：质量、动量、冲量、动能、势能、功？

答　动量、动能、功.

（二）习题

2-1　质量为 m 的子弹以速度 v_0 水平射入沙土中，设子弹所受阻力与速度反向，大小与速度成正比，比例系数为 k，忽略子弹的重力，求：

(1) 子弹射入沙土后，速度随时间变化的函数式；

(2) 子弹进入沙土的最大深度.

解　(1) 子弹进入沙土后受力为 $-kv$，由牛顿定律，有

$$-kv=m\frac{\mathrm{d}v}{\mathrm{d}t},\quad \text{即}-\frac{k}{m}\mathrm{d}t=\frac{\mathrm{d}v}{v}$$

两边积分

$$-\int_0^t \frac{k}{m}\mathrm{d}t = \int_{v_0}^{v} \frac{\mathrm{d}v}{v}$$

于是得

$$v = v_0 \mathrm{e}^{-kt/m}$$

(2) 求最大深度

解法一:由 $v=\frac{\mathrm{d}x}{\mathrm{d}t}$得

$$\mathrm{d}x = v_0 \mathrm{e}^{-kt/m}\mathrm{d}t$$

两边积分

$$\int_0^x \mathrm{d}x = \int_0^t v_0 \mathrm{e}^{-kt/m}\mathrm{d}t$$

于是有 $x=(m/k)v_0(1-\mathrm{e}^{-kt/m})$,得最大深度

$$x_{\max} = \frac{mv_0}{k}$$

解法二:由 $-kv=m\frac{\mathrm{d}v}{\mathrm{d}t}=m\frac{\mathrm{d}v}{\mathrm{d}x}\cdot\frac{\mathrm{d}x}{\mathrm{d}t}=mv\frac{\mathrm{d}v}{\mathrm{d}x}$得

$$\mathrm{d}x = -\frac{m}{k}\mathrm{d}x, \quad \int_0^{x_{\max}} \mathrm{d}x = \int_{v_0}^{0} \frac{m}{k}\mathrm{d}v$$

于是有

$$x_{\max} = \frac{mv_0}{k}$$

2-2 某弹簧不遵守胡克定律,若施力 F,则相应伸长为 x,力与伸长的关系为 $F=52.8x+38.4x^2$(SI),求:

(1) 将弹簧从定长 $x_1=0.50$m 拉伸到定长 $x_2=1.00$m 时,外力所需做的功;

(2) 将弹簧横放在水平光滑桌面上,一端固定,另一端系一个质量为 2.17kg 的物体,然后将弹簧拉伸到一定长 $x_2=1.00$m,再将物体由静止释放,求当弹簧回到 $x_1=0.50$m 时,物体的速率;

(3) 此弹簧的弹力是保守力吗?

解 (1) 外力做的功

$$A = \int \boldsymbol{F}\cdot\mathrm{d}\boldsymbol{x} = \int_{x_1}^{x_2}(52.8x + 38.4x^2)\mathrm{d}x = 31(\mathrm{J})$$

(2) 设弹力为 $\boldsymbol{F}'$,则

$$\frac{1}{2}mv^2 = \int_{x_1}^{x_2}\boldsymbol{F}'\cdot\mathrm{d}\boldsymbol{x} = -A$$

所以

$$v=\sqrt{-2A/mv}=5.34\mathrm{m/s}$$

(3) 此力为保守力,因为其功的值仅与弹簧的始末态有关.

2-3 两个质量分别为 m_1 和 m_2 的木块 A 和 B,用一个质量忽略不计、弹性系

数为 k 的弹簧连接起来，放置在光滑水平面上，使 A 紧靠墙壁，如附图所示，用力推木块 B 使弹簧压缩 x_0，然后释放，已知 $m_1=m$，$m_2=3m$，求：

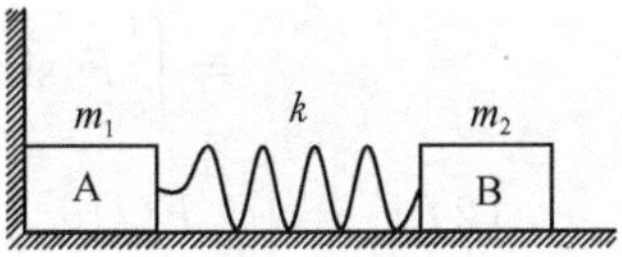

习题 2-3 图

(1) 释放后，A，B 两木块速度相等时的速度的大小；

(2) 释放后，弹簧的最大伸长量.

解　(1) 释放后，弹簧恢复到原长时 A 将要离开墙壁，设此时 B 的速度为 v_{B0}，由机械能守恒，有

$$\frac{1}{2}kx_0^2=\frac{3}{2}mv_{B0}^2$$

得

$$v_{B0}=x_0\sqrt{\frac{k}{3m}}$$

A 离开墙壁后，系统在光滑水平面上运动，系统动量守恒，机械能守恒，有

$$m_1v_1+m_2v_2=m_2v_{B0} \qquad ①$$

$$\frac{1}{2}m_1v_1^2+\frac{1}{2}kx^2+\frac{1}{2}m_2v_2^2=\frac{1}{2}m_2v_{B0}^2 \qquad ②$$

当 $v_1=v_2$ 时，由式①解出

$$v_1=v_2=\frac{3}{4}v_{B0}=\frac{3}{4}x_0\sqrt{\frac{k}{3m}}$$

(2) 弹簧有最大伸长量时，$v_1=v_2=\frac{3}{4}v_{B0}$，再由式②解出

$$x_{max}=\frac{x_0}{2}$$

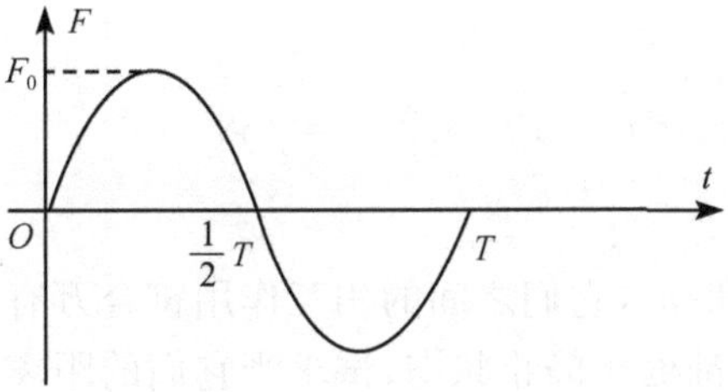

习题 2-4 图

2-4　质量为 m 的质点开始时静止，在如附图所示合力 F 的作用下沿直线运动，已知 $F=F_0\sin(2\pi t/T)$，方向与直线平行，求：

(1) 在 0 到 T 时间内，力 $\boldsymbol{F}$ 的冲量大小；

(2) 在 0 到 $\frac{1}{2}T$ 时间内，力 $\boldsymbol{F}$ 的冲量大小；

(3) 在 0 到 $\frac{1}{2}T$ 时间内，力 $\boldsymbol{F}$ 所做的总功；

(4) 试说明质点的运动情况.

解　(1) $I_1=\int_0^T F(t)\mathrm{d}t$

$$=\int_0^T F_0\sin(2\pi t/T)\mathrm{d}t=-\frac{TF_0}{2\pi}\cos\frac{2\pi t}{T}\Big|_0^T=0$$

(2) $I_2=\int_0^{T/2}F(t)\mathrm{d}t$

$$=\int_0^{T/2}F_0\sin(2\pi t/T)\mathrm{d}t=-\frac{TF_0}{2\pi}\cos\frac{2\pi t}{T}\Big|_0^{T/2}=\frac{TF_0}{\pi}$$

(3) $a=\dfrac{F}{m}=\dfrac{F_0\sin(2\pi t/T)}{m}$，由于 $v_0=0$，所以

$$v=\int_0^t a\mathrm{d}t=\int_0^t\frac{F_0}{m}\sin(2\pi t/T)\mathrm{d}t$$

$$=-\frac{TF_0}{2\pi m}\cos\frac{2\pi t}{T}\Big|_0^t=-\frac{TF_0}{2\pi m}\left[\cos\left(\frac{2\pi t}{T}\right)-1\right]$$

由动能定理 $A=\frac{1}{2}mv^2-\frac{1}{2}mv_0^2$，而 $t=0$ 时，$v_0=0$；$t=\frac{T}{2}$时，$v=\frac{TF_0}{m\pi}$. 所以

$$A=\frac{T^2F_0^2}{2m\pi^2}$$

(4) 质点在 0 到 $t=\frac{T}{2}$时间内，由静止开始做变加速直线运动，$\frac{T}{2}$到 T 时间内，做变减速直线运动到静止，T 到$\frac{3T}{2}$时间内，由静止开始做变加速直线运动……速度大小做这样周期性变化的直线运动，速度方向始终不变，因而质点总沿一个方向运动.

2-5　质量 $m=2\mathrm{kg}$ 的物体沿 x 轴做直线运动，所受合外力 $F=10+6x^2$(SI). 如果在 $x_0=0$ 处时速度 $v_0=0$；试求该物体运动到 $x=4\mathrm{m}$ 处时速度的大小.

解　对物体用动能定理，有

$$\frac{1}{2}mv^2-0=\int_0^4F\mathrm{d}x=\int_0^4(10+6x^2)\mathrm{d}x=10x+2x^3=168$$

得 $v=13\mathrm{m/s}$.

2-6　两个自由质点，其质量分别为 m_1 和 m_2，它们之间的相互作用符合万有引力定律. 开始时，两质点间的距离为 l，它们都处于静止状态，试求当它们的距离变为$\frac{l}{2}$时，两质点的速度各为多少？

解　两自由质点组成的系统在自身的引力场中运动时，系统的动量和机械能均守恒. 设两质点的间距变为$\frac{l}{2}$时，它们的速度分别为 v_1 及 v_2，则有

$$m_1v_1-m_2v_2=0 \qquad ①$$

$$\frac{-Gm_1m_2}{l}=\frac{1}{2}m_1v_1^2+\frac{1}{2}m_2v_2^2-\frac{-2Gm_1m_2}{l} \qquad ②$$

联立式①和②，解得

$$v_1 = m_2\sqrt{\frac{2G}{l(m_1+m_2)}},\quad v_2 = m_1\sqrt{\frac{2G}{l(m_1+m_2)}}$$

2-7　已知一质量为 m 的质点在 x 轴上运动，质点只受到指向原点的引力的作用，引力大小与质点离原点的距离 x 的平方成反比，即 $f=-k/x^2$，k 是比例常数. 设质点在 $x=A$ 时的速度为零，求 $x=\dfrac{A}{4}$处的速度的大小.

解　根据牛顿第二定律，有 $f=-\dfrac{k}{x^2}$，即 $m\dfrac{\mathrm{d}v}{\mathrm{d}t}=-\dfrac{k}{x^2}$. 而

$$m\frac{\mathrm{d}v}{\mathrm{d}t} = m\frac{\mathrm{d}v}{\mathrm{d}x}\frac{\mathrm{d}x}{\mathrm{d}t} = mv\frac{\mathrm{d}v}{\mathrm{d}x}$$

于是 $mv\dfrac{\mathrm{d}v}{\mathrm{d}x}=-\dfrac{k}{x^2}$，分离变量并积分得

$$\int_0^v v\mathrm{d}v = \int_A^{A/4} -\frac{k}{m}\frac{\mathrm{d}x}{x^2},\quad \frac{1}{2}v^2 = \frac{k}{m}\left(\frac{4}{A}-\frac{1}{A}\right) = \frac{3}{mA}k$$

故有 $v=\sqrt{6k/(mA)}$.

2-8　一个质点在指向中心的平方反比力 $F=k/r^2$（k 为常数）的作用下，做半径为 r 的圆周运动，求质点运动的速度和总机械能，选取距力心无穷远处的势能为零.

解　设质点速度为 v，则向心加速度为 v^2/r，向心力为 k/r^2，即

$$\frac{k}{r^2} = m\frac{v^2}{r},\quad v = \sqrt{\frac{k}{mr}}$$

因为 $r=\infty$为势能零点，则

$$E_{\mathrm{p}} = \int_r^{\infty}\boldsymbol{F}\cdot\mathrm{d}\boldsymbol{r} = \int_r^{\infty}\frac{k}{r^2}\mathrm{d}r = -\frac{k}{r}$$

于是，总机械能为

$$E = E_{\mathrm{k}} + E_{\mathrm{p}} = \frac{1}{2}mv^2 - \frac{k}{r} = \frac{k}{2r} - \frac{k}{r} = -\frac{k}{2r}$$

2-9　设两个粒子之间相互作用力是排斥力，其大小与它们之间的距离 r 的函数关系为 $f=k/r^3$，k 为正常数，试求这两个粒子相距为 r 时的势能（设相互作用力为零的地方势能为零）.

解　根据两个粒子的相互作用力 $f=k/r^3$，且 $f=0$ 即 $r=\infty$处为势能零点，于是有

$$E_{\mathrm{p}} = W_{\mathrm{p}\infty} = \int_r^{\infty}\boldsymbol{f}\cdot\mathrm{d}\boldsymbol{r} = \int_r^{\infty}\frac{k}{r^3}\mathrm{d}r = \frac{k}{2r^2}$$

第3章　刚体力学

一、基本要求

(1) 掌握刚体的概念,理解刚体的基本运动与质点运动的区别和联系.

(2) 掌握描述刚体定轴转动的物理量和运动学规律,以及线量和角量的关系.

(3) 理解转动惯量的意义,能计算简单刚体对某些给定轴的转动惯量.

(4) 理解力矩的概念,掌握刚体做定轴转动的动力学方程,能用转动定律求解简单的刚体定轴问题.

(5) 理解角动量、冲量矩概念,并能对含有定轴转动刚体在内的系统正确运用角动量定理和角动量守恒定律.

(6) 掌握力矩的功,刚体的转动动能和重力势能的计算,并能对系统正确运用功能原理和机械能守恒定律.

二、内容提要

1. 刚体的基本运动

平动　刚体可用质点代替,用质点力学处理具体问题.

定轴转动　刚体上各点绕定轴做圆周运动,可以用某一点的一组角量来描述.

2. 刚体定轴转动的运动学公式

$$\theta = \theta(t),\quad \omega = \frac{d\theta}{dt},\quad \beta = \frac{d\omega}{dt} = \frac{d^2\theta}{dt^2}$$

线量与角量的关系

$$v = r\omega,\quad a_\tau = r\beta,\quad a_n = \frac{v^2}{R} = R\omega^2$$

匀速定轴转动

$$\theta = \theta_0 + \omega t$$

匀变速定轴转动

$$\omega = \omega_0 + \beta t,\quad \theta = \theta_0 + \omega t + \frac{1}{2}\beta t^2,\quad \omega^2 - \omega_0^2 = 2\beta(\theta - \theta_0)$$

3. 力矩的瞬时效应

(1) 转动惯量

$$I = \sum_i m_i r_i^2,\quad I = \int_m r^2 dm$$

平行轴定理 $I=I_c+md^2$

垂直轴定理 $I=I_x+I_y$

(2) 力矩

$$\boldsymbol{M}=\boldsymbol{r}\times\boldsymbol{F}$$

刚体 $\sum_i \boldsymbol{M}_{i内}=0$

(3) 转动定律

$$\boldsymbol{M}=I\boldsymbol{\beta},\quad \boldsymbol{M}=I\frac{\mathrm{d}\boldsymbol{\omega}}{\mathrm{d}t}=\frac{\mathrm{d}(I\boldsymbol{\omega})}{\mathrm{d}t}=\frac{\mathrm{d}\boldsymbol{L}}{\mathrm{d}t}\quad (I\text{ 为常量})$$

4. 力矩的时间积累效应

(1) 角动量

质点 $\boldsymbol{L}=\boldsymbol{r}\times m\boldsymbol{v}$

刚体 $\boldsymbol{L}=I\boldsymbol{\omega}$

(2) 冲量矩

$$\mathrm{d}\boldsymbol{J}=\boldsymbol{M}\mathrm{d}t,\quad \boldsymbol{J}=\int_{t_0}^{t}\boldsymbol{M}\mathrm{d}t$$

(3) 角动量定理

$$\boldsymbol{M}=\frac{\mathrm{d}\boldsymbol{L}}{\mathrm{d}t}=\frac{\mathrm{d}(I\boldsymbol{\omega})}{\mathrm{d}t}\ (\text{微分形式}),\quad \int_{t_0}^{t}\boldsymbol{M}\mathrm{d}t=I\boldsymbol{\omega}-I_0\boldsymbol{\omega}_0\ (\text{积分形式})$$

(4) 角动量守恒定律

若 $\boldsymbol{M}=0$,则 $\boldsymbol{L}=I\boldsymbol{\omega}=I_0\boldsymbol{\omega}_0=$常量.

5. 力矩的空间积累效应

(1) 力矩的功

$$A_{AB}=\int_A^B\boldsymbol{F}\cdot\mathrm{d}\boldsymbol{r}=\int_A^B\boldsymbol{M}\cdot\mathrm{d}\boldsymbol{\theta}$$

功率 $\boldsymbol{N}=\frac{\mathrm{d}A}{\mathrm{d}t}=\boldsymbol{M}\cdot\boldsymbol{\omega}$

(2) 转动动能

$$E_k=\frac{1}{2}I\omega^2$$

重力势能 $E_p=mgh_c$

(3) 动能定理

$$A_{AB}=\frac{1}{2}I\omega_B^2-\frac{1}{2}I\omega_A^2$$

(4) 系统(含刚体,质点)功能原理

$$A_{外}+A_{非保守内}=E-E_0$$

(5) 系统(含刚体,质点)机械能守恒定律

$$若\ A_{外} + A_{非保守内} = 0, \quad E = E_0$$

6. 刚体质心的运动规律

$$\sum \boldsymbol{F}_i = m\boldsymbol{a}_c$$

刚体绕通过质心转轴的转动定律

$$\sum \boldsymbol{M}_{外} = I_c\boldsymbol{\beta}$$

式中，$\boldsymbol{a}_c$ 刚体质心的加速度，I_c 为刚体绕通过质心转轴的转动惯量.

三、例题详解

例 3-1 一轮子从静止开始加速，它的角速度在 6s 内均匀增加到 200r/min，以这个速度转动一段时间后进行制动，再过 5min 轮子停止，若轮子的转数为 3100r，试计算总的转动时间.

解 整个转动过程是由静止开始匀加速运动的，然后匀速转动，再匀减速转动到停止.

在匀加速转动中，由 $\theta_{匀加速} = \theta_0 + \bar{\omega}t_1$，其中 $\theta_0 = 0$，$\bar{\omega} = \frac{\omega_0 + \omega}{2}$，$\omega_0 = 0$，得

$$\theta_{匀加速} = \frac{1}{2}\omega t_1 = \frac{1}{2} \times \frac{2\pi \times 200}{60} \times 6 = 20\pi(\text{rad})$$

匀减速转动中有

$$\theta_{匀减速} = \bar{\omega}t_2 = \frac{1}{2}\omega t_2 = \frac{1}{2} \times \frac{2\pi \times 200}{60} \times 5 \times 60 = 1000\pi(\text{rad})$$

在匀速转动中有

$$\theta_{匀速} = \theta_{总} - \theta_{匀加速} - \theta_{匀减速} = (3100 - 10 - 500) \times 2\pi = 2590 \times 2\pi(\text{rad})$$

$$t_2 = \frac{\theta_{匀速}}{\omega} = \frac{2590 \times 2\pi}{200 \times 2\pi/60} = 12.95(\text{min})$$

所以总的转动时间为

$$t_{总} = t_1 + t_2 + t_3 = \left(\frac{6}{60} + 12.95 + 5\right) = 18.1(\text{min})$$

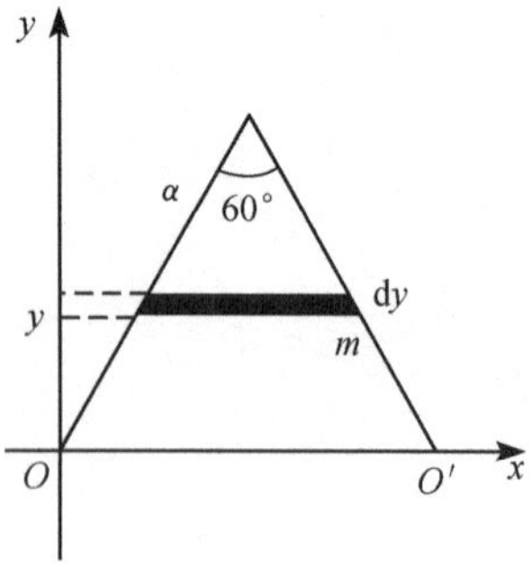

例 3-2 图

说明：刚体做匀变速（或匀速）转动时，其运动学特征类似于质点做匀变速（或匀速）直线运动，因此质点做匀变速（或匀速）直线运动的有关公式有助于对刚体匀变速（或匀速）转动相关公式的记忆.

例 3-2 如附图所示，有一正三角形的匀质薄板，边长为 a，质量为 m，试求此板对任一边的转动惯量.

解 如附图建立坐标系并选取面元，设正三角形的高为 $h = \frac{1}{2}a\tan 60°$，其质量面密度 $\sigma = \frac{m}{\sqrt{3}a^2/4}$，则此

正三角形薄板绕一边轴的转动惯量为

$$I=\int_0^{y_1} y^2\mathrm{d}m=\int_0^h y^2\sigma\mathrm{d}s=\int_0^{\frac{1}{2}a\tan60^\circ} y^2\sigma\left(a-\frac{2y}{\tan60^\circ}\right)\mathrm{d}y=\frac{1}{8}ma^2$$

说明:在计算转动惯量时注意质元的选取,要保证所选质元上各点到转轴的距离都是相等的才是符合选取条件的,同时在计算时往往还要结合一定的几何关系求解.

例 3-3 如附图所示,在质量为M,半径为R的匀质圆盘上挖出半径为r的两个圆孔,圆孔中心O在半径R的中点,求剩余部分对过大圆盘中心且与盘面垂直的轴线的转动惯量.

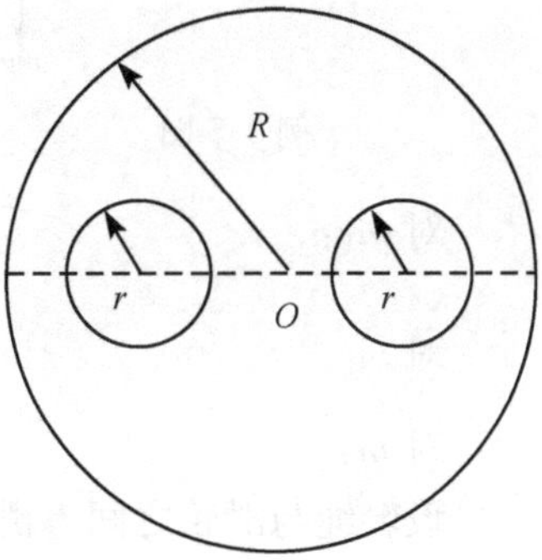

例 3-3 图

解 采用补偿发求解. 将此物体看成一完整圆盘和负质量的两个小圆盘组成的系统,总的转动惯量为三者之和. 小圆盘绕大圆盘中心轴的转动惯量可应用平行轴定理求解.

设未挖两个圆孔之前大圆盘的转动惯量为I,半径为r的小圆盘转动惯量为I_1和$I_2(I_1=I_2)$,则$I_z=I-I_1-I_2$,所以

$$\begin{aligned}I_z&=\frac{1}{2}MR^2-2\left[\frac{1}{2}\frac{M}{\pi R^2}\pi r^2r^2+\frac{M}{\pi R^2}\pi r^2\left(\frac{R}{2}\right)^2\right]\\&=\frac{1}{2}M\left(R^2-r^2-\frac{2r^4}{R^2}\right)\end{aligned}$$

例 3-4 一转动惯量为I的圆盘绕一固定轴转动,起初角速度为ω_0. 设它所受阻力矩与转动角速度成正比,即$M=-k\omega$(k为正的常数),求圆盘的角速度从ω_0变为$\frac{1}{2}\omega_0$时所需的时间.

解 根据转动定律有

$$I\frac{\mathrm{d}\omega}{\mathrm{d}t}=-k\omega$$

所以

$$\frac{\mathrm{d}\omega}{\omega}=-\frac{k\mathrm{d}t}{I}$$

$$\int_{\omega_0}^{\omega_0/2}\frac{\mathrm{d}\omega}{\omega}=-\int_0^t\frac{k}{I}\mathrm{d}t$$

两边积分得

$$t=\frac{I\ln2}{k}$$

说明:本题属于刚体动力学第二类基本问题,其解题方式类似于质点动力学的第二类基本问题,所不同的是刚体中体现出的是“矩”的概念. 因此在处理刚体动力

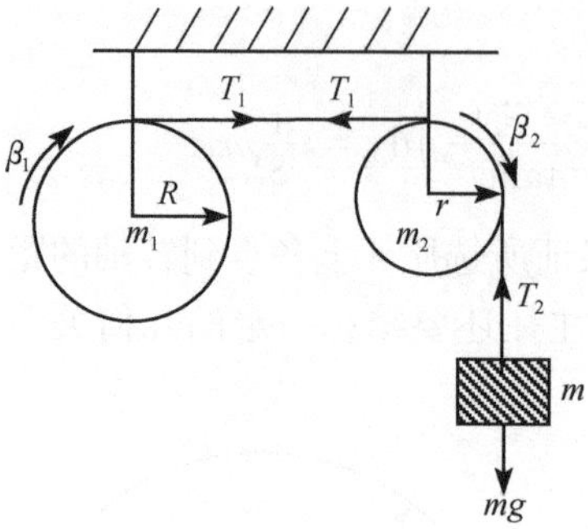

例 3-5 图

学问题时，可与质点的动力学问题进行类比研究，从而使很多问题的处理得以简化.

例 3-5　质量 $m_1=24\text{kg}$ 的匀质圆盘可绕水平光滑轴转动，一轻绳缠绕于盘上，另一端通过质量为 $m_2=5\text{kg}$ 的具有水平光滑轴的圆盘形定滑轮后挂有 $m=10\text{kg}$ 的物体，如附图所示. 求当物体 m 由静止开始下落了 $h=0.5\text{m}$ 时，物体 m 的速度及绳中的张力.

解　各物体受力情况如附图所示.

对 m_1：

$$T_1R=\frac{1}{2}m_1R^2\beta_1 \tag{1}$$

对 m_2：

$$T_2r-T_1r=\frac{1}{2}m_2r^2\beta_2 \tag{2}$$

对 m：

$$mg-T_2=ma \tag{3}$$

设轻绳与滑轮之间不滑，有

$$a=R\beta_1=r\beta_2 \tag{4}$$

$$v^2=2ah \tag{5}$$

求解联立方程，代入数据，可得

$$v=2\text{m/s},\quad T_1=48\text{N},\quad T_2=58\text{N}$$

说明：(1) 用转动定律求解问题与牛顿定律求解问题一样，关键是正确的受力分析，而且，应当强调的是，由于求解力矩与求解力紧密联系，因而，用转动定律求解问题时，往往需要求解力.

(2) 如果系统中既有物体平动又有物体转动，那么，对转动物体，存在线量与角量的自然连接条件.

例 3-6　质量为 m_1、半径为 r_1 的匀质圆轮 A，以角速度 ω 绕通过其中心的水平光滑轴转动，若此时将其放在质量为 m_2 半径为 r_2 的另一匀质圆轮 B 上，B 轮原为静止，但可绕通过其中心的水平光滑轴转动，放置后 A 轮的重量由 B 轮支持，如附图(a)所示. 设两轮间的摩擦系数为 μ，A、B 轮对各自转轴的转动惯量分别为 $\frac{1}{2}m_1r_1^2$ 和 $\frac{1}{2}m_2r_2^2$. 证明：A 轮放在 B 轮上到两轮间没有相对滑动为止，经过的时间为

$$t=\frac{m_2r_1\omega}{2\mu g(m_1+m_2)}$$

解　两轮间没有相对滑动时，两轮的角速度 ω_1 和 ω_2 必有关系

$$r_1\omega_1=r_2\omega_2$$

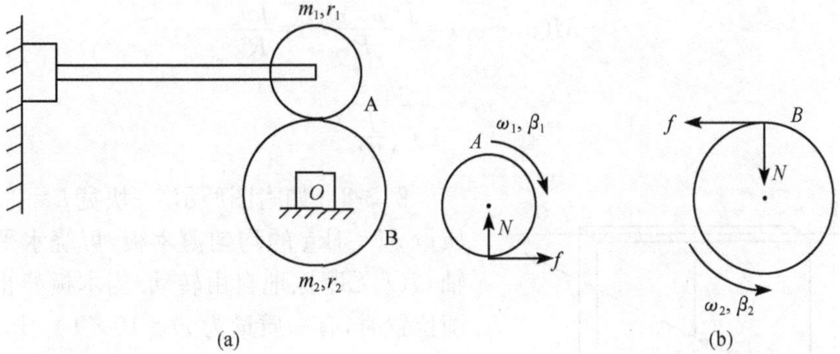

例 3-6 图

另外，由转动定律，有

$$-fr_1 = \frac{1}{2}m_1 r_1^2 \beta_1, \quad fr_2 = \frac{1}{2}m_2 r_2^2 \beta_2$$

$$f = \mu N, \quad N = m_1 g$$

$$\beta_1 = \frac{\omega_1 - \omega}{t}, \quad \beta_2 = \frac{\omega_2 - 0}{t}$$

则

$$t = \frac{m_2 r_1 \omega}{2\mu g(m_1 + m_2)}$$

例 3-7 一半径为 R、转动惯量为 J 的圆柱体 B，可以绕水平固定轴 O 无摩擦地转动，起初圆柱体静止，一质量为 M 的木块以速度 v_1 在光滑平面上向右滑动，并擦过圆柱体的上表面跃上另一同高度的光滑平面，如附图所示. 设它和圆柱体脱离接触以前，它们之间无相对滑动，试求木块的最后速率 v_2.

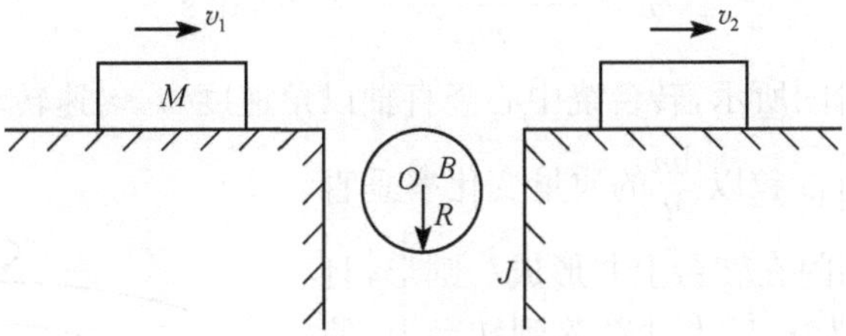

例 3-7 图

解 由动量定理，对木块 M 有

$$-f\Delta t = M(v_2 - v_1)$$

对于圆柱体，由角动量定理有

$$f\Delta tR = J(\omega - \omega_0)$$

而 $\omega_0 = 0$，所以

$$-M(v_2-v_1)=\frac{J(\omega-\omega_0)}{R}=\frac{Jv_2}{R^2}$$

所以

$$v_2=\frac{v_1}{1+\dfrac{J}{MR^2}}$$

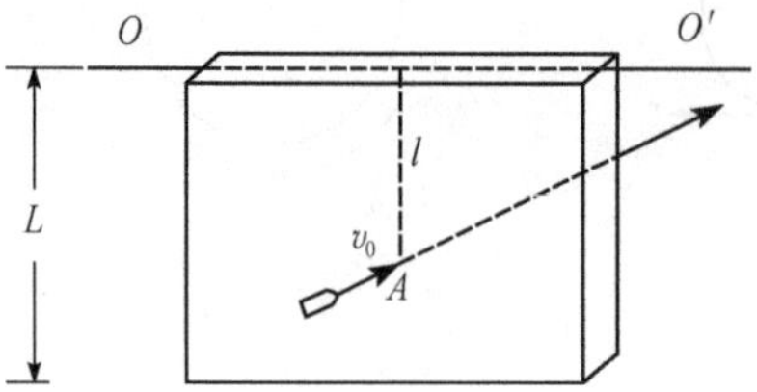

例 3-8 图

例 3-8 如附图所示. 一块宽 $L=0.60\text{m}$、质量 $M=1\text{kg}$ 的均匀薄木板,可绕水平固定轴 OO' 无摩擦地自由转动. 当木板静止在平衡位置时,有一质量为 $m=10\times10^{-3}\text{kg}$ 的子弹垂直击中木板 A 点,A 离转轴 OO' 距离 $l=0.36\text{m}$,子弹击中木板的速度为 500m/s,穿出木板后的速度为 200m/s. 求:(1)子弹给予木板的冲量;(2)木板获得的角速度$\left(\text{已知木板绕 }OO'\text{ 袖的转动惯量 }J=\frac{1}{3}ML^2\right)$.

解 (1) 子弹受到的冲量为

$$I=\int F\mathrm{d}t=m(v-v_0)$$

子弹对木块的冲量为

$$I'=\int F'\mathrm{d}t=-\int F\mathrm{d}t=m(v_0-v)=3\text{N}\cdot\text{s}$$

方向 v_0 相同.

(2) 根据角动量定理

$$\int M\mathrm{d}t=l\int F'\mathrm{d}t=lm(v_0-v)$$

$$\omega=\frac{3lm(v_0-v)}{mL^2}=9\text{rad/s}$$

例 3-9 如附图所示,转台绕中心竖直轴以角速度 ω_0 匀速转动,转台对轴的转动惯量为 I_0,现有沙粒以$\frac{\mathrm{d}m}{\mathrm{d}t}$的质量变化率垂直落入转台,沙粒黏附在转台上并形成一圆形,且沙粒距轴的半径为 r. 试求沙粒落到转台上,使转台角速度减小到$\frac{\omega_0}{2}$时所需要的时间.

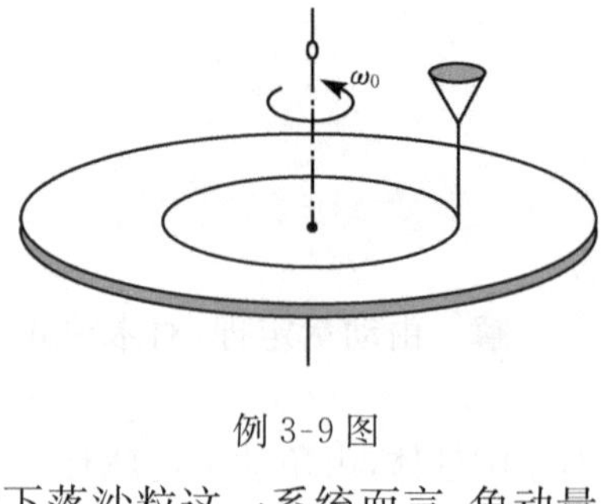

例 3-9 图

解 取转台和下落沙粒为研究系统,沙粒垂直落入转台,沙粒对竖直轴的角动量为零. 沙粒黏附于转台时,即从转台获得角动量,对转台和下落沙粒这一系统而言,角动量守恒,即

$$I_0\omega_0 = I\omega$$

由于沙粒不断落在转台上，则这一系统对中心竖直轴的转动惯量为

$$I = I_0 + \int_0^m r^2 \mathrm{d}m = I_0 + \int_0^t r^2 \lambda \mathrm{d}t = I_0 + r^2 \lambda t$$

式中，质量变化率 $\lambda = \frac{\mathrm{d}m}{\mathrm{d}t}$，且按照题意 $\omega = \frac{\omega_0}{2}$，可得

$$I_0\omega_0 = (I_0 + r^2\lambda t)\frac{\omega_0}{2}$$

则有

$$t = \frac{I_0}{\lambda r^2}$$

例 3-10 粗糙的水平桌面上，有一长为 $2L$、质量为 m 的匀质细杆，可绕通过其中点且垂直于杆的竖直光滑固定轴 O 自由转动，杆与桌面间的摩擦系数为 μ，起初杆静止. 桌面上有两个质量均为 m 的小球，各自在垂直于杆的方向上，正对着杆的一端，以相同的速率 v 相向运动，并与杆的两端同时发生完全非弹性碰撞(设碰撞时间极短)，如附图所示. 求：

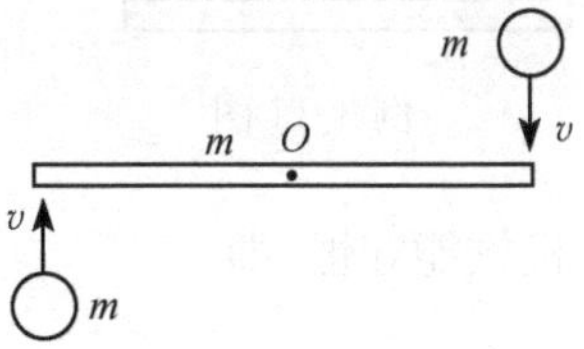

例 3-10 图

(1) 两小球与杆刚碰后，这一系统的角速度为多少？

(2) 杆经多少时间停止转动(不计两小球重力造成的摩擦力矩)？

解 (1) 对杆和两小球组成的系统：初看起来，由于有摩擦外力矩的存在，碰撞过程中好像角动量不守恒. 但仔细分析一下便知：由于碰撞时间极短，摩擦外力矩与杆和两小球碰撞过程中的内力矩比较起来，完全可以忽略，系统角动量仍守恒，于是

$$2Lmv = (I + 2mL^2)\omega_0$$

其中

$$I = \frac{1}{12}m(2L)^2 = \frac{1}{3}mL^2$$

解得 $\omega_0 = \frac{6v}{7L}$，方向为正方向.

(2) 摩擦力矩

$$M_\mu = -2\int_0^L \mu \frac{m}{2L} gx\,\mathrm{d}x = -\mu mg\,\frac{L}{2}$$

$$\beta = \frac{M_\mu}{I} = -\frac{3\mu g}{2L}$$

由 $\omega = \omega_0 + \beta t$，当 $\omega = 0$ 时，得

$$t = \frac{4v}{7\mu g}$$

例 3-11 如附图所示，一质量为 M，长为 l 的均匀细棒，以 O 点为轴，从静止

在与竖直方向成θ角处自由下摆，到竖直位置时，与光滑桌面上一质量为m的静止物体发生弹性碰撞，求碰撞后M的角速度和物体m的速度.

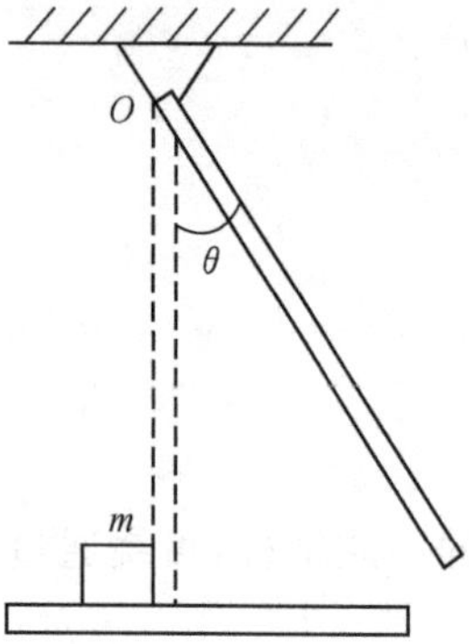

例 3-11 图

分析：将m视为质点，当细棒绕O点从初始位置转到竖直位置，这个过程机械能守恒；细棒与物体发生碰撞，动量不守恒但角动量守恒，由于弹性碰撞，这个过程当中没有能量损失.

解　细棒自由下摆，机械能守恒，设杆摆到竖直位置时角速度为ω_0，则

$$Mg\,\frac{l}{2}(1-\cos\theta)=\frac{1}{2}I\omega_0^2$$

得

$$\omega_0=\sqrt{\frac{3g}{l}(1-\cos\theta)}$$

杆与物体发生弹性碰撞过程中系统对轴的角动量守恒，机械能守恒，即

$$I\omega_0=I\omega_M+mlv_m$$

$$\frac{1}{2}I\omega_0^2=\frac{1}{2}I\omega_M^2+\frac{1}{2}mv_m^2$$

将$\omega_0=\sqrt{\frac{3g}{l}(1-\cos\theta)}$，$I=\frac{1}{3}Ml^2$代入上二式，得

$$\omega_M=\frac{M-3m}{M+3m}\sqrt{\frac{3g}{l}(1-\cos\theta)},\quad v_m=\frac{2M}{M+3m}\sqrt{3gl(1-\cos\theta)}$$

例 3-12　一个内壁光滑的圆环行细管，正绕竖直光滑固定轴OO'自由转动. 管是刚性的，转动惯量为I，环的半径为R，初角速度为ω_0. 一质量为m的小球静止于管内最高点A处，如附图所示. 由于微小干扰，小球向下滑动，关于小球在管内下滑过程中，下列三种说法正确的是(　　).

(A) 地球、环与小球系统的机械能不守恒；

(B) 小球的动量不守恒；

(C) 小球对OO'轴的角动量守恒；

(D) 以上结论都不对.

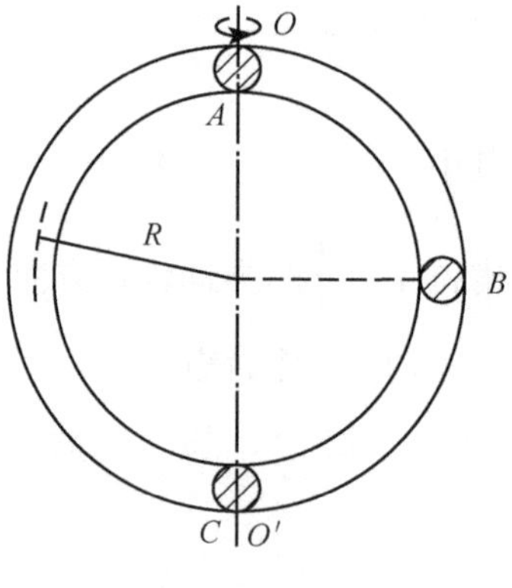

例 3-12 图

本题的目的是让读者明确动量守恒、角动量守恒和机械能守恒的条件及其分析方法.

解　答案(B).

(A) 不正确. 对小球、环管、地球系统，外力所做的功为零，非保守内力只有一

对小球与管壁之间的相互作用力 N 和 N'. 在小球下滑过程中,小球所受的管壁压力 N(与管壁垂直)始终与小球相对管壁的速度方向(与管壁相切)垂直,所以 N 和 N' 这一对力做功之和为零. 此结论与参考系的选择无关,所以有 $A_{非保守内力}=0$,因此系统满足机械能守恒条件,其机械能是守恒的.

(B) 正确. 小球在下滑过程中始终受到管壁的作用力和重力,而此二力的方向又不在一条直线上,所以合力不为零,这就使小球的动量不断变化.

(C) 不正确. 开始在 A 点时,小球对 OO' 轴的角动量为零,小球滑动到点 B 时由于随同该处管壁转动而具有垂直于环半径的水平分速度,它对 OO' 的角动量不再是零. 越过最低点 C 时,对 OO' 轴角动量又等于零了,由此可知小球下滑时,它对 OO' 轴的角动量是变化的. 从条件上分析,这是因为小球下滑时管壁对它的压力的方向并不通过 OO' 轴,因而对 OO' 轴有力矩的原因.

例 3-13 在上题中,当小球滑到与环心在同一高度的 B 点时,环的角速度和小球相对于环的速度各为多少?

解 对于小球和环系统,在小球下滑过程中系统的合外力矩为零,系统角动量守恒. 小球从点 A 到达点 B 的过程中

$$I\omega_0=(I+mR^2)\omega_B \tag{1}$$

所以

$$\omega_B=\frac{I\omega_0}{I+mR^2}$$

小球、环、地球组成的系统机械能守恒,取过环心的水平面为势能零点,则有

$$\frac{1}{2}I\omega_0^2+mgR=\frac{1}{2}I\omega_B^2+\frac{1}{2}m(\omega_B^2R^2+v_B^2) \tag{2}$$

其中,v_B 是小球相对环的速度. 由式(1)、式(2)可得

$$v_B=\sqrt{2gR+\frac{I\omega_0^2R^2}{mR^2+I}}$$

当环静止(即 $\omega_0=0$)时,由上式可以得 $v_B=\sqrt{2gR}$,即相当于自由落体情况.

例 3-14 水星绕太阳轨道的近日点到太阳的距离为 $r_1=4.59\times10^7$ km,远日点到太阳的距离为 $r_2=6.98\times10^7$ km. 求水星越过近日点和远日点的速率 v_1 和 v_2(太阳的质量为 $M=1.99\times10^{30}$ kg).

解 本题是角动量守恒与机械能守恒定律的运用.

分别以 M 和 m 表示太阳和水星的质量. 由于在近日点和远日点处水星的速度方向与水星对太阳的矢径方向垂直,所以它对太阳的角动量分别为 r_1mv_1 和 r_2mv_2. 由于角动量守恒,可得

$$r_1mv_1=r_2mv_2$$

又由机械能守恒定律可得

$$\frac{1}{2}mv_1^2 - G\frac{Mm}{r_1} = \frac{1}{2}mv_2^2 - G\frac{Mm}{r_2}$$

联立解上面两个方程可得

$$v_1 = \left[2GM\frac{r_2}{r_1(r_1+r_2)}\right]^{\frac{1}{2}}$$

$$= \left[2\times 6.67\times 10^{-11}\times 1.99\times 10^{30}\times \frac{6.98}{4.59\times(4.59+6.98)\times 10^{10}}\right]^{\frac{1}{2}}$$

例 3-15　如附图(a)所示,实心圆柱体的半径为 R,质量为 M,一根轻而薄的带子绕在圆柱体上面,圆柱体放在倾斜角为 θ 的斜面上,带子跨过滑轮后被系在质量为 m 的重物上.假设柱体只有滚动而无滑动,试求圆柱体沿斜面向下滚动的加速度和带子中的张力.

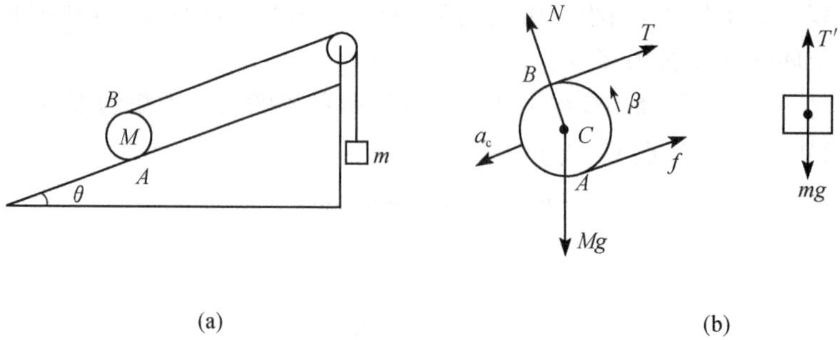

例 3-15 图

解　知圆柱体向下做纯滚动,所以摩擦力 f 方向沿斜面向上,附图(b)为 M 和 m 的受力图,其中 $T=T'$.要注意,圆柱体向下滚的质心加速度 a_c 和重物上升的加速度 a 不相同.

对 M 列出质心运动方程和对质心的转动方程

$$Mg\sin\theta - T - f = Ma_c \tag{1}$$

$$fR - TR = I_c\beta \tag{2}$$

对 m 列出运动方程

$$T - mg = ma \tag{3}$$

纯滚动条件为

$$a_c = R\beta \tag{4}$$

因带子是绕在圆柱体上的.故重物上升的加速度与柱体上 B 点的切向加速度是相同的,所以

$$a = a_B = a_c + R\beta = 2a_c \tag{5}$$

由式(1)～(5)可得

$$a_c=\frac{2Mg\sin\theta-4mg}{3M+8m},\quad T=\frac{(3+4\sin\theta)Mm}{3M+8m}g$$

$$f=\frac{M\sin\theta+m+4m\sin\theta}{3M+8m}mg$$

四、习题指导

(一) 思考题

3-1 花样滑冰运动员绕过自身的竖直轴转动,开始时两臂伸开,转动惯量为I_0,角速度为ω_0. 然后她将两臂收回,使转动惯量减少为$I_0/3$. 这时她转动的角速度变为多少?

答 $3\omega_0$.

3-2 如附图所示,有一个小块物体,置于一个光滑的水平桌面上,有一绳其一端连接此物体,另一端穿过桌面中心的小孔,该物体原以角速度ω在距孔为R的圆周上转动,现将绳从小孔缓慢往下拉,则该物体( ).

(A) 动能不变,动量改变; (B) 动量不变,动能改变;

(C) 角动量不变,动量改变; (D) 角动量改变,动量改变;

(E) 角动量不变,动能、动量都改变.

答 (E).

3-3 光滑的水平桌面上,有一长为$2L$、质量为m的匀质细杆,可绕过其中点且垂直于杆的竖直光滑固定轴O自由转动,其转动惯量为$\frac{1}{3}mL^2$,起初杆静止. 桌面上有两个质量均为m的小球,各自在垂直于杆的方向上,正对着杆的一端,以相同速率v相向运动,如附图所示. 当两小球同时与杆的两个端点发生完全非弹性碰撞后,就与杆粘在一起转动,则这一系统碰撞后的转动角速度应为多少?

答 $\frac{6v}{7L}$.

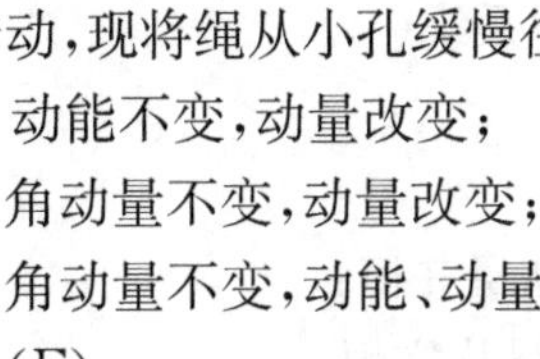

思考题 3-2 图

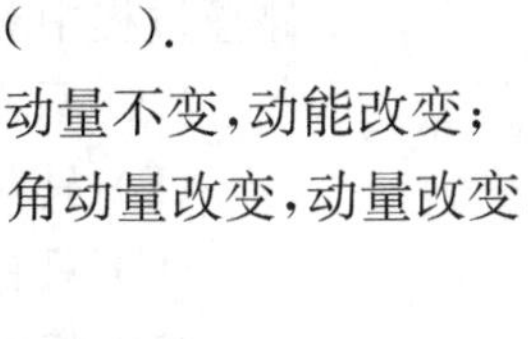

思考题 3-3 图

3-4 一力学系统由两个质点组成,它们之间只有引力作用. 若两质点所受外力的矢量和为零,则此系统( ).

(A) 动量、机械能以及对一轴的角动量都守恒;

(B) 动量、机械能守恒，但角动量是否守恒不能断定；

(C) 动量守恒，但机械能和角动量守恒与否不能断定；

(D) 动量和角动量守恒，但机械能是否守恒不能断定.

答　(C).

3-5　一水平圆盘可绕通过其中心的固定铅直轴转动，盘上站着一个人，把人和圆盘取作系统，当此人在盘上随意走动时，若忽略轴的摩擦，则此系统(　　).

(A) 动量守恒；　　(B) 机械能守恒；

(C) 对转轴的角动量守恒；　　(D) 动量、机械能和角动量都守恒；

(E) 动量、机械能和角动量都不守恒.

答　(C).

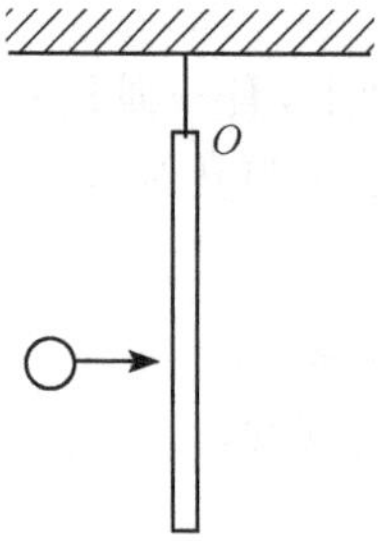

思考题 3-6 图

3-6　如附图所示，一匀质细杆可绕通过上端与杆垂直的水平光滑固定轴 O 旋转，初始状态为静止悬挂. 现有一个小球自左方水平打击细杆. 设小球与细杆之间为非弹性碰撞，则在碰撞过程中对细杆与小球这一系统(　　).

(A) 只有机械能守恒；

(B) 只有动量守恒；

(C) 只有对转轴 O 的角动量守恒；

(D) 机械能、动量和角动量均守恒.

答　(C).

3-7　关于刚体对轴的转动惯量，下列说法中正确的是(　　).

(A) 只取决于刚体的质量，与质量的空间分布和轴的位置无关；

(B) 取决于刚体的质量和质量的空间分布，与轴的位置无关；

(C) 取决于刚体的质量、质量的空间分布和轴的位置；

(D) 只取决于转轴的位置，与刚体的质量和质量的空间分布无关.

答　(C).

3-8　一轻绳跨过一具有水平光滑轴、质量为 M 的定滑轮，绳的两端分别悬有质量为 m_1 和 m_2 的物体($m_1<m_2$)，如附图所示. 绳与轮之间无相对滑动. 若某时刻滑轮沿逆时针方向转动，则绳中的张力(　　).

(A) 处处相等；

(B) 左边大于右边；

(C) 右边大于左边；

(D) 无法判断.

答　(C).

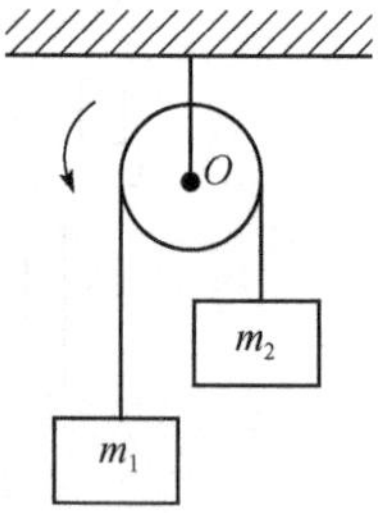

思考题 3-8 图

3-9　刚体角动量守恒的充分而必要的条件是(　　).

(A) 刚体不受外力矩的作用；

(B) 刚体所受合外力矩为零；

(C) 刚体所受的合外力和合外力矩均为零；

(D) 刚体的转动惯量和角速度均保持不变.

答 (B).

3-10 两个匀质圆盘A和B的密度分别为 ρ_A 和 ρ_B，若 $\rho_A>\rho_B$，但两圆盘的质量与厚度相同，如两盘对通过盘心垂直于盘面轴的转动惯量各为 I_A 和 I_B，则(　　).

(A) $I_A>I_B$； (B) $I_B>I_A$；

(C) $I_A=I_B$； (D) I_A、I_B 哪个大，不能确定.

答 (B).

(二) 习题

3-1 一轴承光滑的定滑轮，质量为 $M=2\text{kg}$，半径为 $R=0.1\text{m}$，一根不能伸长的轻绳，一端固定在定滑轮上，另一端系有一质量为 $m=5\text{kg}$ 的物体. 已知定滑轮的转动惯量为 $I=\frac{1}{2}MR^2$，其初角速度 $\omega_0=10\text{rad/s}$，方向垂直纸面向里. 求：

(1) 定滑轮的角加速度；

(2) 定滑轮的角速度变化到 $\omega=0$ 时，物体上升的高度；

(3) 当物体回到原来位置时，定滑轮的角速度.

解 (1) 由刚体的转动定理

$$TR = I\beta$$

及牛顿第二定律

$$mg-T=ma$$

并且

$$a=R\beta$$

得到

$$\beta=\frac{2m}{M+2m}\frac{g}{R}=81.7\text{rad/s}^2$$

(2) 初始时刻物体的速度

$$v = R\omega_0$$

物体上升高度 h 满足

$$v^2-0=2ah$$

于是

$$h=\frac{M+2m}{4m}\frac{R^2\omega_0^2}{g}=6.12\times10^{-2}\text{m}$$

(3) 分析知物体的下降运动过程为上升运动过程具有对称性，物体回到原来位置时间，定滑轮的角速度为 $\omega_0=10\text{rad/s}$，方向垂直纸面向外.

3-2 质量分别为 m 和 $2m$，半径分别为 r 和 $2r$ 的两个匀质圆盘，同轴地粘在一起，可绕通过盘心且垂直于盘面的水平光滑转动，在大小盘边缘都绕有绳子，绳下端都挂一质量为 m 的重物，如附图所示，求(1)圆盘的转动惯量；(2)盘的角加速度.

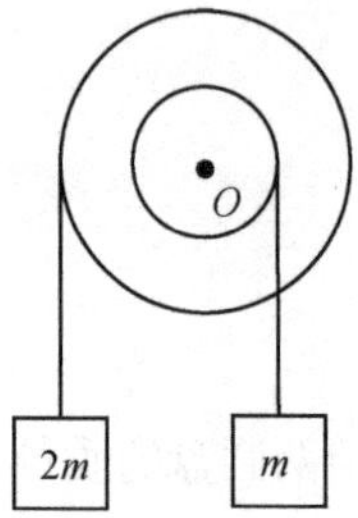

习题 3-2 图

解　(1) 整个圆盘的转动惯量为

$$I = I_1 + I_2 + I_3 + I_4$$
$$= \frac{1}{2}mr^2 + \frac{1}{2}(2m)(2r)^2 + mr^2 + 2m(2r)^2$$
$$= \frac{27}{2}mr^2$$

(2) 由刚体的转动定理

$$2mg \cdot 2r - mg \cdot r = I\beta$$

得到

$$\beta = \frac{6g}{27r}$$

3-3　花样滑冰运动员绕自身的竖直轴转动，开始时两臂伸开，转动惯量为 I_1，角速度为 ω_1，然后他将两臂收回，转动惯量减少为$\frac{I_1}{3}$，求这时他的角速度.

解　运动员角动量守恒

$$I_1\omega_1 = \frac{1}{3}I_1\omega_2$$

即 $\omega_2 = 3\omega_1$.

3-4　一匀质细杆，长为 $2l$，质量为 M，以水平速度 v_0 在光滑的水平面内平动时，与前方一固定的支点 O 发生完全非弹性碰撞. 如附图所示，求杆与 O 点碰撞后绕 O 点转动的角速度.

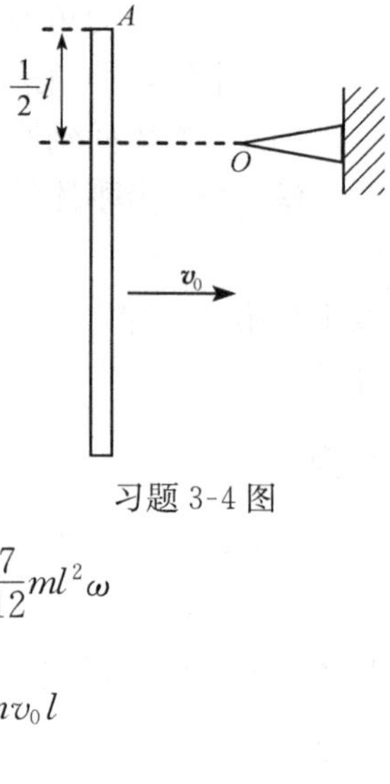

习题 3-4 图

解　碰撞前瞬时，杆对 O 点的角动量为

$$\int_0^{3l/2} \rho v_0 x \mathrm{d}x - \int_0^{l/2} \rho v_0 x \mathrm{d}x = \rho v_0 l^2 = \frac{1}{2}mv_0 l$$

式中 ρ 为杆的线密度.

碰撞后瞬时，杆对 O 的角动量为

$$I\omega = \frac{1}{3}\left[\frac{3}{4}m\left(\frac{3}{2}l\right)^2 + \frac{1}{4}m\left(\frac{1}{2}l\right)^2\right]\omega = \frac{7}{12}ml^2\omega$$

由角动量守恒　$\frac{7ml^2\omega}{12} = \frac{1}{2}mv_0 l$

所以 $\omega = \frac{6v_0}{7l}$.

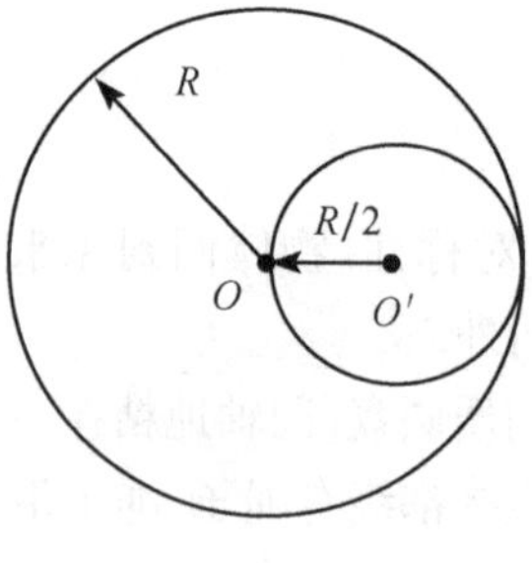

习题 3-5 图

3-5　如附图所示，将半径为 R 的均匀薄板挖去一个直径为 R 的圆板，挖去部分的中心与原板的中心相距 $R/2$，所剩板的质量为 m. 求此薄板对通过原板中心垂直于板面的 O 轴的转动惯量.

解　薄板的质量密度

$$\rho=\frac{m}{\pi R^2-\pi\left(\frac{R}{2}\right)^2}$$

半径为$\frac{R}{2}$的薄板对O轴转动惯量I_1，由刚体转动惯量的平行轴定理

$$I_1=\pi\left(\frac{R}{2}\right)^2\rho\left(\frac{R}{2}\right)^2+\frac{1}{2}\pi\left(\frac{R}{2}\right)^2\rho\left(\frac{R}{2}\right)^2$$

剩余部分圆板的转动惯量

$$I=\frac{1}{2}\pi R^2\rho R^2-I_1=\frac{13}{24}mR^2$$

3-6　如附图所示，滑轮半径为R、质量为m，两物体质量分别为m_1、m_2，m_2与桌面摩擦系数为μ，轻质绳与滑轮之间无相对滑动，轮与轴之间摩擦可以忽略，求物体下落的加速度及轮两侧绳中张力各为多少？

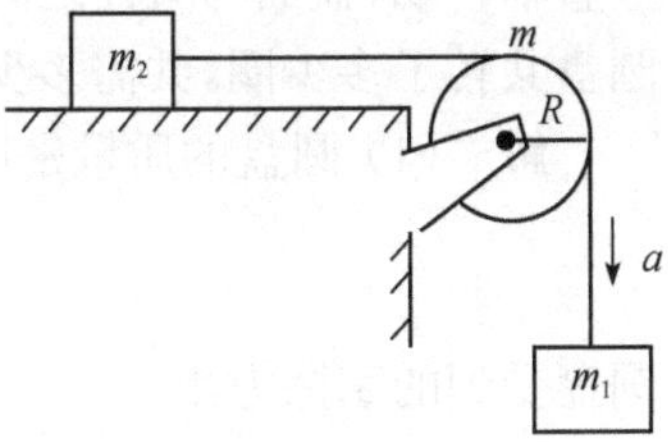

习题 3-6 图

解　物体运动加速度a，滑轮转动角加速度β，由牛顿第二定律

$$T_2-\mu m_2 g=m_2 a$$
$$m_1 g-T_1=m_1 a$$

及刚体的转动定理

$$T_1 R-T_2 R=\frac{1}{2}mR^2\cdot\beta$$

并且绳与滑轮无相对滑动，有

$$a=R\beta$$

于是物体平动加速度为

$$a=\frac{m_1-\mu m_2}{m_1+m_2+m/2}g$$

从而得到滑轮右侧绳中张力为

$$T_1=\frac{(1+\mu)m_2-m/2}{m_1+m_2+m/2}\cdot m_1 g$$

滑轮左侧绳中张力为

$$T_2=\frac{(1+\mu)m_1-\mu m/2}{m_1+m_2+m/2}\cdot m_2 g$$

3-7　某飞轮质量为60kg，直径为0.50m，转速为1.0×10^3r/min. 闸瓦与飞轮之间的摩擦系数为0.4，设飞轮质量全部分布在轮的边缘上，如附图所示. 现要在5s内使其制动停止，求制动力F.

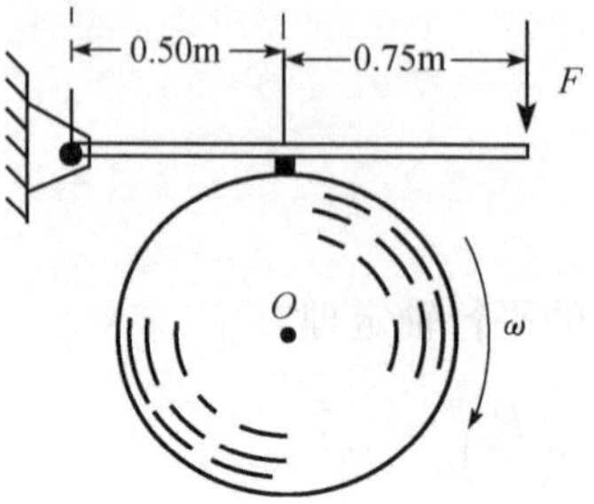

习题 3-7 图

解　杆处于平衡状态

$$F\times(0.75+0.5)=N\times 0.5$$

经过时间 t 后飞轮停止，由角动量定理

$$\int_0^t fR\,\mathrm{d}t=0-I(-\omega)$$

其中　　$f=\mu N$，　$I=MR^2$，　$\omega=\frac{2\pi}{60}n$

得到 $F=314\mathrm{N}$.

3-8　均质圆盘质量为 m、半径为 R，放在水平桌面上，绕过盘心垂直于盘面的竖直轴转动，盘面与桌面之间的摩擦系数为 μ. 求角速度由 ω_0 变化到 0 的过程中，圆盘共转了多少圈，共需多少时间？

解　(1) 圆盘的质量密度

$$\rho=\frac{m}{\pi R^2}$$

圆盘受到的摩擦力矩

$$M=\int_0^R r\cdot\mu g\rho\cdot 2\pi r\mathrm{d}r$$

由刚体的动能定理

$$-M\theta=0-\frac{1}{2}I\omega_0^2$$

圆盘总共转了

$$n=\frac{\theta}{2\pi}$$

得到

$$n=\frac{3R\omega_0^2}{16\pi\mu g}$$

(2) 由角动量定理 $\int_0^t M\mathrm{d}t=I\omega_0$，其中 $I=\frac{1}{2}mR^2$，得 $t=\frac{3R\omega_0}{4\mu g}$.

3-9　如附图所示，长为 l、质量为 M 的均质细杆竖直静止于水平轴上，有一子弹质量为 m，以水平速度 v_0 射入杆中．求杆被射中的瞬间，杆的角速度有多大？

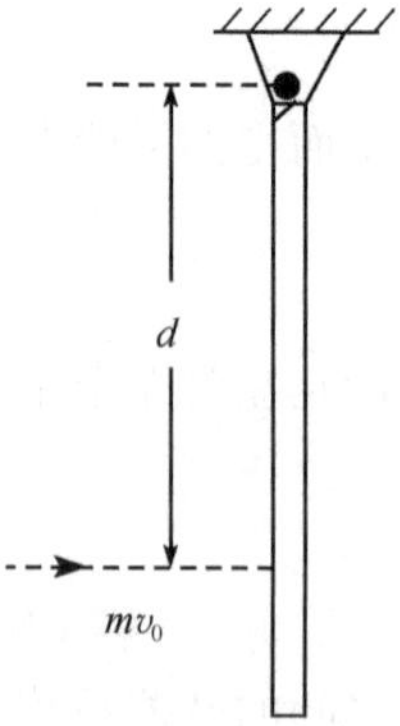

习题 3-9 图

解　在杆摆动之前系统合冲量矩为零，由角动量守恒定律

$$mv_0d=\left(md^2+\frac{1}{3}Ml^2\right)\omega$$

则杆的角速度

$$\omega = \frac{3mdv_0}{3md^2 + Ml^2}$$

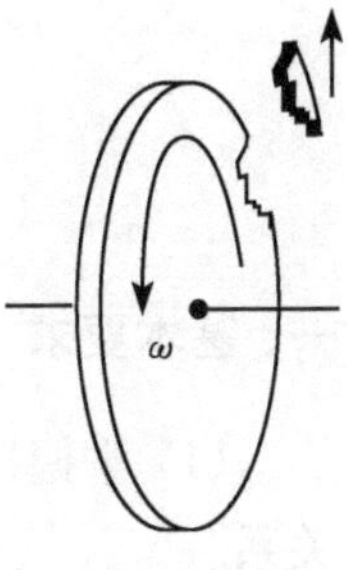

习题 3-10 图

3-10 如附图所示，均质圆盘质量为 M、半径为 R，绕过盘心垂直于盘面的水平轴旋转，角速度为 ω. 某瞬时有一质量为 m 的小碎片沿竖直方向向上飞出.

(1) 小碎片能上升多高?

(2) 求剩余部分的角速度、角动量和转动动能.

解 (1) 碎片沿竖直方向速度 $v=R\omega$，由 $v^2-0=2gh$，得

$$h = \frac{R^2\omega^2}{2g}$$

(2) 系统角动量守恒

$$\frac{1}{2}MR^2\omega = \left(\frac{1}{2}MR^2 - mR^2\right)\omega' + mR^2\omega$$

则剩余部分的角速度 $\omega'=\omega$

剩余部分的角动量

$$L = \left(\frac{1}{2}MR^2 - mR^2\right)\omega$$

剩余部分的转动动能

$$E_k = \frac{1}{2}\left(\frac{1}{2}MR^2 - mR^2\right)\omega^2$$
$$= \frac{1}{4}(M-2m)R^2\omega^2$$

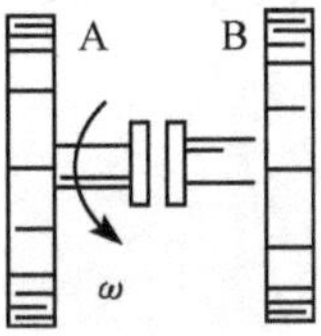

习题 3-11 图

3-11 如附图所示，A 轮转动惯量 $I_1=10.0\mathrm{kg\cdot m^2}$，转速为 $n_1=600\mathrm{r/min}$，B 轮静止. A 与 B 通过摩擦啮合后，共同的转速为 $n_1=200\mathrm{r/min}$. 求：

(1) B 轮的转动惯量；

(2) 在啮合过程中的机械能损失.

解 (1) 转速为 n 的轮子的角速度为

$$\omega = \frac{2\pi}{60/n}$$

A 和 B 两轮子通过摩擦啮合，系统角动量守恒

$$I_1\omega_1 = (I_1 + I_2)\omega_{共}$$

则 $I_B=20\mathrm{kg\cdot m^2}$

(2) 在啮合过程中的机械能损失

$$|\Delta E_k| = \frac{1}{2}I_1\omega_1^2 - \frac{1}{2}(I_1+I_2)\omega_{共}^2 = 1.32\times10^4\mathrm{J}$$

第4章　振动学基础

一、基本要求

(1) 掌握描述简谐运动的各个物理量(特别是相位)的物理意义及各量间的关系.

(2) 掌握描述简谐运动的旋转矢量法和图线表示法,并会用于简谐运动规律的讨论和分析.

(3) 掌握简谐运动的基本特征,能建立一维简谐运动的微分方程,能根据给定的初始条件写出一维简谐运动的运动方程,并理解其物理意义.

(4) 理解同方向、同频率简谐运动的合成规律,了解拍和相互垂直简谐运动合成的特点.

(5) 了解阻尼振动、受迫振动和共振的发生条件及规律.

二、内容提要

1. 简谐振动的描述

(1) 谐振方程 $x=A\cos(\omega t+\varphi)$

简谐振动的三个特征量:角频率 ω、振幅 A 初相 φ;角频率 ω 取决于振动系统的性质;振幅 A 初相 φ 取决于振动的初始条件.

(2) 谐振曲线

用曲线描述位置 x 与时间 t 的关系.

(3) 旋转矢量

振动与旋转矢量的对应关系:振动的振幅对应旋转矢量的长度,振动的相位对应矢量的角位置,振动的初相对应矢量的初角位置,振动相位的变化对应矢量的角位移,振动的角频率对应矢量的角速度,振动的周期和频率对应矢量旋转的周期和频率.

2. 振动的相位随时间变化的关系

两个同频振动的相差和时间差的关系:

$$\Delta\Phi=\omega\Delta t=\frac{2\pi}{T}\Delta t$$

同相 $\Delta\Phi=2k\pi$,反相 $\Delta\Phi=(2k+1)\pi$.

3. 简谐振动的微分方程

$$\frac{d^2x}{dt^2}+\omega^2x=0$$

一个物理量 x,若遵循方程$\frac{d^2x}{dt^2}+\omega^2x=0$,则它必按简谐振动规律 $x=A\cos(\omega t+\varphi)$变化. 该方程称为简谐振动的微分方程或动力学方程.

4. 简谐振动的动力学特征

正比回复力

$$F=-kx$$

$$\omega=\sqrt{\frac{k}{m}},\quad T=2\pi\sqrt{\frac{m}{k}}$$

初始条件决定振幅和初相

$$A=\sqrt{x_0^2+\frac{v_0^2}{\omega^2}},\quad \varphi=\arctan\left(-\frac{v_0}{\omega x_0}\right)$$

5. 简谐振动实例

弹簧振子

$$\frac{d^2x}{dt^2}+\frac{k}{m}x=0,\quad T=2\pi\sqrt{\frac{m}{k}}$$

单摆小角度振动

$$\frac{d^2\theta}{dt}+\frac{g}{l}\theta=0,\quad T=2\pi\sqrt{\frac{l}{g}}$$

复摆小角度振动

$$\frac{d^2\theta}{dt}+\frac{k}{J}\theta=0,\quad T=2\pi\sqrt{\frac{J}{k}}$$

6. 简谐振动的能量

$$E_k=\frac{1}{2}mv^2=\frac{1}{2}kA^2\sin^2(\omega t+\varphi)$$

$$E_p=\frac{1}{2}kx^2=\frac{1}{2}kA^2\cos^2(\omega t+\varphi)$$

$$E=E_k+E_p=\frac{1}{2}kA^2$$

7. 两个简谐振动的合成

(1) 同方向同频率振动的合成

合振动为简谐振动,振动的频率不变.

若

$$x_1 = A_1\cos(\omega t + \varphi_1),\quad x_2 = A_2\cos(\omega t + \varphi_2)$$

则

$$x = x_1 + x_2 = A\cos(\omega t + \varphi)$$

式中

$$A = \sqrt{A_1^2 + A_2^2 + 2A_1A_2\cos(\varphi_2 - \varphi_1)}$$

$$\tan\varphi = \frac{A_1\sin\varphi_1 + A_2\sin\varphi_2}{A_1\cos\varphi_1 + A_2\cos\varphi_2}$$

当 $\varphi_2 - \varphi_1 = 2k\pi$ 时合振动的振幅最大，$A = A_1 + A_2$；

当 $\varphi_2 - \varphi_1 = (2k+1)\pi$ 时合振动振幅最小，$A = |A_1 - A_2|$，其中($k = 0 \pm 1, \pm 2, \cdots$).

(2) 同一直线、不同频率的两个简谐振动的合成　拍

当 $A_1 = A_2$，$\Delta\varphi = \varphi_2 - \varphi_1 = 0$；$\omega_1$、$\omega_2$ 都较大；且 $\omega_2 - \omega_1 \ll \omega_1 + \omega_2$ 时

$$x = 2A\cos\frac{\omega_2 - \omega_1}{2}t \cdot \cos\frac{\omega_1 + \omega_2}{2}t$$

合振动的振幅时而加强、时而减弱的现象称为**拍**. 单位时间内振动加强、减弱的次数称为**拍频**.

$$\nu_{拍} = |\nu_1 - \nu_2|$$

(3) 相互垂直同频率简谐振动的合成

设

$$x = A_1\cos(\omega t + \varphi_1),\quad y = A_2\cos(\omega t + \varphi_2)$$

则

$$\frac{x^2}{A_1^2} + \frac{y^2}{A_2^2} - 2\frac{xy}{A_1A_2}\cos(\varphi_2 - \varphi_1) = \sin^2(\varphi_2 - \varphi_1)$$

在一般情况下为一个椭圆，当 $\varphi_2 - \varphi_1 = k\pi$ 时合成为 $A = \sqrt{A_1^2 + A_2^2}$，频率不变的简谐振动.

三、例题详解

例 4-1　如附图(a)所示，一轻弹簧的右端连着一物体，弹簧的劲度系数 $k = 0.72\text{N/m}$，物体的质量 $m = 20\text{g}$.

(1) 把物体从平衡位置向右拉到 $x = 0.05\text{m}$ 处停下后再释放，求简谐运动方程；

(2) 求物体从初位置运动到第一次经过 $A/2$ 处时的速度；

(3) 如果物体在 $x=0.05\text{m}$ 处时速度不等于零，而是具有向右的初速度 $v_0=0.30\text{m/s}$，求其运动方程

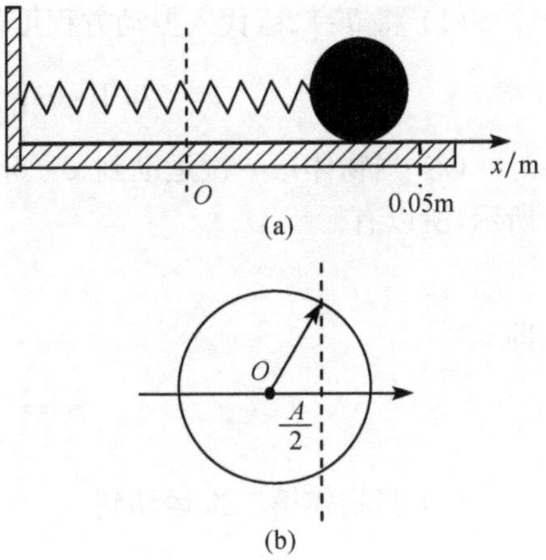

例 4-1 图

解　(1) $\omega=\sqrt{\frac{k}{m}}=\sqrt{\frac{0.72\text{N}\cdot\text{m}^{-1}}{0.02\text{kg}}}=6.0\text{s}^{-1}$

$$A=\sqrt{x_0^2+\frac{v_0^2}{\omega^2}}=x_0=0.05\text{m}$$

$$\tan\varphi=\frac{-v_0}{\omega x_0}=0,\quad \varphi=0 \text{ 或 } \pi$$

因为 $x_0=0.05>0$，由旋转矢量可知 $\varphi=0$. 所以

$$x=A\cos(\omega t+\varphi)=0.05\cos(6t)$$

(2) 由旋转矢量(附图(b))可知，物体第一次经过 $A/2$ 处的相位为

$$\omega t=\pi/3$$
$$v=-A\omega\sin\omega t=-0.26(\text{m/s})$$

(3) 物体在 $x=0.05\text{m}$ 处时速度为 $v_0=0.30\text{m/s}$，那么

$$A'=\sqrt{x_0^2+\frac{v_0^2}{\omega^2}}=0.0707\text{m},\quad \tan\varphi'=\frac{-v_0}{\omega x_0}=-1,\quad \varphi'=-\frac{\pi}{4} \text{ 或 } \frac{3\pi}{4}$$

因为 $v_0>0$，所以 $\varphi'=-\frac{\pi}{4}$.

$$x=A\cos(\omega t+\varphi)=0.0707\cos\left(6t-\frac{\pi}{4}\right)$$

例 4-2　一物体沿 x 轴做简谐振动. 其振幅 $A=10\text{cm}$，周期 $T=2\text{s}$，$t=0\text{s}$ 时物体的位移为 $x_0=-5\text{cm}$，且向 x 轴负方向运动. 试求：

(1) $t=0.5\text{s}$ 时物体的位移；

(2) 何时物体第一次运动到 $x=5\text{cm}$ 处；

(3) 再经过多少时间物体第二次运动到 $x=5\text{cm}$ 处.

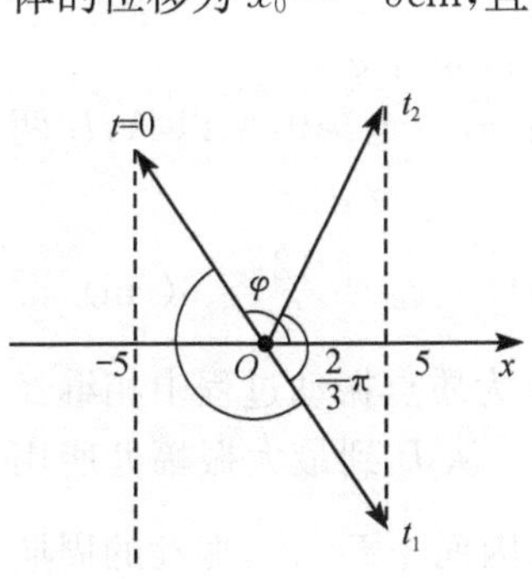

例 4-2 图

解　由已知条件可画出该谐振动在 $t=0\text{s}$ 时刻的旋转矢量位置，如附图所示. 由图可以看出

$$\varphi=\pi-\frac{1}{3}\pi=\frac{2}{3}\pi$$

所以该物体的振动方程为

$$x = 0.10\cos\left(2\pi\frac{t}{T} + \frac{2}{3}\pi\right)$$

(1) 将 $T=2\text{s}$,代入振动方程可得 $t=0.5\text{s}$ 时的质点的位移为

$$x = 0.10\cos\left(\frac{\pi}{2} + \frac{2}{3}\pi\right) = -0.087(\text{m})$$

(2) 当物体第一次运动到 $x=5\text{cm}$ 处时,旋转矢量转过的角度为 π,如附解图所示,所以有

$$\omega t_1 = \pi$$

即

$$t_1 = \frac{\pi}{\omega} = \frac{1}{2}T = 1\text{s}$$

(3) 当物体第二次运动到 $x=5\text{cm}$ 处时,旋转矢量又转过 $\frac{2}{3}\pi$,如附图所示,所以有

$$\omega\Delta t = \omega(t_2 - t_1) = \frac{2}{3}\pi$$

即

$$\Delta t = \frac{2\pi}{3\omega} = \frac{1}{3}T = \frac{2}{3}\text{s}$$

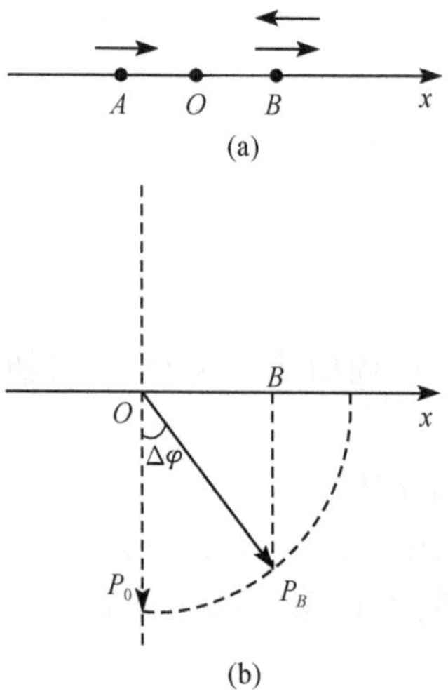

例 4-3 图

例 4-3　如附图(a)所示,一质点做简谐振动,在一个周期内相继通过距离为 12cm 的两点 A,B,历时 2s,并且在 A,B 两点处具有相同的速度;再经过 2s 后,质点又从另一方向通过 B 点. 试求质点运动的周期和振幅.

解　取坐标 Ox 沿 AB 连线,坐标原点 O 处在 A,B 连线中点,如附图(b)所示,设质点的简谐振动方程为

$$x = A\cos(\omega t + \varphi)$$

由于 $AB=12\text{cm}$,且 $v_A = v_B > 0$,所以 A,B 两点的坐标为

$$x_A = -\frac{12}{2} = -6(\text{cm}),\quad x_B = \frac{12}{2} = 6(\text{cm})$$

根据题意,A,B 两点为质点振动过程中相继经过的点,在一个周期内,质点从 O 到 B 所用的时间为 1s,从 B 到最大振幅处所用的时间也为 1s,所以从 O 到最大振幅处所用时间为 2s,因而 $\frac{1}{4}T=2\text{s}$,振动的周期 $T=8\text{s}$.

用旋转矢量法求振幅. 质点从 O 点到 B 点所经过的时间为 $\Delta t=1\mathrm{s}$,旋转矢量从 P_O 点旋转到 P_B 点,转过的角度为 $\Delta\varphi=\omega\Delta t=\frac{\pi}{4}$,如附解图所示. 在$\triangle OP_BB$ 中,有

$$x_B = A\sin(\omega\Delta t)$$

所以振幅

$$A = \frac{x_B}{\sin(\omega\Delta t)} = \frac{6\times10^{-2}}{\sin\frac{\pi}{4}} = 6\sqrt{2}\times10^{-2}(\mathrm{m})$$

例 4-4　在一平板上放一质量为 m 的物体,平板在竖直方向做简谐振动,角频率为 ω,振幅为 A. 试求平板对物体的作用力,并确定物体不脱离平板的条件.

解　取坐标 Ox,竖直向上为正,平衡位置为坐标原点,以物体 m 为研究对象,物体受重力 mg 和平板的支撑力 N 作用,当物体和板一起做简谐振动时,有

$$N - mg = ma = m(-\omega^2 x)$$

即

$$N = m(g - \omega^2 x)$$

显然,板对物体的作用力是一变力,当谐振动达到负的最大位移时,该作用力最大,为

$$N_{\max} = m(g + \omega^2 A)$$

当简谐振动达到正的最大位移时,该作用力最小,为

$$N_{\min} = m(g - \omega^2 A)$$

平板对物体的作用力不可能小于零,如果 $\omega^2 A>g$,则表明,平板在最大位移处向下运动的加速度大于 g(自由落体的加速度),即平板向下运动的加速度大于物体向下运动的加速度,因而物体与平板相分离. 因此物体不脱离平板的条件为 $\omega^2 A\leqslant g$.

例 4-5　一均质弹簧,原长为 l,劲度系数为 k. 今将此弹簧分割成两段,两段的原长分别为 l_1 和 l_2,且 $l_1=nl_2$. 试求:

(1) 两段弹簧的劲度系数 k_1 和 k_2(用 n 和 k 表示);

(2) 一物体分别挂在这两段弹簧下,其振动频率 ν_1 和 ν_2 的表达式. 已知此物体挂在未分割前弹簧下的振动频率为 ν.

解　(1) 取坐标 Ox,将两段弹簧串联在一起,如附图所示. 则当物体从平衡位置产生 Δl 的位移时,则 $\Delta l=\Delta l_1+\Delta l_2$,$\Delta l_1$ 和 Δl_2 分别表示此时两段弹簧产生的变形. 由题设 $l_1=nl_2$ 有 $\Delta l_1=n\Delta l_2$,因而有

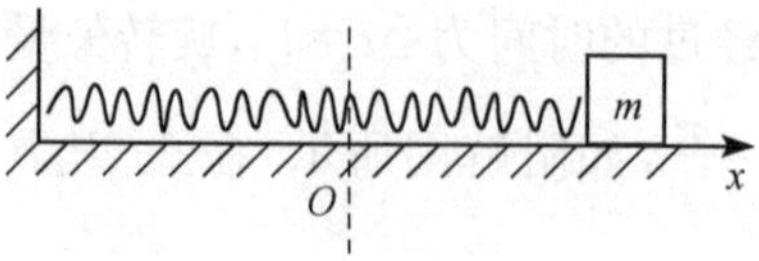

例 4-5 图

$$\Delta l = n\Delta l_2 + \Delta l_2$$

由于两个弹簧串联，而且弹簧质量可忽略，故有

$$k\Delta l = k_1\Delta l_1 = k_2\Delta l_2$$

即

$$k(n\Delta l_2 + \Delta l_2) = k_2\Delta l_2, \quad k_2 = (n+1)k$$

$$k\left(\Delta l_1 + \frac{1}{n}\Delta l_1\right) = k_1\Delta l_1, \quad k_1 = \left(1+\frac{1}{n}\right)k,$$

（2）由 $\nu=\frac{1}{2\pi}\sqrt{\frac{k}{m}}$，可得

$$\nu_1 = \frac{1}{2\pi}\sqrt{\frac{k_1}{m}} = \frac{1}{2\pi}\sqrt{\left(1+\frac{1}{n}\right)\frac{k}{m}} = \sqrt{\left(1+\frac{1}{n}\right)}\ \nu$$

$$\nu_2 = \frac{1}{2\pi}\sqrt{\frac{k_2}{m}} = \frac{1}{2\pi}\sqrt{\frac{(n+1)k}{m}} = \sqrt{(n+1)}\ \nu$$

例 4-6　如附图(a)所示，一轻弹簧的倔强系数为 k，其下端悬有一质量为 M 的盘子. 现有一质量为 m 的物体从离盘底 h 高度处自由下落到盘中并和盘子粘在一起，于是盘子开始振动.

（1）此时的振动周期与空盘子做振动时的周期有何不同？

（2）此时的振动振幅多大？

（3）取平衡位置为原点，位移以向下为正，并以弹簧开始振动时作为计时起点，求初位相并写出物体与盘子的振动方程.

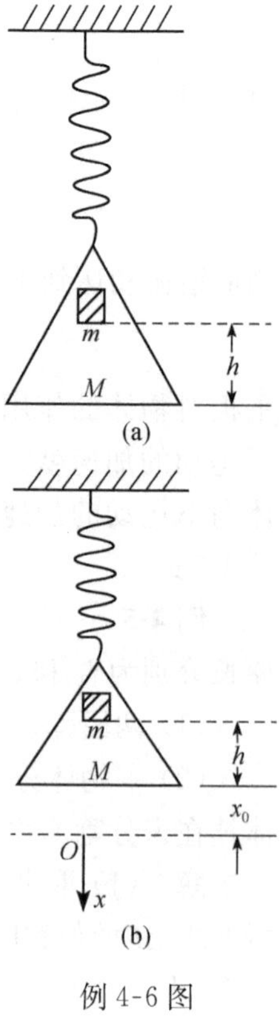

例 4-6 图

解　（1）空盘的振动周期为 $2\pi\sqrt{\frac{M}{k}}$，落下重物后振动周期为 $2\pi\sqrt{\frac{M+m}{k}}$，即增大.

（2）按(3)所设坐标原点及计时起点，如附图(b)所示，$t=0$ 时，则 $x_0=-\frac{mg}{k}$. 碰撞时，以 m,M 为一系统动量守恒，即

$$m\sqrt{2gh} = (m+M)v_0$$

则有

$$v_0 = \frac{m\sqrt{2gh}}{m+M}$$

于是

$$A=\sqrt{x_0^2+\left(\frac{v_0}{\omega}\right)^2}=\sqrt{\left(\frac{mg}{k}\right)^2+\left[\sqrt{\frac{m^2 2gh}{(m+M)}}\right]^2}$$

$$=\frac{mg}{k}\sqrt{1+\frac{2k^2h}{(m+M)g}}$$

(3) $\tan\varphi_0=-\frac{v_0}{x_0\omega}=\sqrt{\frac{2kh}{(M+m)g}}$ （第三象限）

所以振动方程为

$$x=\frac{mg}{k}\sqrt{1+\frac{2kh}{(m+M)g}}\cos\left[\sqrt{\frac{k}{m+M}}t+\arctan\sqrt{\frac{2kh}{(M+m)g}}\right]$$

例 4-7 如附图(a)所示，物体的质量为 m，放在光滑斜面上，斜面与水平面的夹角为 θ，弹簧的倔强系数为 k，滑轮的转动惯量为 I，半径为 R. 先把物体托住，使弹簧维持原长，然后由静止释放，试证明物体做简谐振动，并求振动周期.

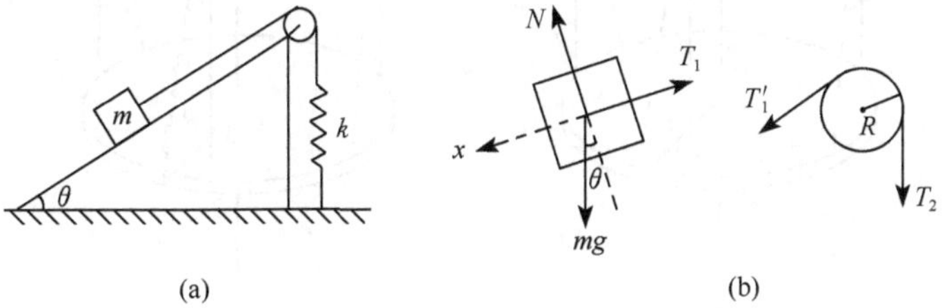

例 4-7 图

解 分别以物体 m 和滑轮为对象，其受力如附图(b)所示，以重物在斜面上静平衡时位置为坐标原点，沿斜面向下为 x 轴正向，则当重物偏离原点的坐标为 x 时，有

$$mg\sin\theta - T_1 = m\frac{d^2x}{dt^2} \tag{1}$$

$$T_1R - T_2R = I\beta \tag{2}$$

$$T_2 = k(x_0+x) \tag{3}$$

$$\frac{d^2x}{dt^2} = R\beta \tag{4}$$

式中 $x_0=mg\sin\theta/k$，为静平衡时弹簧之伸长量，联立以上四式，有

$$\left(mR+\frac{I}{R}\right)\frac{d^2x}{dt^2}=-kxR$$

令

$$\omega^2=\frac{kR^2}{mR^2+I}$$

则有

$$\frac{d^2x}{dt^2}+\omega^2x=0$$

故知该系统是做简谐振动，其振动周期为

$$T=\frac{2\pi}{\omega}=2\pi\sqrt{\frac{mR^2+I}{kR^2}}=2\pi\sqrt{\frac{m+I/R^2}{K}}$$

例 4-8　一匀质圆盘用三根长为 L 的竖直平行线悬挂，并保持圆盘盘面水平，悬挂点 A,B,C 构成一等边三角形，如附图(a)所示. 设盘的质量为 m，半径为 R. 若原盘绕其过中心 O 的竖直轴 z 做微小振动，试求其振动周期.

解　如附图(b)所示，设细线中的张力为 T，将 T 延圆盘切线方向和垂直于圆盘盘面方向分解，有

$$T_{\perp}=T\cos\varphi,\quad T_{/\!/}=T\sin\varphi$$

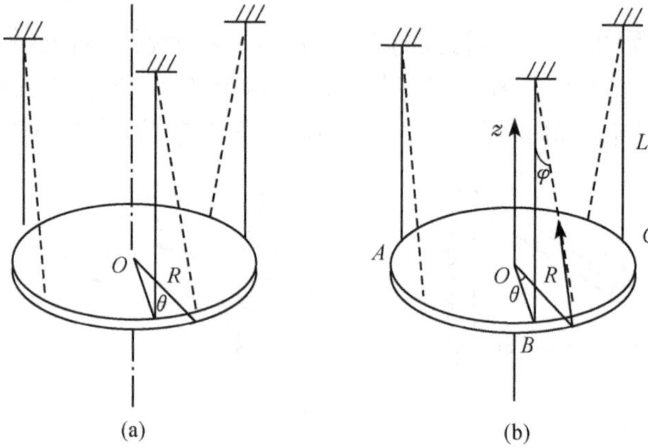

例 4-8 图

在小角震动情况下，圆盘在竖直方向的加速度可忽略，因而有

$$3T\cos\varphi=mg \tag{1}$$

对于 z 轴，应用转动定律，有

$$-3T\sin\varphi R=J_z\frac{d^2\theta}{dt^2} \tag{2}$$

由式(1)和式(2)消去 T，有

$$-Rmg\tan\varphi=J_z\frac{d^2\theta}{dt^2}$$

利用小角度条件 $\tan\varphi\approx\varphi, L\varphi\approx R\theta$，可得

$$J_z\frac{d^2\theta}{dt^2}+\frac{mgR^2}{L}\theta=0$$

其中 $J_z=\frac{1}{2}mR^2$，代入上式得

$$T = 2\pi\sqrt{\frac{L}{2g}}$$

例 4-9　有一单摆，摆长 $l=1.0\text{m}$，摆球质量 $m=10\times10^{-3}\text{kg}$，当摆球处在平衡位置时，若给小球一水平向右的冲量 $F\Delta t=1.0\times10^{-4}\text{kg}\cdot\text{m/s}$，取打击时刻为计时起点($t=0$)，求振动的初位相和角振幅，并写出小球的振动方程.

解　由动量定理，有

$$F\cdot\Delta t = mv - 0$$

所以
$$v=\frac{F\cdot\Delta t}{m}=\frac{1.0\times10^{-4}}{1.0\times10^{-3}}=0.01\text{m/s}$$

按题设计时起点，并设向右为 x 轴正向，则知 $t=0$ 时，$x_0=0$，$v_0=0.01\text{m/s}$

所以
$$\varphi_0=\frac{3\pi}{2}$$

又
$$\omega=\sqrt{\frac{g}{l}}=\sqrt{\frac{9.8}{1.0}}=3.13\text{rad/s}$$

所以
$$A=\sqrt{x_0^2+\left(\frac{v_0}{\omega}\right)^2}=\frac{v_0}{\omega}=\frac{0.01}{3.13}=3.2\times10^{-3}(\text{m})$$

故其角振幅

$$\theta = \frac{A}{l} = 3.2\times10^{-3}\text{rad}$$

小球的振动方程为

$$\theta = 3.2\times10^{-3}\cos\left(3.13t+\frac{3}{2}\pi\right)$$

例 4-10　一质量为 m 的质点同时参与两个互相垂直的简谐振动，其振动方程分别为 $x=A\cos\omega t$，$y=A\sin2\omega t$. 试求：

(1) 质点运动轨迹；

(2) t 时刻质点所受的力 $\boldsymbol{F}$.

解　(1) 取直角坐标系 Oxy，由三角公式有

$$y = A\cos2\omega = 2A\cos^2\omega t - A$$

将 $x=A\cos\omega t$ 代入，有

$$y = \frac{x^2}{A/2} - A \quad (|x|\leqslant A,\ |y|\leqslant A)$$

这就是质点运动方程，该轨迹是一抛物线，如附图所示.

(2) t 时刻质点的位置矢量和速度分别为

$$\boldsymbol{r} = x\boldsymbol{i} + y\boldsymbol{j} = A\cos\omega t\boldsymbol{i} + A\cos2\omega t\boldsymbol{j}$$

$$v=\frac{\mathrm{d}\boldsymbol{r}}{\mathrm{d}t}=-A\omega\sin\omega t\boldsymbol{i}-2A\omega\sin2\omega t\boldsymbol{j}$$

$$\boldsymbol{a}=\frac{\mathrm{d}^2\boldsymbol{r}}{\mathrm{d}t^2}=-A\omega^2(\cos\omega t\boldsymbol{i}+4\cos2\omega t\boldsymbol{j})$$

$$\boldsymbol{F}=m\boldsymbol{a}=-mA\omega^2(\cos\omega t\boldsymbol{i}+4\cos2\omega t\boldsymbol{j})$$

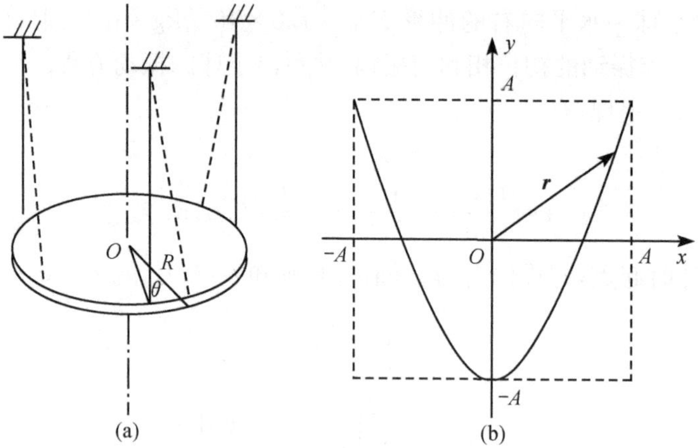

例 4-10 图

例 4-11　求 n 个同一直线上、同振幅、同频率、相位差依次为 δ 的简谐振动的合振动.

解　作如下 n 个旋转矢量及矢量的合成图如附图(b),并设 n 个简谐振动的振动方程为

$$x_1=a\cos\omega t$$
$$x_2=a\cos(\omega t+\delta)$$
$$x_3=a\cos(\omega t+2\delta)$$
$$x_n=a\cos[\omega t+(n-1)\delta]$$

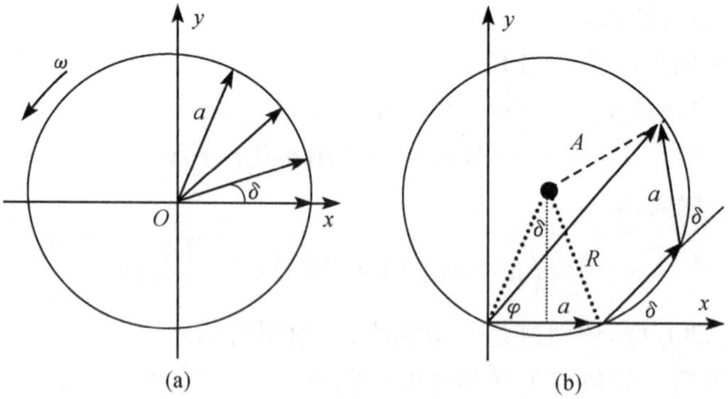

例 4-11 图

则其合振动可以用力的多边形法则求解.

显然

$$a = 2R\sin\frac{\delta}{2},\quad A = 2R\sin\frac{n\delta}{2}$$

即

$$A = a\frac{\sin\frac{n\delta}{2}}{\sin\frac{\delta}{2}}$$

而

$$\phi = \frac{1}{2}(\pi-\delta) - \frac{1}{2}(\pi - n\delta) = \frac{n-1}{2}\delta$$

所以合振动为

$$x = A\cos(\omega t + \varphi) = a\frac{\sin\frac{n\delta}{2}}{\sin\frac{\delta}{2}}\cdot\cos\left(\omega t + \frac{(n-1)\delta}{2}\right)$$

讨论:(1) 当 $\delta=2k\pi(k=0,\pm1,\pm2,\cdots)$时

$$A = \lim_{\delta\to0} a\frac{\sin\frac{n\delta}{2}}{\sin\frac{\delta}{2}} = na$$

此时振幅最大. 各 $\boldsymbol{a}$ 矢量同方向.

(2) 当 $\delta=\frac{2k'\pi}{n}(k'\neq nk, k=\pm1,\pm2,\cdots)$时

$$A = a\frac{\sin k'\pi}{\sin\frac{k'\pi}{n}} = 0$$

此时振幅最小. 也就是说,当各分振动构成一个封闭的多边形时,合振动为零.

四、习题指导

(一) 思考题

4-1　什么是简谐振动? 试分析以下几种运动是否是简谐振动?

(1) 拍皮球时球的运动;

(2) 一小球在半径很大的光滑凹球面底部的小幅度摆动;

(3) 一质点分别做匀速圆周运动和匀加速圆周运动,它在直径上的投影点的运动.

答　物体运动时,如果离开平衡位置的位移(或者角位移)按余弦函数(或正弦函数)的规律随时间变化,这种运动称为简谐运动.

也可从动力学角度来说明:凡是物体所受合外力(或合外力矩)与位移(或角位移)成正比而方向相反,则物体做简谐振动.

(1) 不是简谐振动.从受力角度看,它受到地面的作用力,虽然是弹性力,但这外力只是作用一瞬间,而后就只在重力作用下运动.从运动规律来看,虽然是做往复运动,但位移时间关系并不是余弦(正弦)函数,而是做匀变速运动.

(2) 是简谐振动.当小球在半径很大的光滑凹球面底部的小幅度摆动,若其角位移 $\theta<5°$, $\sin\theta\approx\theta$,则其运动方程满足微分方程 $\left(\frac{\mathrm{d}^2\theta}{\mathrm{d}t^2}+\frac{g}{R}\theta=0\right)$,所以是简谐振动.

(3) 做匀速圆周运动的质点在某一直径(取作 x 轴)上投影点对圆心 O 的位移随时间 t 变化规律遵从余弦函数,若设圆周半径为 A,角速度为 ω,以圆心为坐标原点,质点的矢径经过与 x 轴夹角为 ϕ 的位置开始计时,则在任意时刻 t,此矢径与 x 轴的夹角为 $\omega t+\phi$,而质点在 x 轴上的投影的坐标为 $x=A\cos(\omega t+\phi)$,这正与简谐振动的运动方程相同.可见,做匀速圆周运动的质点在直径上的投影点的运动是简谐振动.

质点做匀加速圆周运动,在直径上的投影 x 不是等周期性变化的,而是随着时间变化的越来越快,所以其投影点的运动不是谐振的.

4-2 分析下列表述是否正确,为什么?

(1) 若物体受到一个总是指向平衡位置的合力,则物体必然做振动,但不一定是简谐振动;

(2) 简谐振动过程是能量守恒的过程,凡是能量守恒的过程就是简谐振动.

答 (1) 的表述是正确的.若物体受到一个总是指向平衡位置的合力,则物体必然在自己的平衡位置附近做往复运动,即做振动;若系统在运动中系统只受到内部的线性回复力的作用.或者说,若一个系统的运动微分方程能用 $\frac{\mathrm{d}^2\xi}{\mathrm{d}t^2}+\omega^2\xi=0$ 描述时,其所做的运动才是谐振动.

(2) 的表述不正确,比如自由落体运动中能量守恒,但不是简谐振动.

4-3 如果把一弹簧振子和一个单摆拿到月球上去,振动的周期如何改变?

答 在月球上,弹簧振子的振动周期不变,仍为 $T=2\pi\sqrt{\frac{m}{k}}$,但单摆的周期要改变,即

$$T_{地}=2\pi\sqrt{\frac{l}{g_{地}}},\quad T_{月}=2\pi\sqrt{\frac{l}{g_{月}}}=\sqrt{\frac{g_{地}}{g_{月}}}T_{地}=\sqrt{6}T_{地}$$

4-4 简谐振动的速度和加速度在什么情况下是同号的?在什么情况下是异号的?加速度为正值时,振动质点的速率是否一定在增加?反之,加速度为负值时,速率是否一定在减小?

答 简谐振动的速度 $v=-A\omega\sin(\omega t+\phi)$,加速度 $a=-A\omega^2\cos(\omega t+\phi)$,要使它

们同号,必须使质点的振动相位在第一象限,其他象限的相位两者就是异号的.

加速度为正值时,振动质点的速率不一定在增加,反之,加速度为负值时,速率也不一定在减小. 只有当速度和加速度是同号时,加速度才能使速率增加;反之,两者异号时,加速度使速率减小.

4-5　两质点做同方向、同频率的简谐振动,振幅相等. 当质点 1 在 $x_1=A/2$ 处,且向左运动时,另一个质点 2 在 $x_2=-A/2$ 处,且向右运动. 这两个质点的位相差为多少? 质点从 x_1 运动到 x_2 处所需要的最短时间为多少?

答　质点从 x_1 运动到 x_2 处所需要的最短相位变化为 π,所以运动的时间为

$$\Delta t=\frac{\pi}{\omega}=\frac{T}{2}$$

4-6　什么是振动的相位? 一个弹簧振子由正向最大位移开始运动,这时它的相位是多少? 经过中点,到达负向最大位移,再回到中点向正向运动,上述各处相应的相位各是多少?

答　相位是反映质点振动状态的物理量,其值为 $\omega t+\phi$,一个弹簧振子正向最大位移开始运动时的相位为零;经过中点时的相位为 $\frac{\pi}{2}$;达到负向最大位移时的相位为 π;再回到中点向正向运动时的相位为 $\frac{3}{2}\pi\left(或-\frac{\pi}{2}\right)$.

4-7　一个简谐振动的振动曲线如附图所示. 此振动的周期为(　　).

(A) 12s;　　(B) 10s;

(C) 14s;　　(D) 11s.

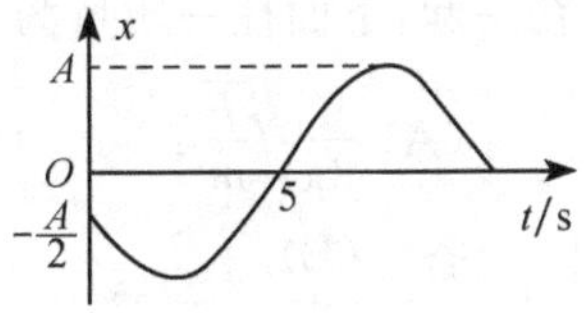

思考题 4-7 图

答　(A).

4-8　如附图所示,一个质点做简谐振动,振幅为 A,在起始时刻质点的位移为 $A/2$,且向 x 轴的正方向运动;代表此简谐振动的旋转矢量图为(　　).

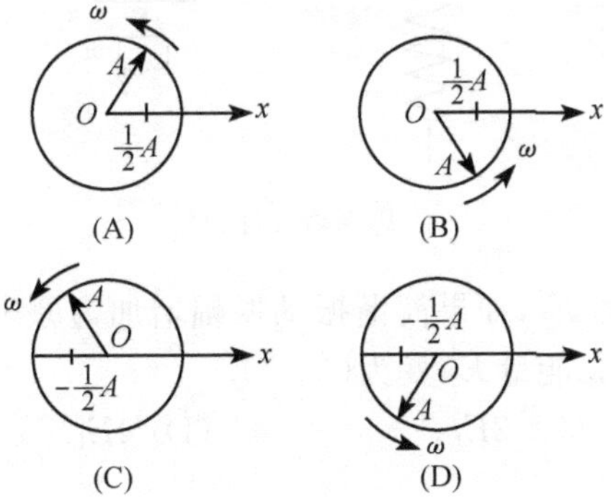

思考题 4-8 图

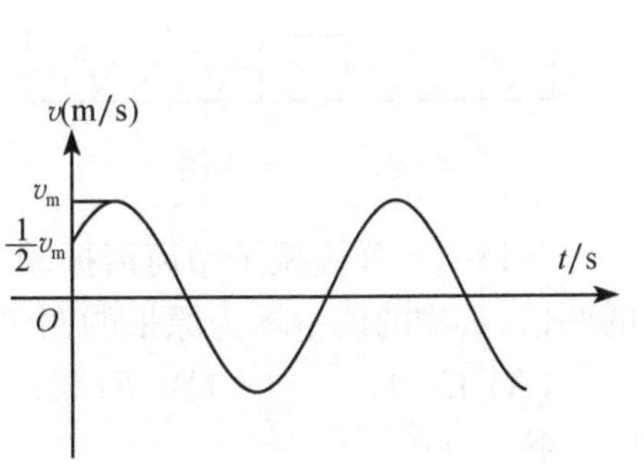

思考题 4-9 图

答　(B).

4-9　一质点做简谐振动，其运动速度与时间的曲线如附图所示，若质点的振动规律用余弦函数描述，则其初位相应为(　　).

(A) $\pi/6$；　(B) $5\pi/6$；　(C) $-5\pi/6$；　(D) $-\pi/6$.

答　(C).

4-10　把单摆从平衡位置拉开，使摆线与竖直方向成一微小角度 θ，然后由静止放手任其振从放手时开始计时，若用余弦函数表示其运动方程，则该单摆振动的初位相为(　　).

(A) θ；　(B) π；　(C) 0；　(D) $\pi/2$.

答　(C).

4-11　如附图所示，质量为 m 的物体由倔强系数为 k_1 和 k_2 的两个轻弹簧连接，在光滑导轨上做微小振动，则系统的振动频率为(　　).

(A) $\nu=2\pi\sqrt{\dfrac{k_1+k_2}{m}}$；　(B) $\nu=\dfrac{1}{2\pi}\sqrt{\dfrac{k_1+k_2}{m}}$；

(C) $\nu=\dfrac{1}{2\pi}\sqrt{\dfrac{k_1+k_2}{mk_1k_2}}$；　(D) $\nu=\dfrac{1}{2\pi}\sqrt{\dfrac{k_1k_2}{m(k_1+k_2)}}$.

答　(B).

4-12　一倔强系数为 k 的轻弹簧被截成三等份，取出其中的两根，将它们并联在一起，下面挂一质量为 m 的物体，如附图所示. 则振动系统的频率为(　　).

(A) $\dfrac{1}{2\pi}\sqrt{\dfrac{k}{m}}$；　(B) $\dfrac{1}{2\pi}\sqrt{\dfrac{6k}{m}}$；　(C) $\dfrac{1}{2\pi}\sqrt{\dfrac{3k}{m}}$；　(D) $\dfrac{1}{2\pi}\sqrt{\dfrac{k}{3m}}$.

答　(B).

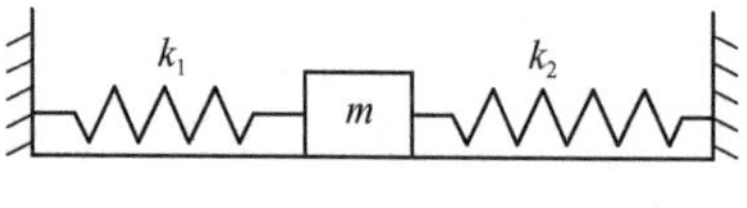

思考题 4-11 图

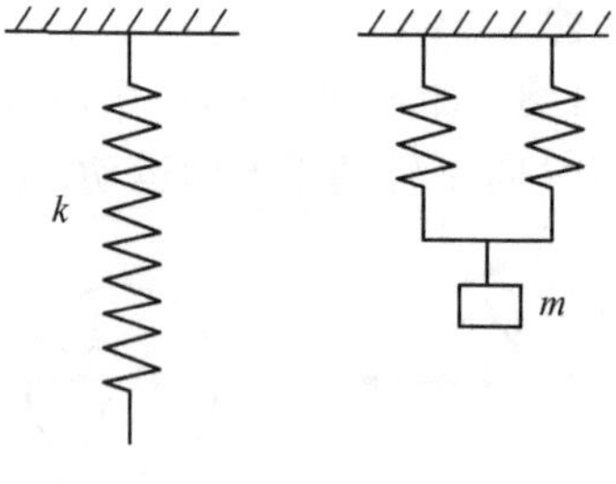

思考题 4-12 图

4-13　一弹簧振子做简谐振动，总能量为 E_1，如果简谐振动振幅增加为原来的两倍，重物的质量增为原来的四倍，则它的总能量 E_1 变为(　　).

(A) $E_1/4$；　(B) $E_1/2$；　(C) $2E_1$；　(D) $4E_1$.

答　(D).

4-14　用两种方法使某一弹簧振子做简谐振动.

方法 1：使其从平衡位置压缩 Δl，由静止开始释放.

方法2：使其从平衡位置压缩$2\Delta l$，由静止开始释放.
若两次振动的周期和总能量分别用T_1、T_2和E_1、E_2表示，则它们满足(　　)关系.

(A) $T_1=T_2\quad E_1=E_2$；　(B) $T_1=T_2\quad E_1\neq E_2$；

(C) $T_1\neq T_2\quad E_1=E_2$；　(D) $T_1\neq T_2\quad E_1\neq E_2$.

答　(B).

4-15　附图中所画的是两个简谐振动的振动曲线. 若这两个简谐振动可叠加，则合成的余弦振动的初相为(　　).

(A) $\frac{3}{2}\pi$；　(B) π；

(C) $\frac{1}{2}\pi$；　(D) 0.

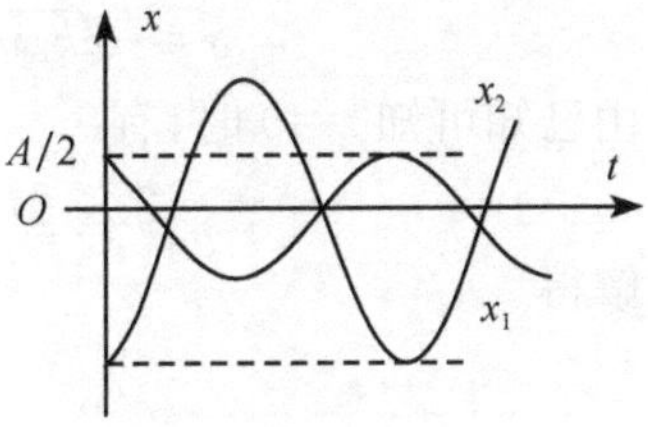

思考题4-15图

答　(B).

(二) 习题

4-1　质量为10×10^{-3}kg的小球与轻弹簧组成的系统，按$x=0.1\cos(8\pi t+2\pi/3)$(SI)的规律做振动. 求：

(1) 振动的角频率、周期、振幅、初相、最大速度及最大加速度；

(2) $t=1$s，2s，5s，10s等各时刻的相位；

(3) 分别画出该振动的x-t图线、v-t图线和a-t图线.

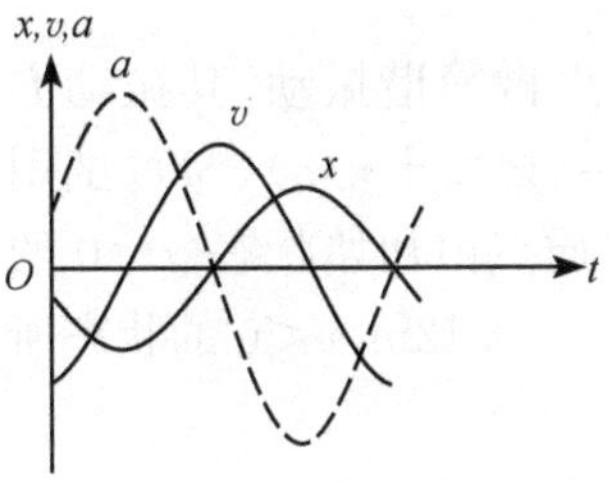

习题4-1图

解　(1) $x=0.1\cos\left(8\pi t+\frac{2}{3}\pi\right)$，与振动方程的标准形式$x=A\cos(\omega t+\phi)$相比可知角频率$\omega=8\pi$rad/s，初位相$\phi=\frac{2}{3}\pi$，振幅$A=0.1$m. 因此

$$T=\frac{2\pi}{\omega}=0.25\text{s},\quad v_{\max}=\omega A=8\pi\times0.1=2.5\text{m/s}$$

$$a_{\max}=\omega^2A=64\pi^2\times0.1=63.2\text{m/s}^2$$

(2) 相位为$\omega t+\phi$，将$t=1$s，2s，5s，10s代入，则相位分别为

$$8\frac{2}{3}\pi,\quad 16\frac{2}{3}\pi,\quad 40\frac{2}{3}\pi,\quad 80\frac{2}{3}\pi$$

(3) 该振动的x-t图，v-t图和a-t图如附图所示.

4-2　有一轻弹簧，当下端挂一个质量$m_l=10$g的物体而平衡时，伸长量为4.9cm，用这个弹簧和质量$m_2=16$g的物体连成一弹簧振子. 若取平衡位置为原点，

向上为 x 轴的正方向，将 m_2 从平衡位置向下拉 2cm 后，给予向上的初速度 $v_0 = 5\text{cm/s}$ 并开始计时，试求 m_2 的振动周期和振动的数值表达式.

解　设弹簧的原长为 l，悬挂 m_1 后伸长 Δl，则

$$k\Delta l = m_1 g,\quad k = m_1 g/\Delta l = 2\text{N/m}$$

取下 m_1 挂上 m_2 后

$$\omega = \sqrt{k/m_2} = 1.2\text{rad/s},\quad T = 2\pi/\omega = 0.56\text{s}$$

由已知可知 $t=0$ 时，有

$$x_0 = -2\times 10^{-2} = A\cos\phi,\quad v_0 = 5\times 10^{-2} = -\omega A\sin\phi$$

解得

$$A = \sqrt{x_0^2 + (v_0/\omega)^2} = 2.05\times 10^{-2}\text{m}$$

$$\phi = \arctan(-v_0/\omega x_0) = 12.6^\circ\quad 或\quad \phi = 180^\circ + 12.6^\circ$$

应取

$$\phi = 192.6^\circ = 3.36\text{rad}$$

也可写成

$$\phi = -2.92\text{rad}$$

振动的表达式为

$$x = 2.05\times 10^{-2}\cos(1.2t - 2.92)$$

4-3　一质点做简谐振动，其振动方程为 $x = 0.24\cos(\pi t/2 + \pi/3)$(SI)，试用旋转矢量法求出质点由初始状态($t=0$ 的状态)运动到 $x=-0.12\text{m}$，$v<0$ 的状态所需最短时间 Δt.

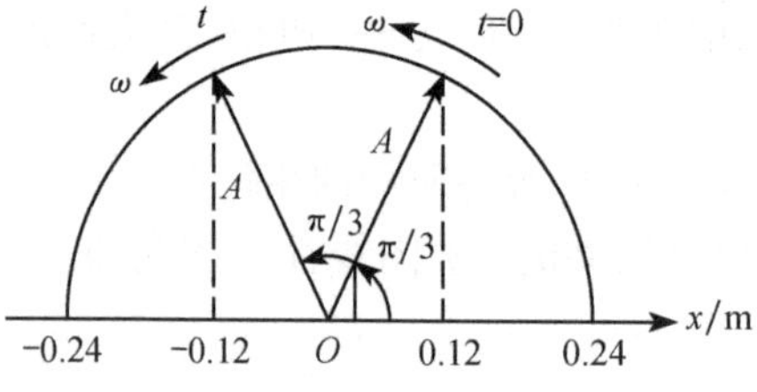

习题 4-3 图

解　旋转矢量如附图所示. 由振动方程可得

$$\omega = \frac{1}{2}\pi,\quad \Delta\phi = \frac{1}{3}\pi$$

所以 $\Delta t = \Delta\phi/\omega = 0.667\text{s}$.

4-4　一个轻弹簧在 60N 的拉力作用下可伸长 30cm，现将一物体悬挂在弹簧的下端并在它上面放一小物体，它们的总质量为 4kg，待其静止后再把物体向下拉 10cm，然后释放. 问：

(1) 此小物体是停在振动物体上面还是离开它？

(2) 如果使放在振动物体上的小物体与振动物体分离，则振幅 A 需满足何条件？两者在何位置开始分离？

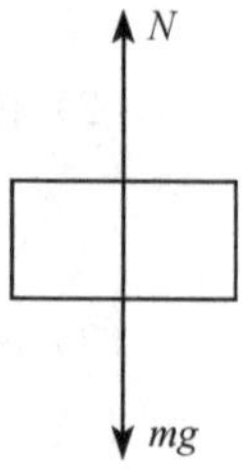

习题 4-4 图

解　(1) 小物体受力如附图所示. 设小物体随振动物体的加速度为 a，按牛顿第二定律有(取向下为正)$mg - N = ma$，即

$$N = m(g - a)$$

当 $N=0$,即 $a=g$ 时,小物体开始脱离振动物体.

由已知 $A=10\text{cm}$,$\omega=\sqrt{\frac{k}{m}}=\sqrt{50}\text{rad/s}$,系统的最大加速度为 $a_{\max}=\omega^2A=5\text{m/s}^2$,此值小于 g,故小物体不会离开.

(2) 如使 $a_{\max}>g$,小物体能脱离振动物体,开始分离的位置由 $N=0$ 求得,即

$$g=a_{\max}=-\omega^2x$$

所以

$$x=-\frac{g}{\omega^2}=-19.6\text{cm}$$

即在平衡位置上方 19.6cm 处开始分离.由 $a_{\max}=\omega^2A>g$,可得 $A>g/\omega^2=19.6\text{cm}$.

4-5　证明附图所示系统的振动为简谐振动,其频率为 $\nu=\frac{1}{2\pi}\sqrt{\frac{k_1k_2}{(k_1+k_2)m}}$

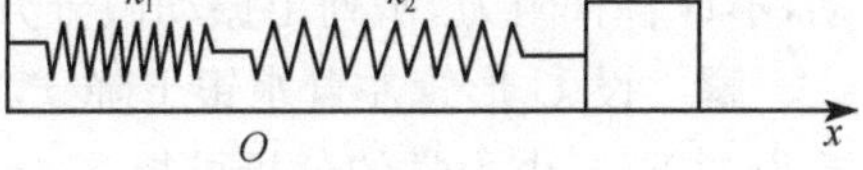

习题 4-5 图

证明　两根弹簧的串联之后等效于一根弹簧,所以仍为简谐振动(证明略),其劲度系数满足

$$K_1x_1=K_2x_2=Kx,\quad x_1+x_2=x$$

可得

$$\frac{1}{K}=\frac{1}{K_1}+\frac{1}{K_2}$$

所以

$$K=\frac{K_1K_2}{K_1+K_2}$$

代入频率计算式,可得

$$\nu=\frac{1}{2\pi}\sqrt{\frac{k}{m}}=\frac{1}{2\pi}\sqrt{\frac{k_1k_2}{(k_1+k_2)m}}$$

4-6　一物体放置在平板上,此板沿水平方向做简谐振动.已知振动频率为 2Hz,物体与板面最大静摩擦系数为 0.5.问要使物体在板上不发生滑动,最大振幅是多少?

解　因为 $a_{\max}=\omega^2A$,所以,物体随板一起振动所需力为

$$F=ma_{\max}=m\omega^2A=4\pi^2\nu^2mA_{\max}$$

此力由板对物的静摩擦力提供,此力的最大值为 $f_s=\mu N=\mu mg$.物体在板上不发生滑动的条件是 $f_s\geqslant F$,即 $\mu mg\geqslant 4\pi^2\nu^2mA$,所以

$$A_{\max}\leqslant\frac{\mu g}{4\pi^2\nu^2}=\frac{0.5\times9.8}{4\pi^2\times2^2}=3.1\times10^{-2}\text{m}$$

4-7　有一单摆,摆长 $l=1.0\text{m}$,小球质量 $m=10\text{g}$.$t=0$ 时,小球正好经过 $\theta=-0.06\text{rad}$ 处,并以角速度 $\Omega=0.2\text{rad/s}$ 向平衡位置运动.设小球的运动可看作简谐振动,试求:

(1) 角频率、频率、周期;

(2) 用余弦函数形式写出小球的振动式.

解　振动方程 $\theta=\theta_m\cos(\omega t+\varphi)$,我们只要按照题意找到对应的各项就行了.

(1) 角频率 $\omega=\sqrt{\dfrac{g}{l}}=\sqrt{10}$,频率 $\nu=\dfrac{1}{2\pi}\sqrt{\dfrac{g}{l}}=\dfrac{\sqrt{10}}{2\pi}$,周期 $T=2\pi\sqrt{\dfrac{l}{g}}=\dfrac{2\pi}{\sqrt{10}}$.

(2) 根据初始条件 $\cos\varphi=\dfrac{\theta}{\theta_m}$,$\sin\varphi=-\dfrac{\dot{\theta}}{\theta_m\omega}\begin{cases}>0(1,2\text{象限})\\<0(3,4\text{象限})\end{cases}$,可解得

$$\theta_m = 0.088,\quad \varphi = -2.32$$

所以振动方程为

$$\theta = 0.088\cos(2.13t - 2.32)$$

4-8 如附图所示,在直立的 U 形管中装有质量为 $m=240\text{g}$ 的水银(密度为 $\rho=13.6\text{g/cm}^3$),管的截面积为 $S=0.30\text{cm}^2$,经初始扰动后,水银在管内做微小振动,不计各种阻力,试列出振动微分方程,并求出振动周期.

解 设 U 形管左臂水银下降 x,则右臂水银面比左臂高出 $2x$,两臂水银压力差为 $2xS\rho g$. 由力学的分析可得

$$-2xS\rho g = m\frac{\mathrm{d}^2x}{\mathrm{d}t^2}$$

即

$$\frac{\mathrm{d}^2x}{\mathrm{d}t^2}+\left(\frac{2S\rho g}{m}\right)x = 0$$

令 $\omega_0^2=2S\rho g/m$,则 $\dfrac{\mathrm{d}^2x}{\mathrm{d}t^2}+\omega_0^2x=0$,这是简谐振动的微分方程.

$$T = \frac{2\pi}{\omega_0} = 2\pi\sqrt{\frac{m}{2S\rho g}} = 1.09\text{s}$$

4-9 一定滑轮的半径为 R,转动惯量为 J,其上挂一轻绳,绳的一端系一质量为 m 的物体,另一端与一固定的轻弹簧相连,如附图所示,设弹簧的倔强系数为 k,绳与滑轮间无滑动,且忽略轴的摩擦力及空气阻力,现将物体 m 从平衡位置拉下一微小距离后放手,证明物体做简谐振动,并求出其角频率.

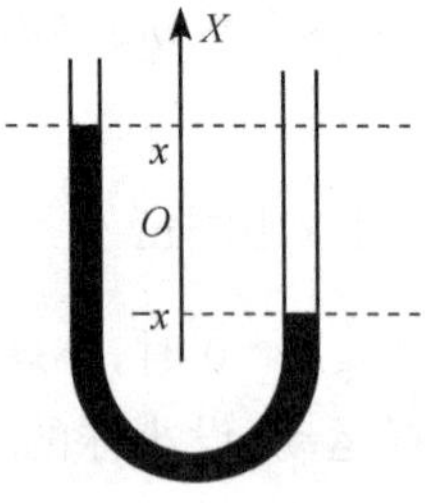

习题 4-8 图

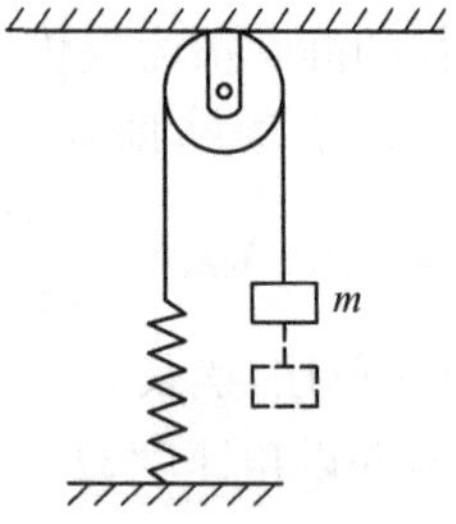

习题 4-9 图

解 如附图所示,取 x 坐标,平衡位置为原点 O,向下为正,m 在平衡位置时弹簧已伸长 x_0,则

$$mg = kx_0$$

设 m 在位置 x 时，有 $T_2 = k(x + x_0)$（因为弹簧伸长为 $x + x_0$）. 由牛顿第二定律和转动定律列方程得

$$mg - T_1 = ma$$

$$T_1R - T_2R = J\beta$$

联立解得

$$a = \frac{-kx}{(J/R^2) + m}$$

由于系数 x 为一负常数，故物体做简谐振动，其角频率为

$$\omega = \sqrt{\frac{k}{(J/R^2) + m}} = \sqrt{\frac{kR^2}{J + mR^2}}$$

4-10　边长 $l = 0.10\text{m}$，密度 $\rho = 900\text{kg/m}^3$ 的正方形木块浮在水面上. 今把木块恰好完全压入水中，然后从静止状态放手. 假如不计水对木块的阻力，并设木块运动时不转动.

(1) 木块将做什么运动?

(2) 求木块质心（重心）运动规律的数值表达式（水的密度 $\rho' = 1000\text{kg/m}^3$ 并取竖直向上方向为 x 轴的正方向）.

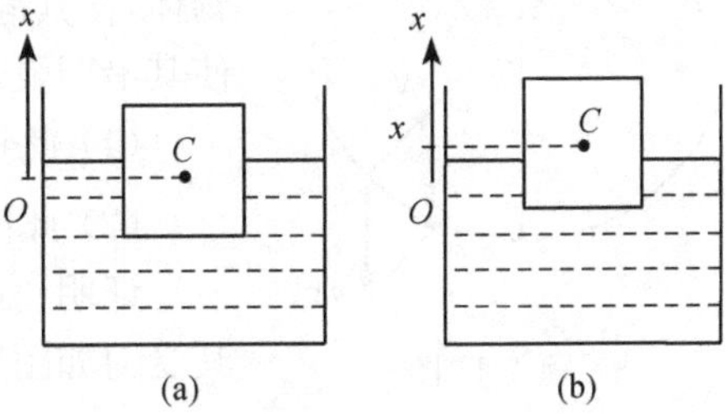

习题 4-10 图

解　(1) 如附图(a)所示，选平衡时木块的重心 C 所在处为原点，向上为 x 轴正方向，此时木块本身的重力等于水对木块的浮力.

当木块上移 x 时，如附图(b)所示，则木块所受的浮力减少 $Sx\rho' g$，重力不变，故合力为 $-S\rho' gx$. 根据牛顿第二定律，有

$$-S\rho' gx = m\frac{\mathrm{d}^2x}{\mathrm{d}t^2} \Rightarrow \frac{\mathrm{d}^2x}{\mathrm{d}t^2} + \left(\frac{S\rho' g}{m}\right)x = 0$$

将 $m = S\rho l$ 代入上式得

$$\frac{\mathrm{d}^2x}{\mathrm{d}t^2} + \left(\frac{\rho' g}{\rho l}\right)x = 0$$

令 $\omega_0^2 = \rho' g/\rho l$ 得

$$\frac{\mathrm{d}^2x}{\mathrm{d}t^2} + \omega_0^2 x = 0$$

所以木块做简谐振动.

(2) 设木块平衡时露出水面的高度为 a，浸入水中的深度为 $b = l - a$. 此时木块本身的重力等于水对木块的浮力，即 $Sl\rho g = Sb\rho' g$（S 为木块的截面积，$S = l^2$），则有

$$l\rho = b\rho' \Rightarrow b = \frac{l\rho}{\rho'} = 0.09\mathrm{m}$$

$$a = l - b = 0.01\mathrm{m}$$

现把木块恰好完全压入水中，然后从静止状态放手，即 $t=0$ 时 $x_0=-a=-0.01\mathrm{m}$，$v_0=0$，则

$$A = 0.01\mathrm{m}, \quad \varphi = \pi$$

$$\omega_0 = \left(\frac{\rho' g}{\rho g}\right)^{1/2} = \sqrt{\frac{g}{b}} = 10.4\mathrm{rad/s}$$

所以

$$x = 0.01\cos(10.4t + \pi) \quad (\text{SI 制})$$

4-11 如附图所示，在竖直面内半径为 R 的一段光滑圆弧形轨道上，放一小物体，使其静止于轨道的最低处，然后轻碰一下此物体，使其沿圆弧形轨道来回做小幅度运动. 试证：

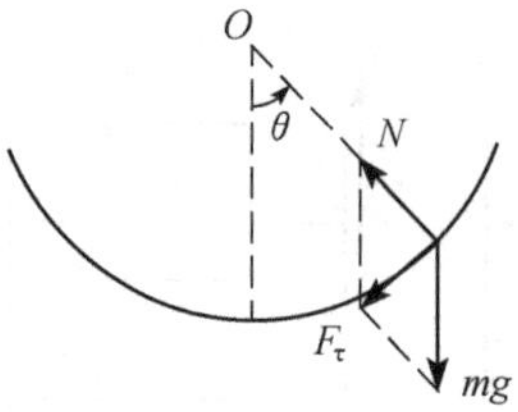

习题 4-11 图

(1) 此物体做简谐振动；

(2) 此简谐振动的周期 $T=2\pi\sqrt{R/g}$.

证明 (1) 当小物体偏离圆弧轨道最低点 θ 角时，其受力如图所示. 切向分力为

$$F_\tau = -mg\sin\theta \tag{1}$$

因 θ 角很小，所以 $\sin\theta \approx \theta$. 由牛顿第二定律给出

$$F_\tau = ma_\tau \tag{2}$$

即

$$-mg\theta = mR\frac{\mathrm{d}^2\theta}{\mathrm{d}t^2}$$

$$\frac{\mathrm{d}^2\theta}{\mathrm{d}t^2} = -\frac{g\theta}{R} = -\omega^2\theta \tag{3}$$

将式(3)和简谐振动微分方程比较可知，物体做简谐振动，其振动方程为

$$\theta = \theta_{\mathrm{m}}\cos(\omega t + \phi) \tag{4}$$

(2) 由式(3)，式(4)知 $\omega=\sqrt{g/R}$，所以周期为

$$T = \frac{2\pi}{\omega} = 2\pi\sqrt{\frac{R}{g}}$$

4-12 一质点做简谐振动，其振动方程为

$$x = 6.0\times10^{-2}\cos(\pi t/3 - \pi/4) \quad (\text{SI})$$

(1) 位移为振幅的一半时，其动能和势能各占总能量的多少？

(2) 当 x 值为多大时，系统的势能为总能量的一半？

(3) 质点从平衡位置移动到此位置所需最短时间为多少？

解　(1) 总能量为 $E=\frac{1}{2}kA^2$，当 $x=\frac{A}{2}$ 时，有

$$E_p=\frac{1}{2}k\left(\frac{A}{2}\right)^2=\frac{1}{4}E$$

则
$$E_k=E-E_p=\frac{3}{4}E$$

(2) 势能

$$E_p=\frac{1}{2}kx^2$$

由题意

$$\frac{1}{2}kx^2=\frac{1}{4}kA^2,\quad x=\pm 4.24\times10^{-2}\text{m}$$

(3) 周期 $T=2\pi/\omega=6\text{s}$，从平衡位置运动到 $x=\pm A/\sqrt{2}$ 的最短时间 Δt 为 $T/8$，所以 $\Delta t==0.75\text{s}$.

4-13　已知两个在同一直线上的简谐振动的振动方程分别为

$$x_1=0.05\cos(10t+3\pi/5)\quad\text{(SI)}$$
$$x_2=0.06\cos(10t+\pi/5)\quad\text{(SI)}$$

求：

(1) 它们合成振动的振幅和初相；

(2) 另有一同方向的简谐振动 $x_3=0.07\cos(10t+\varphi)$(SI).

问 φ 为何值时，x_1+x_3 的振幅为最大？φ 为何值时，x_1+x_3 的振幅为最小？

(3) 用旋转矢量图示法表示(1)、(2)的结果.

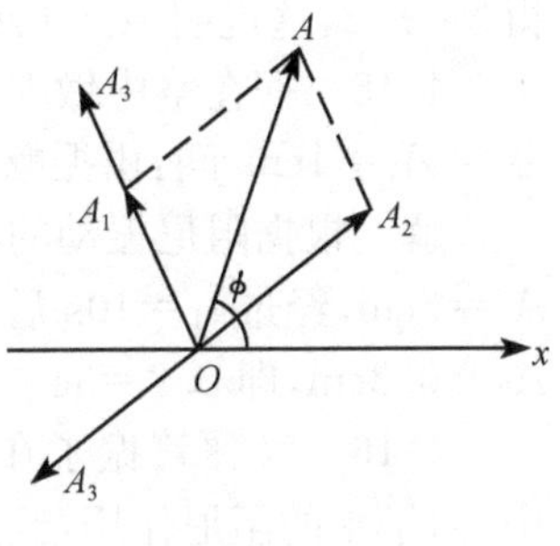

习题 4-13 图

解　(1)
$$A=\sqrt{A_1^2+A_2^2+2A_1A_2\cos(\Delta\phi)}\approx0.0892\text{m}$$
$$\tan\phi=\frac{A_1\sin\phi_1+A_2\sin\phi_2}{A_1\cos\phi_1+A_2\cos\phi_2}=2.50$$
$$\phi=1.19\text{rad}$$

(2) 当 $\phi-\phi_1=\pm2k\pi$ 时，x_1 与 x_3 的合成振幅最大为 0.12m，所以

$$\phi=\pm2k\pi+\frac{3}{5}\pi$$

当 $\phi-\phi_2=\pm(2k+1)\pi$ 时，x_1 与 x_3 的合成振幅最小为 0.01m，所以

$$\phi=\pm(2k+1)\pi+\frac{1}{5}\pi$$

(3) 用旋转矢量图表示(1)，(2)两小题结果如附图所示.

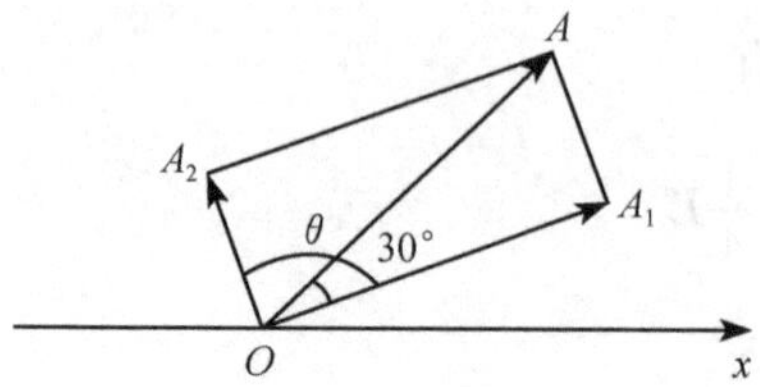

习题 4-14 图

4-14　两个同方向，同频率的简谐振动，其合振动的振幅为 20cm，与第一个振动的位相差为 π/6. 若第一个振动的振幅为 $10\sqrt{3}$cm. 则

(1) 第二个振动的振幅为多少？

(2) 两简谐振动的位相差为多少？

解　由题意可作旋转矢量图如附图所示，由图知

$$A_2^2 = A_1^2 + A^2 - 2A_1A\cos30^\circ$$

$$= 0.173^2 + 0.2^2 - 2\times0.173\times0.2\times\sqrt{3}/2 = 0.01(\text{m})$$

所以 $A_2 = 0.1$m.

设角 AA_1O 为 θ，则 $A^2 = A_1^2 + A_2^2 - 2A_1A_2\cos\theta$，即

$$\cos\theta = \frac{A_1^2 + A_2^2 - A^2}{2A_1A_2} = \frac{(0.173)^2 + (0.1)^2 - (0.02)^2}{2\times0.173\times0.1} = 0$$

得 $\theta = \pi/2$，这说明 A_1 与 A_2 间夹角为 $\pi/2$，即两振动的位相差为 $\pi/2$.

4-15　摆在空中做阻尼振动，某时刻振幅为 $A_0 = 3$cm，经过 $t_1 = 10$s 后，振幅变为 $A_1 = 1$cm. 问：由振幅为 A_0 时起，经多长时间其振幅减为 $A_2 = 0.3$cm？

解　根据阻尼振动的特征，$x = A_0 e^{-\beta t}\cos(\omega t + \varphi_0)$，振幅为 $A = A_0 e^{-\beta t}$，若已知 $A_0 = 3$cm，经过 $t_1 = 10$s 后，振幅变为 $A_1 = 1$cm，可得 $1 = 3e^{-10\beta}$，那么当振幅减为 $A_2 = 0.3$cm，即 $0.3 = 3e^{-\beta t}$，可求得 $t = 21$s.

4-16　某弹簧振子在真空中自由振动的周期为 T_0，现将该弹簧振子浸入水中，由于水的阻尼作用，经过每个周期振幅降为原来的 90%，求：

(1) 求振子在水中的振动周期 T；

(2) 如果开始时振幅 $A_0 = 10$cm，阻尼振动从开始到振子静止求振子经过的路程为多少？

解　(1) 有阻尼时，有

$$T = \frac{2\pi}{\sqrt{\omega_0^2 - \beta^2}},\quad T_0 = \frac{2\pi}{\omega_0}$$

$$A = A_0 e^{-\beta t},\quad 0.9A_0 = A_0 e^{-\beta T},\quad \beta = -\frac{\ln 0.9}{T}$$

$$T = \frac{T_0}{2\pi}\sqrt{4\pi^2 + (\ln 0.9)^2}$$

(2) 略

4-17　质点分别参与下列三组互相垂直的谐振动：

$$(1)\begin{cases} x = 4\cos\left(8\pi t + \dfrac{\pi}{6}\right), \\ y = 4\cos\left(8\pi t - \dfrac{\pi}{6}\right); \end{cases}\quad (2)\begin{cases} x = 4\cos\left(8\pi t + \dfrac{\pi}{6}\right), \\ y = 4\cos\left(8\pi t - \dfrac{5\pi}{6}\right); \end{cases}\quad (3)\begin{cases} x = 4\cos\left(8\pi t + \dfrac{\pi}{6}\right), \\ y = 4\cos\left(8\pi t + \dfrac{2\pi}{3}\right). \end{cases}$$

试判别质点运动的轨迹.

解　质点参与的运动是频率相同,振幅相同的垂直运动的叠加.

$$\frac{x^2}{A^2}+\frac{y^2}{A^2}-\frac{2xy}{A^2}\cos(\varphi_2-\varphi_1)=\sin^2(\varphi_2-\varphi_1)$$

(1) $\Delta\varphi=\varphi_2-\varphi_1=\frac{\pi}{3}$,则方程化为 $x^2+y^2-xy=12$,轨迹为一般的椭圆.

(2) $\Delta\varphi=\varphi_2-\varphi_1=\pi$,则方程化为$\left(\frac{x}{A_1}+\frac{y}{A_2}\right)^2=0$, $y=-\frac{A_2}{A_1}x$ 轨迹为一直线.

(3) $\Delta\varphi=\varphi_2-\varphi_1=\frac{\pi}{2}$,则方程化为$\frac{x_2}{A_1^2}+\frac{y_2}{A_2^2}=1$,轨迹为一右旋椭圆.

4-18　在示波器的水平和垂直输入端分别加上余弦式交变电压,荧光屏上出现如附图所示的李萨如图形. 已知水平方向振动频率为 2.7×10^4 Hz,求垂直方向的振动频率.

解　通过和书上的李萨如图形相比较,可发现它满足两方向的振动频率比 3∶2. 由水平方向振动频率为 2.7×10^4 Hz,可得垂直方向的振动频率为 1.8×10^4 Hz.

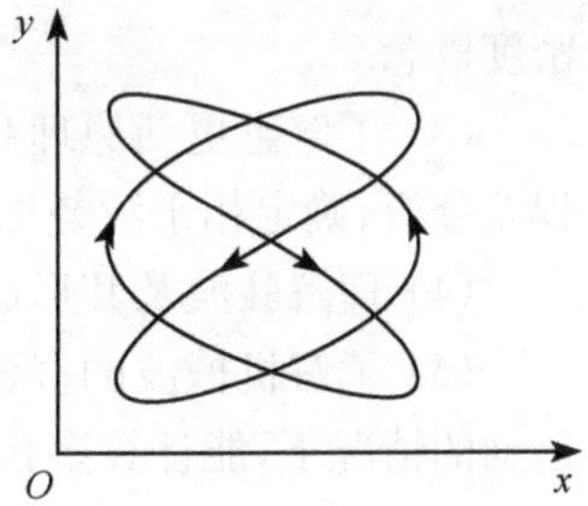

习题 4-18 图

第 5 章　波动学基础

一、基本要求

（1）掌握描述简谐波的各物理量及各量间的关系.

（2）理解机械波产生的条件，掌握由已知质点的简谐运动方程得出平面简谐波的波方程的方法，理解波方程的物理意义，了解波的能量传播特征及能流、能流密度概念.

（3）了解惠更斯原理和波的叠加原理，理解波的相干条件，能应用相位差和波程差分析、确定相干波叠加后振幅加强和减弱的条件.

（4）理解驻波及其形成，了解驻波和行波的区别.

（5）了解机械波的多普勒效应及其产生的原因，在波源或观察者沿二者连线运动的情况下，能计算多普勒频移.

二、内容提要

1. 波速、波长、波的周期与频率

（1）弹性波的传播速度

波的传播实际上是振动状态即相位的传播，因而，波速实际上指的是相位的传播速度，即相速度（相速）. 即在介质中波源的振动在单位时间内传递的距离. 波速取决于波所处介质的弹性，即介质特性决定了波速. 我们有如下公式：
纵波波速

$$u=\sqrt{\frac{Y}{\rho}}$$

横波波速

$$u=\sqrt{\frac{G}{\rho}}$$

式中，G 和 Y 分别为介质的切变模量和杨氏模量，ρ 为介质的质量密度.

绷紧的柔软绳索或弦线中传播的横波的速度为

$$u=\sqrt{\frac{F}{\mu}}$$

式中，F 为绳索或弦线中的张力，μ 为绳索或弦线单位长度的质量.

液体和气体中只能传播与体变有关的弹性纵波（液体表面的波是由重力和表

面张力引起，包含纵波和横波两种成分）. 在液体和气体中纵波传播速度为

$$u=\sqrt{\frac{B}{\rho}}$$

式中，B 为介质的体积模量，ρ 为介质的质量密度. 对于理想气体，把声波中的气体过程作为绝热过程近似处理，根据分子动理论和热力学，可推出声速公式为

$$u=\sqrt{\frac{\gamma p}{\rho}}=\sqrt{\frac{\gamma RT}{M_{\mathrm{m}}}}$$

式中，M_{m} 为气体的摩尔质量，γ 为气体的比热容比，p 为气体的压强，T 为热力学温度，R 为摩尔气体常量.

（2）波长、周期和频率

$$\lambda=uT=\frac{u}{\nu}$$

波线上两点之间的波程 l，两点振动的时间差

$$\Delta t=\frac{l}{u}$$

两点振动的相位差

$$\Delta\Phi=\omega\Delta t=2\pi\,\frac{l}{\lambda}$$

2. 平面简谐波的波动方程的一般形式（通式）

$$y(x,t)=A\cos\left[\omega\left(t\mp\frac{x}{u}\right)+\varphi\right]$$
$$y(x,t)=A\cos(\omega t\mp kx+\varphi)$$
$$y(x,t)=A\cos\left[2\pi\left(\frac{t}{T}\mp\frac{x}{\lambda}\right)+\varphi\right]$$

式中负号对应于正行波（沿波线 x 轴传播的波），正号对应于反行波（沿 x 轴负方向传播的波）.

3. 波的能量和能量密度

平面简谐机械波的能量特征是动能和势能完全相同

$$\mathrm{d}E_{\mathrm{k}}=\mathrm{d}E_{\mathrm{p}}=\frac{1}{2}\rho\omega^2A^2\sin^2\omega\left(t-\frac{x}{u}\right)\mathrm{d}V$$

单位体积内的能量称能量密度为

$$w=\rho\omega^2A^2\sin^2\omega\left(t-\frac{x}{u}\right)$$

在一个周期内的平均值称平均能量密度

$$\overline{w}=\frac{1}{2}\rho\omega^2A^2$$

单位时间通过给定面积波的能量称波的能流 $P=w\boldsymbol{u}\cdot\boldsymbol{S}$,能流的平均值称为平均能流,用 $\overline{P}$ 表示,显然,$\overline{P}=\overline{w}\boldsymbol{u}\cdot\boldsymbol{S}$. 单位时间通过垂直于波传播方向单位面积的波的能量,称为能流密度. 在一个周期内的平均值称为平均能流密度也即波的强度. 机械波的强度

$$\boldsymbol{I}=\overline{w}\boldsymbol{u}=\frac{1}{2}\rho\omega^2A^2\boldsymbol{u}$$

式中,声波的强度称为声强常用声强级

$$L_I=10\lg\frac{I}{I_0}dB$$

4. 波的干涉

在两列(或两列以上)波的重叠区域,合振动的强弱随空间位置不同,出现稳定分布的现象叫做波的干涉. 相干条件是:同振动方向,同波源频率,有恒定位相差.

波干涉的合振幅

$$A=\sqrt{A_1^2+A_2^2+2A_1A_2\cos\Delta\phi}$$

式中,A_1 和 A_2 为两列相干波在干涉点的振幅,$\Delta\varphi=\varphi_2-\varphi_1-\frac{2\pi}{\lambda}(r_2-r_1)$为两列相干波在干涉点的相位差. 其中 φ_1 和 φ_2 为两个波源的初相位,r_1 和 r_2 为两个波源到干涉点的波程.

若 $\Delta\phi=2k\pi,k=0,\pm1,\pm2,\cdots,A=A_1+A_2$ 为干涉极大点;

若 $\Delta\phi=(2k+1)\pi,k=0,\pm1,\pm2,\cdots,A=|A_1-A_2|$为干涉极小点.

若两个相干源同相,上述条件简化为

$\delta=r_2-r_1=k\lambda,k=0,\pm1,\pm2,\cdots$ 时,$A=A_1+A_2$ 为干涉极大点;

$\delta=r_2-r_1=\left(k+\frac{1}{2}\right)\lambda,k=0,\pm1,\pm2,\cdots$ 时,$A=|A_1-A_2|$ 合振幅极小.

5. 驻波

驻波的产生:两列同振幅、反方向传播的相干波叠加的结果. 描述驻波的方程为

$$y=2A\cos\left(\frac{2\pi}{\lambda}x\right)\cos2\pi\nu t$$

$x=\pm k\frac{\lambda}{2}$处为波腹,$x=\pm(2k+1)\frac{\lambda}{4}$处为波节. 驻波的特点:有波腹,即干涉极大点,相邻波腹间距 $\Delta x=\frac{\lambda}{2}$;有波节,即干涉静止点,相邻波节间距 $\Delta x=\frac{\lambda}{2}$. 相邻的波腹与波节间距为$\frac{\lambda}{4}$. 同段同相,邻段反相.

6. 半波损失

波从波疏介质入射到波密介质,在分界面处反射时,反射点有半波损失,即有相位 π 的突变,出现波节;波从波密介质入射到波疏介质,反射点没有半波损失,出

现波腹.

两固定端之间形成稳定驻波的条件，弦长 $L=n\dfrac{\lambda}{2}, n=1,2,3,\cdots$.

7. 多普勒效应

由于观察者和波源运动，使接收波的频率偏离波源振动频率的现象，称为多普勒效应. 对于机械波有

$$\nu_r=\frac{u+v_r}{u-v_s}\nu_s$$

式中，ν_r 为接收器接收的频率，ν_s 为波源振动频率，u 为波速，v_r，v_s 为接收器和波源相对介质的运动速度，它们向着对方运动时为正，背向对方运动时为负.

三、例题详解

例 5-1　一平面简谐波 x 轴正方向传播，已知振幅为 $A=1\text{m}, T=2\text{s}, \lambda=2\text{m}$. 在 $t=0$ 时坐标原点处的质点在平衡位置沿 Oy 轴正向运动. 求：

(1) 波动方程；

(2) $t=1\text{s}$ 时的波形图；

(3) $x=0.5\text{m}$ 处的振动规律并作图.

解　(1) 设波动方程为

$$y=A\cos\left[\omega\left(t-\frac{x}{u}\right)+\varphi\right]$$

式中，$A=1\text{m}, \omega=\dfrac{2\pi}{T}=\pi\text{rad/s}, u=\dfrac{\lambda}{T}=1\text{m/s}$.

由于　$t=0, x=0, y=0, v=\dfrac{\partial y}{\partial t}>0$，故

$$\varphi=-\pi/2$$

所以

$$y=\cos\left[\pi(t-x)-\frac{\pi}{2}\right]$$

(2) $t=1\text{s}$ 时，$y(1,x)=\cos[\pi(1-x)-\pi/2]=\sin(\pi x)$ 波形图如附图(a)所示.

(3) $x=0.5\text{m}$ 处质点的振动规律 $y=\cos[\pi(t-0.5)-\pi/2]=\cos[\pi t-\pi]$，振动曲线如附图(b)所示.

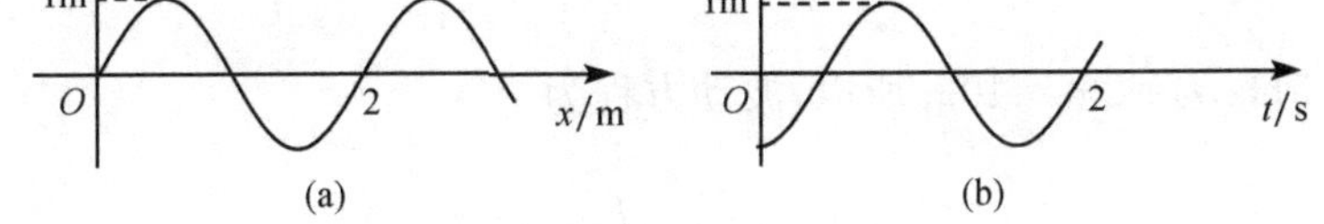

例 5-1 图

例 5-2　已知一列平面简谐波，波动方程为 $y=A\cos(Bt-Cx)$，其中 A,B,C 为正值恒量. 求：

(1) 波的振幅、波速、频率、周期与波长；

(2) 任一时刻在波的传播方向上相距为 d 的两点的位相差.

解　(1) 已知平面简谐波的波动方程

$$y=A\cos(Bt-Cx)$$

将上式与波动方程的标准形式

$$y=A\cos(\omega t-kx)$$

比较可知：波振幅为 A，频率 $\nu=\dfrac{\omega}{2\pi}=\dfrac{B}{2\pi}$，波长 $\lambda=\dfrac{2\pi}{k}=\dfrac{2\pi}{C}$，波速 $u=\lambda\nu=\dfrac{B}{C}$，波动周期 $T=\dfrac{1}{\nu}=\dfrac{2\pi}{B}$.

(2) 因任一时刻 t 同一波线上两点之间的位相差为

$$\Delta\phi=\frac{2\pi}{\lambda}(x_2-x_1)$$

将 $x_2-x_1=d$，及 $\lambda=\dfrac{2\pi}{C}$ 代入上式，即得

$$\Delta\varphi=Cd$$

例 5-3　一列机械波沿 x 轴正向传播，$t=0$ 时的波形如附图(a)所示，已知波速为 $u=10\text{m/s}$，波长为 $\lambda=2\text{m}$，求：

(1) 波动方程；

(2) P 点的振动方程及振动曲线；

(3) P 点的坐标；

(4) P 点回到平衡位置所需的最短时间.

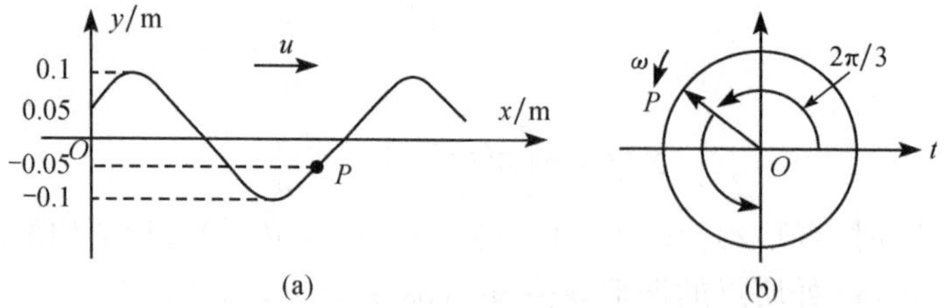

例 5-3 图

解　(1) 由题图可知 $A=0.1\text{m}$，$t=0$ 时，$y_0=\dfrac{A}{2}$，$v_0<0$，所以 $\phi_0=\dfrac{\pi}{3}$，而 $\nu=\dfrac{u}{\lambda}=\dfrac{10}{2}=5\text{Hz}$，$\omega=2\pi\nu=10\pi$. 所以，波动方程为

$$y=0.1\cos\left[10\pi\left(t-\frac{x}{10}\right)+\frac{\pi}{3}\right]$$

(2) 由附图知，$t=0$ 时，$y_P=-\dfrac{A}{2}$，$v_P<0$，所以 $\phi_P=\dfrac{-4\pi}{3}$（P 点的位相应落后于 O 点，故取负值）. 所以，P 点振动方程为

$$y_P = 0.1\cos\left(10\pi t - \frac{4}{3}\pi\right)$$

(3) 由

$$10\pi\left(t-\frac{x}{10}\right)+\frac{\pi}{3}\bigg|_{t=0} = -\frac{4}{3}\pi$$

解得

$$x = \frac{5}{3} = 1.67(\text{m})$$

(4) 根据(2)的结果可作出旋转矢量图如附图(b)所示，则由 P 点回到平衡位置应经历的位相角

$$\Delta\phi = \frac{\pi}{3} + \frac{\pi}{2} = \frac{5}{6}\pi$$

所以最短时间为

$$\Delta t = \frac{\Delta\phi}{\omega} = \frac{5\pi/6}{10\pi} = \frac{1}{12}(\text{s})$$

例 5-4　有一平面简谐波在空间传播，已知 P 点的振动方程为 $y_P=A\cos(\omega t+\varphi_0)$. 如附图所示.

(1) 分别就图中给出的两种坐标写出其波动方程；

(2) 写出距 P 点距离为 b 的 Q 点的振动方程.

解　(1) 如附图(a)所示，则波动方程为

$$y = A\cos\left[\omega\left(t-\frac{x-l}{u}\right)+\phi_0\right]$$

如附图(b)，则波动方程为

$$y = A\cos\left[\omega\left(t+\frac{x}{u}\right)+\phi_0\right]$$

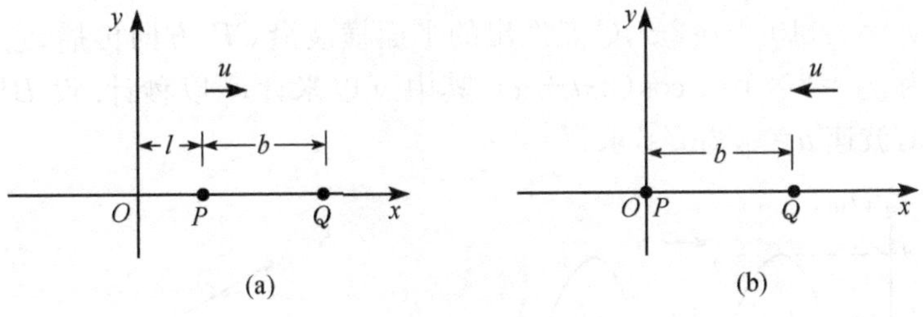

例 5-4 图

(2) 如附图(a)所示，则 Q 点的振动方程为

$$A_Q = A\cos\left[\omega\left(t-\frac{b}{u}\right)+\phi_0\right]$$

如附图(b)所示，则 Q 点的振动方程为

$$A_Q = A\cos\left[\omega\left(t+\frac{b}{u}\right)+\phi_0\right]$$

例 5-5　已知平面简谐波的波动方程为 $y=A\cos\pi(4t+2x)$(SI).

(1) 写出 $t=4.2$s 时各波峰位置的坐标式，并求此时离原点最近一个波峰的位置，该波峰何时通过原点？

(2) 画出 $t=4.2$s 时的波形曲线.

解　(1) 波峰位置坐标应满足

$$\pi(4t+2x)=2k\pi$$

解得

$$x=k-8.4\quad (k=0,\pm 1,\pm 2,\cdots)$$

所以离原点最近的波峰位置为 -0.4m.

由于

$$4\pi t+2\pi x=\omega t+\frac{\omega x}{u}$$

故知 $u=2\text{m}\cdot\text{s}^{-1}$，所以 $\Delta t'=\dfrac{-0.4}{2}=0.2(\text{s})$，这就是说该波峰在 0.2s 前通过原点，那么从计时时刻算起，则应是 $4.2-0.2=4(\text{s})$，即该波峰是在 4s 时通过原点的.

(2) 由 $\omega=4\pi$，$u=2$m/s，有 $\lambda=uT=u\dfrac{2\pi}{\omega}=1$m，又 $x=0$ 处，$t=4.2$s 时

$$\varphi_0=4.2\times 4\pi=16.8\pi$$

$$y_0=A\cos 4\pi\times 4.2=-0.8A$$

又当 $y=-A$ 时，$\varphi_x=17\pi$，则应有

$$16.8\pi+2\pi x=17\pi$$

解得 $x=0.1$m，故 $t=4.2$s 时的波形图如例 5-5 图所示.

例 5-6　如附图所示，设 B 点发出的平面横波沿 BP 方向传播，它在 B 点的振动方程为 $y_1=2\times 10^{-3}\cos 2\pi t$，$C$ 点发出的平面横波沿 CP 方向传播，它在 C 点的振动方程为 $y_2=2\times 10^{-3}\cos(2\pi t+\pi)$，其中 y 以米计，t 以秒计. 设 $BP=0.4$m，$CP=0.5$m，波速 $u=0.2$m/s，求：

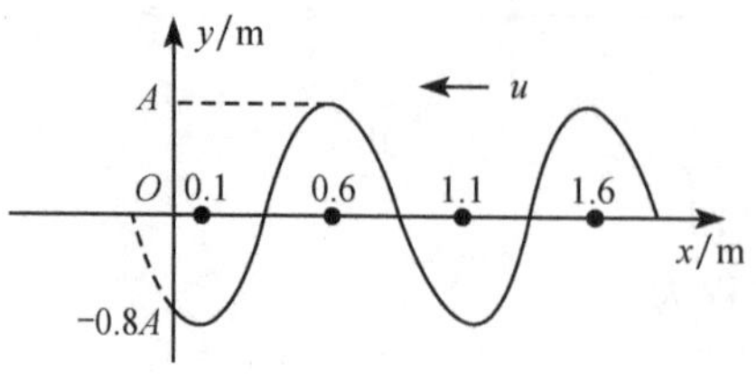

例 5-5 图

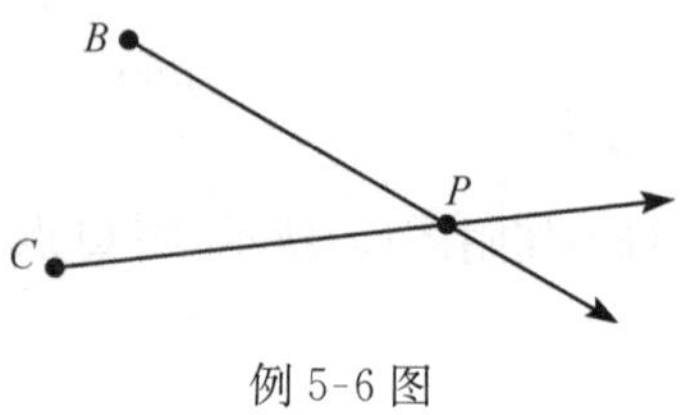

例 5-6 图

(1) 两波传到 P 点时的位相差；

(2) 当这两列波的振动方向相同时，P 处合振动的振幅；

(3) 当这两列波的振动方向互相垂直时，P 处合振动的振幅.

解：(1)
$$\Delta\phi=(\phi_2-\varphi_1)-\frac{2\pi}{\lambda}(\overline{CP}-\overline{BP})$$
$$=\pi-\frac{\omega}{u}(\overline{CP}-\overline{BP})$$
$$=\pi-\frac{2\pi}{0.2}(0.5-0.4)=0$$

(2) P 点是相长干涉，且振动方向相同，所以

$$A_P=A_1+A_2=4\times10^{-3}\text{m}$$

(3) 若两振动方向垂直，又两分振动位相差为 0，这时合振动轨迹是通过Ⅱ，Ⅳ象限的直线，所以合振幅为

$$A=\sqrt{A_1^2+A_2^2}=\sqrt{2}A_1=2\sqrt{2}\times10^{-3}=2.83\times10^{-3}\text{m}$$

例 5-7　一平面简谐波沿 x 轴正向传播，如附图所示. 已知振幅为 A，频率为 ν 波速为 u.

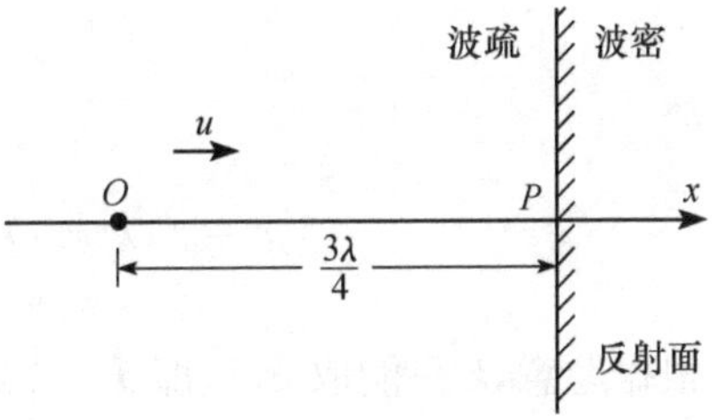

例 5-7 图

(1) 若 $t=0$ 时，原点 O 处质元正好由平衡位置向位移正方向运动，写出此波的波动方程；

(2) 若从分界面反射的波的振幅与入射波振幅相等，试写出反射波的波动方程，并求 x 轴上因入射波与反射波干涉而静止的各点的位置.

解　(1) 因为 $t=0$ 时，$y_0=0$，$v_0>0$，所以 $\phi_0=-\frac{\pi}{2}$. 故波动方程为

$$y=A\cos\left[2\pi v\left(t-\frac{x}{u}\right)-\frac{\pi}{2}\right]\text{m}$$

(2) 入射波传到反射面时的振动位相为$\left(\text{即将 } x=\frac{3}{4}\lambda \text{ 代入}\right)-\frac{2\pi}{\lambda}\times\frac{3}{4}\lambda-\frac{\pi}{2}$，再考虑到波由波疏入射而在波密界面上反射，存在半波损失，所以反射波在界面处的位相为

$$-\frac{2\pi}{\lambda}\times\frac{3}{4}\lambda-\frac{\pi}{2}+\pi=-\pi$$

若仍以 O 点为原点，则反射波在 O 点处的位相为

$$-\frac{2\pi}{\lambda}\times\frac{3}{4}\lambda-\pi=\frac{-5}{2}\pi$$

因只考虑 2π 以内的位相角，所以反射波在 O 点的位相为 $-\frac{\pi}{2}$，故反射波的波动方程为

$$y_{反}=A\cos\left[2\pi\nu\left(t+\frac{x}{u}\right)-\frac{\pi}{2}\right]$$

此时驻波方程为

$$\begin{aligned}y&=A\cos\left[2\pi\nu\left(t-\frac{x}{u}\right)-\frac{\pi}{2}\right]+A\cos\left[2\pi\nu\left(t+\frac{x}{u}\right)-\frac{\pi}{2}\right]\\&=2A\cos\frac{2\pi\nu x}{u}\cos\left(2\pi\nu t-\frac{\pi}{2}\right)\end{aligned}$$

故波节位置为

$$\frac{2\pi\nu x}{u}=\frac{2\pi}{\lambda}x=(2k+1)\frac{\pi}{2}$$

故

$$x=(2k+1)\frac{\lambda}{4}\quad(k=0,\pm 1,\pm 2,\cdots)$$

根据题意，k 只能取 0，1，即 $x=\frac{1}{4}\lambda,\frac{3}{4}\lambda$.

例 5-8 在弦上传播的横波，它的波动方程为 $y_1=0.1\cos(13t+0.0079x)$(SI)，试写出一个波动方程，使它表示的波能与这列已知的横波叠加形成驻波，并在 $x=0$ 处为波节.

解 为使合成驻波在 $x=0$ 处形成波节，则要反射波在 $x=0$ 处与入射波有 π 的位相差，故反射波的波动方程为

$$y_2=0.1\cos(13t-0.0079x-\pi)$$

例 5-9 两列波在一根很长的细绳上传播，它们的波动方程分别为 $y_1=0.06\cos(\pi x-4\pi t)$(SI)，$y_2=0.06\cos(\pi x+4\pi t)$(SI).

(1) 试证明绳子将做驻波式振动，并求波节、波腹的位置；

(2) 波腹处的振幅多大？$x=1.2$m 处振幅多大？

解 (1) 它们的合成波为

$$\begin{aligned}y&=0.06\cos(\pi x-4\pi)+0.06\cos(\pi x+4\pi t)\\&=0.12\cos\pi x\cos 4\pi t\end{aligned}$$

这是一驻波方程，故绳子在做驻波振动.

令 $\pi x=k\pi$，则 $x=k$，$k=0,\pm1,\pm2,\cdots$，此即波腹的位置；

令 $\pi x=(2k+1)\dfrac{\pi}{2}$，则 $x=(2k+1)\dfrac{1}{2}$，$k=0,\pm1,\pm2,\cdots$，此即波节的位置.

(2) 波腹处振幅最大，即为 0.12m；$x=1.2$m 处的振幅由下式决定，即

$$A_{驻}=|0.12\cos(\pi\times1.2)|=0.097\text{m}$$

例 5-10　一平面余弦波，沿直径为 14cm 的圆柱形管传播，波的强度为 18.0×10^{-3}J/(m^2·s)，频率为 300Hz，波速为 300m/s，求：

(1) 波的平均能量密度和最大能量密度；

(2) 两个相邻同相面之间有多少波的能量?

解　(1)　$I=\overline{w}u$

$$\overline{w}=\frac{I}{u}=18.0\times\frac{10^{-3}}{300}=6\times10^{-5}(\text{J/m}^3)$$

$$w_{\max}=2\overline{w}=1.2\times10^{-4}(\text{J/m}^3)$$

(2)

$$W=\overline{\omega}V=\overline{w}\,\frac{1}{4}\pi d^2\lambda=\overline{w}\,\frac{1}{4}\pi d^2\,\frac{u}{\nu}$$

$$=6\times10^{-5}\times\frac{1}{4}\pi\times(0.14)^2\times\frac{300}{300}=9.24\times10^{-7}(\text{J})$$

例 5-11　A、B 为两个汽笛，其频率皆为 500Hz，A 静止，B 以 60m/s 的速率向右运动. 在两个汽笛之间有一观察者 O，以 30m/s 的速度也向右运动. 已知空气中的声速为 330m/s，求：

(1) 观察者听到来自 A 的频率；

(2) 观察者听到来自 B 的频率；

(3) 观察者听到的拍频.

解　(1)已知 $u=330$m/s，$v_0=-30$m/s，$v_s=0$m/s，则

$$\nu'=\frac{u+v_0}{u-v_s}\nu,\quad \nu'=\frac{330-30}{330}\times500=454.5(\text{Hz})$$

(2) 观察者听到来自 B 的频率

已知 $u=330$m/s，$v_0=30$m/s，$v_s=v_{sB}=-60$m/s，则

$$\nu''=\frac{u+v_0}{u-v_s}\nu=\frac{330+30}{330+60}\times500=461.5(\text{Hz})$$

(3) 观察者听到的拍频

$$\Delta\nu=|\nu'-\nu''|=7(\text{Hz})$$

四、习题指导

(一) 思考题

5-1　振动和波动有什么联系和区别？平面简谐波方程和简谐振动方程有什么联系和区别？振动曲线和波形图又有什么联系和区别？

答　(1) 振动是指一个孤立的系统(也可是介质中的一个质元)在某固定平衡位置附近所做的往复运动，系统离开平衡位置的位移是时间的周期性函数，即可表示为 $y=f(t)$；波动是振动在连续介质中的传播过程，此时介质中所有质元都在各自的平衡位置附近做振动，因此介质中任一质元离开平衡位置的位移既是坐标位置 x，又是时间 t 的函数，即 $y=f(x,t)$.

(2) 在谐振动方程 $y=f(t)$ 中只有一个独立的变量时间 t，它描述的是介质中一个质元偏离平衡位置的位移随时间变化的规律；平面谐波方程 $y=f(x,t)$ 中有两个独立变量，即坐标位置 x 和时间 t，它描述的是介质中所有质元偏离平衡位置的位移随坐标和时间变化的规律.

当谐波方程 $y=A\cos\omega\left(t-\dfrac{x}{u}\right)$ 中的坐标位置给定后，即可得到该点的振动方程，而波源持续不断地振动又是产生波动的必要条件之一.

(3) 振动曲线 $y=f(t)$ 描述的是一个质点的位移随时间变化的规律，因此，其纵轴为 y，横轴为 t；波动曲线 $y=f(x,t)$ 描述的是介质中所有质元的位移随位置，随时间变化的规律，其纵轴为 y，横轴为 x. 每一幅图只能给出某一时刻质元的位移随坐标位置 x 变化的规律，即只能给出某一时刻的波形图，不同时刻的波动曲线就是不同时刻的波形图.

5-2　平面简谐波方程 $y(x,t)=A\cos[\omega(t-x/u)+\varphi_0]$ 中 x/u 项的意义是什么？如果改写为 $y(x,t)=A\cos[\omega t-kx+\varphi_0]$，$kx$ 又是什么意思？如果 t 和 x 都增加，但相应的 $[\omega(t-x/u)+\varphi_0]$ 的值不变，由此能从波动方程说明什么？

答　波动方程中的 x/u 表示了介质中坐标位置为 x 的质元的振动落后于原点的时间；$\dfrac{\omega x}{u}$ 则表示 x 处质元比原点落后的振动位相；设 t 时刻的波动方程为

$$y_t = A\cos\left(\omega t-\frac{\omega x}{u}+\phi_0\right)$$

则 $t+\Delta t$ 时刻的波动方程为

$$y_{t+\Delta t} = A\cos\left[\omega(t+\Delta t)-\frac{\omega(x+\Delta x)}{u}+\phi_0\right]$$

其表示在时刻 t，位置 x 处的振动状态，经过 Δt 后传播到 $x+u\Delta t$ 处. 所以在 $\omega t-\dfrac{\omega x}{u}$ 中，当 t，x 均增加时，$\omega t-\dfrac{\omega x}{u}$ 的值不会变化，而这正好说明了经过时间 Δt，波形

即向前传播了 $\Delta x=u\Delta t$ 的距离，说明 $y=A\cos\left(\omega t-\frac{\omega x}{u}+\phi_0\right)$ 描述的是一列行进中的波，故谓之行波方程.

5-3　在波方程中，坐标原点是否一定要选在波源处？$t=0$ 时刻是否一定是波源开始振动的时刻？波方程写成 $y(x,t)=A\cos\omega\left(t-\frac{x}{u}\right)$ 时，波源一定在坐标原点吗？在什么前提下波方程才能写成这种形式？

答　由于坐标原点和开始计时时刻的选全完取是一种主观行为，所以在波动方程中，坐标原点不一定要选在波源处，同样，$t=0$ 的时刻也不一定是波源开始振动的时刻；当波动方程写成 $y=A\cos\omega\left(t-\frac{x}{u}\right)$ 时，坐标原点也不一定是选在波源所在处的. 因为在此处对于波源的含义已做了拓展，即在写波动方程时，我们可以把介质中某一已知点的振动视为波源，只要把振动方程为已知的点选为坐标原点，即可得到提示的波动方程.

5-4　机械波的波长、频率、周期和波速，(1)在同一种介质中哪些量是不变的？(2)当波从一种介质进入另一种介质后，哪些量是不变的？

答　(1) 机械波在同一种介质中传播时，其波长、频率、周期和波速都是不变的？(2)当波从一种介质进入另一种介质后，只有频率和周期是不变的？

5-5　波在弹性介质中传播时，介质元的能量具有怎样的特点，为什么与弹簧振子不同？

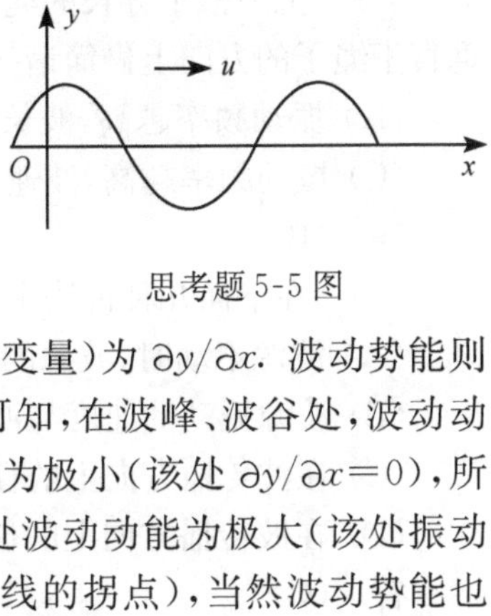

思考题 5-5 图

答　我们在讨论波动能量时，实际上讨论的是介质中某个小体积元 dV 内所有质元的能量. 波动动能当然是指质元振动动能，其与振动速度平方成正比，波动势能则是指介质的形变势能. 形变势能由介质的相对形变量(即应变量)决定. 如果取波动方程为 $y=f(x,t)$，则相对形变量(即应变量)为 $\partial y/\partial x$. 波动势能则是与 $\partial y/\partial x$ 的平方成正比. 由波动曲线图(附图)可知，在波峰、波谷处，波动动能有极小(此处振动速度为零)，而在该处的应变也为极小(该处 $\partial y/\partial x=0$)，所以在波峰、波谷处波动势能也为极小；在平衡位置处波动动能为极大(该处振动速度的极大)，而在该处的应变也是最大(该处是曲线的拐点)，当然波动势能也为最大. 这就说明了在介质中波动动能与波动势能是同步变化的，即具有相同的量值.

对于一个孤立的谐振动系统，是一个孤立的保守系统，机械能守恒，即振子的动能与势能之和保持为一个常数，而动能与势能在不断转换，所以动能和势能不可能同步变化.

5-6　在驻波的两个波节之间，各质点的振幅、频率、相位的关系怎样？在两相邻半波(波节两侧)中又如何？驻波的能量又有什么特点？

答　由驻波方程为 $y=\left|2A\cos\frac{2\pi}{\lambda}x\right|\cos\alpha\pi vt$ 可知，在相邻两波节中的同一半波长上，描述各质点的振幅是不相同的(各质点的振幅是随位置按余弦规律 $\left|2A\cos\frac{2\pi}{\lambda}x\right|$ 变化的)，而在这同一半波长上，各质点的相则是相同的；而在两相邻半波(波节两侧)的质点振动位相则相反.

驻波没有能量传播，能量仅在波节与波腹之间传递.驻波中各质量元的能量不守恒，但两波节之间所有质量元的能量总和保持不变，能量在波节与波腹之间进行势能与动能的转换.

5-7　波源向着观察者运动和观察者向着波源运动，都会产生频率增高的多普勒效应，这两者有什么区别？

答　波源向着观察者运动时，波面将被挤压，波在介质中的波长将被压缩变短，因而观察者在单位时间内接收到的完整数目(u/λ')会增多，所以接收频率增高；而观察者向着波源运动时，波面形状不变，但观察者测到的波速增大($u'=u+v_B$)，因而单位时间内通过观察者完整波的数目$\frac{u'}{\lambda}$也会增多，即接收频率也将增高.简单地说，前者是通过压缩波面(缩短波长)使频率增高，后者则是增加波速(相对于观察者)使得单位时间内通过的波面数增加而升高频率.

5-8　把一根十分长的绳子拉成水平，用手握其一端，维持拉力恒定，使绳端在垂直于绳子的方向上做简谐振动，则(　　).

(A) 振动频率越高，波长越长；　　(B) 振动频率越低，波长越长；

(C) 振动频率越高，波速越大；　　(D) 振动频率越低，波速越大.

答　(B).

5-9　在下面几种说法中，正确的是(　　).

(A) 波源不动时，波源的振动周期与波动的周期在数值上是不同的；

(B) 波源振动的速度与波速相同；

(C) 在波传播方向上的任一质点振动位相总是比波源的位相滞后；

(D) 在波传播方向上的任一质点的振动位相总是比波源的位相超前.

答　(C).

5-10　附图(a)表示沿 x 轴正向传播的平面简谐波在 $t=0$ 时刻的波形图，则附图(b)表示的是(　　).

(A) 质点 M 的振动曲线；　　(B) 质点 N 的振动曲线；

(C) 质点 P 的振动曲线；　　(D) 质点 Q 的振动曲线.

答　(B).

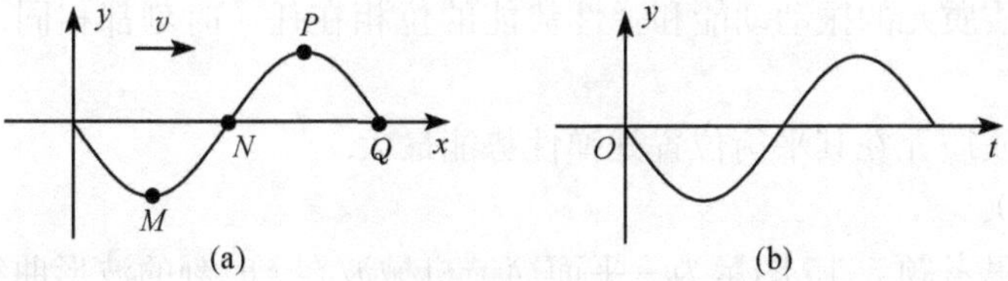

思考题 5-10 图

5-11　附图为一沿 x 轴正向传播的平面简谐波在 $t=0$ 时刻的波形，若振动以余弦函数表示，且此题各点振动初相取 $-\pi$ 到 π 之间的值，则(　　).

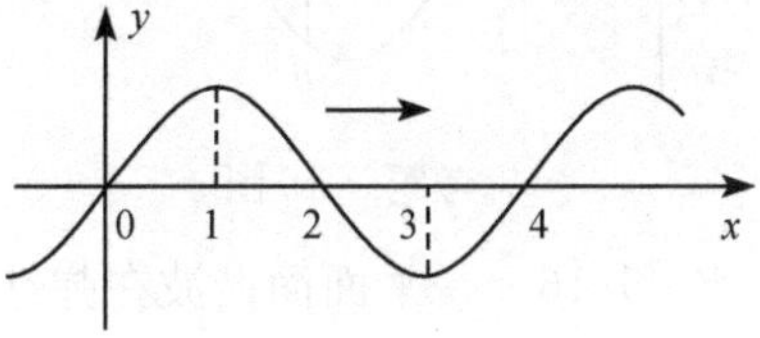

思考题 5-11 图

(A) 1 点的初位相为 $\phi_1=0$；

(B) 0 点的初位相为 $\phi_0=-\pi/2$；

(C) 2 点的初位相为 $\phi_2=0$；

(D) 3 点的初位相为 $\phi_3=0$.

答　(A).

5-12　一平面简谐波沿 x 轴负方向传播. 已知 $x=b$ 处质点的振动方程为 $y=A\cos[\omega t+\phi_0]$，波速为 u，则振动方程为(　　).

(A) $y=A\cos[\omega t+(b+x)/u+\phi_0]$；

(B) $y=A\cos\{\omega[t-(b+x)/u]+\phi_0\}$；

(C) $y=A\cos\{\omega[t+(x-b)/u]+\phi_0\}$；

(D) $y=A\cos\{\omega[t+(b-x)/u]+\phi_0\}$.

答　(C).

5-13　一平面简谐波，波速 $u=5\text{m/s}$，$t=3\text{s}$ 时刻的波形曲线如附图所示，则 $x=0$处的振动方程为(　　)　(SI).

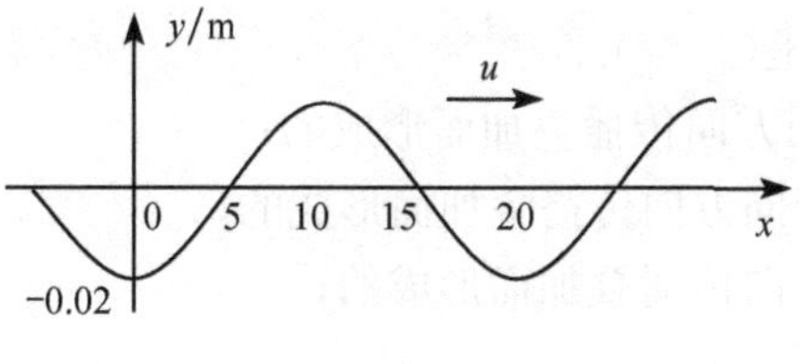

思考题 5-13 图

(A) $y=2\times10^{-2}\cos\left(\frac{1}{2}\pi t-\frac{1}{2}\pi\right)$；

(B) $y=2\times10^{-2}\cos(\pi t+\pi)$；

(C) $y=2\times10^{-2}\cos\left(\frac{1}{2}\pi t+\frac{1}{2}\pi\right)$；

(D) $y=2\times10^{-2}\cos\left(\pi t-\frac{3}{2}\pi\right)$.

答　(A).

5-14　当一平面简谐机械波在弹性媒质中传播时，下述各结论(　　)是正确的.

(A) 媒质质元的振动动能增大时，其弹性势能减少，总机械能守恒；

(B) 媒质质元的振动动能和弹性势能都做周期变化，但两者的位相不相同；

(C) 媒质质元的振动动能和弹性势能的位相在任一时刻都相同，但两者的数值不相等；

(D) 媒质质元在其平衡位置处弹性势能最大.

答 (D).

5-15 思考题 5-15 图示为一平面简谐机械波在 t 时刻的波形曲线. 若此时 A 点处媒质质元的振动动能在增大，则(　　).

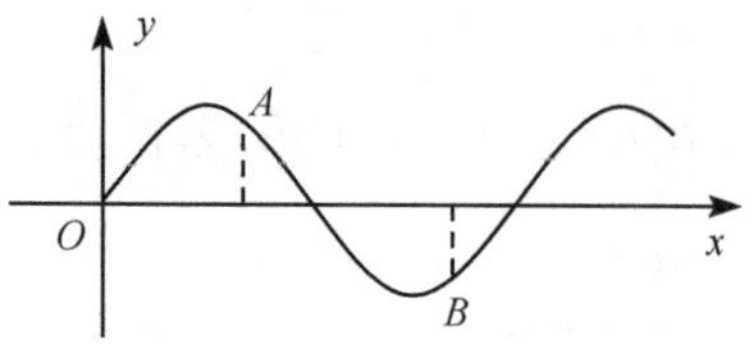

思考题 5-15 图

(A) A 点处质元的弹性势能在减小；

(B) 波沿 x 轴负方向传播；

(C) B 点处质元的振动动能在减小；

(D) 各点的波的能量密度都不随时间变化.

答 (B).

5-16 一平面简谐波在弹性媒质中传播，在媒质质元从最大位移处回到平衡位置的过程中(　　).

(A) 它的势能转换成动能；

(B) 它的动能转换成势能；

(C) 它从相邻的一段媒质质元获得能量，其能量逐渐增加；

(D) 它把自己的能量传给相邻一段媒质质元，其能量逐渐减小.

答 (C).

5-17 S_1 和 S_2 是波长为 λ 的两个相干波的波源，相距 $3\lambda/4$，S_1 的位相比 S_2 超前 $\pi/2$，若两波单独传播时，在过 S_1 和 S_2 的直线上各点的强度相同，不随距离变化，且两波的强度都是 I_0，则在 S_1、S_2 连线上 S_1 外侧和 S_2 外侧各点，合成波的强度分别是(　　).

(A) $4I_0$, $4I_0$；　(B) 0, 0；　(C) 0, $4I_0$；　(D) $4I_0$, 0.

答 (D).

5-18 在一根很长的弦线上形成的驻波是(　　).

(A) 由两列振幅相等的相干波，沿着相同方向传播叠加而形成的；

(B) 由两列振幅不相等的相干波，沿着相同方向传播叠加而形成的；

(C) 由两列振幅相等的相干波，沿着反方向传播叠加而形成的；

(D) 由两列波，沿着反方向传播叠加而形成的.

答 (C).

5-19 在弦线上有一简谐波，其表达式是 $y_1=2.0\times10^{-2}\cos\left[2\pi\left(\frac{t}{0.02}-\frac{x}{20}\right)+\frac{\pi}{3}\right]$(SI)，为了在此弦线上形成驻波，并且在 $x=0$ 处为一波节，此弦线上还应有一简谐波，其表达式为(　　).

(A) $y_2=2.0\times10^{-2}\cos\left[2\pi\left(\frac{t}{0.02}+\frac{x}{20}\right)+\frac{\pi}{3}\right]$;

(B) $y_2=2.0\times10^{-2}\cos\left[2\pi\left(\frac{t}{0.02}+\frac{x}{20}\right)+\frac{2\pi}{3}\right]$;

(C) $y_2=2.0\times10^{-2}\cos\left[2\pi\left(\frac{t}{0.02}+\frac{x}{20}\right)+\frac{4\pi}{3}\right]$;

(D) $y_2=2.0\times10^{-2}\cos\left[2\pi\left(\frac{t}{0.02}+\frac{x}{20}\right)-\frac{\pi}{3}\right]$.

答　(C).

5-20　如附图所示,为一向右传播的简谐波在 t 时刻的波形图,BC 为波密介质的反射面,波由 P 点反射,则反射波在 t 时刻的波形图为(　　).

答　(B).

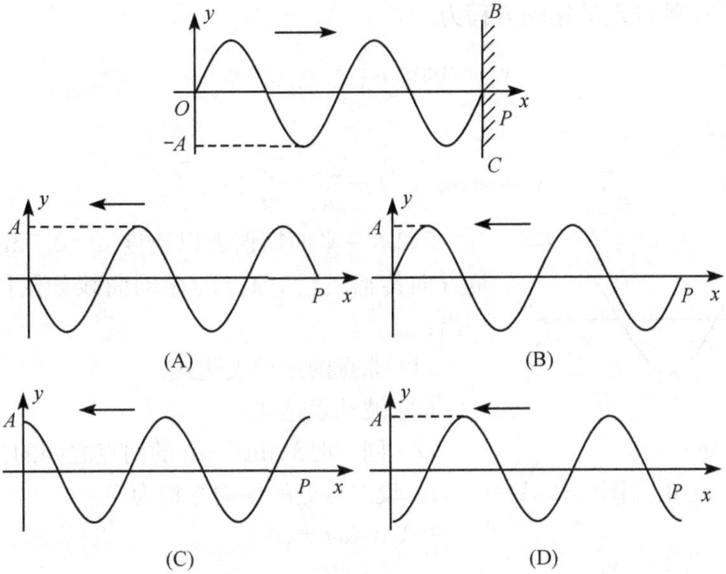

思考题 5-20 图

(二) 习题

5-1　如附图所示,已知一平面波沿 x 轴正向传播,距坐标原点 O 为 x_1 处 P 点的振动式为 $y=A\cos(\omega t+\varphi)$,波速为 u,求:

(1) 平面波的波动式;

(2) 若波沿 x 轴负向传播,波动式又如何?

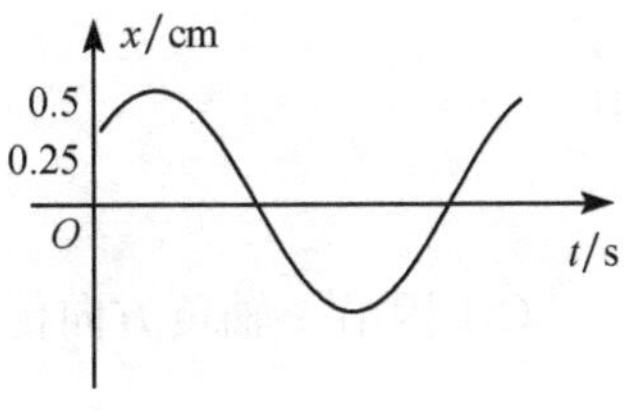

习题 5-1 图

解　(1) 根据题意,距坐标原点 O 为 x_1 处 P

点是坐标原点的振动状态传过来的，其 O 点振动状态传到 P 点需用 $\Delta t=\frac{x_1}{u}$，也就是说 t 时刻 P 处质点的振动状态重复 $t-\frac{x}{u}$ 时刻 O 处质点的振动状态. 换而言之，O 处质点的振动状态相当于 $t+\frac{x_1}{u}$ 时刻 P 处质点的振动状态，则 O 点的振动方程为 $y=A\cos\left[\omega\left(t+\frac{x_1}{u}\right)+\varphi\right]$

波动方程为

$$y=A\cos\left[\omega\left(t+\frac{x_1}{u}-\frac{x}{u}\right)+\varphi\right]$$

(2) 若波沿 x 轴负向传播，O 处质点的振动状态相当于 $t-\frac{x_1}{u}$ 时刻 P 处质点的振动状态，则 O 点的振动方程为

$$y=A\cos\left[\omega\left(t-\frac{x_1}{u}\right)+\varphi\right]$$

波动方程为

$$y=A\cos\left[\omega\left(t-\frac{x_1}{u}+\frac{x}{u}\right)+\varphi\right]$$

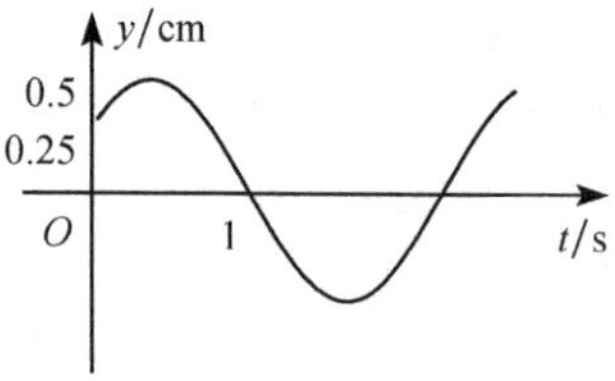

习题 5-2 图

5-2 一平面简谐波以速度 $u=0.8\text{m/s}$ 沿 x 轴负方向传播. 已知原点的振动曲线如附图所示. 试写出：

(1) 原点的振动表达式；

(2) 波动表达式；

(3) 同一时刻相距 1m 的两点之间的位相差.

解 (1) 由附图可知 $A=0.5\text{cm}$，设原点处的振动方程为

$$y=A\cos(\omega t+\varphi)$$

则 $t=0\text{s}$ 时，由 $y=\frac{A}{2}$，$v>0$，可知其初相位为 $\varphi=-\frac{\pi}{3}$；$t=1\text{s}$ 时，由 $y=0$，$v<0$，可知其相位为 $\omega t+\varphi=\frac{\pi}{2}$. 代入初相 $\varphi=-\frac{\pi}{3}$，得

$$\omega=\frac{5\pi}{6},\quad T=\frac{2\pi}{\omega}=\frac{12}{5}$$

则

$$y=0.5\cos\left(\frac{5\pi}{6}t-\frac{\pi}{3}\right)\text{cm}$$

(2) 因沿 x 轴负方向传播，波速 $u=0.8\text{m/s}$，故波动表达式

$$y=0.5\cos\left[\frac{5\pi}{6}\left(t+\frac{x}{0.8}\right)-\frac{\pi}{3}\right]\text{cm}$$

(3) 根据已知的 $T=12/5$，$u=0.8\text{m/s}$，可知 $\lambda=\frac{48}{25}\text{m}$. 则同一时刻相距 1m 的两点之间的位相差

$$\Delta\varphi = 2\pi\frac{\Delta x}{\lambda} = \frac{25}{24}\pi = 3.27(\text{rad})$$

5-3　一平面简谐波沿 x 轴正向传播，其振幅和角频率分为 A 和 ω，波速为 u，设 $t=0$ 时的波形曲线如附图所示.

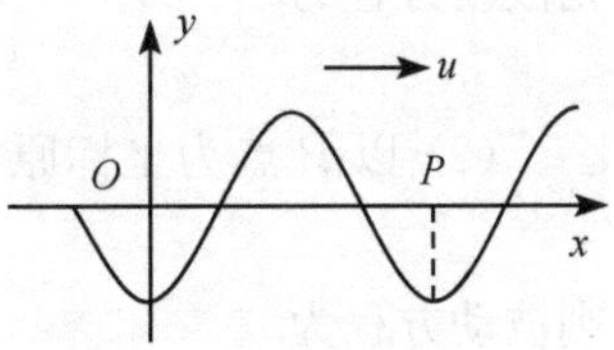

习题 5-3 图

(1) 写出此波的波动方程.

(2) 求距 O 点分别为 $\lambda/8$ 和 $3\lambda/8$ 两处质点的振动方程.

(3) 求距 O 点分别为 $\lambda/8$ 和 $3\lambda/8$ 两处质点在 $t=0$ 时的振动速度

解　(1) 以 O 点为坐标原点. 由附图可知，初始条件为

$$y_0 = A\cos\varphi = 0, \quad v_0 = -A\omega\sin\varphi < 0$$

所以 $\varphi=\frac{1}{2}\pi$，则波动方程为

$$y = A\cos\left[\omega(t - x/u) + \frac{1}{2}\pi\right]$$

(2) $x=\lambda/8$ 的振动方程为

$$y = A\cos\left(\omega t - \frac{2\pi}{\lambda}x + \varphi\right) = A\cos\left(\omega t - \frac{2\pi}{\lambda}\frac{\lambda}{8} + \frac{\pi}{2}\right)$$

所以

$$y = A\cos\left(\omega t + \frac{\pi}{4}\right)$$

$x=3\lambda/8$ 的振动方程为

$$y = A\cos\left(\omega t - 2\pi\frac{3\lambda/8}{\lambda} + \frac{1}{2}\pi\right) = A\cos(\omega t - \pi/4)$$

(3) $\frac{\mathrm{d}y}{\mathrm{d}t} = -\omega A\sin\left(\omega t - \frac{2\pi x}{\lambda} + \frac{1}{2}\pi\right)$

$t=0$，$x=\lambda/8$ 时，

$$\frac{\mathrm{d}y}{\mathrm{d}t} = -\omega A\sin\left[\left(-\frac{2\pi\lambda}{8\lambda}\right) + \frac{1}{2}\pi\right] = -\frac{\sqrt{2}A\omega}{2}$$

$t=0$，$x=3\lambda/8$ 时，

$$\frac{\mathrm{d}y}{\mathrm{d}t} = -\omega A\sin\left[\left(-\frac{2\pi\times3\lambda}{8\lambda}\right) + \frac{1}{2}\pi\right] = \frac{\sqrt{2}A\omega}{2}$$

5-4　如附图所示，一平面波在介质中以速度 $u=20\text{m/s}$ 沿 x 轴负方向传播，已知 A 点的振动方程为 $y=3\cos4\pi t$　(SI).

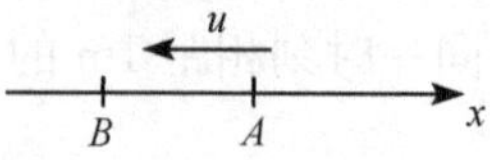

习题 5-4 图

(1) 以 A 点为坐标原点写出波动方程;

(2) 以距 A 点 5m 处的 B 点为坐标原点,写出波动方程.

解　(1) 坐标为 x 点的振动相位为

$$\Delta\varphi = \pi[t-(0-x)/u] = 4\pi(t+x/20)$$

则波动方程为

$$y = 3\cos 4\pi(t+x/20) \quad (\text{SI})$$

(2) 以 B 点为坐标原点,则坐标为 x 点的振动相位为

$$\Delta\varphi' = 4\pi[t-(5-x)/20]$$

则波动方程为

$$y = 3\cos[4\pi(t+x/20)-\pi] \quad (\text{SI})$$

5-5　一平面简谐波沿 x 轴正向传播,其振幅为 A,角频率为 ω,波速为 u. 设 $t=t_0$ 时刻的波形曲线如附图所示. 求:

(1) $x=0$ 处质点振动方程;

(2) 该波的表达式.

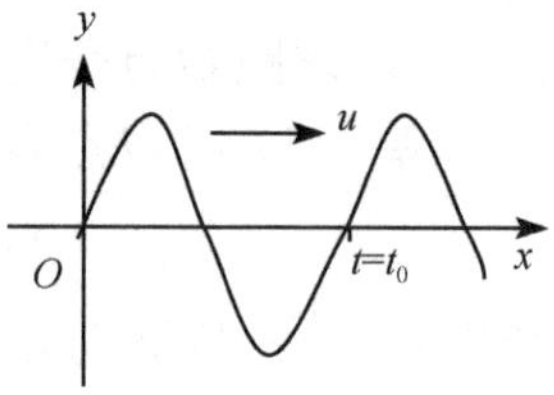

习题 5-5 图

解　(1) 设 $x=0$ 处质点的振动方程为 $y=A\cos(\omega t+\phi)$,由附图可知 $t=t_0$ 时,有

$$y = A\cos(\omega t_0+\phi) = 0, \quad \frac{dy}{dt} = -\omega A\sin(\omega t_0+\phi) < 0$$

所以

$$\omega t_0+\phi = \pi/2$$

即

$$\phi = \frac{1}{2}\pi - \omega t_0$$

因此,$x=0$ 处的振动方程为

$$y = A\cos\left[\omega(t-t_0)+\frac{1}{2}\pi\right]$$

(2) 该波的表达式为

$$y = A\cos\left[\omega\left(t-t_0-\frac{x}{u}\right)+\frac{1}{2}\pi\right]$$

5-6　已知一沿 x 正方向传播的平面余弦波,$t=\frac{1}{3}$s 时的波形如附图所示,且周期 T 为 2s,

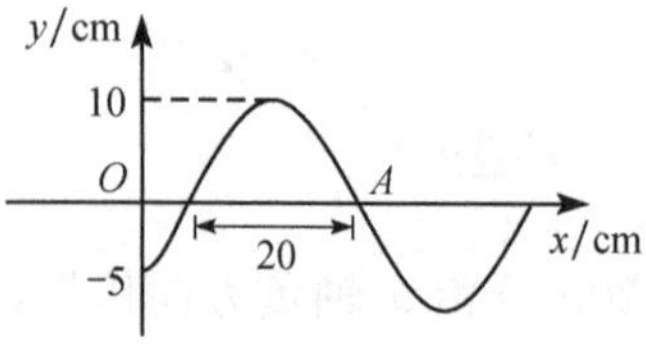

习题 5-6 图

(1) 写出 O 点的振动表达式;

(2) 写出该波的波动表达式;

(3) 写出 A 点的振动表达式.

解　由图可知 $A=0.1\text{m}$,$\lambda=0.4\text{m}$,由题知

$T=2\mathrm{s}$，$\omega=2\pi/T=\pi$，而

$$u=\frac{\lambda}{T}=0.2\mathrm{m/s}$$

所以波动方程为

$$y=0.1\cos[\pi(t-x/0.2)+\phi_0]\mathrm{m}$$

下面确定 O 点的初始相位 ϕ_0.

(1) 由上式可知，O 点的相位可写成 $\phi=\pi t+\phi_0$，由图形可知 $t=\frac{1}{3}\mathrm{s}$ 时，

$$y_0=-\frac{A}{2y},\quad 且\ v_0<0$$

所以此时的 $\phi=2\pi/3$. 将此条件代入，得

$$\frac{2\pi}{3}=\pi\frac{1}{3}+\phi_0,\quad \phi_0=\frac{\pi}{3}$$

所以 O 点的振动表达式为

$$y=0.1\cos(\pi t+\pi/3)\mathrm{m}$$

(2) 波动方程为

$$y=0.1\cos[\pi(t-x/0.2)+\pi/3]\mathrm{m}$$

(3) A 点的振动表达式确定方法与 O 点相似，A 点的相位也可写成 $\phi=\pi t+\phi_{A0}$，由图形可知，$t=\frac{1}{3}\mathrm{s}$ 时，$y_{A0}=0$，且 $v_{A0}>0$，所以此时的 $\phi=-\pi/2$，将此条件代入，得

$$-\frac{\pi}{2}=\pi\frac{1}{3}+\phi_{A0},\quad \phi_{A0}=-\frac{5\pi}{6}$$

所以 A 点的振动表达式为

$$y_A=0.1\cos(\pi t-5\pi/6)\mathrm{m}$$

5-7　一平面简谐波沿 x 轴正向传播，振幅 $A=10\mathrm{cm}$，角频率 $\omega=7\pi\mathrm{rad/s}$，在 $t=1.0\mathrm{s}$时刻，$x=10\mathrm{cm}$ 处的 A 质点振动位移为零且振动速度沿坐标轴负方向，此时 $x=20\mathrm{cm}$ 处的 B 质点振动位移为 $y_b=5.0\mathrm{cm}$，且振动速度沿坐标轴正方向，设该波波长 $\lambda>10\mathrm{cm}$，求波的表达式.

解　$y=10\cos(7\pi t-7\pi x/u+\varphi)$，　$\frac{\mathrm{d}y}{\mathrm{d}t}=-70\pi\sin(7\pi t-7\pi x/u+\varphi)$

因为

$$y_A=10\cos(7\pi-70\pi/u+\varphi)=0,\quad (\mathrm{d}y/\mathrm{d}t)_A<0$$

所以

$$7\pi-70\pi/u+\varphi=\frac{1}{2}\pi \tag{1}$$

从而

$$y_A=10\cos(7\pi-140\pi/u+\varphi)=5$$

又$(dy/dt)_B>0$,所以

$$7\pi - 140\pi/u + \varphi = -\frac{1}{3}\pi \tag{2}$$

由式(1)和式(2)得

$$70\pi/u = 5\pi/6$$

$$u = 84\text{cm/s}, \quad \varphi = -17\pi/3$$

$$y = 0.1\cos\left(7\pi t - \frac{\pi x}{0.12} + \frac{\pi}{3}\right)$$

5-8　一平面简谐波在介质中以速度$u=24\text{m/s}$自左向右传播.已知在传播路径上的某点A的振动方程为$y=3\cos(4\pi t-\pi)$(SI),另一点D在A点右方9m处.

(1) 若取x轴方向向左,并以A为坐标原点,试写出波动方程,并求出D点的振动方程.

(2) 若取x轴方向向右,以A点左方5m处的O点为x轴原点,重新写出波动方程及D点的振动方程.

解　该波波速$u=20\text{m/s}$,圆频率$\omega=4\pi\text{s}^{-1}$,则$k=2\pi/\lambda=\omega/u=(\pi/5)\text{m}^{-1}$.

(1) 任取一点P(附图(a)),可得波动方程为

$$y = 3\cos(4\pi t - \pi + \pi x/5)$$

将$x_D=-9\text{cm}$代入上式有

$$y_D = 3\cos(4\pi t - 14\pi/5)$$

(2) 任取一点P(附图(b)),可得波动方程为

$$y = 3\cos[4\pi t - \pi - \pi(x-5)/5]$$

即

$$y=3\cos(4\pi t-\pi x/5)$$

将$x_D=14\text{m}$代入有

$$y_D = 3\cos(4\pi t - 14\pi/5)$$

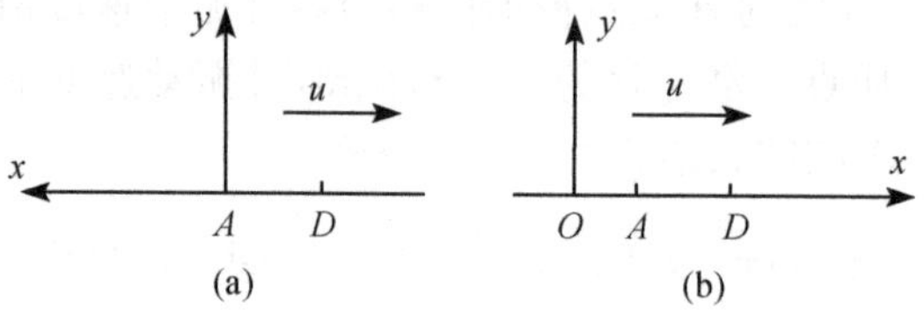

习题 5-8 图

5-9　如附图所示,一角频率为ω,振幅为A的平面简谐波沿x轴正方向传播,设在$t=0$时该波在原点O处引起的振动使媒质质元由平衡位置向y轴的负方向运动.M是垂直于x轴的波密媒质反射面.已知$OO'=7\lambda/4$;$PO'=\lambda/4$(λ为该波波长),设反射波不衰减,求:

(1) 入射波与反射波的波动方程;

(2) P点的振动方程.

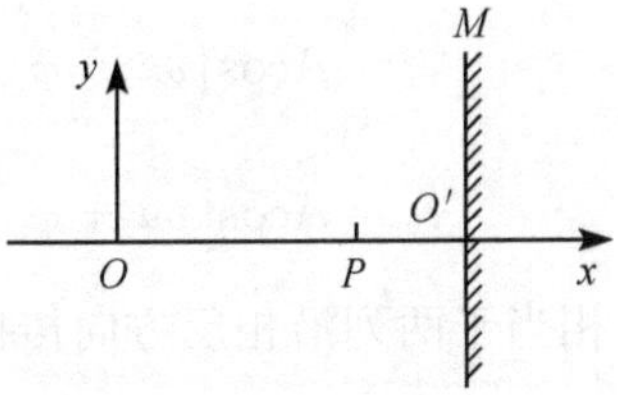

习题5-9图

解　(1) 设 O 处振动方程为

$$y_0 = A\cos(\omega t + \varphi)$$

当 $t=0$ 时，$y_0=0$，$v_0<0$，所以 $\varphi=\frac{1}{2}\pi$，即

$$y_0 = A\cos\left(\omega t + \frac{1}{2}\pi\right)$$

故入射波方程为

$$y_{入} = A\cos\left(\omega t + \frac{\pi}{2} - \frac{2\pi}{\lambda}x\right)$$

在 O' 处入射波引起的振动方程为

$$y_1 = A\cos\left(\omega t + \frac{\pi}{2} - \frac{2\pi}{\lambda}\cdot\frac{7}{4}\lambda\right) = A\cos(\omega t - \pi)$$

由于 M 是波密介质反射面，所以 O' 处反射波振动有一个相位突变，则

$$y_1' = A\cos(\omega t - \pi + \pi) = A\cos\omega t$$

反射波方程为

$$y' = A\cos\left[\omega t - \frac{2\pi}{\lambda}(\overline{OO'} - x)\right] = A\cos\left[\omega t - \frac{2\pi}{\lambda}\left(\frac{7}{4}\lambda - x\right)\right]$$

$$= A\cos\left[\omega t + \frac{2\pi}{\lambda}x + \frac{\pi}{2}\right]$$

(2) 合成波方程为

$$y = y_{入} + y'$$

$$= A\cos\left(\omega t - \frac{2\pi}{\lambda}x + \frac{\pi}{2}\right) + A\cos\left(\omega t + \frac{2\pi}{\lambda}x + \frac{\pi}{2}\right)$$

$$= 2A\cos\frac{2\pi}{\lambda}x\cos\left(\omega t + \frac{\pi}{2}\right)$$

将 P 点坐标 $x=\frac{7}{4}\lambda-\frac{\lambda}{4}=\frac{3}{2}\lambda$ 代入上述方程，则 P 点的振动方程为

$$y = -2A\cos\left(\omega t + \frac{1}{2}\pi\right)$$

5-10　S_1 与 S_2 为左、右两个振幅相等相干平面简谐波源，它们的间距为 $d=5\lambda/4$，S_2 质点的振动比 S_1 超前 $\pi/2$. 设 S_1 的振动方程为 $y_{10}=A\cos 2\pi t/T$，且媒质无吸收.

(1) 写出 S_1 与 S_2 之间的合成波动方程；

(2) 分别写出 S_1 与 S_2 左、右侧的合成波动方程.

解　(1) $y_1=A\cos\left(\omega t+\varphi_{10}-\frac{2\pi}{\lambda}r_1\right)$，　$y_2=A\cos\left(\omega t+\varphi_{20}-\frac{2\pi}{\lambda}r_2\right)$

由题意 $\varphi_{20}-\varphi_{10}=\frac{\pi}{2}$，设它们之间的这一点坐标为 x，则

$$y_1 = A\cos\left(\omega t + \varphi_{10} - \frac{2\pi}{\lambda}x\right)$$

$$y_2 = A\cos\left[\omega t + \varphi_{10} + \frac{\pi}{2} - \frac{2\pi}{\lambda}\left(\frac{5}{4}\lambda - x\right)\right] = A\cos\left(\omega t + \varphi_{10} + \frac{2\pi}{\lambda}x\right)$$

相当于两列沿相反方向传播的波的叠加,合成为驻波. 合成波为

$$y = y_1 + y_2 = 2A\cos\frac{2\pi}{\lambda}x\cos\frac{2\pi}{T}t$$

(2) 在 S_1 左侧距离 S_1 为 x 的点

$$y_1 = A\cos\left(\omega t + \varphi_{10} + \frac{2\pi}{\lambda}x\right)$$

$$y_2 = A\cos\left[\omega t + \varphi_{10} + \frac{\pi}{2} + \frac{2\pi}{\lambda}\left(\frac{5}{4}\lambda + x\right)\right] = A\cos\left(\omega t + \varphi_{10} + \frac{2\pi}{\lambda}x\right)$$

合成波为

$$y = y_1 + y_2 = 2A\cos2\pi\left(\frac{t}{T} + \frac{x}{\lambda}\right)$$

在 S_2 右侧距离 S_2 为 x 的点

$$y_1 = A\cos\left(\omega t + \varphi_{10} - \frac{2\pi}{\lambda}x\right)$$

$$y_2 = A\cos\left[\omega t + \varphi_{10} + \frac{\pi}{2} - \frac{2\pi}{\lambda}\left(x - \frac{5}{4}\lambda\right)\right] = A\cos\left(\omega t + \varphi_{10} - \frac{2\pi}{\lambda}x\right)$$

两列波正好是完全反相的状态,所以合成之后为 0.

5-11 由振动频率为 400Hz 的音叉在两端固定拉紧的弦线上建立驻波. 这个驻波共有三个波腹,其振幅为 0.30cm. 波在弦上的速度为 320m/s.

(1) 求此弦线的长度;

(2) 若以弦线中点为坐标原点,试写出驻波的方程式.

解 (1) 因 $L=3\times\frac{1}{2}\lambda$,$\lambda\nu=u$,所以

$$L = \frac{3u}{2\nu} = 1.20\text{m}$$

(2) 弦的中点是波腹,故

$$y = 3.0\times10^{-3}\cos\left(\frac{2\pi x}{0.8}\right)\cos(800\pi t + \varphi) \quad \text{(SI)}$$

式中的 φ 可由初始条件来选择.

5-12 一列横波在绳索上传播,其表达式为 $y_1 = 0.05\cos\left[2\pi\left(\frac{t}{0.05} - \frac{x}{4}\right)\right]$ (SI),现有另一列横波(振幅也是 0.05m)与上述已知横波在绳索上形成驻波. 设这一横波在 $x=0$ 处与已知横波同位相. 试求:

(1) 该波的波动方程;

(2) 绳索上驻波方程；

(3) 各波节的位置坐标表达式，并写出离原点最近的四个波节的坐标数值.

解　(1) 由形成驻波的条件可知，待求波的频率和波长均与已知波相同，传播方向为 x 轴的负方向. 又知 $x=0$ 处待求波与已知波同相位，所以待求波的波动方程为

$$y_2 = 0.05\cos\left[2\pi\left(\frac{t}{0.05}+\frac{x}{4}\right)\right]$$

(2) 驻波方程为 $y=y_1+y_2$，即

$$y = 0.05\cos\left[2\pi\left(\frac{t}{0.05}-\frac{x}{4}\right)\right]+0.05\cos\left[2\pi\left(\frac{t}{0.05}+\frac{x}{4}\right)\right]$$

则

$$y = 0.10\cos\left(\frac{1}{2}\pi x\right)\cos(40\pi t)\quad (\text{SI})$$

波节位置由下式求出

$$\frac{\pi x}{2} = \frac{1}{2}\pi(2k+1)\quad (k=0,\pm1,\pm2,\cdots)$$

(3) 所以 $x=2k+1, k=0,\pm1,\pm2,\cdots$离原点最近的4个波节的坐标为

$$x = 1\text{m}, -1\text{m}, 3\text{m}, -3\text{m}$$

5-13　附图中所示为声音干涉仪，用以演示声波的干涉. S 为声源，D 为声音探测器. 路径 SBD 的长度可以变化，但路径 SAD 是固定的. 干涉仪内有空气，且知声音强度在 B 的第一位置时为极小值 100 单位，而渐增至 B 距第一位置为 1.65cm 的第二位置时，有极大值 900 单位. 求：

(1) 声源发出的声波频率；

(2) 抵达探测器的两波的振幅之比.

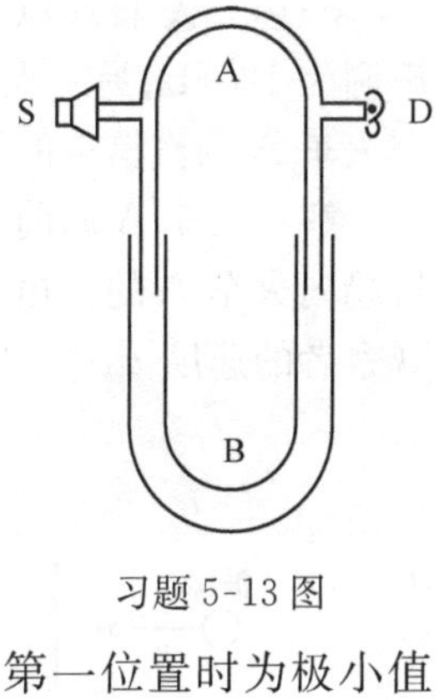

习题 5-13 图

解　(1) 根据驻波的定义，相邻两波节(腹)间距 $\Delta x=\dfrac{\lambda}{2}$，相邻波节与波腹的间距 $\Delta x=\dfrac{\lambda}{4}$，可得

$$\lambda = 4\Delta x = 6.6\text{cm}$$

声音的速度在空气中约为 340m/s，所以

$$\nu = \frac{u}{\lambda} = \frac{340}{6.6\times10^{-2}} = 5151(\text{Hz})$$

(2) 根据强度是振幅的平方的关系：声音强度在 B 的第一位置时为极小值 100 单位，在第二位置有极大值 900 单位，所以振幅的相对大小为 10 与 30 单位. 极小值的原因是两个振幅相减($A_1-A_2=10$)，极大值的原因是两个振幅相加($A_1+A_2=30$). 那么 $A_1:A_2=2:1$.

5-14　一平面简谐波，频率为 300Hz，波速为 340m/s，在截面面积为 $3.00\times10^{-2}\text{m}^2$ 的管内空气中传播，若在 10s 低内通过截面的能量为 2.70×10^{-2}J. 求：

(1) 通过截面的平均能流；

(2) 波的平均能流密度；

(3) 波的平均能量密度.

解 (1) $P=\frac{W}{t}=2.70\times10^{-3}\text{J/s}$；

(2) $I=\frac{P}{S}=9.0\times10^{-2}\text{J/(s}\cdot\text{m}^2)$；

(3) 由 $I=\bar{\omega}\cdot u$ 得

$$\bar{\omega}=\frac{I}{u}=2.65\times10^{-4}\text{J/m}^2$$

5-15 一弹性波在媒质中传播的速度 $u=10^3\text{m/s}$，振幅 $A=1.0\times10^{-4}\text{m}$，频率 $\nu=10^3\text{Hz}$. 若该媒质的密度为 800kg/m^3，求：

(1) 该波的平均能流密度；

(2) 1min 内垂直通过面积 $S=4.0\times10^{-4}\text{m}^2$ 的总能量.

解 $\omega=2\pi\gamma=2\pi\times10^3$

(1) $I=\frac{1}{2}u\rho A^2\omega^2=\frac{1}{2}\times10^3\times800\times(10^{-4})^2(2\pi\times10^3)^2$

$=1.58\times10^5\text{J/(m}^2\cdot\text{s)}$

(2) 1min 内垂直通过面积 $S=4.0\times10^{-4}\text{m}^2$ 的总能量

$$W=ISt=1.58\times10^5\times4\times10^{-4}\times60=3.79\times10^3\text{J}$$

5-16 火车 A 以 20m/s 的速率向前行驶，若火车 A 的司机听到自己的汽笛声调为 120Hz；另一火车 B 以 25m/s 的速度与 A 相向而行. 问火车 B 中的司机听到火车 A 的汽笛声的频率是多少？设声波在空气中的传播速度为 330m/s.

解 火车 A 向前行驶，其汽笛为运动的波源 S，速度为 $v_S=20\text{m/s}$，火车 B 司机趋向火车 A 的汽笛，故为运动的观察者 O，取 S 指向 O 为坐标正方向，因此运动观察者的速度 $v_O=-25\text{m/s}$，代入得

$$\nu'=\frac{c-v_O}{c-v_S}\nu=\frac{c-v_O}{c-v_S}\nu_0=137\text{Hz}$$

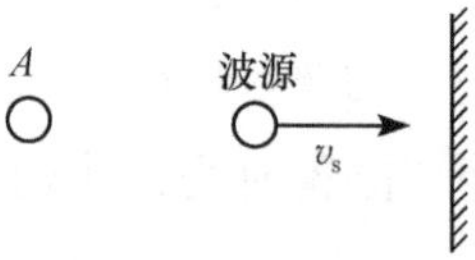

习题 5-17 图

5-17 如附图所示.(1)当振动频率为 2040Hz 的声源 S 向墙壁运动时，在 A 点的观察者听到拍音频率 $\nu_{拍}=3\text{Hz}$. 若声波在空气中的速度为 $c=340\text{m/s}$，求声源相对于空气的运动速度.(2) 若声源 S 不动，而以一可移动的反射面代替墙壁，反射面以速度 $v=0.2\text{m/s}$ 向观察者接近，A 点的观察者听到的拍音频率场 $\nu_{拍}=4\text{Hz}$，求声源的频率.

解 (1) 根据观察者不动，波源运动，即 $u_S\neq0$，$u_R=0$，观察者认为接受到的波数变了

$$\nu=\frac{u}{u-u_S}\nu_0$$

其中 $u=340$，$\nu=2043$，$\nu_0=2040$. 分别代入，可得 $u_S=0.25\text{m/s}$.

(2) 若 S 不动，则 S 直接传给静止的观察者 A 的声波频率 $\nu_1'=\nu_0$。

当反射面向 A 运动，亦即向 S 运动。取 S 指向反射面的方向为坐标轴正向，反射面相当于接受声波的观察者 A'，此时，$v_s=0$，$v_0'=-v=-0.2\text{m}\cdot\text{s}^{-1}$ 反射面接收到的频率 ν_2 为

$$\nu_2'=\frac{c+v}{c}\nu_0$$

设反射面反射的声波被 A 处观察者接受到的频率为 ν_2'，此时反射面可视为波源 S'，仍取 S' 指向 A 为坐标轴正方向。于是有 $v_s'=v=0.2\text{m}\cdot\text{s}^{-1}$，$v_0=0$ 代入公式有

$$\nu_2'=\frac{c-v_0}{c-v_s}\nu_2=\frac{c}{c-v}\cdot\frac{c+v}{c}\nu_0$$

拍频为

$$\nu_{拍}=\left(\frac{c+v}{c-v}-1\right)\nu_0=\frac{2v}{c-v}\nu_0$$

于是声源的频率 ν_0 为

$$\nu_0=\frac{c-v}{2v}\nu_{拍}=3398\text{Hz}$$

5-18　光在水中的速率为 $2.25\times10^8\text{m/s}$（约等于真空中光速的 3/4）. 在水中有一束来自加速器的运动电子发出辐射（称切连科夫(Cherenkov)辐射），其波前形成顶角 116°的马赫锥，求电子的速率.

解　$\sin\frac{\alpha}{2}=\frac{u}{v_s}$，所以

$$v_s=\frac{u}{\sin\frac{\alpha}{2}}=\frac{2.25\times10^8}{\sin\frac{116^\circ}{2}}=2.65\times10^8(\text{m/s})$$

第 6 章　狭义相对论

一、基本要求

（1）理解爱因斯坦狭义相对论的两条基本原理.

（2）掌握洛伦兹变换式及其速度变换式，理解其与伽利略变换的关系，能处理一些简单的时空坐标变换及速度变换的问题.

（3）了解相对论的时空观，正确理解长度收缩、时间膨胀和同时性的相对性.

（4）理解相对论的动量、动能、静能和总能量，了解相对论的动力学方程，掌握质量和速度的关系，质量和能量的关系，并能用以分析处理有关的简单问题.

（5）了解狭义相对论与经典力学的区别与联系.

二、内容提要

1. 狭义相对论的两条基本原理

（1）相对性原理. 物理定律在所有惯性系中相同或等价. 也就是说，物理定律在所有惯性系中具有相同的数学形式或对所有惯性系为不变式.

（2）光速不变原理. 真空中的光速对所有惯性系为常量，都等于 c.

2. 洛伦兹变换

（1）时空变换式

$$x' = \frac{x - ut}{\sqrt{1 - \frac{u^2}{c^2}}} \quad \text{逆变换为} \quad x = \frac{x' + ut'}{\sqrt{1 - \frac{u^2}{c^2}}}$$

$$y' = y \qquad\qquad y = y'$$

$$z' = z \qquad\qquad z = z'$$

$$t' = \frac{t - \frac{u}{c^2}x}{\sqrt{1 - \frac{u^2}{c^2}}} \qquad\qquad t = \frac{t' + \frac{u}{c^2}x'}{\sqrt{1 - \frac{u^2}{c^2}}}$$

它们表示同一事件发生在两个惯性系中的时空坐标之间的变换关系.

(2) 速度变换式

$$v'_x=\frac{v_x-u}{1-\frac{uv_x}{c^2}}\qquad \text{逆变换为}\quad v_x=\frac{v'_x+u}{1+\frac{uv'_x}{c^2}}$$

$$v'_y=\frac{v_y}{1-\frac{uv_x}{c^2}}\sqrt{1-u^2/c^2}\qquad v_y=\frac{v'_y}{1+\frac{uv'_x}{c^2}}\sqrt{1-u^2/c^2}$$

$$v'_z=\frac{v_z}{1-\frac{uv_x}{c^2}}\sqrt{1-u^2/c^2}\qquad v_z=\frac{v'_z}{1+\frac{uv'_x}{c^2}}\sqrt{1-u^2/c^2}$$

3. 狭义相对论的运动学特点

(1) 同时性的相对性:一个惯性系中不同地点的同时事件,在另一个与之做相对运动的惯性系中测得的不同时.

(2) 时间膨胀:一个惯性系中同一地点发生的两个事件,在与之做相对运动的惯性系中测量,时间间隔要延长.

$$\Delta t=\frac{\Delta t_0}{\sqrt{1-\frac{u^2}{c^2}}}$$

Δt_0 为同一地点两事件的时间间隔,也即相对事件发生地为静止的惯性测得的时间间隔,称为固有时间.

(3) 长度收缩:同时测量运动物体两端的位置时,物体在其运动方向的长度缩短为

$$l=l_0\sqrt{1-\frac{u^2}{c^2}}$$

l_0 为固有长度,即与之保持相对静止的惯性系中测得的长度.

(4) 时间的顺序:在不同的惯性系中测量两独立事件的时序有可能颠倒,但相关事件的时序和因果关系不能颠倒.

4. 狭义相对论的动力学特点

(1) 相对论质量

$$m=\frac{m_0}{\sqrt{1-\frac{v^2}{c^2}}}$$

m_0 为静止质量.

(2) 相对论动量

$$\boldsymbol{p}=m\boldsymbol{v}=\frac{m_0\boldsymbol{v}}{\sqrt{1-\frac{v^2}{c^2}}}$$

(3) 相对论能量

$$E = mc^2$$

相对论动能

$$E_k = E - E_0 = mc^2 - m_0 c^2$$

相对论动量和能量的关系

$$E^2 = p^2c^2 + m_0^2 c^4$$

(4) 光子

$$m_0 = 0,\quad E = cp,\quad m = \frac{E}{c^2}$$

三、例题详解

例 6-1　列车静止时的长度为 l,列车以速度 v 沿 x 轴方向运动,当列车的中点 O' 与地面上的 O 点重合时,在 O(即 O')位置有一光源发出闪光,试求地面坐标系中的观察者观测到的列车首尾两端的接收器接收到闪光的时间差.

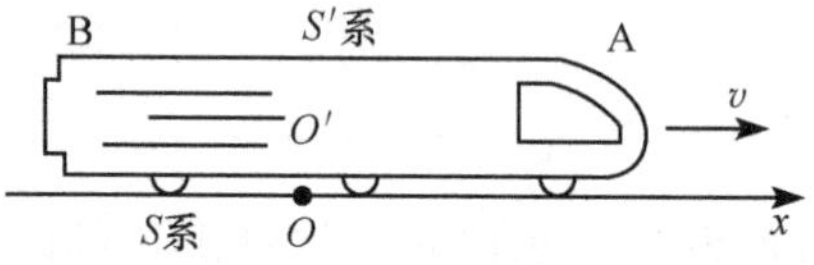

例 6-1 图

解　如附图所示,选地面为惯性系 S,列车为惯性系 S',设列车首端与尾端接收器接收到闪光分别为事件 A 和时间 B,从 S' 系观察,事件 A 的时空坐标分别为

$$t'_A = \frac{l/2}{c} = \frac{l}{2c},\quad x'_A = \frac{l}{2}$$

事件 B 的时空坐标分别为

$$t'_B = \frac{-l/2}{-c} = \frac{l}{2c},\quad x'_B = -\frac{l}{2}$$

若从 S 系(地面坐标系)观测,由洛伦兹变换,则事件 A 与 B 发生的时间差为

$$t_A - t_B = \gamma\left(t'_A + \frac{v}{c^2}x'_A\right) - \gamma\left(t'_B + \frac{v}{c^2}x'_B\right)$$

$$= \gamma(t'_A - t'_B) + \gamma\frac{v}{c^2}(x'_A - x'_B) = \frac{vl}{c^2}\frac{1}{\sqrt{1-\frac{v^2}{c^2}}} > 0$$

可以看出地面上的观察者观测到列车尾端接收器先接收到闪光.

例 6-2　宇宙射线与大气相互作用时能产生 π 介子衰变,此衰变在大气中放出速度为 $v=0.998c$ 的 μ 子. 已知静止的 μ 子的平均寿命 $\Delta t'_0 = 2.2\times10^{-6}\,\text{s}$,试问在 8000m 高空由 π 介子衰变所放出的 μ 子能否飞到地面?

解　地面视为 S 系,S' 系建立在飞行的 μ 子上,以速度 $v=0.998c$ 飞向地面. 静止的 μ 子的平均寿命即 S' 系测得的固有时间为 $\Delta t'_0$,则地面测得的平均寿命 $\Delta t'_0$ 可由时间膨胀公式得

$$\Delta t = \frac{\Delta t_0'}{\sqrt{1-\frac{v^2}{c^2}}} \tag{1}$$

由式(1)得在此时间内 μ 子的飞行距离为

$$l = v\Delta t = \frac{v\Delta t_0'}{\sqrt{1-\frac{v^2}{c^2}}} = \frac{0.998c \times 2.2 \times 10^{-6}}{\sqrt{1-0.998^2}} = 1.04 \times 10^4 \text{(m)}$$

由于 $l>8000\text{m}$,所以 μ 子可以飞抵地面. 这个结论与经典理论是不同的,按照经典理论,μ 子只能飞行 $l=v\Delta t_0'=659\text{m}$,不可能到达地面,但实际上在地球上一些地方都已测到这种 μ 子.

例 6-3　在相对论力学中,“看”与“测量”是同一回事吗?

答　不是. 在经典力学中,“看”与“测量”是相同的,但在相对论中“看”与“测量”却具有不同的含义. 如要测量一个物体的长度,必须同时测量其两端,是由两端同时发射的光决定的;而“看”到的是同时到达眼睛的光,由于光的速度不是无限大,而同时发射的光,不一定能同时到达这个人的眼睛,而同时到达人眼的光,也不一定是同时发射的光,所以在狭义相对论中“看”与“测量”通常是有区别的.

例 6-4　如附图所示,一列长度为 l_0 的列车以 $u=0.8c$ 的速度通过站台. 若列车首尾各置已校准好的钟 A′、B′,当 A′钟与站台上 A 钟对齐时二者同指零点,问当 B′钟与 A 钟对齐时,二者各指示几点?

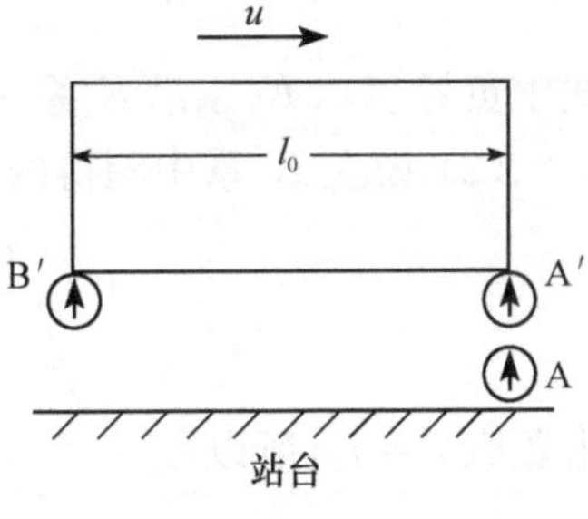

例 6-4 图

解法一　在站台上测得以 $0.8c$ 速度运动的列车长度为

$$l = l_0\sqrt{1-\frac{u^2}{c^2}} = 0.6l_0$$

因此当 B′钟与 A 钟对齐时,A 钟指示

$$\Delta t = \frac{l}{u} = \frac{0.6l_0}{0.8c} = \frac{0.75l_0}{c}$$

对车上的观测者来说,A 钟以速率 u 相对运动,它从 A′到 B′经过距离为 l_0,所以当 B′与 A 对齐时,B′钟指示

$$\Delta t' = \frac{l_0}{u} = \frac{l_0}{0.8c} = \frac{1.25l_0}{c}$$

解法二　A′钟、B′钟与 A 钟对齐,是站台上同一地点先后发生的两件事,其时间差为(即 B′钟与 A 钟对齐时,A 钟指示)为

$$\Delta t = \frac{l}{u} = \frac{0.75l_0}{c}$$

此为固有时间. 根据时间膨胀效应在以速率 u 相对运动的列车中测得这两个事件的时间差(即 B′钟与 A 钟对齐时,B′钟指示)为

$$\Delta t' = \frac{\Delta t}{\sqrt{1-\left(\frac{u}{c}\right)^2}} = \frac{1.25l_0}{c}$$

例 6-5 两惯性系 K,K' 沿 x 轴相对运动,当两坐标原点 O,O' 重合时计时开始.若在 K 系中测得某两事件的时空坐标分别为 $x_1=6\times10^4\,\mathrm{m}$,$t_1=2\times10^{-4}\,\mathrm{s}$;$x_2=12\times10^4\,\mathrm{m}$,$t_2=1\times10^{-4}\,\mathrm{s}$,而在 K' 系中测得该两事件同时发生.试问:

(1) K' 系相对 K 系的速度如何?

(2) K' 系中测得这两事件的空间间隔是多少?

解 (1) 设 K' 系相对 K 的速度为 u,由洛伦兹变换,K' 系中测得两事件的时空坐标分别为

$$t'_1=\frac{t_1-\frac{ux_1}{c^2}}{\sqrt{1-\frac{u^2}{c^2}}},\quad t'_2=\frac{t_2-\frac{ux_2}{c^2}}{\sqrt{1-\frac{u^2}{c^2}}}$$

由题意 $t'_1=t'_2$,所以有

$$t_2-\frac{u}{c^2}x_2=t_1-\frac{u}{c^2}x_1$$

得

$$u=\frac{c^2(t_2-t_1)}{x_2-x_1}=-\frac{c}{2}=-1.5\times10^8\,\mathrm{m/s}$$

式中负号表示 K' 系沿 K 系 x 轴的负方向运动

(2) 设在 K' 系中测得两事件的空间坐标分别为 x'_1,,x'_2,由洛伦兹变换

$$x_1=\frac{x'_1-|u|t'_1}{\sqrt{1-\frac{u^2}{c^2}}},\quad x_2=\frac{x'_2-|u|t'_2}{\sqrt{1-\frac{u^2}{c^2}}}$$

由题意 $t'_1=t'_2$,所以

$$x'_2-x'_1=(x_2-x_1)\sqrt{1-\left(\frac{u}{c}\right)^2}=5.2\times10^4\,\mathrm{m}$$

例 6-6 设想一飞船以 $0.80c$ 的速度在地球上空飞行,如果这时从飞船上沿速度方向抛出一物体,物体相对飞船速度为 $0.90c$.问从地面上测得该物体速度多大?

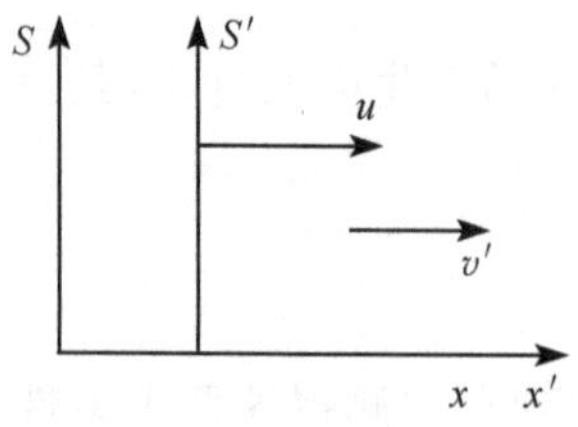

例 6-6 图

解 选飞船参考系为 S' 系,地面参考系为 S 系如附图所示,$u=0.80c$,$v'_x=0.90c$,由洛伦兹速度变换得

$$v_x=\frac{v'_x+u}{1+\frac{u}{c^2}v'_x}=\frac{0.90c+0.80c}{1+0.80\times0.90}=0.99c$$

若用伽利略变换有

$$v_x=v_{对飞船}+v_{船对地}=0.90c+0.80c=1.70c$$

物体超光速运动显然是错误的.

例 6-7 在一种热核反应${}_{1}^{2}H+{}_{1}^{3}H\longrightarrow{}_{2}^{4}He+{}_{0}^{1}n$,中粒子的各种静止质量为:氘核:$m_1=3.3437\times10^{-27}$kg,氚核:$m_2=5.0049\times10^{-27}$kg,氦核:$m_3=6.6425\times10^{-27}$kg,中子:$m_4=1.6750\times10^{-27}$kg.求这一热核反应释放的能量是多少?

解 质量亏损为

$$\begin{aligned}\Delta m_0&=(m_1+m_2)-(m_3+m_4)\\&=[(3.3437+5.0049)-(6.6425+1.6750)]\times10^{-27}\\&=0.0311\times10^{-27}(\text{kg})\end{aligned}$$

相应释放的能量为

$$\begin{aligned}\Delta E&=\Delta m_0c^2=0.0311\times10^{-27}\times9\times10^{16}\\&=2.799\times10^{-12}(\text{J})\end{aligned}$$

1kg 这种核燃料所释放的能量为

$$\begin{aligned}\frac{\Delta E}{m_1+m_2}&=\frac{2.799\times10^{-12}}{8.3486\times10^{-27}}\\&=3.35\times10^{14}(\text{J/kg})\end{aligned}$$

这相当于同质量的优质煤燃烧所释放热量的1千多万倍!

例 6-8 将静止质量为m_0的粒子由静止加速到$\frac{\sqrt{3}}{2}c$,其外力需做多少功?

解 根据相对性原理,力学规律在所有惯性系中是相同的.在不知道力和位移的情况下可用动能定理来求外力的功.由已知得

$$v_0=0,\quad v=\frac{\sqrt{3}}{2}c$$

则粒子初动能为$E_{k0}=0$,末动能为

$$E_k=\frac{m_0c^2}{\sqrt{1-\left(\frac{v}{c}\right)^2}}-m_0c^2=m_0c^2$$

由动能定理得外力做的功为

$$A=E_k-E_{k0}=m_0c^2$$

例 6-9 已知二质点A,B静止质量均为m_0,若质点A静止,质点B以$6m_0c^2$的动能向A运动,碰撞后合成一粒子,若无能量释放.求合成粒子的静止质量.

解 两粒子的能量分别为

$$\begin{aligned}E_A&=m_0c^2\\E_B&=E_{0B}+E_{kB}=m_0c^2+6m_0c^2=7m_0c^2\end{aligned}$$

由能量守恒,合成后新粒子的总能量

$$E=E_A+E_B=8m_0c^2$$

由相对论质能关系 $E=Mc^2=8m_0c^2$

所以 $M=8m_0$

M 为运动质量.

粒子的静止质量为

$$M_0 = M\sqrt{1-\left(\frac{V}{c}\right)^2} = 8m_0\sqrt{1-\left(\frac{V}{c}\right)^2} \tag{1}$$

要求 M_0 需先求 V,由动量守恒

$$\boldsymbol{p} = \boldsymbol{p}_A + \boldsymbol{p}_B$$

由题意 $\boldsymbol{p}_A=0$ 所以

$$\boldsymbol{p} = M\mathbf{V} = \boldsymbol{p}_B$$

$$\mathbf{V} = \frac{\boldsymbol{p}_B}{M} \tag{2}$$

由相对论的能量和动量关系有 $E_B^2=p_B^2c^2+m_0^2c^4$,将 $E_B=7m_0c^2$ 代入

$$49m_0^2c^2 = p_B^2c^2 + m_0^2c^4$$

由此可得 $p_B^2=48m_0^2c^2$

代入式(2)可得

$$V^2 = \frac{p_B^2}{M^2} = \frac{48m_0^2c^2}{64m_0^2} = \frac{3}{4}c^2$$

代入式(1)得

$$M_0 = 8m_0\sqrt{1-\left(\frac{V}{c}\right)^2} = 4m_0$$

例 6-10 静止的电子偶(质量等于电子的静质量,电量等于电子的电量,电性相反的两个粒子)湮灭时产生两个光子,如果其中一个光子再与另一个静止电子碰撞,求它能给予这电子的最大速度.

解 两光子的能量均为 E_r,湮灭前两电子的能量等于湮灭后两光子的能量,即湮灭前后能量守恒,得

$$2E_r = 2m_0c^2 \tag{1}$$

因为正负电子对的初始动量为零,所产生的两个光子必定向相反方向运动,其中一光子与另一静止电子碰撞时,要使此电子具有最大的速度,入射光子必定反向散射回来,碰撞时能量守恒,得

$$E_r + m_0c^2 = E_r' + mc^2 \tag{2}$$

由于碰撞时动量守恒,有

$$\frac{E_r}{c} = \frac{E_r'}{c} + p_e \tag{3}$$

对于被碰电子,有

$$E_e^2 = (p_e c)^2 + (m_0 c^2)^2 = (mc^2)^2 \tag{4}$$

$$m = \frac{m_0}{\sqrt{1 - v^2/c^2}} \tag{5}$$

联立以上五个方程,解得 $v = \frac{4}{5}c$.

例 6-11　星体一旦形成黑洞,那么在其表面的光子都不可能离开星体外逸,设星体质量具有球对称分布,总质量为 M. 试用狭义相对论估算它恰能成为黑洞的半径.

解　分析如下:黑洞是一种特殊星体,一切有质量的物质都将在其引力作用下吸引到星体内部. 自由光子能量为 $E = h\nu$,由质能公式 $E = mc^2$,光子质量为 $m = h\nu/c^2$. 光子在引力作用下有引力势能,在引力场中光子的总能量包括动能和势能. 由于在引力场中时空量度发生了变化,光子在引力场的不同地点有不同频率. 根据能量守恒可找到光子频率随地点而变的规律. 存在光子的条件为 $\nu > 0$,据此可得星体成为黑洞的临界半径.

自由光子无静能,其全部能量为动能. 频率为 ν 的光子的动能为

$$E_k = h\nu = mc^2$$

m 为光子的质量. 星体外距星体中心为 r 处的万有引力势能为

$$E_p = -G\frac{Mm}{r} = -G\frac{Mh\nu}{c^2 r}$$

G 为引力常数. 光子总能量为

$$E = E_k + E_p = h\nu\left(1 - \frac{GM}{c^2 r}\right)$$

设星体的半径为 R,光子位于 R 处的频率为 ν_0,位于 $r > R$ 处的频率为 ν,由能量守恒,有

$$h\nu\left(1 - \frac{GM}{c^2 r}\right) = h\nu_0\left(1 - \frac{GM}{c^2 R}\right)$$

即

$$\nu = \frac{r\left(R - \frac{GM}{c^2}\right)}{R\left(r - \frac{GM}{c^2}\right)}\nu_0$$

当 $R > GM/c^2$ 时,因 $r > R > GM/c^2$,所以 $\nu > 0$,即光子从星体表面外逸时,其频率保持为正值,这是可能实现的,表明光子可逸出星体,星体不是黑洞.

当 $R \leqslant GM/c^2$ 时,只要星体表面的光子稍一离开表面,就有 $r > GM/c^2$,$\nu \leqslant 0$,这是不能实现的,故光子不能逸出星体,星体成为黑洞. 故星体成为黑洞的最大半径为

$$R = \frac{GM}{c^2}$$

四、习题指导

（一）思考题

6-1　下列几种说法：

(1) 所有惯性系对物理基本规律都是等价的.

(2) 在真空中，光的速度与光的频率，光源的运动状态无关.

(3) 在任何惯性系中，光在真空中沿任何方向的传播速度都相同.

其中(　　)说法是正确的.

(A) 只有(1)，(2)是正确的；　(B) 只有(1)，(3)是正确的；

(C) 只有(2)，(3)是正确的；　(D) 三种说法都是正确的.

答　(D).

6-2　有一直尺固定在 K' 系中，它与其 Ox' 轴成 $\theta'=45°$ 度的夹角，如果 K' 系相对于 K 系以速度 u 沿 x 方向运动，则 K 系中的观察者测得该尺与 x 轴的夹角(　　).

(A) 大于 45°；　(B) 小于 45°；　(C) 等于 45°；

(D) 当 K' 沿 x 轴正方向运动时大于 45°，沿 x 轴时负方向运动时小于 45°.

答　(A).

6-3　以下关于同时性的说法，正确的有(　　).

(A) 在一惯性系中同时发生的两事件，在另一惯性系中一定不同时发生；

(B) 在一惯性系中不同地点同时发生的两事件，在另一惯性系中一定同时发生；

(C) 在一惯性系中同一地点同时发生的两事件，在另一惯性系中一定同时发生；

(D) 在一惯性系中不同地点不同时发生的两事件，在另一惯性系中一定不同时发生.

答　(C).

6-4　在狭义相对论中，下列说法正确的有(　　).

(1) 一切运动物体相对于观察者的速度都不可能大于真空中的光速；

(2) 质量、长度、时间的测量结果是随着物体与观察者的相对运动状态而改变的；

(3) 在惯性系中的观察者观察一个与他相对做匀速运动的时钟时，会发现这时的钟比与他相对静止的钟走得慢些.

(A) (1)(3)正确；　(B) (1)(2)正确；

(C) (2)(3)正确；　(D) (1)(2)(3)正确.

答　(D).

6-5　把一个静止质量为 m_0 的粒子，由静止加速到光速的 0.6 倍需做的功为

(　　).

(A) $0.18m_0c^2$;　　(B) $0.25m_0c^2$;

(C) $0.36m_0c^2$;　　(D) $1.18m_0c^2$.

答　(B).

6-6　设某微观粒子的总能量为它的静止能量的 K 倍,则其速度大小为光速的(　　)倍.

(A) $\dfrac{1}{K^2-1}$;　　(B) $\dfrac{\sqrt{1-K^2}}{K}$;

(C) $\dfrac{\sqrt{K^2-1}}{K}$;　　(D) $\dfrac{\sqrt{K(K+2)}}{K+1}$.

答　(C).

6-7　站台上的相距 1m 的机械手在速度为 u 的火车上画出两痕,则车厢上的观察者测两痕的距离为________.

答　$1\Big/\sqrt{1-\dfrac{u^2}{c^2}}$.

(二) 习题

6-1　惯性系 S' 以恒定速度相对于惯性系 S 沿 x 轴运动. 在 S 中观测到有两个事件发生于同一地点,时间间隔为 4.0s. 在 S' 系中观测这两个事件发生的时间间隔为 6.0s. 则在 S' 系中观测这两个事件是否同地发生? 如果不是,空间间隔是多少?

解　令 S' 系与 S 系的相对速度为 u,S 测得的时间为固有时,有

$$\Delta t' = \frac{\Delta t}{\sqrt{1-\dfrac{u^2}{c^2}}}$$

得

$$u = c\sqrt{1-\left(\frac{\Delta t}{\Delta t'}\right)^2} = 2.24\times 10^8\,\mathrm{m/s}$$

S' 测得两事件发生的空间间隔为

$$\Delta x' = u\Delta t' = 1.34\times 10^9\,\mathrm{m}$$

它表明 S' 测得两事件不是同地发生的.

6-2　惯性系 S 的 x 轴上同时发生两个事件,空间间隔为 1.0×10^3m. S' 系相对于 S 系沿着 x 轴的正方向运动,在 S' 系中测得这两个事件的空间间隔为 3.0×10^3m. 则在 S' 系中测得这两个事件的时间间隔是多少?

解　$\Delta x' = \dfrac{1}{\sqrt{1-\dfrac{u^2}{c^2}}}(\Delta x - u\Delta t)$,由题意知

$$\Delta t = 0,\quad \Delta x = 1\times10^3\mathrm{m}$$

且 $\Delta x' = 3\times10^3\mathrm{m}$，所以

$$u = \frac{2\sqrt{2}}{3}c$$

又由

$$\Delta t' = \frac{1}{\sqrt{1-\frac{u^2}{c^2}}}\left(\Delta t - \frac{u}{c^2}\Delta x\right)$$

得 $|\Delta t'| = 9.43\times10^{-6}\mathrm{s}$.

6-3　一枚火箭以 $c/3$ 的速率相对于一个手执信号灯的人运动. 火箭中的宇航员测得从信号灯发出的光的速率是多少?

解　火箭中的宇航员测得信号灯发出光的速度仍为 c(光速不变原理).

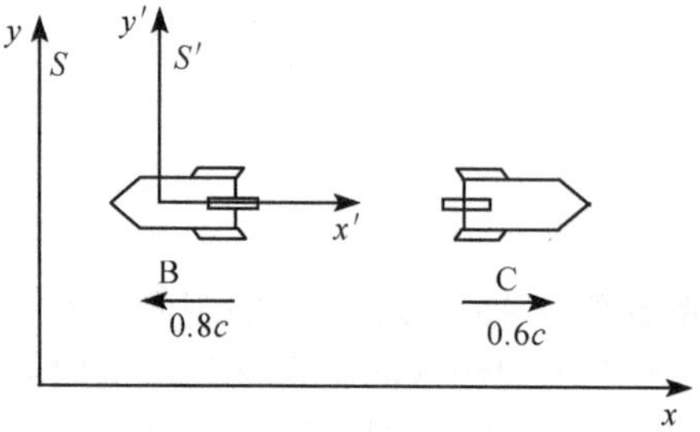

习题 6-4 图

6-4　火箭 A 中的观察者发现，火箭 B 和火箭 C 正分别以 $0.8c$ 和 $0.6c$ 的速率向相反方向离开他. 则 B 测得 C 的速率为多少?

解　以火箭 A 为 S 系，火箭 B 为 S' 系，火箭 C 为运动物体(事件)，取 x 轴正向如附图所示，则 $v_x = 0.6c$，$u = -0.8c$.

按题意可求得火箭 C 对 S' 系的速度，亦即相对于火箭 B 的速度

$$v'_x = \frac{v_x - u}{1-\frac{v_x u}{c^2}} = \frac{0.9c-(-0.9c)}{1+0.9\times0.9}$$

由相对论速度变换

$$v'_x = \frac{v_x - u}{1-\frac{uv_x}{c^2}} = \frac{0.6c-(-0.8c)}{1-\frac{(-0.8c)\times0.6c}{c^2}} = 2.84\times10^8(\mathrm{m/s})$$

6-5　一列固有长度为 0.30km 的火车，以 100km/s 的速度行驶，地面上的观察者发现有两个闪电同时击中火车前后两端. 问火车上的观察者测得两闪电击中火车前后两端的时间间隔为多少?

解　依题意，设地面观测者为 S 系，车上观测者为 S' 系，闪电击中火车前后端分别为两事件，由洛伦兹变换有

$$\Delta t = \frac{1}{\sqrt{1-\frac{u^2}{c^2}}}\left(\Delta t' + \frac{u}{c^2}\Delta x'\right)$$

由已知有 $\Delta x'=300\text{m}$，$u=10^5\text{m/s}$，$\Delta t=0$，则

$$\Delta t' = -\frac{u}{c^2}\Delta x' = -3.33\times10^{-10}\text{s}$$

由于 $\Delta t'\neq0$，说明车上的观测者测定两闪电并不是同时击中火车前后端的.

6-6　如附图所示，一固有长度为 1m 的尺静止于 S' 系中，且与 x' 轴成 30°角. 如果在 S 系中测得该尺与 x 轴成 45°角，则 S' 系相对于 S 系的运动速率有多大? 在 S 系中测得该尺的长度是多少?

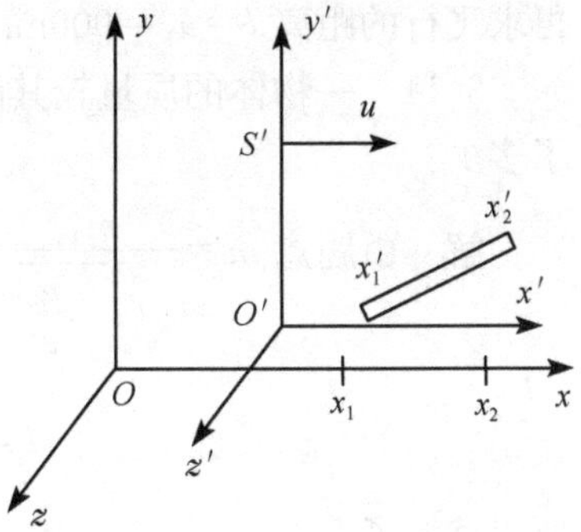

习题 6-6 图

解　由于长度只在运动方向上发生收缩效应，在 S' 系中，有

$$x' = l_0\cos30°,\quad y' = l_0\sin30°$$

在 S 系中，由长度收缩公式

$$x = l_0\cos30°\cdot\sqrt{1-\frac{u^2}{c^2}},\quad y = l_0\sin30°$$

由题意

$$\tan45° = \frac{y}{x} = \tan30°\cdot\frac{1}{\sqrt{1-\frac{u^2}{c^2}}}$$

解得

$$u=\sqrt{\frac{2}{3}}c,\quad l=\sqrt{x^2+y^2}=\frac{\sqrt{2}}{2}l_0=0.707\text{m}$$

6-7　若从一惯性系中测得宇宙飞船的长度为其固有长度的一半，问宇宙飞船相对于此惯性系的速率为多少?

解　由 $l=\sqrt{1-\frac{u^2}{c^2}}l_0=\frac{l_0}{2}$，解得

$$u = 2.60\times10^8\text{m/s}$$

6-8　静止的圆的面积是 12cm^2. 相对于该圆以 $0.8c$ 运动的观察者观测到该圆的面积是多少?

解　面积公式 $S=\sqrt{1-\frac{u^2}{c^2}}S_0$，解得

$$S = 7.2\text{cm}^2$$

6-9　如果宇宙飞船上的观察者观察到的衰老程度是地球上的观察者观察到的一半，该飞船必须以多大速率飞行?

解　由时间膨胀公式 $\tau=\frac{\tau_0}{\sqrt{1-\frac{u^2}{c^2}}}=2\tau_0$，解得

$$u = 2.60\times10^8\text{m/s}$$

6-10　高能加速器产生的一种不稳定的粒子具有 4.0×10^{-6}s 的平均寿命，它以 $0.6c$ 穿过实验室．实验室中的观察者测定粒子的平均寿命是多少？该粒子飞行的平均距离是多少？

解　由时间膨胀公式求实验室中测得的寿命

$$\tau=\frac{\tau_0}{\sqrt{1-\dfrac{u^2}{c^2}}}=5\times10^{-6}\,\mathrm{s}$$

再求飞行的距离 $l=u\tau-900$m.

6-11　一物体的质量较其静止质量增加了 10%，则此物体在运动方向上缩短了多少？

解　由题意 $m=\dfrac{m_0}{\sqrt{1-\dfrac{u^2}{c^2}}}=1.1m_0$，因此

$$l=l_0\sqrt{1-\frac{u^2}{c^2}}=\frac{1}{1.1}l_0$$

所以缩短了

$$\frac{l_0-l}{l_0}=\frac{1}{11}=9.1\%$$

6-12　两个静止质量均为 m_0 的粒子以大小相等、方向相反的速度 v 和 $-v$ 相互接近，并发生完全非弹性碰撞. 求碰撞后粒子的质量，并对结果进行讨论.

解　设复合粒子质量为 M 速度为 $\mathbf{V}$，碰撞过程，动量守恒

$$m_1v_1+m_2v_2=M\mathbf{V}$$

而 $v_1=-v_2$，$m_1=m_2$，所以 $\mathbf{V}=0$.

由能量守恒

$$2mc^2=M_0c^2$$

所以

$$M_0=2m=\frac{2m_0}{\sqrt{1-\dfrac{v^2}{c^2}}}>2m_0$$

碰撞中损失的能量转换成静能，能量守恒变为了质能守恒.

6-13　已知电子的静止能量为 0.511MeV，计算

(1) 动能为 1MeV 的电子的动量；

(2) 动量为 2MeV/c 的电子的动能；

(3) 动能为 2MeV 的电子的速率；

(4) 速率为 $0.8c$ 的电子的动量.

解　由能量-动量关系 $(E_0+E_\mathrm{k})^2=p^2c^2+E_0^2$，得

(1) 动能为 1MeV 的电子的动量

$$p=\frac{\sqrt{(E_0+E_k)^2-E_0^2}}{c}=7.58\times10^{-22}\,\text{kg}\cdot\text{m/s}$$

(2) 动量为$\frac{2\text{MeV}}{c}$的电子的动能

$$E_k=\sqrt{p^2c^2+E_0^2}-E_0=1.5\text{MeV}$$

(3) 由动能关系和质速关系

$$E_k=mc^2-m_0c^2,\quad m=\frac{m_0}{\sqrt{1-\frac{v^2}{c^2}}}$$

可求得动能为 2MeV 的电子速率 $v=0.98c$.

(4) 速率为 $0.8c$ 的电子动量为

$$p=mv=\frac{m_0v}{\sqrt{1-\frac{v^2}{c^2}}}=\frac{0.68\text{MeV}}{c}$$

第二篇　热力学与统计物理初步

第 7 章　统计物理初步

一、基本要求

(1) 掌握理想气体的状态方程及其应用.

(2) 了解压强和温度的微观本质和统计意义.

(3) 理解能量按自由度均分原理,并能熟练用于理想气体内能的计算.

(4) 了解麦克斯韦速率分布定律和玻尔兹曼能量分布定律. 在理解统计平均方法和速率分布函数意义的基础上,能就一些简单的速率分布函数,计算各种速率的统计平均值.

二、内容提要

1. 理想气体的状态方程

$$pV=\frac{M}{\mu}RT=\nu RT,\quad p=nkT$$

式中,M 为气体质量,μ 为气体的摩尔质量,R 为摩尔气体常数,ν 为气体物质的摩尔数,n 为分子数密度,k 为玻尔兹曼常量.

2. 压强公式和能量公式

$$p=\frac{1}{3}nm\bar{v}^2=\frac{2}{3}n\bar{\omega},\quad \bar{\omega}=\frac{1}{2}m\bar{v}^2=\frac{3}{2}kT$$

式中,m 为分子质量,$\bar{\omega}$ 为气体分子的平均平动动能.

3. 能量按自由度均分原理

$$\bar{E}=\frac{i}{2}kT$$

式中,$\bar{E}$ 为气体分子的平均动能,i 为刚性气体分子的自由度.

4. 理想气体的内能

$$E=\frac{M}{\mu}\frac{i}{2}RT$$

5. 麦克斯韦速率分布定律与玻尔兹曼能量分布定律

(1) 速率分布函数:在平衡态下,对于大量无规热运动的气体分子,运动速率在 $v\sim v+\mathrm{d}v$ 内的分子数 $\mathrm{d}N$,与分子总数 N 和 $\mathrm{d}v$ 区间大小成正比,可表示为 $\mathrm{d}N=f(v)N\mathrm{d}v$,其中 $f(v)$ 是一个与速率大小有关的比例系数,亦即分布函数.

$f(v)\mathrm{d}v=\frac{\mathrm{d}N}{N}$表示分子速率在 $v\sim v+\mathrm{d}v$ 内的分子数占总分子数的百分比,

$f(v)=\frac{\mathrm{d}N}{N\mathrm{d}v}$则表示分子速率在 v 值附近单位速率区间的分子数占总分子数的百分比,也表示任一个分子的速率在 v 值附近单位速率区间内出现的概率.

分布了函数必须满足归一化条件:

$$\int_0^{\infty} f(v)\mathrm{d}v = 1$$

(2) 麦克斯韦速率分布定律

$$f(v) = 4\pi\left(\frac{m}{2\pi kT}\right)^{\frac{3}{2}} \mathrm{e}^{-\frac{mv^2}{2kT}} v^2$$

(3) 玻尔兹曼能量分布律

$$\mathrm{d}N = n_0\left(\frac{m}{2\pi kT}\right)^{\frac{3}{2}} \mathrm{e}^{-\frac{E_\mathrm{k}+E_\mathrm{p}}{kT}} \mathrm{d}v_x\mathrm{d}v_y\mathrm{d}v_z\mathrm{d}x\mathrm{d}y\mathrm{d}z$$

式中,n_0 表示在势能 $E_\mathrm{p}=0$ 时单位体积中的分子数.

重力场中粒子(分子)按高度的分布:

$$n = n_0 \mathrm{e}^{-\frac{mgh}{kT}}$$

式中,n_0 为 $h=0$ 处粒子数密度.

(4) 统计平均速率

$$\bar{v}=\int_N v\,\frac{\mathrm{d}N}{N} = \int_0^{\infty} vf(v)\mathrm{d}v$$

$$\overline{v^2}=\int_0^{\infty} v^2 f(v)\mathrm{d}v$$

三种常见的气体分子速率是:

最概然速率 $v_\mathrm{p}=\sqrt{\frac{2RT}{M}}\approx 1.414\sqrt{\frac{RT}{M}}$

平均速率 $\bar{v}=\sqrt{\frac{8RT}{\pi M}}\approx 1.60\sqrt{\frac{RT}{M}}$

方均根速率 $\sqrt{\overline{v^2}}=\sqrt{\frac{3RT}{M}}\approx 1.732\sqrt{\frac{RT}{M}}$

三、例题详解

例 7-1 指出下列各量的物理意义:

$$\frac{1}{2}kT,\quad \frac{3}{2}kT,\quad \frac{i}{2}kT,\quad \frac{i}{2}RT,\quad \frac{M}{\mu}\,\frac{i}{2}RT$$

解 它们依次分别表示:

(1) 平衡态下,物质分子每个自由度上的平均动能.

(2) 平衡态下,物质分子的平均平动动能.

(3) 平衡态下,物质分子的平均总动能.

（4）平衡态下，1mol 理想气体的内能.

（5）平衡态下，$\frac{M}{\mu}$mol 理想气体的内能.

例 7-2　在标准状况下，$1cm^3$ 中有多少个氮分子？氮分子的平均速率为多大？

解　（1）根据阿伏伽德罗定律，在标准状况下，1mol 任何气体所含的分子数 $N_0=6.023\times10^{23}$个，体积 $V=22.4\times10^{-3}m^3$，因此分子数密度

$$n=\frac{N_0}{V}=\frac{6.023\times10^{23}}{2.24\times10^4}=2.68\times10^{19}(\text{cm}^{-3})$$

也可以用理想气体状态方程计算

$$n=\frac{p}{kT}=\frac{1.013\times10^5}{1.38\times10^{-23}\times273}=2.68\times10^{19}(\text{cm}^{-3})$$

（2）氮分子平均速率

$$\bar{v}=1.60\sqrt{\frac{RT}{\mu}}=1.60\sqrt{\frac{8.31\times273}{28\times10^{-3}}}=455(\text{m/s})$$

例 7-3　设混合气体的体积为 V，温度为 T，其各种气体可视为理想气体，每个成分气体的质量分别为 $M_1,M_2,\cdots$气体的摩尔质量为 $\mu_1,\mu_2,\cdots$

试证明：$p=p_1+p_2+\cdots=\left(\frac{M_1}{\mu_1}+\frac{M_2}{\mu_2}+\cdots+\frac{M_k}{\mu_k}\right)\frac{RT}{V}$

证明　（1）设混合气体装在边长为 l_1,l_2,l_3，长方体容积内，l_1,l_2,l_3 三条边分别沿 x、y、z 轴放置，在垂直 x 轴的面积 l_2l_3 上理想气体的总压强可表示为

$$\begin{aligned}p&=\frac{N_1}{l_1l_2l_3}\frac{\sum_{i=1}^{N}m_1v_{ix}^2}{N_1}+\frac{N_2}{l_1l_2l_3}\frac{\sum_{i=1}^{N}m_2v_{ix}^2}{N_2}+\cdots\\&=\frac{1}{3}n_1m_1\bar{v}_1^2+\frac{1}{3}n_2m_2\bar{v}_2^2+\cdots\qquad(\text{道尔顿分压定律})\\&=p_1+p_2+\cdots+p_k\end{aligned}$$

（2）由于 $pV=\frac{M}{\mu}RT$，于是

$$p_1V_1=\frac{M_1}{\mu_1}RT,\quad p_2V_2=\frac{M_2}{\mu_2}RT,\quad\cdots,\quad p_iV_i=\frac{M_i}{\mu_i}RT$$

对理想气体：

$$V_1=V_2=\cdots=V$$

显然，将上式相加，易得

$$p=p_1+p_2+\cdots=\left(\frac{M_1}{\mu_1}+\frac{M_2}{\mu_2}+\cdots+\frac{M_k}{\mu_k}\right)\frac{RT}{V}$$

例 7-4　两个容器中分别储有氦气和氧气，已知氦气的压强是氧气压强的

1/2,氦气的容积是氧气的 2 倍.试问氦气的内能是氧气内能的多少倍?

解 由理想气体的内能公式有

$$\frac{E_1}{E_2}=\frac{\frac{M_1}{\mu_1}\frac{i}{2}RT_1}{\frac{M_2}{\mu_2}\frac{i}{2}RT_2}$$

下标 1,2 分别表示氦和氧的有关各量.

由理想气体状态方程 $pV=\frac{M}{\mu}RT$ 和已知条件 $p_1V_1=p_2V_2$ 有

$$\frac{M_1}{\mu_1}RT_1=\frac{M_2}{\mu_2}RT_2$$

又知刚性单原子和双原子分子的自由度分别为 3 和 5,所以得到内能之比为

$$\frac{E_1}{E_2}=\frac{i_1}{i_2}=\frac{3}{5}$$

即氦气的内能是氧气内能的五分之三倍.

说明:理想气体的内能,除与温度及摩尔数有关外,还与分子自由度有关.

例 7-5 讨论如附图所示速率分布曲线下斜线所示部分面积的意义.

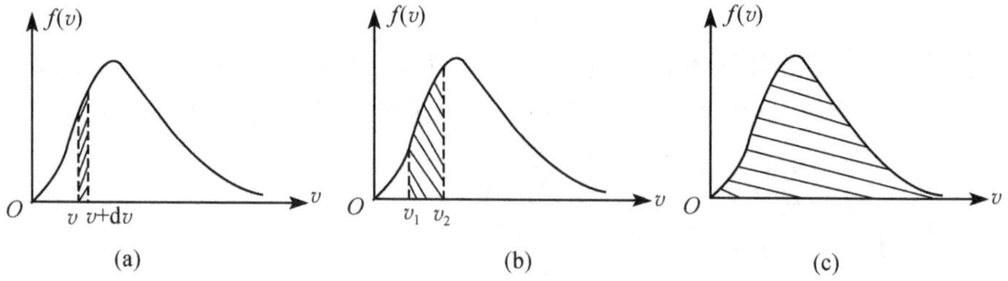

例 7-5 图

解 附图(a)窄条表示:

$$f(v)\mathrm{d}v=\frac{\mathrm{d}N}{N\mathrm{d}v}\mathrm{d}v=\frac{\mathrm{d}N}{N}$$

分子速率在 $v\sim v+\mathrm{d}v$ 内的概率.

附图(b)表示

$$\int_{v_1}^{v_2}f(v)\mathrm{d}v=\frac{\int_{v_1}^{v_2}\mathrm{d}N}{N}=\frac{\Delta N}{N}$$

表示分子速率在 $v_1\sim v_2$ 的概率.

附图(c)总面积表示

$$\int_0^{\infty}f(v)\mathrm{d}v=1$$

归一化条件.

例 7-6　设氢气的温度是 300K，求速率在 3000～3010m/s 的分子数与速率在 1500～1510m/s 的分子数之比

解　氢气(H_2)在温度 $T=300\text{K}$ 时的最概然速率为

$$v_p=\sqrt{\frac{2RT}{\mu}}=\sqrt{\frac{2\times 8.31\times 300}{2\times 10^{-3}}}=1579(\text{m/s})$$

将麦克斯韦速率分布公式改写为

$$\frac{dN}{N}=\frac{4}{\sqrt{\pi}}\left(\frac{v}{v_P}\right)^2 e^{-\left(\frac{v}{v_p}\right)^2}\ \frac{dv}{v_p}$$

$$\Delta N=\frac{4}{\sqrt{\pi}}Nx^2 e^{-x^2}\Delta x$$

其中

$$x=\frac{v}{v_p},\quad \Delta x=\frac{\Delta v}{v_p}$$

所以速率在 3000～3010 的分子数为

$$\Delta N_1=\frac{4}{\sqrt{\pi}}N\left[\frac{3000}{1579}\right]^2 e^{-\left(\frac{3000}{1579}\right)^2}\left(\frac{10}{1579}\right)$$

速率在 1500～1510 的分子数为

$$\Delta N_2=\frac{4}{\sqrt{\pi}}N\left[\frac{1500}{1579}\right]^2 e^{-\left(\frac{1500}{1579}\right)^2}\left(\frac{10}{1579}\right)$$

$$\frac{\Delta N_1}{\Delta N_2}=\left[\frac{3000}{1500}\right]^2\frac{e^{\left(\frac{1500}{1579}\right)^2}}{e^{\left(\frac{3000}{1579}\right)^2}}=0.27$$

例 7-7　飞机起飞前，机舱中的气压计指示为 $1.013\times 10^5\,\text{Pa}$，温度为 27℃；在飞行的某时刻，气压计指示为 $8.1\times 10^4\,\text{Pa}$. 温度未变，试计算此时飞机的飞行高度(设空气的摩尔质量 $\mu=2.89\times 10^{-2}\,\text{kg/mol}$).

解　空气分子在重力场中的分布满足玻尔兹曼分布律，由此可得大气压随高度的变化公式为

$$p=p_0 e^{-\frac{mgh}{kT}}$$

故飞机的飞行高度为

$$h=\frac{kT}{mg}\ln\frac{p_0}{p}=\frac{RT}{\mu g}\ln\frac{p_0}{p}=1.97\times 10^3(\text{m})$$

四、习题指导

(一) 思考题

7-1　理想气体分子模型的主要内容是什么?

答 (1) 气体分子本身的尺度与分子之间的平均距离相比,分子本身的尺度可以忽略,也就是忽略气体分子的大小.

(2) 除了在分子之间以及分子与容器之间发生碰撞时外,分子之间的相互作用可以忽略.

(3) 气体分子间以及分子和器壁之间的碰撞是完全弹性碰撞,在碰撞中没有能量损失.

7-2 理想气体分子运动的统计假设是什么?

答 (1) 气体处在平衡态时分子在容器中的空间分布平均说来是均匀的.

(2) 气体在平衡态时,具有相同速率的分子向各个方向运动的平均分子数是相等的.

7-3 在一密闭容器中,储存有 A、B、C 三种理想气体,处于平衡态,A 种气体的分子数密度为 n_1,它产生的压强为 p_1,B 种气体的分子数密度为 $2n_1$,C 种气体的分子数密度为 $3n_1$,则混合气体的压强 p 为(　　).

(A) $3p_1$;　　(B) $4p_1$;　　(C) $5p_1$;　　(D) $6p_1$.

答 (D).

7-4 一定量的理想气体储存于某一容器中,温度为 T,气体分子的质量为 m.根据理想气体分子模型和统计假设,分子速度在 x 方向的分量的平均值为(　　).

(A) $\bar{v}_x=\sqrt{\dfrac{8kT}{\pi m}}$;　　(B) $\bar{v}_x=\dfrac{1}{3}\sqrt{\dfrac{8kT}{\pi m}}$;

(C) $\bar{v}_x=\sqrt{\dfrac{8kT}{3\pi m}}$;　　(D) $\bar{v}_x=0$.

答 (D).

7-5 速率分布函数 $f(v)$的物理意义为(　　).

(A) 具有速率 v 的分子占总分子数的百分比;

(B) 速率分布在 v 附近的单位速率间隔中的分子数占总分子数的百分比;

(C) 具有速率 v 的分子数;

(D) 速率分布在 v 附近的单位速率间隔中的分子数.

答 (B).

7-6 如附图所示的速率分布曲线,(　　)图中的两条曲线是同一温度下氮气和氦气的分子速率分布曲线.

答 (B).

7-7 已知分子总数为 N,它们的速率分布函数为 $f(v)$,则速率分布在$v_1\sim v_2$内的分子平均速率为(　　).

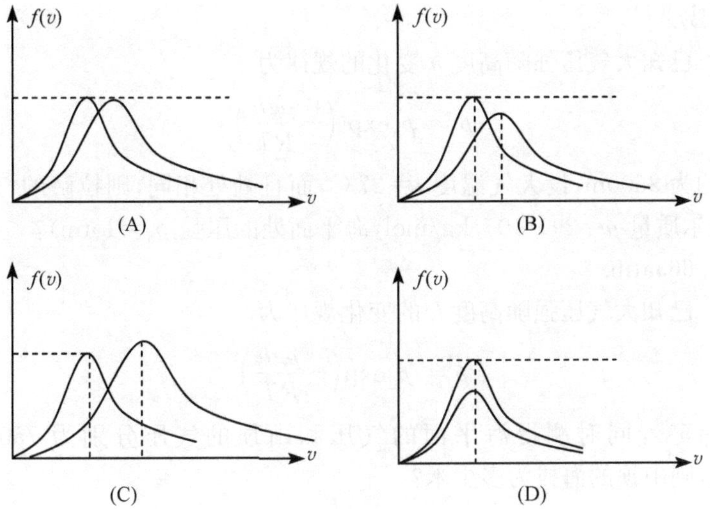

思考题 7-6 图

(A) $\int_{v_1}^{v_2} vf(v)\mathrm{d}v$；　(B) $\dfrac{\int_{v_1}^{v_2} vf(v)\mathrm{d}v}{\int_{v_1}^{v_2} f(v)\mathrm{d}v}$；

(C) $\int_{v_1}^{v_2} Nvf(v)\mathrm{d}v$；　(D) $\dfrac{\int_{v_1}^{v_2} vf(v)\mathrm{d}v}{N}$.

答　(B).

7-8　1mol 刚性双原子分子理想气体，当温度为 T 时，其内能为(　　).

(A) $\frac{3}{2}RT$；　(B) $\frac{3}{2}kT$；　(C) $\frac{5}{2}RT$；　(D) $\frac{5}{2}kT$.

(式中 R 为摩尔气体常量，k 为玻尔兹曼常量)

答　(C).

7-9　下列各式中(　　)式表示气体分子的平均平动动能(式中 M 为气体的质量，μ 为气体的摩尔质量，m 为气体分子质量，N 为气体分子总数目，n 为气体分子数密度，N_A 为阿伏伽德罗常量).

(A) $\frac{3m}{2M}pV$；　(B) $\frac{3M}{2\mu}pV$；　(C) $\frac{3}{2}npV$；　(D) $\frac{3\mu}{2M}N_ApV$.

答　(A).

7-10　在一封闭容器中盛有 1mol 氦气(视作理想气体)，这时分子无规则运动的平均自由程仅取决于(　　).

(A) 压强 p；　(B) 体积 V；　(C) 温度 T；　(D) 平均碰撞频率 z.

答　(B).

7-11　已知大气压强随高度 h 变化的规律为

$$p = p_0 \exp\left(-\frac{\mu g h}{RT}\right)$$

拉萨海拔约为 3600m,设大气温度 $t=27℃$,而且处处相同,则拉萨的气压为多少(空气的摩尔质量 $\mu=29\times10^{-3}$kg/mol,海平面处的压强 $p_0=1$atm)?

答　0.663atm.

7-12　已知大气压强随高度 h 的变化规律为

$$p = p_0 \exp\left(-\frac{\mu g h}{RT}\right)$$

设气温 $t=5℃$,同时测得海平面的气压和山顶的气压分别为 750mmHg 和 590mmHg,则山顶的海拔为多少米?

答　1950m.

7-13　已知 $f(v)$为麦克斯韦速率分布函数,N 为总分子数,则

(1) 速率 $v>100$m/s 的分子数占总分子数的百分比表达式为________;

(2) 速率 $v>100$m/s 的分子数表达式为________.

答　(1) $\int_{100}^{\infty} f(v)\mathrm{d}v$;　(2) $\int_{100}^{\infty} Nf(v)\mathrm{d}v$.

(二) 习题

7-1　1kg 某种理想气体,分子平动动能总和是 1.86×10^6J,已知每个分子质量是 3.34×10^{-27}kg,试求气体的温度(玻尔兹曼常量 $k=1.38\times10^{-23}$J/K).

解　$N=\dfrac{M}{m}=0.30\times10^{27}$ 个

$\bar{\omega}=\dfrac{E_\mathrm{k}}{N}=6.2\times10^{-21}$J

$T=\dfrac{2}{3}\dfrac{\bar{\omega}}{k}=300$K

7-2　体积 $V=1\mathrm{m}^3$ 的容器内混有 $N_1=1.0\times10^{25}$ 个氧气分子和 $N_2=4.0\times10^{25}$ 个氮气分子,混合气体的压强为 2.76×10^5Pa,求:

(1) 气体分子的平均平动能;

(2) 混合气体的温度.

解　(1) $\bar{\omega}=\dfrac{3}{2}kT=8.28\times10^{-21}$J

$E_\mathrm{k}=N\bar{\omega}=(N_1+N_2)\bar{\omega}=4.14\times10^5$J

(2) $p=nkT=2.76\times10^5$Pa

7-3　有 γmol 的刚性双原子分子理想气体，原来处在平衡态，当它从外界吸收热量 Q 并对外做功 A 后，又达到一新的平衡态. 试求分子的平均平动动能增加了多少？

解　设两个平衡态的温度差为 ΔT，则

$$Q-A=\Delta E=\frac{5}{2}\gamma R\Delta T=\frac{5}{2}\gamma N_A k\Delta T$$

所以

$$\Delta\bar{\omega}=\frac{3}{2}k\Delta T=3(Q-A)/(5\gamma N_A)$$

7-4　一体积为 10cm^3 电子管，当温度为 300K 时，用真空泵把管内空气抽成压强为 5×10^{-6}mmHg 的高真空，问此时管内有多少个空气分子？这些空气分子的平均平动动能的总和是多少？平均转动动能的总和是多少？平均动能的总和是多少（$760\text{mmHg}=1.013\times10^5\text{Pa}$，空气分子可认为是刚性双原子分子）？

解　设管内总分子数为 N. 由 $p=nkT=NkT/V$ 有

(1) $N=pV/(kT)=1.61\times10^{12}$ 个.

(2) 分子的平均平动动能总和$=\frac{3}{2}NkT=10^{-8}$J.

(3) 分子的平均转动动能总和$=\frac{2}{2}NkT=0.667\times10^{-8}$J.

(4) 分子的平均动能总和$=\frac{5}{2}NkT=1.67\times10^{-8}$J.

7-5　将 1kg 氦气和 Mkg 氢气混合，平衡后混合气体的内能是 2.45×10^6J，氦分子平均动能是 6×10^{-21}J，求氢气质量 M.

解　由 $\bar{\omega}=\frac{3}{2}kT$ 算得 $T=290$K.

再由内能公式算出氦气的内能为 9.04×10^5J.

从而得到氢气的内能，也就得到氢气的质量，结果为 0.51kg.

7-6　容器内有 11kg 二氧化碳和 2kg 氢气（两种气体均视为刚性分子的理想气体），已知混合气体的内能是 8.1×10^6J. 求：

(1) 混合气体的温度；

(2) 两种气体分子的平均总动能.

（二氧化碳的摩尔质量 $\mu=44\times10^{-3}$ kg/mol，氢气的摩尔质量 $\mu=2\times10^{-3}$ kg/mol）

解　(1) 由内能公式解得温度为 300K.

(2) 再由平均动能公式算得二氧化碳的平均动能为 1.24×10^{-20}J，氢气的平均动能为 1.04×10^{-20}J.

7-7　储存有 1mol 氧气，体积为 $1m^3$ 的容器以 $v=10m/s$ 的速度运动容器突然停止，其中氧气的 80% 的机械运动动能转化为气体分子热运动动能，问气体的温度压强各升高了多少(氧气分子视为刚性分子)？

解　由

$$0.8\times\frac{1}{2}Mv^2=\frac{M}{\mu}\frac{5}{2}R\Delta T$$

得

$$\Delta T = 0.062K$$

又

$$\Delta p = \frac{R\Delta T}{V}$$

所以

$$\Delta p = 0.51Pa$$

7-8　有 $2\times10^{-3}m^3$ 刚性双原子分子理想气体，其内能为 6.75×10^2J.

(1) 试求气体的压强；

(2) 设分子总数为 5.4×10^{22} 个，求分子的平均平动能及气体的温度.

解　(1) 设分子数为 N，由

$$E = \frac{5}{2}NkT,\quad p = \frac{N}{V}kT$$

得

$$p = \frac{2E}{5V} = 1.35\times10^5 Pa$$

(2) 由 $E=\frac{5}{2}NkT$ 及 $\bar{\omega}=\frac{3}{2}kT$ 得

$$\bar{\omega} = \frac{3E}{5N} = 7.5\times10^{-21}J$$

$$T = \frac{2E}{5Nk} = 362K$$

7-9　许多星球的温度达到 10^8K. 在该温度下原子已经不存在了，而氢核(质子)是存在的. 若把氢核视为理想气体，求：

(1) 氢核的方均根速率是多少？

(2) 氢核的平均平动动能是多少电子伏特($1eV=1.6\times10^{-19}J$)？

解　(1) $\sqrt{\overline{v^2}}=\sqrt{\dfrac{3RT}{\mu}}=1.58\times10^6 m/s$

(2) $\bar{\omega}=\dfrac{3}{2}kT=12900eV$

7-10　一密封房间的体积为 5m×3m×3m，室温为 20℃，室内空气分子热运动的平均平动动能的总和是多少？如果气体的温度升高 1.0K，而体积不变，则气

体的内能变化多少？气体分子的方均根速率增加多少（已知空气的密度 $\rho=1.29\mathrm{kg/m^3}$，摩尔质量 $=29\times10^{-3}\mathrm{kg/mol}$，且空气分子可认为是刚性双原子分子）？

解

$$N\frac{1}{2}m\overline{v^2}=N\frac{3}{2}kT=\frac{3}{2}RTNm/(N_\mathrm{A}m)$$

$$=\frac{3}{2}\frac{M}{\mu}RT=\frac{3}{2}\frac{\rho V}{\mu}RT$$

$$=7.31\times10^6\mathrm{J}$$

$$\Delta E=\frac{5}{2}\frac{\rho V}{\mu}R\Delta T=4.16\times10^4\mathrm{J}$$

$$\Delta\sqrt{\overline{v^2}}=\sqrt{\frac{3RT_2}{\mu}}-\sqrt{\frac{3RT_1}{\mu}}=0.856\mathrm{m/s}$$

7-11　能量按自由度均分原理的内容是什么？试用分子热运动的特征来说明这一原理，并论证质量为 M 的理想气体，在温度为 T 的平衡态下，其内能为 $E=\frac{iRTM}{2\mu}$.

解　原理内容：在平衡状态下，气体分子每一个可能自由度的平均动能都等于 $\frac{1}{2}kT$.

根据热运动的基本特征是无规则运动，任何一种可能的运动都不会比另一种运动特别占优势，机会是完全相等的，平均来说，相应于每一个可能的自由度的平均动能都应相等. 已知分子的平均平动动能 $\bar{\omega}=\frac{3}{2}kT$，而平动自由度为 3，所以平均每一个自由度均匀分配能量 $\frac{1}{2}kT$.

设每一个分子自由度为 i，则其平均平动能为 $\frac{i}{2}kT$，所以 1mol 理想气体内能为

$$E_\mathrm{mol}=\frac{1}{2}N_\mathrm{A}ikT=\frac{i}{2}RT$$

质量为 M 的理想气体有内能

$$E=\frac{M}{\mu}\frac{i}{2}RT$$

7-12　试从温度公式（即分子热运动平均平动动能和温度的关系式）和压强公式推导出理想气体的状态方程式.

解　由 $\bar{\omega}=\frac{3}{2}kT$ 及 $p=\frac{2}{3}n\bar{\omega}$，得

$$p=nkT=\frac{M}{\mu}N_\mathrm{A}\frac{1}{V}kT=\frac{M}{\mu}\frac{RT}{V}$$

所以

$$pV = \frac{M}{\mu}RT$$

7-13 假定大气层各处温度相同均为 T,空气的摩尔质量为 μ,试根据玻尔兹曼分布律 $n=n_0 e^{-(E_p/kT)}$ 证明大气压强 p 与高度 h(从海平面算起)的关系是 $h=\frac{RT}{\mu g}\ln\frac{p_0}{p}$.

证明 设空气分子的质量为 m,则在离海平面高度为 h 处,空气分子的势能为

$$E_p = mgh$$

于是有

$$n = n_0 e^{-\frac{mgh}{kT}} = n_0 e^{-\frac{\mu gh}{RT}}$$

上式利用了

$$N_A k=R, \quad mN_A=\mu$$

将 n 代入压强公式有

$$p = nkT = n_0 kT e^{-\frac{\mu gh}{RT}} = p_0 e^{-\frac{\mu gh}{RT}}$$

其中 $p_0=n_0 kT$,n_0 为 $E_p=0$ 处的分子数密度.取对数得

$$\ln\left(\frac{p}{p_0}\right)=-\frac{\mu gh}{RT}$$

$$h=\frac{RT\ln\left(\frac{p_0}{p}\right)}{\mu g}$$

第 8 章　热　力　学

一、基本要求

(1) 理解功、热量和内能,了解状态量与过程量的联系和区别.

(2) 掌握热力学第一定律和理想气体在准静态过程中功、热量、内能改变量以及摩尔热容的计算方法.

(3) 理解循环过程及其效率,掌握热机效率的计算方法,掌握卡诺循环的效率.

(4) 了解可逆过程和不可逆过程,理解热力学第二定律的实质,并能用来推证一些简单的结果.

(5) 了解熵的物理意义,能计算简单过程的熵变.

二、内容提要

1. 热力学第一定律

$$Q = E_2 - E_1 + A$$

对于微过程

$$\mathrm{d}Q = \mathrm{d}E + \mathrm{d}A$$

式中,Q、A 是过程量,且有正、负规定,系统吸热 $Q>0$,系统放热 $Q<0$,系统对外界做功 $A>0$,外界对系统做功 $A<0$. 热力学第一定律是包括热现象在内的能量守恒与转化定律.

2. 功、热量和内能增量的计算

功:准静态过程中系统对外做的功为

$$\mathrm{d}A = p\mathrm{d}V, \quad A = \int_{V_1}^{V_2} p\mathrm{d}V$$

热量:系统与外界或两个物体之间由于温度不同而交换的热运动能量.

热容量:

$$C=\frac{\mathrm{d}Q}{\mathrm{d}T}$$

当系统的物质的量为 1mol 时,相应的热容称为摩尔热容;当系统具有单位质量(1kg)时其热容称为比热容. 对于理想气体

定体摩尔热容

$$C_{V,\mathrm{m}} = \left(\frac{\mathrm{d}Q_{\mathrm{m}}}{\mathrm{d}T}\right)_V \quad C_{V,\mathrm{m}} = \frac{i}{2}R$$

定压摩尔热容

$$C_{p,m}=\left(\frac{dQ_m}{dT}\right)_p,\quad C_{p,m}=\frac{i+2}{2}R$$

迈耶公式 $C_{p,m}=C_{V,m}+R$

比热容比 $\gamma=\frac{C_{p,m}}{C_{V,m}}=\frac{i+2}{i}$

以上各式中 i 均为气体分子的自由度.

3. 循环过程

循环过程的特征是

$$\Delta E=0,\quad A=Q=Q_1-Q_2$$

式中,Q_1 为系统吸热的总和,Q_2 为系统放热的总和,Q_1,Q_2 都指热量的绝对值. A 为系统对外做的净功. 在 p-V 图上,循环过程曲线是一封闭曲线. A、$Q>0$ 的称为正循环(顺时针方向的循环),实现热与功的转换. A、$Q<0$ 的循环称为逆循环(逆时针方向的循环),实现功与热的转换.

正循环的热机效率

$$\eta=\frac{A}{Q_1}=1-\frac{Q_2}{Q_1}$$

其中卡诺循环

$$\eta=1-\frac{T_2}{T_1}$$

逆循环的制冷系数

$$w=\frac{Q_2}{A}=\frac{Q_2}{Q_1-Q_2}$$

其中卡诺逆循环

$$w=\frac{T_2}{T_1-T_2}$$

4. 卡诺定理

工作于相同的高温热源 T_1 和相同的低温热源 T_2 之间的一切可逆热机,其效率都相同,与工作物质无关;而一切不可逆热机的效率都不可能大于可逆热机的效率. 其数学表达式为

$$\eta\leqslant 1-\frac{T_2}{T_1}$$

5. 热力学第二定律

(1) 不可逆过程和可逆过程

各种实际宏观过程是不可逆的,而且它们的不可逆性又是相互沟通的. 功热转换、热传导、气体自由膨胀等都是不可逆过程.

无摩擦的准静态过程是可逆过程.

(2) 热力学第二定律

克劳修斯表述:热量不能自动地从低温物体传到高温物体.

开尔文表述:不可能从单一热源吸热使之完全变为有用功而不产生其他变化.热力学第二定律是反映自然界过程进行方向的规律.

6. 熵和熵增加原理

熵是一个态函数.

(1) 熵增加原理:孤立系统熵永不减小 $\mathrm{d}S\geqslant 0$,等号对应可逆过程,大于号对应不可逆过程.

熵增加原理的微观意义:过程自发进行的方向总是从热力学概率小的状态向热力学概率大的状态转化.平衡态的热力学概率最大.

(2) 克劳修斯熵公式

系统在可逆过程中的熵变:

$$\mathrm{d}S=\frac{\mathrm{d}Q}{T},\quad S_2-S_1=\int_1^2\frac{\mathrm{d}Q}{T}$$

(3) 玻尔兹曼熵公式

$$S=k\ln\Omega$$

式中,Ω 为热力学概率,同一宏观态所包含的微观态数目.

三、例题详解

例 8-1 如附图 BCA 为理想气体的绝热过程,$B1A$ 和 $B2A$ 是任意过程,分析上述两过程中气体做功是正还是负,过程是吸收还是放热?

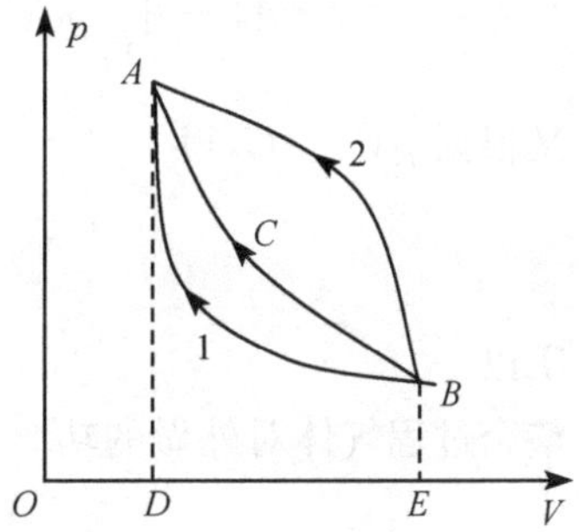

例 8-1 图

解 应用热力学第一定律计算

$$Q=(E_2-E_1)+A$$

对 BCA 绝热压缩过程

$$E_A-E_B=-A=A'>0\quad(A<0)$$

A' 和 A 分别为气体对外做功和外界对气体做功,大小为曲边梯形 $BCADE$ 面积

对 $B1A$ 过程:

$$Q_1=E_A-E_B+A_1=A'-A_1'$$

其中 $A_1<0$,A_1' 为 $B1A$ 过程气体对外界做的功,$A_1'>0$,大小为曲边梯形 $B1ADE$ 面积.因为 $A'>A_1'$,$Q_1>0$,此过程吸热,气体做负功.

对 $B2A$ 过程:

$$Q_2=E_A-E_B+A_2=A'-A_2'\quad(A_2<0)$$

A_2'为 $B2A$ 过程中气体对外界所做的功，大小为曲边梯形 $B2ADE$ 面积. 因为 $A_2' > A'$，$Q_2 < 0$，此过程放热，气体做负功.

例 8-2　1mol 刚性双原子分子的理想气体，开始时处于 $p_1 = 1.01 \times 10^5 \text{Pa}$，$V_1 = 10^{-3} \text{m}^3$ 的状态，然后经附图示直线过程 1 变到 $p_2 = 4.04 \times 10^5 \text{Pa}$，$V_2 = 2 \times 10^{-3} \text{m}^3$ 的状态，后又经过方程为 $pV^{\frac{1}{2}} = C$（常量）的过程 2 变到压强 $p_3 = p_1 = 1.01 \times 10^5 \text{Pa}$ 的状态. 求：

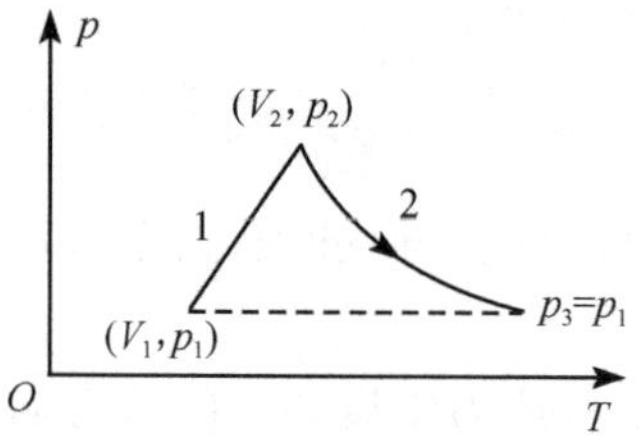

例 8-2 图

（1）在过程 1 中气体吸收的热量；

（2）整个过程气体吸收的热量.

解　（1）在过程 1 中气体对外做功，等于 p-V 图过程 1 直线下的积，即

$$A_1 = \frac{1}{2}(p_1 + p_2)(V_2 - V_1)$$

刚性双原子分子 $C_V = \frac{5}{2}R$，气体经过过程 1，内能的增量为

$$\Delta E_1 = C_V(T_2 - T_1) = \frac{5}{2}R(T_2 - T_1) = \frac{5}{2}(p_2V_2 - p_1V_1)$$

根据热力学第一定律，气体在过程 1 中吸收的热量 Q_1 为

$$Q_1 = \Delta E_1 + A_1 = \frac{5}{2}(p_2V_2 - p_1V_1) + \frac{1}{2}(p_1 + p_2)(V_2 - V_1)$$

$$= 2.02 \times 10^3 \text{J}$$

（2）在过程 2 中气体对外做的功 A_2 为

$$A_2 = \int_{V_2}^{V_3} p\mathrm{d}V = p_2\sqrt{V_2}\int_{V_2}^{V_3}\frac{\mathrm{d}V}{\sqrt{V}} = 2(p_3V_3 - p_2V_2)$$

又根据 $pV^{\frac{1}{2}} = C$，得

$$V_3 = V_2\left(\frac{p_2}{p_3}\right)^2 = 32 \times 10^{-3} \text{m}^3$$

所以

$$A_2 = 4.85 \times 10^3 \text{J}$$

整个过程气体对外做的功

$$A = A_1 + A_2 = 5.10 \times 10^3 \text{J}$$

整个过程气体内能的增量为

$$\Delta E = C_V(T_3 - T_1) = \frac{5}{2}R(T_3 - T_1)$$

$$= \frac{5}{2}(p_3V_3 - p_1V_1) = 7.83 \times 10^3 \text{J}$$

所以，根据热力学第一定律，整个过程气体吸收的热量为

$$Q = \Delta E + A = 1.29 \times 10^4 \text{J}$$

例 8-3 1mol 单原子分子理想气体的循环过程如附图所示，其中 C 点的温度为 $T_C=600\text{K}$. 试求：

(1) AB, BC, CA 各个过程系统吸收的热量；

(2) 经一循环系统所做的净功；

(3) 循环的效率($\ln 2=0.693$).

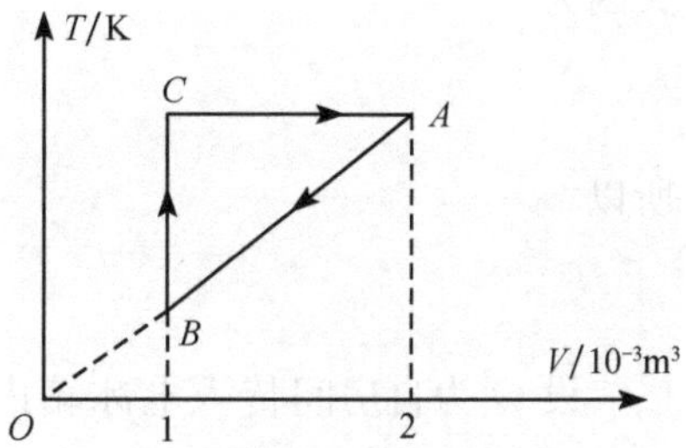

例 8-3 图

解 单原子分子自由度 $i=3$，从附图可知，AB 是等压过程(因为 T-V 曲线为过原点的直线).

$$\frac{V_A}{T_A}=\frac{V_B}{T_B},\quad T_A=T_C=600\text{K}$$

从附图知

$$V_B=V_C,\quad V_A=2V_B$$

$$T_B=\frac{V_B}{V_A}T_A=300\text{K}$$

(1)
$$Q_{AB}=C_p(T_B-T_C)=\left(\frac{i}{2}+1\right)R(T_B-T_C)$$
$$=-6232.5\text{J}\quad(\text{放热})$$
$$Q_{BC}=C_V(T_C-T_B)=\frac{i}{2}R(T_C-T_B)$$
$$=3739.5\text{J}\quad(\text{吸热})$$
$$Q_{CA}=RT_C\ln\frac{V_A}{V_C}=3456\text{J}\quad(\text{吸热})$$

(2)
$$A=(Q_{BC}+Q_{CA})-|Q_{AB}|=963\text{J}$$

(3)
$$\eta=\frac{A}{Q_{BC}+Q_{CA}}=13.4\%$$

例 8-4 有一台电冰箱放在室温为 20℃的房间里，冰箱储物柜内的温度维持在 5℃. 现每天有 2.0×10^7J 的热量自房间通过热传导方式传入电冰箱内，若要使冰箱内的温度维持在 5℃，外界每天需要做多少功？设在 5℃和 20℃之间运转的制冷机的制冷系数，是卡诺制冷机的制冷系数的 55%.

解 设 w 为制冷机的制冷系数，$w_{卡}$ 为卡诺循环的制冷系数，而卡诺制冷机的制冷系数

$$w_{卡}=\frac{T_2}{(T_1-T_2)}$$

其中 $T_2=5℃=278\text{K},\quad T_1=20℃=293\text{K}$

于是有

$$w = \frac{55}{100} w_{卡} = \frac{55}{100} \times \frac{T_2}{T_1 - T_2} = 10.2$$

又因为

$$w = \frac{Q_2}{Q_1 - Q_2}$$

所以

$$Q_1 = \frac{w+1}{w} Q_2$$

设Q'为自房间传入电冰箱内的热量，其值为2.0×10^7J. 在热平衡时，$Q_2 = Q'$，于是，上式为

$$Q_1 = \frac{w+1}{w} Q'$$

代入数据得

$$Q_1 = \frac{10.2+1}{10.2} \times 2.0 \times 10^7 = 2.2 \times 10^7 (\text{J})$$

所以，为了保持电冰箱在5～20℃运转，每天需做的功为

$$A = Q_1 - Q_2 = Q_1 - Q' = 0.2 \times 10^7 \text{J}$$

功率为

$$P = \frac{A}{t} = 23\text{W}$$

例 8-5　如附图所示，一定量理想气体的一循环过程由 T-V 图给出. 其中 $C \to A$ 为绝热过程，状态 $A(T_2, V_1)$、状态 $B(T_2, V_2)$为已知. 问：

(1) 在 $A \to B$、$B \to C$ 两过程中，工质是吸热还是放热？

(2) 求状态 C 的 p、V、T 值(设气体的 γ 和摩尔数已知)；

(3) 这个循环是不是卡诺循环？

(4) 求这个循环的效率.

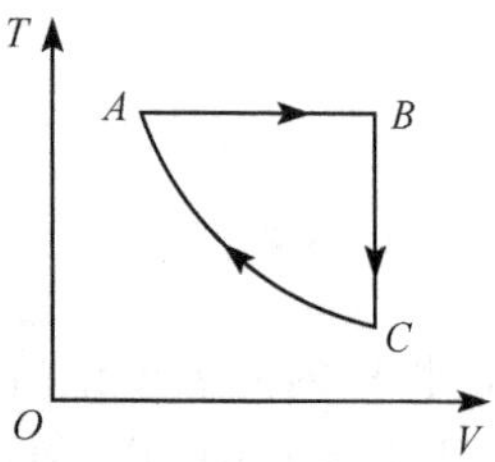

例 8-5 图

解　(1) AB 是等温膨胀过程，工质吸热；BC 为等体降温过程，工质放热.

(2) 设 C 的状态参量为 p_3, V_3 和 T_3，由题意

$$T_1 = T_2, \quad V_3 = V_2$$

$C \to A$ 为绝热过程

$$T_1 V_1^{\gamma-1} = T_3 V_3^{\gamma-1}$$

$$T_3 = \left(\frac{V_1}{V_2}\right)^{\gamma-1} T_2$$

$B \to C$ 为等体过程，有

$$\frac{p_2}{T_2}=\frac{p_3}{T_3}$$

$$p_3=p_2\frac{T_3}{T_2}=\frac{m}{M}RT_3/V_2=\frac{m}{M}RT_2V_1^{\gamma-1}V_2^{-\gamma}$$

(3) 这个循环不是卡诺循环. 卡诺循环是两个等温过程和两个绝热过程所构成的循环.

(4) 由图知 $A\to B$ 是吸热过程,吸收热量为

$$Q_1=A_{AB}=\frac{m}{M}RT_2\ln\frac{V_2}{V_1}$$

$B\to C$ 是放热过程,放出的热量为

$$Q_2=|\Delta E_{BC}|=\frac{m}{M}C_V(T_2-T_3)$$

$$=\frac{m}{M}C_V\left[T_2-\left(\frac{V_1}{V_2}\right)^{\gamma-1}T_2\right]$$

其中

$$C_V=\frac{i}{2}R,\quad \gamma=\frac{C_p}{C_V}=\frac{i+2}{i}$$

此循环效率为

$$\eta=1-\frac{Q_2}{Q_1}=1-\left[1-\left(\frac{V_1}{V_2}\right)^{\gamma-1}\right]\Big/\left[(\gamma-1)\ln\left(\frac{V_2}{V_1}\right)\right]$$

例 8-6 试求理想气体的状态函数熵的变化.

解 根据 $pV=\nu RT$ 和 $dE=\nu C_{V,m}dT$,有

$$dS=\frac{dQ}{T}=\frac{1}{T}(dE+pdV)$$

$$=\nu C_{V,m}\frac{dT}{T}+\nu R\frac{dV}{V}$$

令 $\nu C_{V,m}=C_V$,则有

$$S-S_0=\int_{T_0}^{T}C_V\frac{dT}{T}+\nu R\int_{V_0}^{V}\frac{dV}{V}$$

其中 S_0 是参考态(T_0,V_0)的熵. 若温度范围不大,理想气体 E 和 C_V 看作常数,有

$$S-S_0=C_V\ln\frac{T}{T_0}+\nu R\ln\frac{V}{V_0}$$

这是以(T,V)为独立变量的熵函数的表达式.

同样可求出以(T,p)和(p,V)为独立变量的熵函数的表达式.

将状态方程$\frac{T}{T_0}=\frac{pV}{p_0V_0}$代入上式得

$$S-S_0=C_p\ln\frac{V}{V_0}+C_V\ln\frac{p}{p_0}$$

$$S - S_0 = C_p \ln \frac{T}{T_0} - \nu R \ln \frac{p}{p_0}$$

上两式中 $C_p = \nu C_{p,\mathrm{m}}$.

四、习题指导

(一) 思考题

8-1 “功、热量和内能都是系统状态的单值函数”这种说法对吗？如有错请改正.

答 功与热量均与系统状态变化过程有关，是过程量，不是系统状态的单值函数，内能是系统状态的单值函数.

8-2 质量为 M 的氦气(视为理想气体)，由同一初态经历下列两种过程：(1)等体过程；(2)等压过程. 温度升高了 ΔT，要比较这两种过程中气体内能的改变，有一种解答如下：

(1) 等体过程 $\Delta E_V = \dfrac{M}{\mu} C_V \Delta T$；

(2) 等压过程 $\Delta E_p = \dfrac{M}{\mu} C_p \Delta T$，因为 $C_p > C_V$，所以 $\Delta E_p > \Delta E_V$.

以上解答是否正确？如有错误请改正.

答 等容过程的解答是正确的，等压过程的解答是错误的. 理想气体的内能是温度的单值函数，在上述两过程中，初态相同，ΔT 相同，故 ΔE 也相同.

8-3 物质的量相同的氦气和氮气(视为理想气体)，从相同的初状态(即 p、V、T 相同)开始做等压膨胀到同一末状态，下列有关说法有无错误？如有错误请改正.

(1) 对外所做的功相同；

(2) 从外界吸收的热量相同；

(3) 气体分子平均速率的增量相同.

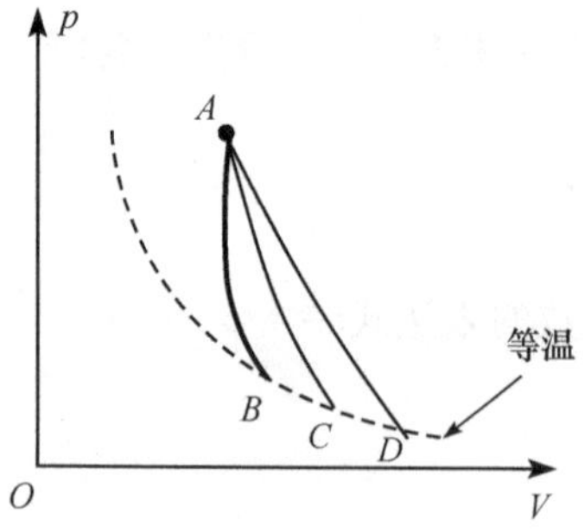

思考题 8-4 图

答 (1) 正确.

(2) 错误. 在等压过程中 $Q_p = C_p \Delta T$，而 C_p 与自由度有关，故自由度大的气体即氮气吸热较多.

(3) 错误. 由平均速率公式，氮气分子的平均速率增量较小.

8-4 一定量的理想气体，从 p-V 图上同一初态 A 开始，分别经历三种不同的过程过渡到不同的末态，但末态的温度相同，如附图所示，其中

$A \to C$ 是绝热过程,问:

(1) 在 $A \to B$ 过程中气体是吸热还是放热? 为什么?

(2) 在 $A \to D$ 过程中气体是吸热还是放热? 为什么?

答 (1) 在 $A \to B$ 过程中气体放热,因为在 $A \to B \to C \to A$ 循环中,$\Delta E=0$,$A<0$,所以在整个过程中放热,又由于 $C \to A$ 过程中不吸热也不放热,$B \to C$ 过程吸热,

所以 $A \to B$ 过程中气体放热.

(2) 在 $A \to D$ 过程中气体吸热,因为在 $A \to D \to C \to A$ 循环中,$\Delta E=0$,$A>0$,所以在整个过程中吸热,又由于 $C \to A$ 过程中不吸热也不放热,$D \to C$ 过程放热,所以 $A \to B$ 过程中气体吸热.

8-5 在下列理想气体各种过程中,哪些过程可能发生? 哪些过程不可能发生? 为什么?

(1) 等体加热时,内能减少,同时压强升高;

(2) 等温压缩时,压强升高,同时吸热;

(3) 等压压缩时,内能增加,同时吸热;

(4) 绝热压缩时,压强升高,同时内能增加.

答 (1) 不可能,吸热,又不做功,内能只能增加.

(2) 不可能,外界对系统做功,内能不变,只能放热.

(3) 不可能,因为 $\mathrm{d}A=p\mathrm{d}V=\dfrac{M}{\mu}R\mathrm{d}T<0$,故 $\mathrm{d}T<0$,内能也减少,只能放热.

(4) 可能,因为 $\mathrm{d}A<0$,$\mathrm{d}Q=0$,所以 $\mathrm{d}E>0$.

8-6 甲说:“系统经过一个正的卡诺循环后,系统本身没有任何变化.”乙说:“系统经过一个正的卡诺循环后,不但系统本身没有任何变化,而且外界也没有任何变化.”甲和乙谁的说法正确? 为什么?

答 甲对,乙不对.

系统经历一个正卡诺循环,系统回到初始状态,并从高温热源吸热,向低温热源放热,对外做功,所以系统本身没变,但外界发生了变化.

8-7 从理论上讲,提高卡诺热机的效率有哪些途径? 在实际中采用什么办法?

答 由卡诺热机的效率公式,从理论上讲,提高热机效率可以采用:

(1) 提高高温热源温度;

(2) 降低低温热源温度;

(3) 二者并举.

在实际中,除减少损耗提高热机效率外,常用提高高温热源温度,而低温热源多采用大气.

8-8　关于热力学第二定律，下列说法如有错误请改正：

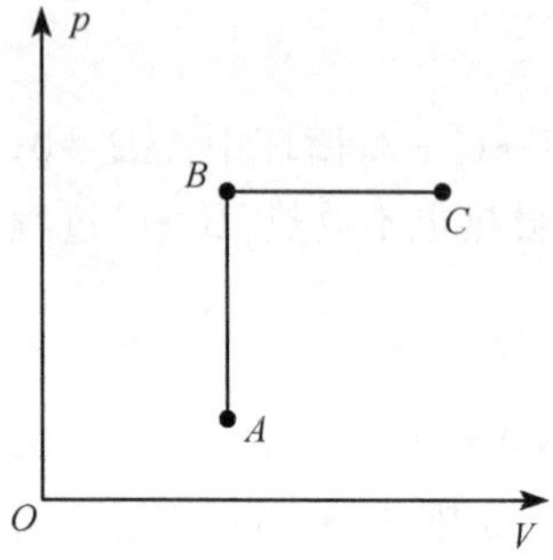

思考题 8-9 图

（1）热量不能从低温物体传向高温物体；

（2）功可以全部转变为热量，但热量不能全部转变为功.

答　（1）热量不能自动地从低温物体传向高温物体.

（2）功可以全部转变为热量，但热量不能通过一个循环过程全部转变为功.

8-9　理想气体经历如附图所示的 ABC 平衡过程，则该系统对外做功 A，从外界吸收的热量 Q 和内能的增量 ΔE 的正负情况为

（A）$\Delta E>0, Q>0, A<0$；　（B）$\Delta E>0, Q>0, A>0$；

（C）$\Delta E>0, Q<0, A<0$；　（D）$\Delta E<0, Q<0, A>0$.

答　（B）.

8-10　一定量的理想气体，从 p-V 图上初态 A 经历 1 或 2 过程到达末态 B，已知 A、B 两态处于同一条绝热线上（附图中虚线是绝热线），问两过程中气体吸热还是放热？

（A）1 过程吸热，2 过程放热；　（B）1 过程放热，2 过程吸热；

（C）两种过程都吸热；　（D）两种过程都放热.

答　（B）.

8-11　一定量的理想气体分别由初态 A 经①过程 AB 和由初态 A' 经②过程 $A'CB$ 到达相同的终态 B，如附图所示，则两个过程中气体从外界吸收的热量 Q_1、Q_2 的关系为（　　）.

（A）$Q_1<0, Q_1>Q_2$；　（B）$Q_1>0, Q_1>Q_2$；

（C）$Q_1<0, Q_1<Q_2$；　（D）$Q_1>0, Q_1<Q_2$.

答　（B）.

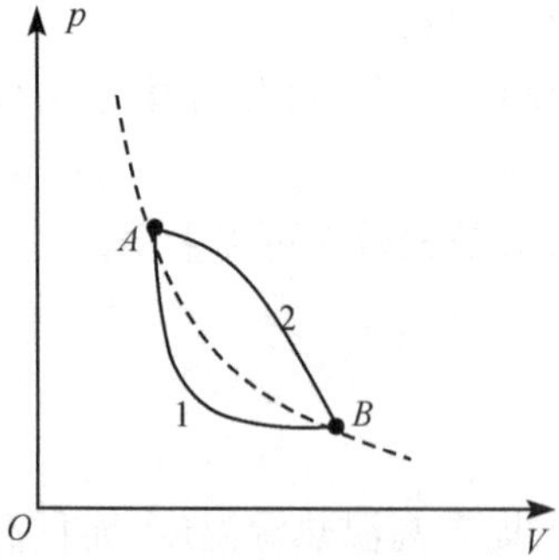

思考题 8-10 图

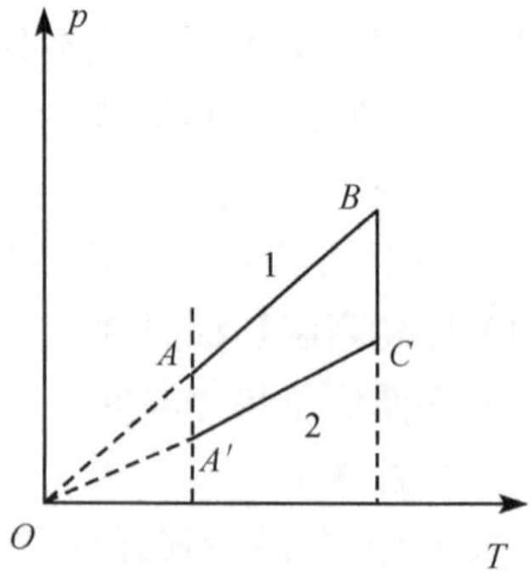

思考题 8-11 图

8-12 如附图所示，一定量的理想气体经历 ACB 过程时吸热 200J，则经历 $ACBDA$ 过程时吸热为(　　).

(A) -1200J；　　(B) -1000J；

(C) -700J；　　(D) 1000J.

答 (B).

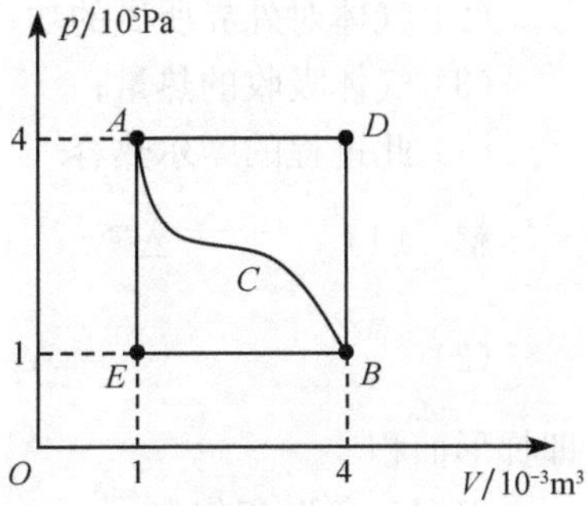

思考题 8-12 图

8-13 设在某一过程 P 中，系统由状态 A 变为状态 B，如果____，则过程 P 称为可逆过程；如果____，则过程 P 称为不可逆过程.

答 能使系统进行逆向变化，从状态 B 恢复到状态 A，而且系统恢复到状态 A 时，周围一切也都恢复原状.

系统不能恢复到状态 A，当系统恢复到状态 A 时，周围一切并不能都恢复原状.

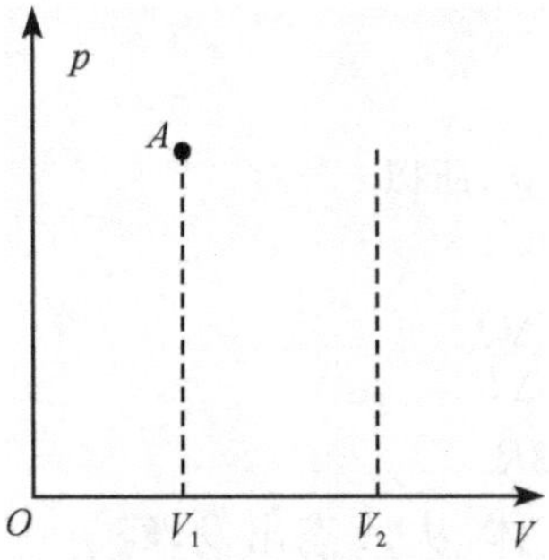

思考题 8-14 图

8-14 如附图所示，一定量的理想气体，从 p-V 图上状态 A 出发，分别经历等压、等温、绝热三种过程由体积 V_1 膨胀到体积 V_2，试画出这三种过程的 p-V 图曲线. 在上述三种过程中：

(1) 气体对外做功最大的是____过程；

(2) 气体吸热最多的是____过程.

答 (1) 等压；(2) 等压.

8-15 卡诺制冷机，其低温热源温度为 $T_2=300$K，高温热源温度，$T_1=450$K，每一循环从低温热源吸热 $Q_2=400$J. 已知该制冷机的制冷系数为 $\omega=\dfrac{Q_2}{A}=\dfrac{T_2}{T_1-T_2}$(式中 A 为外界对系统做的功)，则每一循环中外界必须做功 $A=$____.

答 200J.

8-16 从统计的意义来解释：不可逆过程实质上是一个____的转变过程. 一切实际过程都向着____的方向进行.

答 从概率较小的状态的概率较大的状态；状态的概率增大(或熵值增加).

(二) 习题

8-1 如附图所示，1mol 双原子分子理想气体从状态 $A(p_1,V_1)$沿 p-V 图所示直线变化到状态 $B(p_2,V_2)$，试求：

(1) 气体的内能增量；

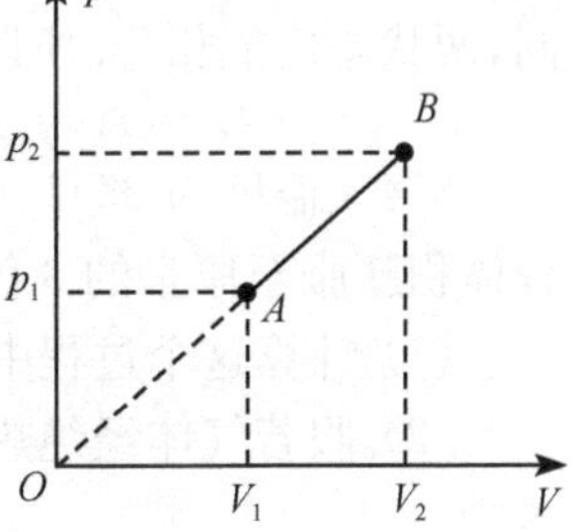

习题 8-1 图

(2) 气体对外界所做的功;

(3) 气体吸收的热量;

(4) 此过程的摩尔热容.

解 (1)
$$\Delta E = C_V(T_2 - T_1) = \frac{5}{2}(p_2V_2 - p_1V_1)$$

(2)
$$A = \frac{1}{2}(p_1 + p_2)(V_2 - V_1)$$

即梯形面积

根据三角形相似有

$$p_1V_2 = p_2V_1$$

所以

$$A = \frac{1}{2}(p_2V_2 - p_1V_1)$$

(3)
$$Q = \Delta E + A = 3(p_2V_2 - p_1V_1)$$

(4) 以上计算对于 $A \to B$ 过程中任意微小过程均成立,所以

$$\Delta Q = 3\Delta(pV) = 3R\Delta T$$

由
$$C = \frac{\Delta Q}{\Delta T}$$

有
$$C = 3R.$$

8-2 一定量的理想气体,从 A 态出发,经 p-V 附图中所示的过程到达 B 态,试求在该过程中,该气体吸收的热量.

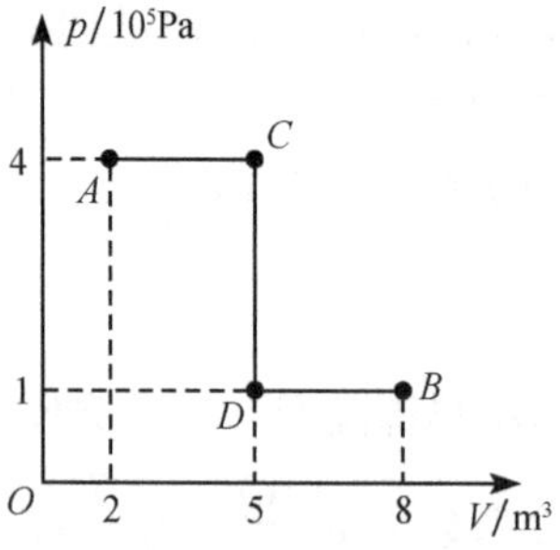

习题 8-2 图

解 由附图中数值可见,A、B 两状态体积与压强的积相等,故两状态的温度相同,两状态内能相等.所以

$$Q = A = p_A(V_C - V_A) + p_B(V_B - V_D) = 1.5 \times 10^6 \text{J}$$

8-3 一定量的理想气体,从 A 态出发,经 p-V 图中所示的过程到达 B 态,试求在该过程中,该气体吸收的热量.

解 由图中数值可见,A、B 两状态体积与压强的积相等,故两状态的温度相同,两状态内能相等.所以

$$Q = A = p_A(V_C - V_A) + p_B(V_B - V_D) = 1.5 \times 10^6 \text{J}$$

8-4 温度为 25℃、压强为 1atm 的 1mol 刚性双原子分子理想气体,经等温过程体积膨胀至原来的 3 倍.

(1) 计算这个过程中气体对外所做的功.

(2) 假若气体经绝热过程体积膨胀为原来的 3 倍,那么气体对外做的功又是多少?

解 (1) 等温过程气体对外做的功为

$$A=\int_{V_0}^{3V_0} p\mathrm{d}V = RT\ln 3 = 2.72\times 10^3\,\mathrm{J}$$

(2) 绝热过程气体对外做的功为

$$A=\int_{V_0}^{3V_0} p\mathrm{d}V = RT\,\frac{1-3^{1-\gamma}}{\gamma-1} = 2.20\times 10^3\,\mathrm{J}$$

8-5 一定量的某单原子分子理想气体装在封闭的气缸里. 此气缸有可活动的活塞(活塞与气缸壁之间无摩擦且无漏气). 已知气体的初压强 $p_1=1\mathrm{atm}$,体积 $V_1=1(\mathrm{L})$,现将该气体在等压下加热直到体积为原来的两倍,然后在等体下加热,到压强为原来的2倍,最后做绝热膨胀,直到温度下降到初温为止,试求:

(1) 在 p-V 附图上将整个过程表示出来;

(2) 在整个过程中气体内能的改变;

(3) 在整个过程中气体吸收的热量;

(4) 在整个过程中气体所做的功($1\mathrm{atm}=1.013\times10^5\,\mathrm{Pa}$).

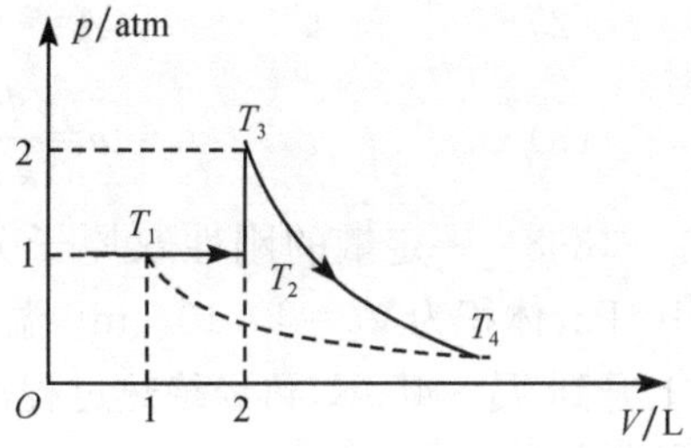

习题 8-5 图

解 (1) p-V 图如附图所示.

(2) 因为 $T_4=T_1$,所以 $\Delta E=0$.

(3)
$$\begin{aligned}Q&=\frac{M}{M_{\mathrm{mol}}}C_p(T_2-T_1)+\frac{M}{M_{\mathrm{mol}}}C_V(T_3-T_2)\\&=\frac{5}{2}p_1(2V_1-V_1)+\frac{3}{2}[2V_1(2p_1-p_1)]\\&=\frac{11}{2}p_1V_1=5.6\times10^2\,\mathrm{J}\end{aligned}$$

(4)
$$A=Q=5.6\times10^2\,\mathrm{J}$$

8-6 2mol 单原子分子的理想气体,开始时处于压强 $p_1=10\mathrm{atm}$、温度 $T_1=400\mathrm{K}$ 的平衡态. 后经过一个绝热过程,压强变为 $p_2=2\mathrm{atm}$,求在此绝热过程中气体对外做的功.

解 由

$$T_2=T_1\left(\frac{p_1}{p_2}\right)^{\frac{1-\gamma}{\gamma}}$$

解得 T_2 可得

$$A=-\Delta E=2\,\frac{i}{2}R(T_1-T_2)=4.74\times10^3\,\mathrm{J}$$

8-7 有 1mol 刚性多原子分子的理想气体,原来的压强为 1.0atm,温度为 27℃,若经过一绝热过程,使其压强增加到 16atm. 试求:

(1) 气体内能的增量；

(2) 在该过程中气体所做的功；

(3) 终态时气体的分子数密度.

解 (1)
$$T_2=T_1\left(\frac{p_1}{p_2}\right)^{\frac{1-\gamma}{\gamma}}=600\mathrm{K}$$

$$\Delta E=\frac{M}{\mu}\frac{i}{2}R(T_2-T_1)=7.479\times10^3\mathrm{J}$$

(2)
$$A=-\Delta E=7.479\times10^3\mathrm{J}$$

(3)
$$n=\frac{p_2}{kT_2}=1.96\times10^{26}\mathrm{m}^{-3}$$

8-8 一定量的刚性双原子分子理想气体，开始时处于压强为 $p_0=1.0\times10^5\,\mathrm{Pa}$，体积为 $V_0=4\times10^{-3}\mathrm{m}^3$，温度为 $T_0=300\mathrm{K}$ 的初态，后经等压膨胀过程温度上升到 $T_1=450\mathrm{K}$，再经绝热过程温度降回到 $T_2=300\mathrm{K}$，求气体在整个过程中对外做的功.

解 第一个过程气体对外做的功

$$A_1=p_0(V_1-V_0)=p_0V_0\left(\frac{T_1}{T_0}-1\right)=200\mathrm{J}$$

第二个过程气体对外做的功

$$A_2=-\Delta E=\frac{M}{\mu}C_V(T_1-T_2)=\frac{p_0V_0}{RT_0}\frac{5}{2}R(T_1-T_2)=500\mathrm{J}$$

整个过程气体对外做的功

$$A=A_1+A_2=700\mathrm{J}$$

8-9 如果一定的理想气体，其体积和压强依照 $V=a/\sqrt{p}$ 的规律变化，其中 a 为已知常数. 试求：

(1) 气体从体积 V_1 膨胀到 V_2 所做的功；

(2) 体积为 V_1 时的温度 T_1 与体积 V_2 时的温度 T_2 之比.

解 (1)

$$A=\int_{V_1}^{V_2}\frac{a^2}{V^2}\mathrm{d}V=a^2\left(\frac{1}{V_1}-\frac{1}{V_2}\right)$$

(2) 由

$$\frac{p_1V_1}{T_1}=\frac{p_2V_2}{T_2}$$

有

$$\frac{T_1}{T_2}=\frac{p_1V_1}{p_2V_2}$$

由题中给出的 p，V 关系有

$$\frac{p_1}{p_2}=\left(\frac{V_2}{V_1}\right)^2$$

所以
$$\frac{T_1}{T_2}=\frac{V_2}{V_1}$$

8-10 一卡诺循环的热机，高温热源温度是 400K，每一循环从此热源吸进 100J 热量并向一低温热源放出 80J 热量. 求：

(1) 低温热源温度；

(2) 该循环的热机效率.

解 (1) 对卡诺循环有

$$\frac{T_1}{T_2}=\frac{Q_1}{Q_2}$$

所以低温热源的温度为

$$T_2=T_1\frac{Q_2}{Q_1}=320\text{K}$$

(2) 热机效率为

$$\eta=1-\frac{Q_2}{Q_1}=20\%$$

8-11 1mol 理想气体在 $T_1=400\text{K}$ 的高温热源与 $T_2=300\text{K}$ 的低温热源间做卡诺循环(可逆的). 在 400K 的等温线上起始体积为 $V_1=0.001\text{m}^3$，终止体积为 $V_2=0.005\text{m}^3$，试求此气体在每一循环过程中：

(1) 从高温热源吸收的热量 Q_1；

(2) 气体所做的净功 A；

(3) 气体传给低温热源的热量 Q_2.

解 (1)
$$Q_1=RT_1\ln\frac{V_2}{V_1}$$
$$=5.35\times10^3\text{J}$$

(2)
$$\eta=1-\frac{T_2}{T_1}=0.25$$
$$A=\eta Q_1=1.34\times10^3\text{J}$$

(3)
$$Q_2=Q_1-A=4.01\times10^3\text{J}$$

8-12 气缸内储有 36g 水蒸气(视为刚性分子理想气体)，经 $ABCDA$ 循环过程，如附图所示，其中 A—B，C—D 为等体过程，B—C 为等温过程，D—A 为等压过程. 试求：

(1) A_{DA}；

(2) ΔE_{AB}；

(3) 循环过程水蒸气做的净功；

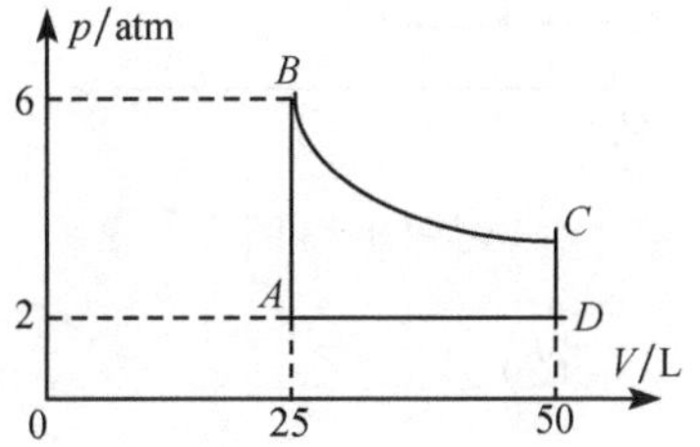

习题 8-12 图

(4) 循环效率.

解 (1) $$A_{DA}=p_A(V_A-V_D)=-5.065\times10^3\text{J}$$

(2) $$\Delta E_{AB}=\frac{m}{M}\frac{i}{2}R(T_B-T_A)=\frac{i}{2}V_A(p_B-p_A)$$

$$=3.039\times10^4\text{J}\quad(\text{其中 } i=6)$$

(3) $$T_B=\frac{p_BV_A}{(m/M)R}=914\text{K}$$

$$A_{BC}=\frac{m}{M}RT_B\ln\frac{V_C}{V_A}=1.05\times10^4\text{J}$$

$$A_{净}=A_{BC}-|A_{DA}|=5.47\times10^3\text{J}$$

(4) 由热力学第一定律知

$$Q_{AB}>0,\quad Q_{BC}>0\quad(\text{吸收热量})$$

而 $$Q_{CD}<0,\quad Q_{DA}<0\quad(\text{放出热量})$$

$$Q_1=Q_{AB}+Q_{BC}=\Delta E_{AB}+A_{BC}$$

$$=4.09\times10^4\text{J}$$

$$\eta=\frac{A_{净}}{Q_1}=\frac{13}{100}$$

8-13 1mol 单原子分子的理想气体,经过如附图所示的可逆循环,连接 AC 两点的曲线Ⅲ的方程为 $p=p_0V^2/V_0^2$,A 点的温度为 T_0.

(1) 试以 T_0、R 表示Ⅰ、Ⅱ、Ⅲ过程中气体吸收的热量;

(2) 求此循环的效率.

解 (1) 过程Ⅰ

$$Q_V=C_V(T_B-T_A)=\frac{3}{2}R(9T_0-T_0)=12RT_0$$

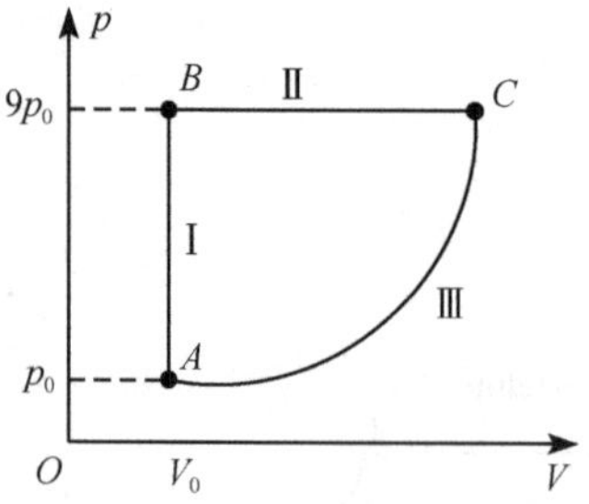

习题 8-13 图

过程Ⅱ

$$Q_p=C_p(T_C-T_B)=\frac{5}{2}R(27T_0-9T_0)=45RT_0$$

过程Ⅲ

$$Q=C_V(T_A-T_C)+\int_{V_C}^{V_A}\frac{p_0V^2}{V_0^2}\text{d}V$$

$$=\frac{3}{2}R(T_0-27T_0)+\frac{p_0}{2V_0^2}(V_A^3-V_C^3)$$

$$=-47.7RT_0$$

(2) $$\eta=1-\frac{|Q|}{Q_V+Q_p}=16.3\%$$

8-14 一理想气体的循环过程如附图所示由 1 经绝热压缩到 2,再等体加热到 3,然后绝热膨胀到 4,再等体放热到 1. 设 V_1、V_2、γ 为已知,且循环的效率 $\eta=A/Q$(式中 A 为循环过程气体对外做的净功,Q 为循环中气体吸收的热量). 求证:此循环的效率 $\eta=1-(V_1/V_2)^{1-\gamma}$.

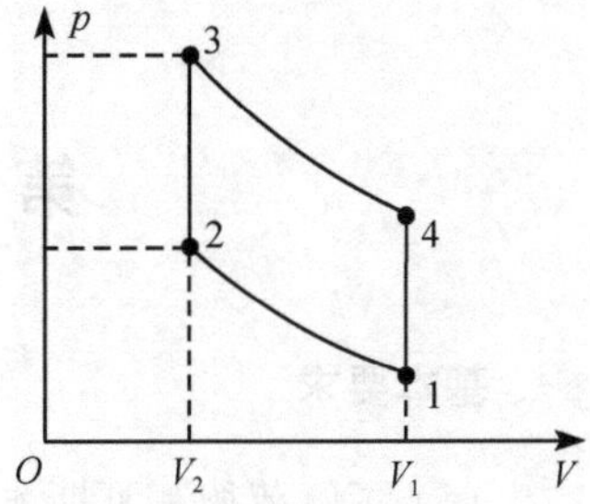

习题 8-14 图

证明 设气体为 1mol,则

$$A=C_V(T_3-T_4)-C_V(T_2-T_1)$$

$$Q=C_V(T_3-T_2)$$

$$\eta=\frac{A}{Q}=1-\frac{T_4-T_1}{T_3-T_2}$$

根据绝热方程有

$$(T_3-T_2)V_2^{\gamma-1}=(T_4-T_1)V_1^{\gamma-1}$$

所以

$$\eta=1-\frac{T_4-T_1}{T_3-T_2}=1-(V_1/V_2)^{1-\gamma}$$

第 9 章　气体和凝聚态

一、基本要求

（1）了解范德瓦耳斯方程.

（2）理解气体分子的平均自由程和平均碰撞频率.

（3）了解固体和液体的热性质.

（4）了解物态和相变.

二、内容提要

1. 范德瓦耳斯方程

1mol 气体的范德瓦耳斯方程

$$\left(p+\frac{a}{V_{\mathrm{m}}^{2}}\right)(V_{\mathrm{m}}-b)=RT$$

质量为 $m$kg 气体的范德瓦耳斯方程

$$\left(p+\frac{m^{2}}{M^{2}}\frac{a}{V^{2}}\right)\left(V-\frac{m}{M}b\right)=\frac{m}{M}RT$$

式中，M 为摩尔质量，常数 a、b 可由实验测量.

2. 气体分子的平均自由程和平均碰撞频率

平均碰撞频率

$$\bar{z}=\sqrt{2}\pi d^{2}\bar{v}n$$

平均自由程

$$\bar{\lambda}=\frac{\bar{v}}{\bar{z}}=\frac{1}{\sqrt{2}\pi d^{2}n}$$

因 $p=nkT$，$\bar{\lambda}=\dfrac{kT}{\sqrt{2}\pi d^{2}p}$.

3. 气体内的输运过程

（1）热传导现象

$$\frac{\mathrm{d}Q}{\mathrm{d}t}=-\kappa\frac{\mathrm{d}T}{\mathrm{d}y}\mathrm{d}S$$

式中，κ 为导热系数，$\dfrac{\mathrm{d}T}{\mathrm{d}y}$ 为温度梯度.

(2) 扩散现象

$$\frac{\mathrm{d}m}{\mathrm{d}t}=-D\frac{\mathrm{d}\rho}{\mathrm{d}y}\mathrm{d}S$$

式中,D 为扩散系数,$\frac{\mathrm{d}\rho}{\mathrm{d}y}$为密度梯度.

(3) 内摩擦现象

$$F=\pm\eta\frac{\mathrm{d}u}{\mathrm{d}y}\mathrm{d}S$$

式中,η 为黏滞系数,$\frac{\mathrm{d}u}{\mathrm{d}y}$为速度梯度.

根据分子运动论,有

$$\kappa=\frac{1}{3}\bar{v}\bar{\lambda}\frac{C_{V,\mathrm{m}}}{M}\rho,\quad D=\frac{1}{3}\bar{v}\bar{\lambda},\quad \eta=\frac{1}{3}\rho\bar{v}\bar{\lambda}$$

4. 物态和相变

气液相变、液固相变和气固相变.

气固分界线(升华线);气液分界线(汽化线);固液分界线(熔解线).

三相点:三曲线交点.

一级相变,二级相变.

三、例题详解

例 9-1　一定量的真实气体,绝热地向真空自由膨胀是(　　).

(A) 温度升高;　(B) 温度降低;　(C) 温度不变;　(D) 不能判定.

答　(B). 因为真实气体内能中包括分子间相互作用的势能. 所以,向真空绝热自由膨胀时,气体对外不做功,又无热量交换,内能不变(热力学第一定律适用于真实气体). 但由于气体克服分子间引力做功,分子间势能增大,分子热运动总动能必然减小,所以温度降低.

例 9-2　CO_2 的临界温度等于 31℃,临界压力 73atm,1molCO_2 的临界体积是(　　).

(A) $3.46\times10^4\mathrm{m}^3$;　(B) $1.02\times10^{-3}\mathrm{m}^3$;

(C) $1.28\times10^{-4}\mathrm{m}^3$;　(D) $4.26\times10^{-5}\mathrm{m}^3$.

答　(C). 因为在临界点有

$$V_{\mathrm{k}}=\frac{3RT_{\mathrm{k}}}{8p_{\mathrm{k}}}=\frac{3\times8.31\times304}{8\times73\times1.03\times10^5}$$
$$=1.28\times10^{-4}(\mathrm{m}^3)$$

例 9-3　设有遵守范德瓦耳斯方程的 1mol 气体,试建立在临界点温度、压力、体积之间的关系.

解 范德瓦耳斯方程在临界点可以改写为

$$V^3-\left(\frac{pb+RT}{p}\right)V^2+\frac{a}{p}V-\frac{ab}{p}=0 \tag{1}$$

上式是 V 的三次方程，在临界点时 V 的确三个根为同一值都是 V_k，所以

$$(V-V_k)^3=0$$

展开为

$$V^3-3V_kV^2+3V_k^2V-V_k^3=0 \tag{2}$$

在临界点(p_k,V_k,T_k)时，式(1)为

$$V_k^3-\left(\frac{p_kb+RT_k}{p_k}\right)V_k^2+\frac{a}{p_k}V_k-\frac{ab}{p_k}=0 \tag{3}$$

式(3)与式(2)相比较对应项系数应相等得

$$\begin{cases} b+\dfrac{RT_k}{p_k}=3V_k \\ \dfrac{a}{p_k}=3V_k^2 \\ \dfrac{ab}{p_k}=V_k^3 \end{cases}$$

由此可得

$$b=\frac{1}{3}V_k,\quad a=3V_k^2p_k$$

$$p_kV_k=\frac{3}{8}RT_k$$

例 9-4 在标准状态下氦气(He)的内摩擦系数 $\eta=1.89\times10^{-5}\,\text{Pa}\cdot\text{s}$ 求：

(1) 在此状态下氦原子的平均自由程；

(2) 氦原子的半径.

解 (1) 由题知，在标准状态下气的内摩擦系数

$$\eta=1.89\times10^{-5}\,\text{Pa}\cdot\text{s},\quad M_{mol}=4.00\times10^{-3}\,\text{kg/mol}$$

故

$$\bar{v}=\sqrt{\frac{8RT}{\pi M_{mol}}}=\sqrt{\frac{8\times8.31\times273}{3.14\times4.00\times10^{-3}}}$$

$$=1.20\times10^3\,\text{m/s}$$

在标准状态下，氦气的密度

$$\rho=\frac{4.00\times10^{-3}}{22.4\times10^{-3}}=0.179\,\text{kg/m}^3$$

由公式

$$\eta=\frac{1}{3}\rho\bar{v}\bar{\lambda}$$

得平均自由程

$$\bar{\lambda}=\frac{3\eta}{\rho\bar{v}}=\frac{3\times1.89\times10^{-5}}{0.179\times1.20\times10^{3}}$$
$$=2.64\times10^{-7}\,(\mathrm{m})$$

(2) 因为

$$\bar{\lambda}=\frac{1}{\sqrt{2}\pi d^{2}n}=\frac{kT}{\sqrt{2}\pi d^{2}p}$$

所以氦原子直径为

$$d=\sqrt{\frac{kT}{\sqrt{2}\pi\bar{\lambda}p}}$$
$$=\sqrt{\frac{1.38\times10^{-23}\times273}{1.41\times3.14\times2.64\times10^{-7}\times1.013\times10^{5}}}$$
$$=1.78\times10^{-10}\,(\mathrm{m})$$

氦原子的有效半径为

$$\frac{d}{2}=0.89\times10^{-10}\,\mathrm{m}$$

四、习题指导

(一) 思考题

9-1　范德瓦耳斯方程中的 $p+\frac{a}{V_{\mathrm{m}}^{2}}$ 和 $V_{\mathrm{m}}-b$ 两项的物理意义各是什么？式中 p 是表示理想气体的压强还是实测气体的压强？

答　b 是气体无限压缩所能达到的最小体积，p_{m} 叫内压强，即气体分子受到的指向气体内部的力所产生的总效果相当于一个指向内部的压强，p 是实测气体的压强.

9-2　在一定温度和体积下，由理想气体状态方程和范德瓦耳斯方程算出的压强哪个大？为什么？

答　理想气体状态方程算出的压强大，原因是范德瓦耳斯方程算压强的过程中考虑了 p_{m}.

9-3　气体分子平均自由程与气体的状态与分子本身的性质有何关系？

答　气体分子平均自由程与气体的温度成正比，与压强成反比，与气体分子有效直径的平方成反比.

9-4　应用理想气体状态方程，则一定质量气体在定压膨胀和定体升温时分子的平均碰撞频率和平均自由程如何变化？

答　定压膨胀时分子的平均碰撞频率变小、平均自由程变大；定体升温时分子的平均碰撞频率变大、平均自由程不变.

9-5　在什么情况下，气体内部才会发生输运现象？分子热运动和分子间的碰撞在输运中起什么作用？哪些物理量体现了它们的作用？

答　气体内各部分的物理性质原来是不均匀的（如密度、流速或温度等的不相同），则由于气体分子不断地相互碰撞和相互掺和，分子之间将经常交换动量和能量，分子速度的大小和方向也不断地改变，最后，气体内各部分的物理性质将趋向均匀，气体状态将趋向平衡. 这种现象称为气体内的迁移现象. 由于在迁移过程中伴随着某些物理量（如动量、能量、质量）的输运，故又称输运过程.

9-6　一定量气体先经等体过程使其温度升高一倍，再经等温过程使体积膨胀为原来的两倍. 问后来的 $\bar{\lambda}, \eta, \kappa, D$ 各为原来的多少倍？

答　$\bar{\lambda}$ 是原来的 2 倍，η 是原来的$\sqrt{2}$倍，κ 是原来的$\sqrt{2}$倍，D 是原来的 $2\sqrt{2}$倍.

9-7　有一空心的圆柱体，其内表面和外表面的温度不同，问在柱层中不同半径处的温度梯度是否相同？

答　不同.

（二）习题

9-1　质量 $m=1.1\text{kg}$ 的 CO_2 气体（可看作范德瓦耳斯气体），在体积 $V=20\text{L}$，温度 $T=286\text{K}$ 时的压强是多少？试与理想气体作比较.

解　由范德瓦耳斯方程 $\left(p+\frac{M^2}{\mu^2}\frac{a}{V^2}\right)\left(V-\frac{M}{\mu}b\right)=\frac{M}{\mu}RT$，并带入相关数据有

$$p = 2.558 \times 10^6\,\text{Pa}$$

如果按理想气体来计算，把相关数据带入理想气体状态方程有

$$p = 2.971 \times 10^6\,\text{Pa}$$

9-2　1mol 范德瓦耳斯气体，其初始体积为 V_0，在向真空膨胀后体积变为 $2V_0$. 求：

(1) 分子间总势能变化多少？

(2) 温度有何变化？

解　(1) 由

$$E_p = -\frac{a}{V}$$

所以

$$\Delta E_p = \frac{-a}{2V_0} - \frac{-q}{V_0} = \frac{a}{V_0}$$

(2) 在此过程中能量守恒，有

$$\Delta E_k = C_V \Delta T = \frac{-a}{V_0}$$

即

$$\Delta T = \frac{-a}{V_0 C_V}$$

9-3　氮分子的有效直径为 3.8×10^{-10} m，求在标准状态下的平均自由程及平均碰撞频率.

解　由

$$\bar{\lambda} = \frac{kT}{\sqrt{2}\pi d^2 p}$$

将标准状态下的压强和温度数值代入有

$$\bar{\lambda} = 5.799 \times 10^{-8}\,\mathrm{m}$$

$$\bar{z} = \frac{\bar{v}}{\bar{\lambda}} = 7.835 \times 10^{9}\,\mathrm{s}^{-1}$$

第三篇　电　磁　学

第10章 静 电 学

一、基本要求

(1) 掌握电场强度和电势的概念以及它们的相互关系.

(2) 掌握点电荷场强和电势公式,以及用场的叠加原理计算一些简单问题.

(3) 掌握高斯定理,掌握用高斯定理计算场强,根据场强分布积分求电势或电势差.

(4) 掌握静电场的环路定理,了解根据电势在空间的分布利用电势梯度计算场强.

(5) 理解导体的静电平衡特性,掌握电容的计算方法.

(6) 了解电介质的极化规律,掌握电介质中的高斯定理.

(7) 掌握电场能量的计算.

(8) 了解稳恒电流的描述及判别条件.

二、内容提要

1. 电场强度

(1) 电场强度

$$\boldsymbol{E}=\frac{\boldsymbol{F}}{q_0}$$

(2) 点电荷场强公式

$$\boldsymbol{E}=\frac{q}{4\pi\varepsilon_0 r^2}\boldsymbol{e}_r \quad (\boldsymbol{e}_r\text{ 为单位矢量})$$

(3) 场强叠加原理

$$\boldsymbol{E}=\sum \boldsymbol{E}_i$$

$$\boldsymbol{E}=\int\frac{\mathrm{d}q}{4\pi\varepsilon_0 r^2}\boldsymbol{e}_r$$

(4) 电通量

$$\Phi=\int_S \boldsymbol{E}\cdot\mathrm{d}\boldsymbol{S}$$

(5) 高斯定理

$$\oiint_S \boldsymbol{E}\cdot\mathrm{d}\boldsymbol{S}=\frac{\sum\limits_i q_i}{\varepsilon_0} \quad (\text{静电场是有源场})$$

2. 电势

(1) 环路定理

$$\oint_l \boldsymbol{E} \cdot \mathrm{d}\boldsymbol{l} = 0 \quad \text{（静电场是保守场）}$$

(2) 电势

$$U_A = \frac{W_A}{q_0} = \int_A^{\text{零势点}} \boldsymbol{E} \cdot \mathrm{d}\boldsymbol{l}$$

电场中 A、B 两点的电势差

$$U_A - U_B = \int_A^B \boldsymbol{E} \cdot \mathrm{d}\boldsymbol{l}$$

(3) 点电荷的电势

$$U = \frac{q}{4\pi\varepsilon_0 r}$$

电势零点指 $r \to \infty$.

带电体的电势

$$U = \int \frac{\mathrm{d}q}{4\pi\varepsilon_0 r}$$

电势叠加原理

$$U = \sum_i U_i$$

(4) E 和 V 的关系

微分关系 $$E = -\nabla U$$

积分关系 $$V_P = \int_P^{P_0} \boldsymbol{E} \cdot \mathrm{d}\boldsymbol{l}$$

(5) q_0 在外电场中的电势能

$$W_P = q_0 U_P$$

电场力的功

$$A_{AB} = q_0 (U_A - U_B) = W_A - W_B$$

3. 静电场中的导体

(1) 导体静电平衡的基本条件 $\boldsymbol{E}_{内} = 0$，$\boldsymbol{E}_{表面} \perp$ 表面

(2) 导体静电平衡的基本性质

场强分布 $\boldsymbol{E}_{内} = 0$，$\boldsymbol{E}_{表面} \perp$ 表面，$E_{附近} = \dfrac{\sigma}{\varepsilon_0}$.

电荷分布 $q_{内} = 0$，q 分布在外表面，空腔导体内表面的电荷与腔内带电体的电荷等值异号.

电势分布 导体为等势体，表面为等势面，$U=$常量.

(3) 传导电流

电流强度

$$I = \frac{\mathrm{d}q}{\mathrm{d}t}$$

电流密度

$$j = \frac{\mathrm{d}I}{\mathrm{d}S_{\perp}} \quad \text{或} \ I = \iint_S \boldsymbol{j} \cdot \mathrm{d}\boldsymbol{S}$$

欧姆定律的微分形式

$$\boldsymbol{j} = \gamma \boldsymbol{E}$$

定义电动势

$$\varepsilon = \int_{-}^{+} \boldsymbol{E}_{\mathrm{k}} \cdot \mathrm{d}\boldsymbol{l}, \quad \varepsilon = \oint \boldsymbol{E}_{\mathrm{k}} \cdot \mathrm{d}\boldsymbol{l}$$

4. 静电场中的电介质

(1) 极化电荷与极化强度的关系.

极化:位移极化,取向极化.

电介质中任一闭曲面 S 内极化电荷总量与闭合面上极化强度通量的关系:

$$q' = -\oint_S \boldsymbol{P} \cdot \mathrm{d}\boldsymbol{S}$$

式中,$\boldsymbol{P}$ 是极化强度.

极化电荷面密度:

$$\sigma' = \boldsymbol{P} \cdot \boldsymbol{n} = P_n$$

表示介质面上,界面一侧的极化电荷面密度 σ' 与该侧极化强度外法向分量的关系.

(2) 介质中的高斯定理

$$\oiint_S \boldsymbol{D} \cdot \mathrm{d}\boldsymbol{S} = \sum q_{0i}$$

式中,$\boldsymbol{D} = \varepsilon_0 \boldsymbol{E} + \boldsymbol{P}$ 称为电位移矢量.

在各向同性电介质中,有

$$\boldsymbol{P} = \varepsilon_0 \chi_{\mathrm{e}} \boldsymbol{E}$$

式中,χ_{e} 是介质极化率.

$$\boldsymbol{D} = \varepsilon_0 \varepsilon_{\mathrm{r}} \boldsymbol{E} = \varepsilon \boldsymbol{E}$$

式中,$\varepsilon = \varepsilon_0 \varepsilon_{\mathrm{r}}$,$\varepsilon_{\mathrm{r}}$ 和 ε 分别称为相对介电常数和介电常数.

(3) 电容

$$C = \frac{q}{V}$$

电容器的电容

$$C = \frac{q}{V_A - V_B}$$

平板电容器的电容

$$C=\frac{\varepsilon_0\varepsilon_r S}{d}$$

电容器并联 $C=\sum\limits_i C_i$;电容器串联 $\frac{1}{C}=\sum\limits_i \frac{1}{C_i}$.

(4) 电容器的能量

$$W_e=\frac{1}{2}\frac{Q^2}{C}=\frac{1}{2}CV^2=\frac{1}{2}QV$$

(5) 电场的能量

能量密度

$$w_e=\frac{1}{2}\varepsilon_0\varepsilon_r E^2=\frac{1}{2}ED$$

电场总能量

$$W_e=\iiint_{V_0} w_e \mathrm{d}\tau=\frac{1}{2}\iiint_{V_0} DE\mathrm{d}\tau$$

三、例题详解

例 10-1 求:(1) 电偶极子中垂线上任意点 P 的场强;(2) 电偶极子在均匀电场中所受的力矩.

解 电偶极子是相距 l 很小,带等量异号电量的两点电荷组成的系统.

定义电矩

$$\boldsymbol{p}=q\boldsymbol{l}$$

式中,$\boldsymbol{l}$ 为电偶极子的轴,方向由负电荷指向正电荷.

建立如附图(a)示坐标系,由点电荷的场强计算公式为

$$E_x=\frac{1}{4\pi\varepsilon_0}\frac{Q}{\left[r^2+\left(\frac{l}{2}\right)^2\right]}\cos\theta+\frac{1}{4\pi\varepsilon_0}\frac{Q}{\left[r^2+\left(\frac{l}{2}\right)^2\right]}\cos\theta$$

$$E_x=\frac{1}{4\pi\varepsilon_0}\frac{2Q}{\left[r^2+\left(\frac{l}{2}\right)^2\right]}\cos\theta$$

$$\cos\theta=\frac{l/2}{\sqrt{(l/2)^2+r^2}}$$

$$E_x=\frac{1}{4\pi\varepsilon_0}\frac{Ql}{\left[r^2+\left(\frac{l}{2}\right)^2\right]^{3/2}}\approx\frac{1}{4\pi\varepsilon_0}\frac{p}{r^3}$$

$$E_y=0$$

电偶极子中垂线上任意点的电场强度

$$\boldsymbol{E} \approx \frac{1}{4\pi\varepsilon_0} \frac{-\boldsymbol{p}}{r^3}$$

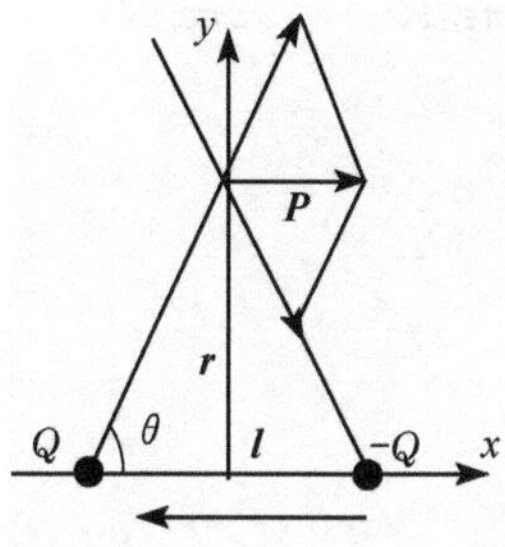

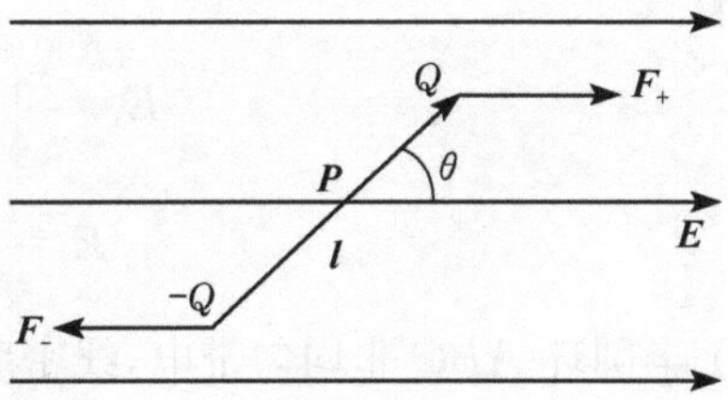

例 10-1 图

(2) 电偶极子在均匀电场中所受的力矩

$$\boldsymbol{F}_+ = q\boldsymbol{E}, \quad \boldsymbol{F}_- = -q\boldsymbol{E}$$

$$M = 2[qE(l/2)\sin\theta] = pE\sin\theta$$

$$\boldsymbol{M} = \boldsymbol{p} \times \boldsymbol{E}$$

$\boldsymbol{M}$ 使得 $\boldsymbol{p}$ 向 θ 减小的方向转(使 $\boldsymbol{p}$ 向与 $\boldsymbol{E}$ 尽量一致的方向转).

例 10-2 求半径为 R 的带电半圆环 ABC 环心处的电场强度:

(1) 均匀带电,线密度为 λ;

(2) 上半部带正电,下半部带负电,线密度为 λ;

(3) 非均匀带电,线密度为 $\lambda = \lambda_0 \sin\theta$.

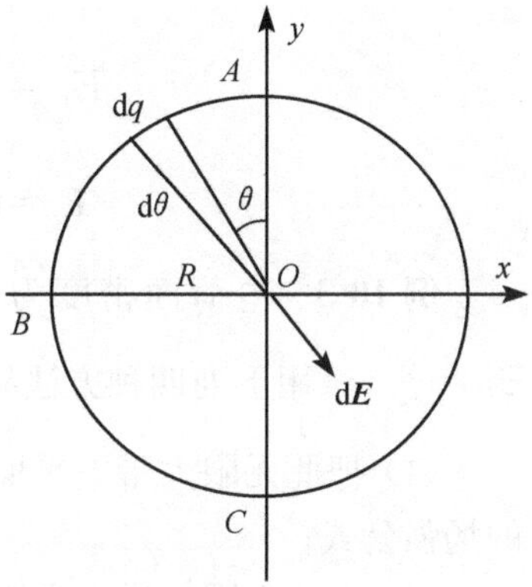

例 10-2 图

解 分析:叠加法 $dq \to d\boldsymbol{E} \to \boldsymbol{E}$

(1) $$dq = \lambda R d\theta$$

$$dE = \frac{dq}{4\pi\varepsilon_0 R^2}$$

沿径向,如附图所示.

用分量叠加,由对称性得

$$E_y = \int dE_y = 0$$

$$E_x = \int dE_x = \int dE \cdot \sin\theta = \int_0^{\pi} \frac{\lambda \sin\theta d\theta}{4\pi\varepsilon_0 R} = \frac{\lambda}{2\pi\varepsilon_0 R}$$

所以 $$\boldsymbol{E}_O = \frac{\lambda \boldsymbol{i}}{2\pi\varepsilon_0 R}$$

(2) 半圆环 ABC 上半部带正电,下半部带负电,线密度为 λ,则

$$dq = \lambda R d\theta, \quad dE = \frac{dq}{4\pi\varepsilon_0 R^2}$$

方向沿径向.

$$E_y=\int \mathrm{d}E_y=-2\int_0^{\pi/2}\mathrm{d}E\cos\theta=-2\int_0^{\pi/2}\frac{\lambda\cos\theta\mathrm{d}\theta}{4\pi\varepsilon_0 R}=-\frac{\lambda}{2\pi\varepsilon_0 R}$$

由于对称性

$$E_x=\int \mathrm{d}E_x=0$$

所以
$$\boldsymbol{E}_0=\frac{-\lambda\boldsymbol{j}}{2\pi\varepsilon_0 R}$$

(3) 半圆环 ABC 非均匀带电,线密度为

$$\lambda=\lambda_0\sin\theta,\quad \mathrm{d}q=\lambda R\mathrm{d}\theta$$

$$\mathrm{d}E=\frac{\mathrm{d}q}{4\pi\varepsilon_0 R^2}$$

沿径向.

考虑有无对称性?

因为 $\sin\theta=\sin(\pi-\theta)$,具有对称性,所以

$$E_y=\int \mathrm{d}E_y=0$$

$$E_x=\int \mathrm{d}E_x=\int_0^{\pi}\frac{\lambda_0\sin^2\theta\mathrm{d}\theta}{4\pi\varepsilon_0 R}=\frac{\lambda_0}{8\varepsilon_0 R}$$

$$\boldsymbol{E}=\boldsymbol{i}E_x=\frac{\lambda_0\boldsymbol{i}}{8\varepsilon_0 R}$$

例 10-3 电荷面密度为 σ 的"无限大"带电平面外任一点 P 的电场强度是 $E_P=\frac{\sigma}{2\varepsilon_0}$,试用下列四种方法导出此表达式:

(1) 把此无限大带电平面分割成无穷多个无限长的直线,用无限长带电直线的场强公式;

(2) 把此无限大带电平面分割成无穷多个无限窄的带电圆环,用带电圆环在其轴线上的场强公式;

(3) 用高斯定理;

(4) 把此无限大带电平面分割成无穷多个无限小的点电荷.

解 (1) 如附图(a)所示,取无限大带电平面为 xOz 平面,P 点在 y 轴上,在 x 及 $-x$ 处取宽度为 $\mathrm{d}x$ 的无限长直导线,其上线电荷密度 λ 可由面电荷密度 $\sigma=\frac{\mathrm{d}q}{\mathrm{d}x\mathrm{d}z}$给出

$$\lambda=\frac{\mathrm{d}q}{\mathrm{d}z}=\sigma\mathrm{d}x$$

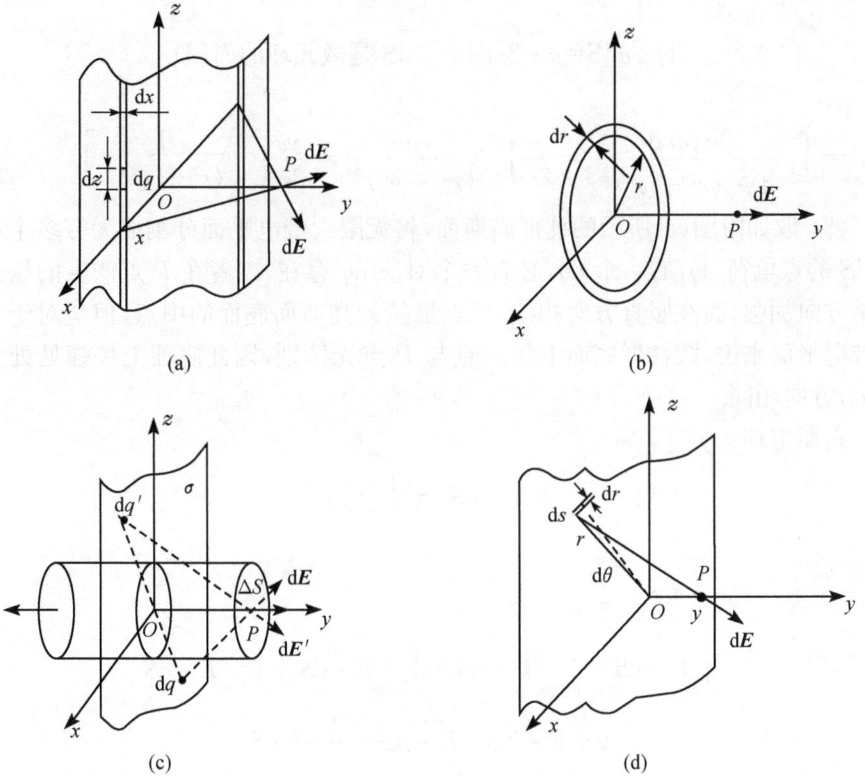

例 10-3 图

则 x 处的无限长直导线在 P 处产生的电场强度

$$\mathrm{d}E=\frac{\lambda}{2\pi\varepsilon_0(x^2+y^2)^{\frac{1}{2}}}=\frac{\sigma\mathrm{d}x}{2\pi\varepsilon_0(x^2+y^2)^{\frac{1}{2}}}$$

方向如附图(a)所示. 由于$-x$ 处的情况也是如此,则 P 点的场强只有 y 分量:

$$\mathrm{d}E_y=\frac{\sigma\mathrm{d}x}{2\pi\varepsilon_0(x^2+y^2)^{\frac{1}{2}}}\cdot\frac{y}{(x^2+y^2)^{\frac{1}{2}}}=\frac{\sigma y\,\mathrm{d}x}{2\pi\varepsilon_0(x^2+y^2)}=\frac{\sigma\mathrm{d}\left(\frac{x}{y}\right)}{2\pi\varepsilon_0\left(1+\frac{x^2}{y^2}\right)}$$

则 P 点的场强为

$$E_P=\int_{-\infty}^{+\infty}\mathrm{d}E_y=\int_{-\infty}^{\infty}\frac{\sigma\mathrm{d}\left(\frac{x}{y}\right)}{2\pi\varepsilon_0\left[1+\left(\frac{x}{y}\right)^2\right]}=\frac{\sigma}{2\pi\varepsilon_0}\arctan\frac{x}{y}\Big|_{-\infty}^{+\infty}=\frac{\sigma}{2\varepsilon_0}$$

(2) 宽度为 $\mathrm{d}r$,半径为 r 的带电圆环在 P 点的电场强度是

$$\mathrm{d}E=\frac{y\mathrm{d}q}{4\pi\varepsilon_0(r^2+y^2)^{\frac{3}{2}}}$$

而

$$dq=\sigma dS=\sigma\cdot 2\pi r dr \quad (dS\text{是微元环的面积})$$

则

$$E_P=\int_0^{\infty}\frac{2\pi y\sigma r\,dr}{4\pi\varepsilon_0(r^2+y^2)^{\frac{3}{2}}}=\frac{y\sigma}{2\varepsilon_0}\int_0^{\infty}\frac{r dr}{(r^2+y^2)^{\frac{3}{2}}}=\frac{y\sigma}{2\varepsilon_0}\left[-\frac{1}{(r^2+y^2)^{\frac{1}{2}}}\right]\Bigg|_0^{\infty}=\frac{\sigma}{2\varepsilon_0}$$

(3) 取如附图(c)所示的柱形高斯面，将无限大带电平面分割成无穷多个面积为 dS 的点电荷 dq，有一个 dq，必有一个对应 dq' 存在，二者在 P 点产生的场强在水平方向加强，而在竖直方向相抵，P 点虽然为高斯面底面的中点，但是对于无限大带电平面来说，圆柱形底面上任一点与 P 点无区别，因此底面上场强处处大小相等，方向相同.

高斯定理：

$$\oint_S \boldsymbol{E}\cdot d\boldsymbol{S}=\frac{1}{\varepsilon_0}\sum q_{\text{int}}$$

而

$$\sum q_{\text{int}}=\sigma\cdot\Delta S$$

$$\oint_S \boldsymbol{E}\cdot d\boldsymbol{S}=\int_{\text{侧面}}\boldsymbol{E}\cdot d\boldsymbol{S}+\int_{\text{左底}}\boldsymbol{E}\cdot d\boldsymbol{S}+\int_{\text{右底}}\boldsymbol{E}\cdot d\boldsymbol{S}$$

即

$$0+E\cdot\Delta S+E\cdot\Delta S=\frac{1}{\varepsilon_0}\sigma\cdot\Delta S$$

得 $E_P=\dfrac{\sigma}{2\varepsilon_0}$.

(4) 设无穷多个点电荷中任一个点电荷是夹角为 $d\theta$ 的一个微元扇形中宽度为 dr 的部分 ds，而 $ds=r d\theta dr$.

点电荷的电量为

$$dq=\sigma ds=\sigma r d\theta dr$$

与(3)同理，只考虑 dq 在 P 点场强的 y 分量，则

$$dE_y=\frac{y dq}{4\pi\varepsilon_0(r^2+y^2)^{3/2}}=\frac{y\sigma r\,d\theta dr}{4\pi\varepsilon_0(r^2+y^2)^{3/2}}$$

$$E_P=\int_0^{2\pi}\int_0^{\infty}\frac{y\sigma r\,d\theta dr}{4\pi\varepsilon_0(r^2+y^2)^{3/2}}=\int_0^{\infty}\frac{\sigma y r\,dr}{2\varepsilon_0(r^2+y^2)^{3/2}}=\frac{\sigma}{2\varepsilon_0}$$

电荷连续分布的带电体求场强 E 的解题步骤：

(1) 把带电体 Q 分为无限多 dq，由 dq 产生 dE(利用点电荷场强公式)，由 $d\boldsymbol{E}$ 叠加 $\boldsymbol{E}=\int d\boldsymbol{E}$(利用场强叠加原理)；

(2) 矢量积分化作分量积分，由 $E=\int dE$ 将 E 分解为 $E_x=\int dE_x$，$E_y=\int dE_y$，

$\boldsymbol{E}=E_x\boldsymbol{i}+E_y\boldsymbol{j}$.

(3) 可利用“对称性分析”,根据带电体的对称性,分析某分量的分布是否具有对称性.

例 10-4 半径为 R 的均匀带电球体带电量为 Q 如附图所示. 求:

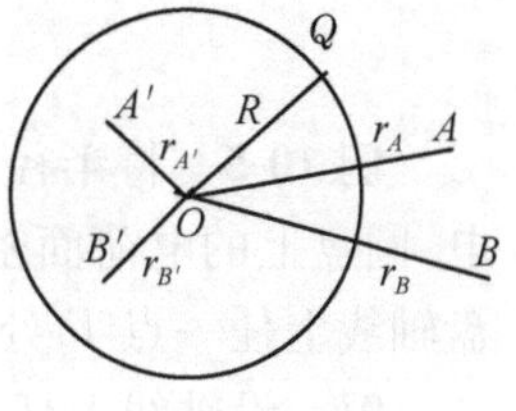

例 10-4 图

(1) 球体外两点的电势差;

(2) 球体内两点的电势差;

(3) 球体外任意点的电势;

(4) 球体内任意点的电势.

解 (1) 由高斯定理得

$$\boldsymbol{E}_{外}=\frac{1}{4\pi\varepsilon_0}\frac{Q}{r^2}\boldsymbol{e}_r \quad (r\geqslant R)$$

$$U_{AB}=U_A-U_B=\int_{r_A}^{r_B}\boldsymbol{E}\cdot\mathrm{d}\boldsymbol{r}$$

$$=\frac{Q}{4\pi\varepsilon_0}\int_{r_A}^{r_B}\frac{\mathrm{d}r}{r^2}=\frac{Q}{4\pi\varepsilon_0}\left(\frac{1}{r_A}-\frac{1}{r_B}\right) \tag{1}$$

(2) 当 $0\leqslant r\leqslant R$ 时,由高斯定理知

$$\boldsymbol{E}_{内}=\frac{1}{4\pi\varepsilon_0}\frac{Qr}{R^3}\boldsymbol{e}_r$$

$$U_{A'B'}=U_{A'}-U_{B'}=\int_{r_{A'}}^{r_{B'}}\boldsymbol{E}_{内}\cdot\mathrm{d}\boldsymbol{r}$$

$$=\frac{Q}{4\pi\varepsilon_0R^3}\int_{r_{A'}}^{r_{B'}}r\,\mathrm{d}r=\frac{Q}{8\pi\varepsilon_0R^3}(r_{B'}^2-r_{A'}^2) \tag{2}$$

(3) 式(1)中若取 $r_B=\infty$ 时,

$$U_B=U_\infty=0$$

$r=r_A$,则

$$U(r)=\frac{Q}{4\pi\varepsilon_0 r} \quad (r\geqslant R)$$

(4) 球表面 $r=R$ 处

$$U_R=\frac{Q}{4\pi\varepsilon_0R}$$

式(2)中令 $r_{B'}=R$,则 $U_{B'}=U_R$,$r_{A'}=r$,则 $U_{A'}=U(r)$.

由式(2)得

$$U(r)-U_R=\frac{Q}{8\pi\varepsilon_0R^3}(R^2-r^2)$$

$$U(r)=\frac{Q}{4\pi\varepsilon_0R}+\frac{Q}{8\pi\varepsilon_0R^3}(R^2-r^2)$$

$$= \frac{Q}{8\pi\varepsilon_0 R^3}(3R^2 - r^2) \quad (r \leqslant R)$$

球心处的电势

$$U(0) = \frac{3Q}{8\pi\varepsilon_0 R}$$

例 10-5　将半径为 R_2 的圆盘，在盘心处挖去半径 R_1 的小孔，并使盘均匀带电. 圆盘上的电荷面密度为 σ，试用电势梯度求场强的方法，计算这个中空带电圆盘轴线上任一点 P 处的场强.

解　设轴线上任一点 P 离中空圆盘中心的距离为 x，在圆盘上取半径为 r 宽度为 $\mathrm{d}r$ 的圆环，环上所带电荷量为

$$\mathrm{d}q = 2\pi\sigma r\,\mathrm{d}r$$

它在 P 点的电势为

$$\mathrm{d}U = \frac{\mathrm{d}q}{4\pi\varepsilon_0(r^2 + x^2)^{1/2}} = \frac{\sigma r\,\mathrm{d}r}{2\varepsilon_0(r^2 + x^2)^{1/2}}$$

整个中空带电圆盘在 P 点的电势为

$$U = \int \mathrm{d}U = \int_{R_1}^{R_2} \frac{\sigma r\,\mathrm{d}r}{2\varepsilon_0(r^2 + x^2)^{1/2}}$$

积分得

$$U = \frac{\sigma}{2\varepsilon_0}\left(\sqrt{R_2^2 + x^2} - \sqrt{R_1^2 + x^2}\right)$$

由于电荷相对 x 轴呈对称分布，故 x 轴上任一点的场强方向必沿 x 轴（即 x 轴为等势面的法线方向），其值为

$$E = E_x = -\frac{\partial U}{\partial x} = \frac{\sigma x}{2\varepsilon_0}\left(\frac{1}{\sqrt{R_1^2 + x^2}} - \frac{1}{\sqrt{R_2^2 + x^2}}\right)$$

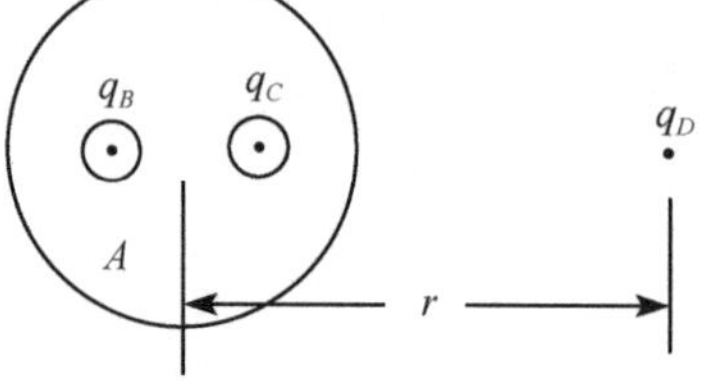

例 10-6 图

例 10-6　如附图所示，导体球 A 含有两个空腔，在腔中心分别有 q_B、q_C 两个点电荷，导体本身不带电. 在距 A 中心 r 远处有另一点电荷 q_D. 问 q_B、q_C、q_D 各受多大力？

解　两空腔内的电场都不受外界影响；内表面感应异号电荷均匀分布，因此，外部电荷在腔内场强为零，q_B、q_C 受力为零. 根据电荷守恒，导体外表面感应电量为 $q_B + q_C$，且电荷均匀分布，因此，导体外场强分布类似于一个点电荷，其电量为 $q_B + q_C$ 放在球心处产生的电场，电荷 q_D 受力大小为

$$F = \frac{(q_B + q_C)q_D}{4\pi\varepsilon_0 r^2}$$

（这个答案是近似的）

例 10-7　两块金属平板(设板的面积远大于两板间的距离,可忽略边缘效应)A、B 的面积均为 S,分别带有电量 Q_A、Q_B,相距为 d. 求两板各表面的面电荷密度及两板间的电势差.

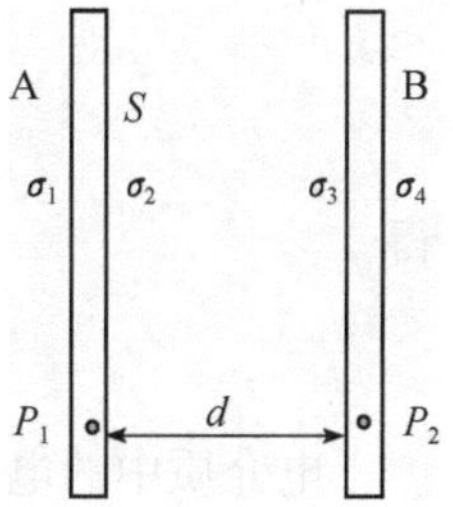

例 10-7 图

解　(1) 设两板各表面的面电荷密度分别为 σ_1,σ_2,σ_3 和 σ_4 如附图,电荷守恒定律:

$$\sigma_1 S + \sigma_2 S = Q_A$$

$$\sigma_3 S + \sigma_4 S = Q_B$$

在 A、B 金属板内分别取 P_1、P_2 两点:两点均在金属导体内,场强为 0;两点的电场强度是各面电荷产生电场的叠加,再考虑到忽略边缘效应,有

$$E_{P_1} = \frac{\sigma_1}{2\varepsilon_0} - \frac{\sigma_2}{2\varepsilon_0} - \frac{\sigma_3}{2\varepsilon_0} - \frac{\sigma_4}{2\varepsilon_0} = 0$$

$$E_{P_2} = \frac{\sigma_1}{2\varepsilon_0} + \frac{\sigma_2}{2\varepsilon_0} + \frac{\sigma_3}{2\varepsilon_0} - \frac{\sigma_4}{2\varepsilon_0} = 0$$

联立求解上述方程,得

$$\sigma_1 = \sigma_4 = \frac{Q_A + Q_B}{2S}, \quad \sigma_2 = -\sigma_3 = \frac{Q_A - Q_B}{2S}$$

(2) 两金属板间的电场:

$$E = \frac{\sigma_2}{\varepsilon_0} = \frac{Q_A - Q_B}{2\varepsilon_0 S}$$

$$U_A - U_B = \frac{(Q_A - Q_B)d}{2\varepsilon_0 S}$$

讨论:在涉及由金属导体表面电荷分布求解空间电场分布时,常常用到金属导体内部电场为零的这一结论(自然条件). 根据电场的叠加原理,金属导体内部场强实际上是导体表面电荷在金属导体内部该点产生的合场强,该合场强为零.

例 10-8　带电分别为正负 Q 的两均匀带电导体板间充满相对介电常数为 ε_r 的均匀电介质. 求:

(1) 电介质中的电场;

(2) 电介质上下表面的束缚电荷.

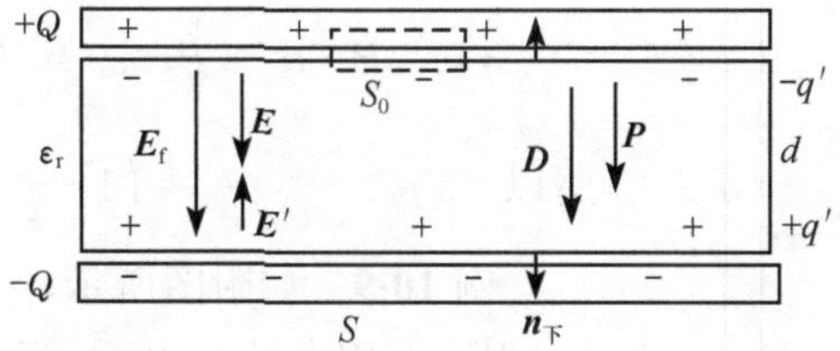

例 10-8 图

解 (1) 求电场,先求 D:画高斯面如附图所示,高斯面为上下底面积为 S_0 的圆柱面,其上底在金属板内,下底面在电介质内.

由
$$\int_S D\mathrm{d}S = q_{f内}$$
$$DS_0 = \left(\frac{Q}{S}\right)S_0$$
得
$$D = \left(\frac{Q}{S}\right) = \sigma_f$$

电介质中的电场 E
$$E = \frac{D}{\varepsilon} = \frac{\sigma_f}{\varepsilon_0\varepsilon_r} = \frac{Q}{S\varepsilon_0\varepsilon_r}$$
$$E = \frac{E_f}{\varepsilon_r},\quad E < E_f$$
方向如附图. 其中
$$E_f = \frac{Q}{\varepsilon_0 S} = \frac{\sigma_f}{\varepsilon_0}\quad (\text{金属板上的自由电荷产生的场强})$$

思考:为什么电介质中某点的场强小于自由电荷在该点产生的场强?

(2) 求束缚电荷. 极化强度
$$P=\varepsilon_0(\varepsilon_r-1)E=\varepsilon_0(\varepsilon_r-1)\frac{\sigma_f}{\varepsilon_0\varepsilon_r}$$
所以
$$P=\left(1-\frac{1}{\varepsilon_r}\right)\sigma_f$$

求 σ'、q':

介质上表面
$$\sigma'_上 = \boldsymbol{P}\cdot\boldsymbol{n}_上 = P\cos\pi = -P = -\left(1-\frac{1}{\varepsilon_r}\right)\sigma_f$$
所以
$$q'_上 = \sigma'_上 S = -\left(1-\frac{1}{\varepsilon_r}\right)Q$$

介质下表面
$$\sigma'_下 = \boldsymbol{P}\cdot\boldsymbol{n} = P\cos 0 = P = \left(1-\frac{1}{\varepsilon_r}\right)\sigma_f$$
所以
$$q'_下 = \left(1-\frac{1}{\varepsilon_r}\right)Q$$

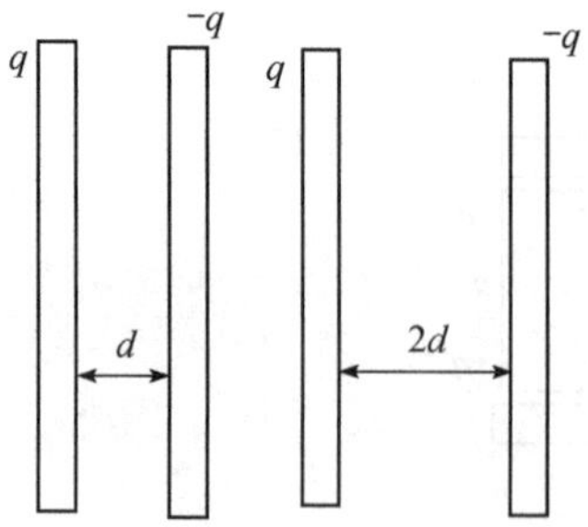

例 10-9 图

例 10-9 如附图所示,一平板电容器面积为 S,间距 d,用电源充电后,两极板分别带电为 $+q$ 和 $-q$,断开电源,再把两极板拉至 $2d$,试求:外力克服电场力所做的功.两极板间的相互作用力？

解　根据功能原理可知，外力的功等于系统能量的增量，电容器两个状态下所存储的能量差等于外力的功.

由电容器储能公式

$$W_1=\frac{q^2}{2C_1},\quad W_2=\frac{q^2}{2C_2}$$

平板电容器电容

$$C_1=\frac{\varepsilon_0 S}{d},\quad C_2=\frac{\varepsilon_0 S}{2d}$$

所以

$$A=W_1-W_2=\frac{q^2}{2C_2}-\frac{q^2}{2C_1}=\frac{q^2}{2}\frac{C_1-C_2}{C_1C_2}=\frac{q^2}{2}\frac{d}{\varepsilon_0 S}$$

若把电容器极板拉开一倍的距离，所需外力的功，等于电容器能量的增量.

外力反抗极板间的电场力做功，则两极板间的平均相互作用力为

$$F=\frac{A}{d}=\frac{q^2}{2\varepsilon_0 S}$$

例 10-10　如附图所示，一个球半径为 R，体电荷密度为 ρ，试利用电场能量公式求此带电球体系统的静电能.

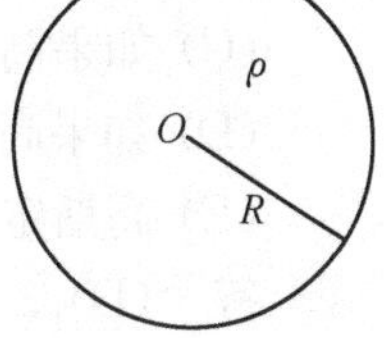

例 10-10 图

解　选择半径为 r 的球面作为高斯面，由高斯定理得

$$\boldsymbol{E}_1=\frac{\rho r}{3\varepsilon_0}\boldsymbol{e}_r\quad r<R$$

$$\boldsymbol{E}_2=\frac{\rho R^3}{3\varepsilon_0 r^2}\boldsymbol{e}_r,\quad r\geqslant R$$

$$W_e=\int_V w_e \mathrm{d}V=\int_V \frac{\varepsilon_0 E^2}{2}\mathrm{d}V$$

$$=\int_0^R \frac{\varepsilon_0 E_1^2}{2}4\pi r^2\,\mathrm{d}r+\int_R^\infty \frac{\varepsilon_0 E_2^2}{2}4\pi r^2\,\mathrm{d}r$$

$$=\frac{4\pi\rho^2 R^5}{90\varepsilon_0}+\frac{4\pi\rho^2 R^5}{18\varepsilon_0}=\frac{4\pi\rho^2 R^5}{15\varepsilon_0}$$

例 10-11　大气中由于存在少量的自由电子和正离子而具有微弱的导电性.(1) 晴天时，地表附近的大气平均电场强度约为 120V/m，大气的平均电流密度约为 $4\times10^{-12}\,\mathrm{A/m^2}$，问：大气的电阻率是多大？(2) 电离层和地表之间的电势差为 $4\times10^5\,\mathrm{V}$，大气的总电阻是多大？

解　(1) $\rho=\frac{E}{j}=\frac{120}{4\times10^{-12}}=3.0\times10^{13}(\Omega\cdot\mathrm{m})$

(2) $R=\frac{U}{I}=\frac{4\times10^5}{j\cdot S}=\frac{4\times10^5}{4\times10^{-12}\times4\pi\times(6.37\times10^6)^2}=196(\Omega)$

其中 6.37×10^6 m 为地球的平均半径.

四、习题指导

(一) 思考题

10-1 在空间有一非均匀电场,其电力线分布如附图所示.在电场中作一半径为 R 的闭合球面 S,已知通过球面上某一面元 ΔS 的电场强度通量为 $\Delta\Phi_e$,则通过该球面其余部分的电场强度通量为(　　).

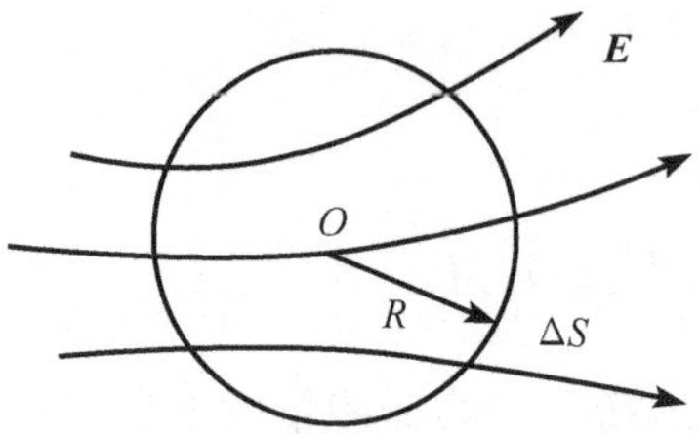

思考题 10-1 图

(A) $-\Delta\Phi_e$;　　(B) $\frac{4\pi R^2}{\Delta S}\Delta\Phi_e$;

(C) $\frac{4\pi R^2-\Delta S}{\Delta S}\Delta\Phi_e$;　　(D) 0.

答 (A).

10-2 关于高斯定理的理解有下面几种说法,其中正确的是(　　).

(A) 如果高斯面上 $\boldsymbol{E}$ 处处为零,则该面内必无电荷;

(B) 如果高斯面内无电荷,则高斯面上 $\boldsymbol{E}$ 处处为零;

(C) 如果高斯面上 $\boldsymbol{E}$ 处处不为零,则高斯面内必有电荷;

(D) 如果高斯面内有净电荷,则通过高斯面的电通量必不为零;

(E) 高斯定理仅适用于具有高度对称性的电场.

答 (D).

10-3 在点电荷 $+q$ 的电场中,若取附图中 P 点处为电势零点,则 M 点的电势为(　　).

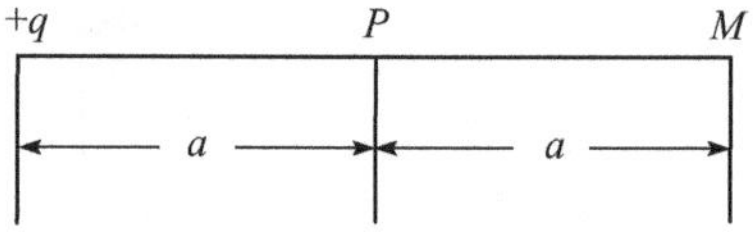

思考题 10-3 图

(A) $\frac{q}{4\pi\varepsilon_0 a}$;　　(B) $\frac{q}{8\pi\varepsilon_0 a}$;

(C) $\frac{-q}{4\pi\varepsilon_0 a}$;　　(D) $\frac{-q}{8\pi\varepsilon_0 a}$.

答 (D).

10-4 如附图所示,直线 MN 长为 $2l$,弧 OCD 是以 N 点为中心、l 为半径的半圆弧,N 点有正电荷 $+q$,M 点有负电荷 $-q$.现将一试验电荷 $+q_0$ 从 O 点出发沿路径 $OCDP$ 移到无穷远处,设无穷远处电势为零,则电场力做功(　　).

(A) $A<0$ 且为有限常量;　　(B) $A>0$ 且为有限常量;

(C) $A=\infty$;　　(D) $A=0$.

答 (D).

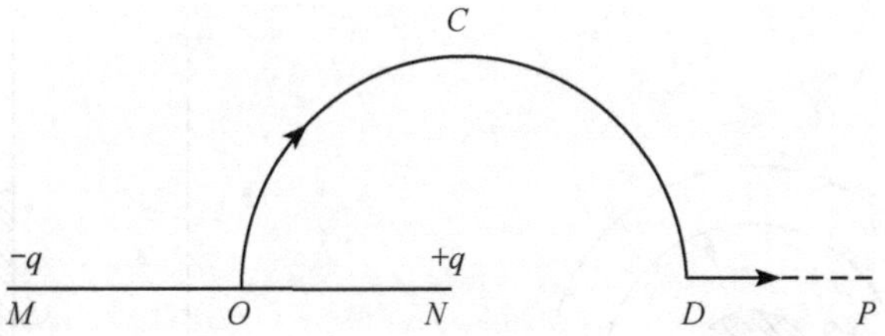

思考题 10-4 图

10-5 关于电场强度与电势之间的关系,下列说法中( )是正确的.

(A) 在电场中,场强为零的点,电势必为零;

(B) 在电场中,电势为零的点,电场强度必为零;

(C) 在电势不变的空间,场强处处为零;

(D) 在场强不变的空间,电势处处相等.

答 (C).

10-6 在真空中半径分别为 R 和 $2R$ 的两个同心球面,其上分别均匀地带有电量 $+q$ 和 $-3q$. 今将一电量为 $+Q$ 的带电粒子从内球面处由静止释放,则该粒子到达外球面时的动能为( ).

(A) $\frac{Qq}{4\pi\varepsilon_0 R}$; (B) $\frac{Qq}{2\pi\varepsilon_0 R}$; (C) $\frac{Qq}{8\pi\varepsilon_0 R}$; (D) $\frac{3Qq}{8\pi\varepsilon_0 R}$.

答 (C).

10-7 附图示为一个均匀带电球体,总电量为 $+Q$,其外部同心地罩一内、外半径分别为 r_1,r_2 的金属球壳,设无穷远处为电势零点,则在球壳内半径为 r 的 P 点处的场强和电势为( ).

(A) $E=\frac{Q}{4\pi\varepsilon_0 r^2}, U=\frac{Q}{4\pi\varepsilon_0 r}$; (B) $E=0, U=\frac{Q}{4\pi\varepsilon_0 r_1}$;

(C) $E=0, U=\frac{Q}{4\pi\varepsilon_0 r}$; (D) $E=0, U=\frac{Q}{4\pi\varepsilon_0 r_2}$.

答 (D).

10-8 一"无限大"均匀带电平面 A,其附近放一与它平行的有一定厚度的"无限大"平面导体板 B,如附图所示,已知 A 上的电荷面密度为 $+\sigma$,则在导体板 B 的两个表面 1 和 2 上的感应电荷面密度分别为( ).

(A) $\sigma_1=-\sigma, \sigma_2=+\sigma$; (B) $\sigma_1=-\frac{1}{2}\sigma, \sigma_2=+\frac{1}{2}\sigma$;

(C) $\sigma_1=-\frac{1}{2}\sigma, \sigma_2=-\frac{1}{2}\sigma$; (D) $\sigma_1=-\sigma, \sigma_2=0$.

答 (B).

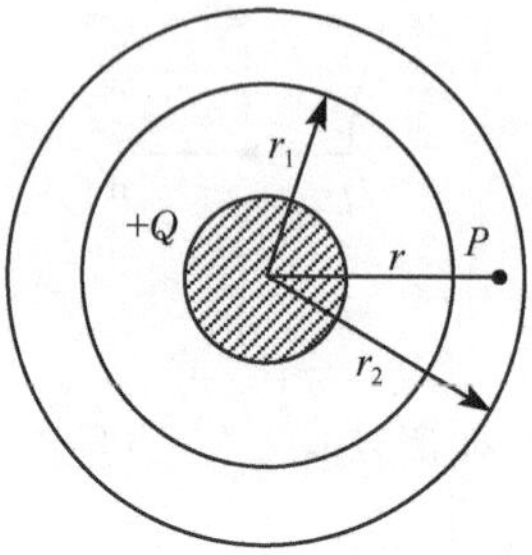

思考题 10-7 图

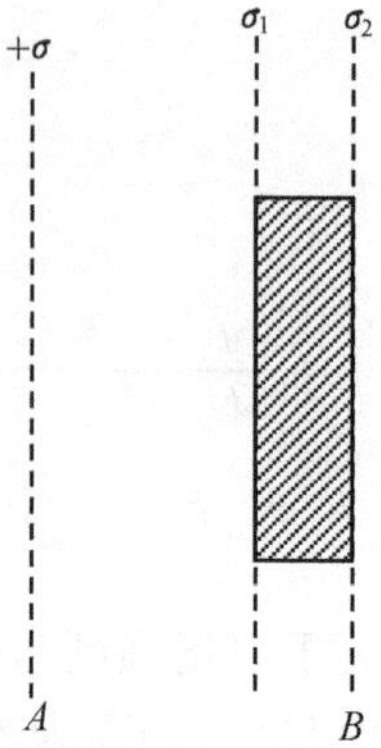

思考题 10-8 图

10-9　一导体球外充满相对介电常数为 ε_r 的均匀电介质,若测得导体表面附近场强为 E,则导体球面上的自由电荷面密度 σ 为(　　).

(A) $\varepsilon_0 E$;　　(B) $\varepsilon_0\varepsilon_r E$;　　(C) $\varepsilon_r E$;　　(D) $(\varepsilon_0\varepsilon_r-\varepsilon_0)E$.

答　(B).

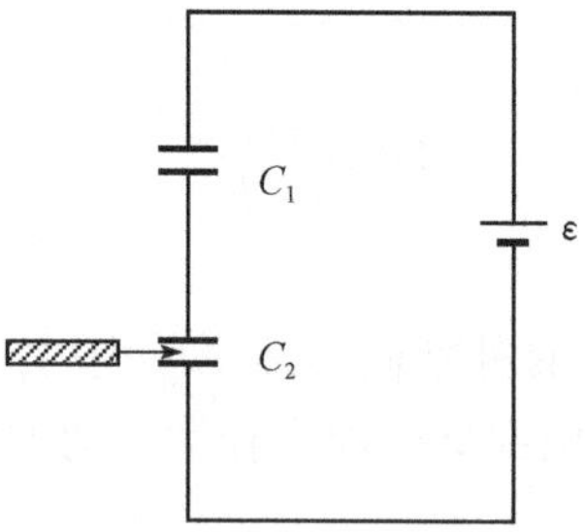

思考题 10-10 图

10-10　如附图所示,C_1 和 C_2 两空气电容器串联以后接电源充电,在电源保持连接的情况下,在 C_2 中插入一电介质板,则(　　).

(A) C_1 极板上电量增加,C_2 极板上电量增加;

(B) C_1 极板上电量减少,C_2 极板上电量增加;

(C) C_1 极板上电量增加,C_2 极板上电量减少;

(D) C_1 极板上电量减少,C_2 极板上电量减少.

答　(A).

10-11　金属球 A 与同心球壳 B 组成电容器,球 A 上带电荷 q,壳 B 上带电荷 Q,测得球与壳间电势差 U_{AB},可知该电容器的电容值为(　　).

(A) q/U_{AB};　　(B) Q/U_{AB};

(C) $(q+Q)/U_{AB}$;　　(D) $(q-Q)/(2U_{AB})$.

答　(A).

10-12　一平行板电容器充电后,与电源断开,然后再充满相对介电常数为 ε_r 的各向同性均匀电介质,则其电容 C、两极板间的电势差 U_{12} 及电场能量 W_e 与充介质前比较将发生(　　)变化.

(A) $C\uparrow$ $U_{12}\downarrow$ $W_e\uparrow$;　　(B) $C\uparrow$ $U_{12}\downarrow$ $W_e\downarrow$;

(C) $C\uparrow$ $U_{12}\uparrow$ $W_e\downarrow$;　　(D) $C\downarrow$ $U_{12}\downarrow$ $W_e\downarrow$.

答　(B).

（二）习题

10-1 一个电偶极子的电矩为 $\boldsymbol{p}=q\boldsymbol{l}$，证明此电偶极子轴线上距其中心为 $r(r\gg l)$ 处的一点场强为 $\boldsymbol{E}=\dfrac{2\boldsymbol{p}}{4\pi\varepsilon_0 r^3}$.

证明 电偶极子$+q$的$-q$和两个电荷在轴线上距中心为r处的合场强为

$$E=E_+-E_-=\frac{q}{4\pi\varepsilon_0\left(r-\dfrac{l}{2}\right)^2}-\frac{q}{4\pi\varepsilon_0\left(r+\dfrac{l}{2}\right)^2}$$

$$=\frac{2pr}{4\pi\varepsilon_0\left(r^2-\dfrac{l^2}{4}\right)^2}$$

由于 $r\gg l$，并考虑到方向可得

$$\boldsymbol{E}=\frac{2\boldsymbol{p}}{4\pi\varepsilon_0 r^3}$$

10-2 在真空中一长为 $l=10\text{cm}$ 的细杆，杆上均匀分布着电荷，其电荷线密度 $\lambda=1.0\times10^{-5}\text{C/m}$，在杆的延长线上，距杆的一端距离 $d=10\text{cm}$ 的一点上，有一电量为 $q_0=2.0\times10^{-5}\text{C}$ 的点电荷，如附图所示，试求该点电荷所受的电场力.

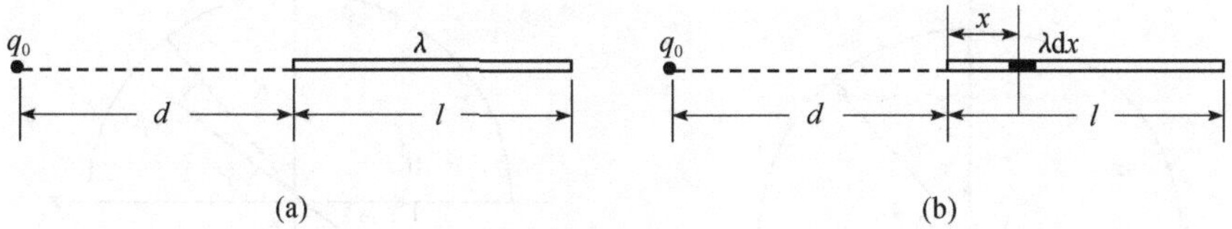

习题 10-2 图

解 选杆的左端为坐标原点，x 轴沿杆的方向. 在 x 处取一线段元 $\mathrm{d}x$，其电量为 $\lambda\mathrm{d}x$，它在 q_0 处产生的场强大小为

$$\mathrm{d}E=\frac{\lambda\mathrm{d}x}{4\pi\varepsilon_0(d+x)^2}$$

方向沿 x 轴负向，整个杆上电荷在该点的场强为

$$E=\frac{\lambda}{4\pi\varepsilon_0}\int_0^l\frac{\mathrm{d}x}{(d+x)^2}=\frac{\lambda l}{4\pi\varepsilon_0 d(d+l)}$$

方向沿 x 轴负向.

点电荷 q_0 所受的电场力为

$$F=\frac{q_0\lambda l}{4\pi\varepsilon_0 d(d+l)}=0.90\text{N}$$

沿 x 轴负向.

10-3　一均匀带电的正方形细框，边长为 l，总电量为 q，求正方形轴线上离中心为 x 处的场强.

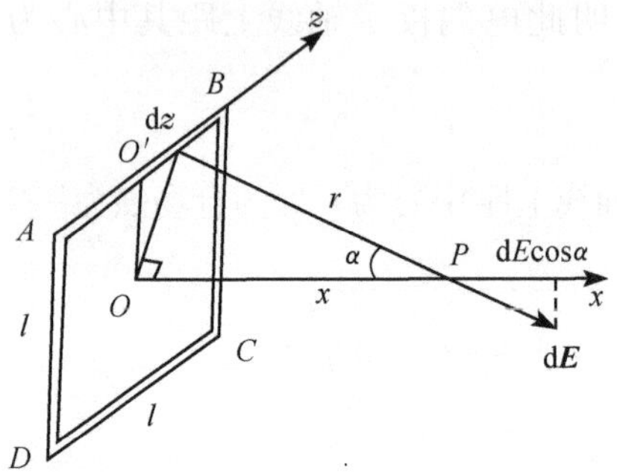

习题 10-3 图

解　如附图所示，根据对称性，P 点的场强沿 x 轴正向，其大小

$$E = 4E_{AB} = 4\int_{-l/2}^{l/2} \mathrm{d}E\cos\alpha \tag{1}$$

式中

$$\mathrm{d}E = \frac{(q/4l)\mathrm{d}z}{4\pi\varepsilon_0 r^2} \tag{2}$$

$$\cos\alpha = \frac{x}{r} \tag{3}$$

将式(2)、式(3)代入式(1)得

$$E = \frac{qx}{4\pi\varepsilon_0(x^2 + l^2/4)\sqrt{x^2 + l^2/2}}$$

10-4　一带电细线弯成半径为 R 的半圆形，电荷线密度为 $\lambda=\lambda_0\sin\varphi$，式中 λ_0 为一常数，φ 为半径 R 与 x 轴所成的夹角，如附图所示. 试求环心 O 处的电场强度.

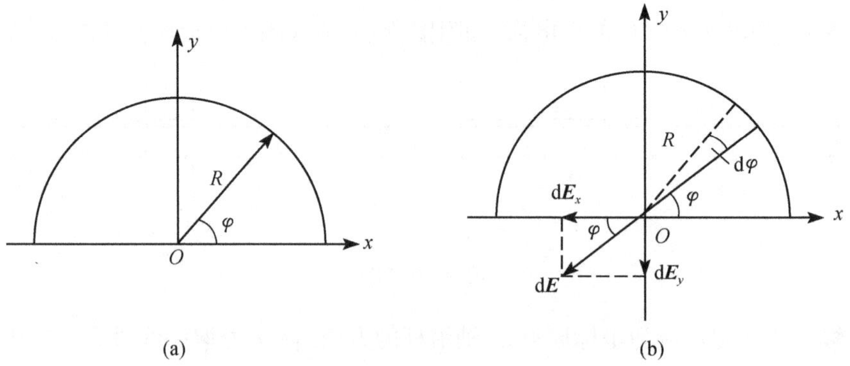

习题 10-4 图

解　在 φ 处取一线段元 $\mathrm{d}l$，其电量为

$$\mathrm{d}q = \lambda\mathrm{d}l = \lambda_0 R\sin\varphi\mathrm{d}\varphi$$

它在 O 处产生的场强为

$$\mathrm{d}E = \frac{\mathrm{d}q}{4\pi\varepsilon_0 R^2} = \frac{\lambda_0\sin\varphi\mathrm{d}\varphi}{4\pi\varepsilon_0 R}$$

在 x、y 轴上的两个分量

$$\mathrm{d}E_x = -\mathrm{d}E\cos\varphi$$

$$\mathrm{d}E_y = -\mathrm{d}E\sin\varphi$$

根据对称性可知

$$E_x = \int \mathrm{d}E_x = 0$$

而

$$E_y = \int \mathrm{d}E_y = -\frac{\lambda_0}{4\pi\varepsilon_0 R}\int_0^{\pi} \sin^2\varphi \mathrm{d}\varphi = -\frac{\lambda_0}{8\varepsilon_0 R}$$

所以
$$\boldsymbol{E} = E_x \boldsymbol{i} + E_y \boldsymbol{j} = -\frac{\lambda_0}{8\varepsilon_0 R}\boldsymbol{j}$$

10-5 如附图所示，一“无限长”圆柱面，其电荷面密度由下式决定：

$$\sigma = \sigma_0 \cos\varphi$$

式中，σ_0 为一常数，φ 角为半径 R 与 x 轴之间所夹的角，试求圆柱轴线上一点的场强.

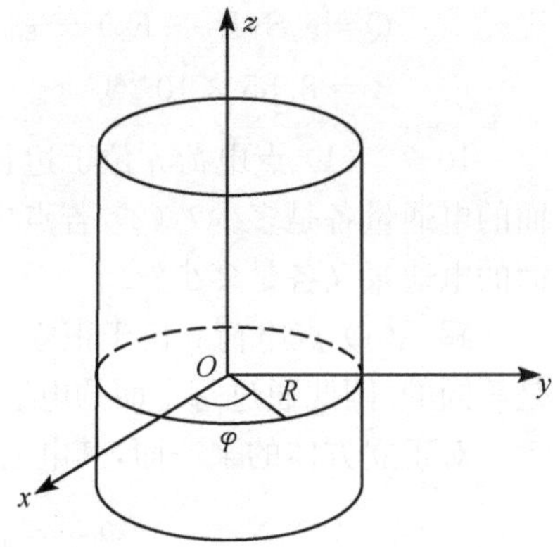

习题 10-5 图

解 将圆柱面分成许多与轴线平行的细长条，每条可视为无限长均匀带电直线，其电荷线密度为

$$\lambda = \sigma_0 \cos\varphi R \mathrm{d}\varphi$$

它在 O 点产生的场强为

$$\mathrm{d}E = \frac{\lambda}{2\pi\varepsilon_0 R} = \frac{\sigma_0}{2\pi\varepsilon_0}\cos\varphi \mathrm{d}\varphi$$

在 x、y 轴上的两个分量

$$\mathrm{d}E_x = -\mathrm{d}E\cos\varphi = -\frac{\sigma_0}{2\pi\varepsilon_0}\cos^2\varphi \mathrm{d}\varphi$$

$$\mathrm{d}E_y = -\mathrm{d}E\sin\varphi = -\frac{\sigma_0}{2\pi\varepsilon_0}\sin\varphi\cos\varphi \mathrm{d}\varphi$$

积分

$$E_x = -\int_0^{2\pi} \frac{\sigma_0}{2\pi\varepsilon_0}\cos^2\varphi \mathrm{d}\varphi = -\frac{\sigma_0}{2\varepsilon_0}$$

$$E_y = -\int_0^{2\pi} \frac{\sigma_0}{2\pi\varepsilon_0}\sin\varphi \mathrm{d}\sin\varphi = 0$$

所以
$$\boldsymbol{E} = E_x \boldsymbol{i} = -\frac{\sigma_0}{2\varepsilon_0}\boldsymbol{i}$$

10-6 附图中虚线所示为一立方形的高斯面，已知空间的场强分布为

$$E_x = bx, \quad E_y = 0, \quad E_z = 0$$

高斯面边长 a=0.1m，常数 b=1000N/(C·m). 试求该闭合曲面中包含的净电荷.

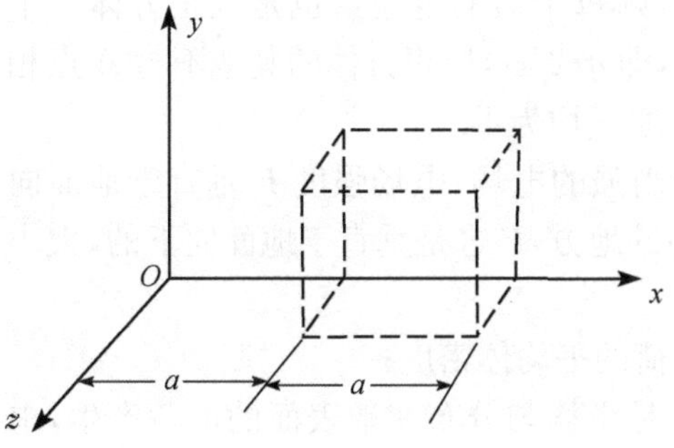

习题 10-6 图

解 设闭合面内包含净电荷的电量为 Q. 因电场只有分量,故只有左右两侧的平面电通量不为零.

由高斯定理得

$$-E_1S_1+E_2S_2=\frac{Q}{\varepsilon_0}\quad(S_1=S_2=S)$$

则

$$Q=\varepsilon_0S(E_2-E_1)=\varepsilon_0a^2b(x_2-x_1)=\varepsilon_0a^2b(2a-a)=\varepsilon_0ba^3$$
$$=8.85\times10^{-12}\text{C}$$

10-7 (1) 点电荷 q 位于边长为 a 的正立方体的中心,通过此立方体的每一面的电通量各是多少?(2) 若点电荷移至正立方体的一个顶点上,那么通过每个面的电通量又各是多少?

解 (1) 点电荷 q 位于正立方体的中心,正立方体的六个面对该电荷来说都是等同的.因此通过每个面的电通量相等,且等于总电通量的 1/6.

对正立方体的某一面,其电通量为

$$\Phi_{E1}=\int_S\boldsymbol{E}\cdot\mathrm{d}\boldsymbol{S}=\frac{1}{6}\oint_S\boldsymbol{E}\cdot\mathrm{d}\boldsymbol{S}$$

根据高斯定理,有

$$\int_S\boldsymbol{E}\cdot\mathrm{d}\boldsymbol{S}=\frac{q}{\varepsilon_0}$$

所以

$$\Phi_{E1}=\frac{q}{6\varepsilon_0}$$

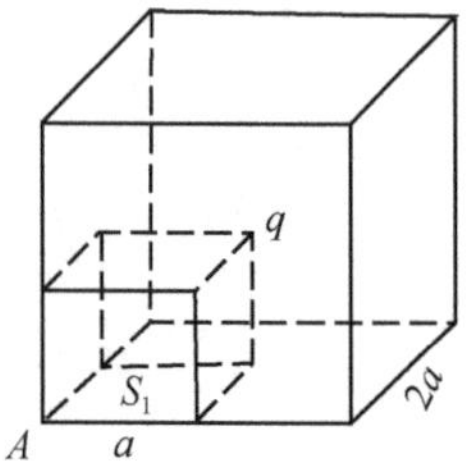

习题 10-7 图

(2) 当点电荷移至正立方体的一个顶点上时,设想以此顶点为中心,作边长为 $2a$ 并且与原边平行的大正方体,如附图所示.与(1)相同,这个大正方体的每个面上的电通量都相等,且均等于 $q/6\varepsilon_0$,对原正方体而言,只有交于 A 点的三个面上有电场线穿过,每个面的面积是大正方体一个面的面积的 1/4,则每个面的电通量也是大正方体一个面的电通量的 1/4,即 $q/24\varepsilon_0$,原正方体的其他不与 A 点相交的三个面上的电通量均为零.

10-8 实验表明,在靠近地面处有相当强的电场,电场强度 $\boldsymbol{E}$ 垂直于地面向下,大小约为 100N/C;在离地面 1.5km 高的地方,$\boldsymbol{E}$ 也是垂直于地面向下的,大小约为 25N/C.

(1) 试计算从地面到此高度大气中电荷的平均体密度;

(2) 假设地球表面处的电场强度完全是由均匀分布在地表面的电荷产生,求地面上的电荷面密度.

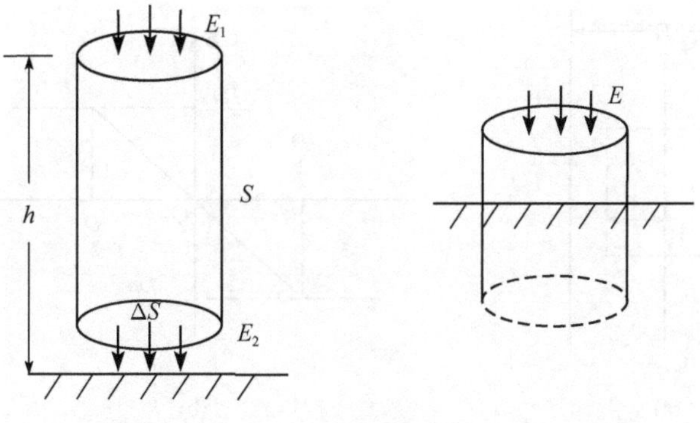

(a) (b)

习题10-8图

解 (1) 设电荷的平均体密度为 ρ,取圆柱形高斯面(侧面垂直底面,底面 ΔS 平行地面)上下底面处的场强分别为 E_1 和 E_2,则通过高斯面的电通量为(附图(a))

$$\oint \boldsymbol{E} \cdot \mathrm{d}\boldsymbol{S} = E_2 \Delta S - E_1 \Delta S = (E_2 - E_1)\Delta S$$

包围的电荷

$$\sum_{(S内)} q_i = h\Delta S\rho$$

由高斯定理得

$$(E_2 - E_1)\Delta S = \frac{h\Delta S\rho}{\varepsilon_0}$$

所以

$$\rho = \frac{1}{h}\varepsilon_0 (E_2 - E_1) = 4.43 \times 10^{-13}\,\mathrm{C/m^3}$$

(2) 设地面面电荷密度为 σ. 由于电荷只分布在地表面,所以电力线终止于地面,取如附图(b)所示高斯面. 由高斯定理得

$$\oint \boldsymbol{E} \cdot \mathrm{d}\boldsymbol{S} = \frac{1}{\varepsilon_0}\sum q_i$$

$$-E\Delta S = \frac{1}{\varepsilon_0}\sigma\Delta S$$

所以 $\sigma = -\varepsilon_0 E = -8.9 \times 10^{-10}\,\mathrm{C/m^2}$

10-9 一无限大均匀带电厚壁,壁厚为 D,体电荷密度为 ρ,求其电场分布并画出 E-d 曲线. d 为垂直于壁面的坐标,原点在厚壁的中心.

解 根据电荷分布对壁的平分面的面对称性,可知电场分布也具有这种对称性. 由此可选平分面与壁的平分面重合的立方盒子为高斯面,如附图(a)所示.

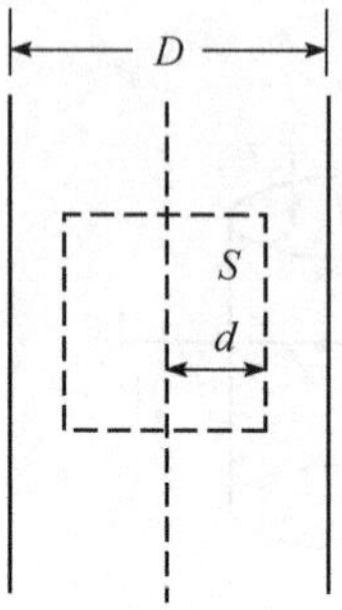

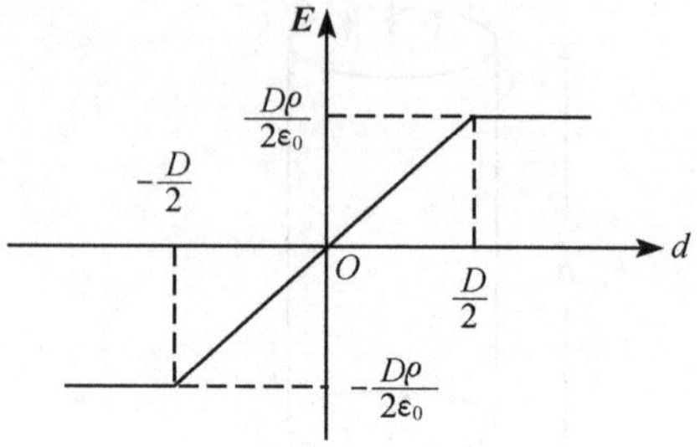

习题 10-9 图

由高斯定理

$$E \cdot 2S = \frac{q_{内}}{\varepsilon_0}$$

当 $d<D/2$ 时，

$$q_{内} = 2\mathrm{d}S\rho, \quad E = \frac{\mathrm{d}\rho}{\varepsilon_0}$$

当 $d>D/2$ 时，

$$q_{内} = DS\rho, \quad E = \frac{D\rho}{2\varepsilon_0}$$

E-d 曲线如附图(b)所示.

10-10　一半径为 R 的带电球体,其电荷体密度分布为

$$\rho = \frac{qr}{\pi R^4} \quad (r \leqslant R) \quad (q\text{ 为一正的常数})$$

$$\rho = 0 \quad (r > R)$$

试求:

(1) 带电球体的总电量;

(2) 球内、外各点的电场强度;

(3) 球内、外各点的电势.

解　(1) 在球内取半径为 r、厚度 $\mathrm{d}r$ 的薄球壳,该壳内所包含的电量为

$$\mathrm{d}q = \rho \mathrm{d}V = \frac{qr}{\pi R^4} \cdot 4\pi r^2 \mathrm{d}r = \frac{4qr^3}{R^4}\mathrm{d}r$$

则球体所带的总电量

$$Q = \int_V \rho \mathrm{d}V = \frac{4q}{R^4}\int_0^R r^3 \mathrm{d}r = q$$

(2) 在球内作一半径为 r_1 高斯球面,由高斯定理有

$$4\pi r_1^2 E_1 = \frac{1}{\varepsilon_0}\int_0^{r_1} \frac{qr}{\pi R^4} \cdot 4\pi r^2 \mathrm{d}r = \frac{qr_1^4}{\varepsilon_0 R^4}$$

得 $E_1 = \dfrac{qr_1^2}{4\pi\varepsilon_0 R^4}(r_1 \leqslant R)$，$\boldsymbol{E}_1$ 方向沿半径向外. 在球体外作半径为 r_2 的高斯球面，按高斯定理有

$$4\pi r_2^2 E_2 = \frac{q}{\varepsilon_0}$$

得 $E_2 = \dfrac{q}{4\pi\varepsilon_0 r_2^2}(r_2 \geqslant R)$，$\boldsymbol{E}_2$ 方向沿半径向外.

(3) 球内电势

$$\begin{aligned} U_1 &= \int_{r_1}^{R} \boldsymbol{E}_1 \cdot \mathrm{d}\boldsymbol{r} + \int_{R}^{\infty} \boldsymbol{E}_2 \cdot \mathrm{d}\boldsymbol{r} \\ &= \int_{r_1}^{R} \frac{qr^2}{4\pi\varepsilon_0 R^4}\mathrm{d}r + \int_{R}^{\infty} \frac{q}{4\pi\varepsilon_0 r^2}\mathrm{d}r \\ &= \frac{q}{3\pi\varepsilon_0 R} - \frac{qr_1^3}{12\pi\varepsilon_0 R^4} \\ &= \frac{q}{12\pi\varepsilon_0 R}\left(4 - \frac{r_1^3}{R^3}\right) \quad (r_1 \leqslant R) \end{aligned}$$

球外电势

$$\begin{aligned} U_2 &= \int_{r_2}^{\infty} \boldsymbol{E}_2 \cdot \mathrm{d}\boldsymbol{r} = \int_{r_2}^{\infty} \frac{q}{4\pi\varepsilon_0 r^2}\mathrm{d}r \\ &= \frac{q}{4\pi\varepsilon_0 r} \quad (r_2 \geqslant R) \end{aligned}$$

10-11 一球体内均匀分布着电荷体密度为 ρ 的正电荷，若保持电荷分布不变，在该球体内挖去半径为 r 的一个小球体，球心为 O'，两球心间距离 $OO' = d$，如附图所示，求：

(1) 在球形空腔内，球心 O' 处的电场强度 $\boldsymbol{E}_0$；

(2) 在球体内 P 点处的电场强度 $\boldsymbol{E}$. 设 O'、O、P 三点在同一直径上，且 $OP = d$.

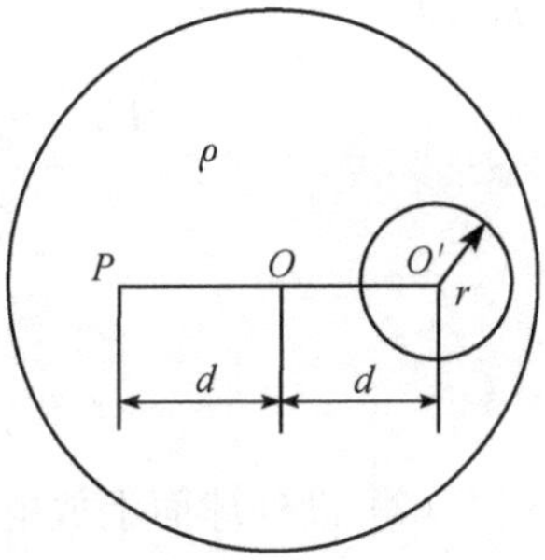

习题 10-11 图

解 (1) 挖去电荷体密度为 ρ 的小球形成的球腔，与在球体内同一位置放上电荷体密度为 $-\rho$ 的同样大小的球体等效. 因而空间场强为两球体产生的场强的叠加，即

$$\boldsymbol{E}_0 = \boldsymbol{E}_1 + \boldsymbol{E}_2$$

以 O 点为球心，$OO' = d$ 为半径作球面为高斯面 S，则

$$\oint_S \boldsymbol{E}_1 \cdot d\boldsymbol{S} = E_1 \cdot 4\pi d^2 = \frac{1}{\varepsilon_0} \cdot \frac{4\pi d^3}{3}\rho$$

所以
$$E_1=\frac{\rho}{3\varepsilon_0}d$$

因 O' 点为小球体的球心，所以 $E_2=0$，$E_0=E_1+E_2=\rho d/(3\varepsilon_0)$，方向由 O 指向 O'.

(2) 分别以 O、O' 点为球心，过 P 点作球面为高斯面，则

$$\oint_S \boldsymbol{E}_1 \cdot d\boldsymbol{S} = E_1 \cdot 4\pi d^2 = \frac{1}{\varepsilon_0} \cdot \frac{4\pi d^3}{3}\rho$$

$$E_1 = \frac{\rho d}{3\varepsilon_0}$$

又
$$E_2 \cdot 4\pi(2d)^2=-4\pi\frac{r^3\rho}{3\varepsilon_0}$$

$$E_2=\frac{-r^3\rho}{12\varepsilon_0 d^2}$$

$$E=E_1+E_2=\frac{\rho}{3\varepsilon_0}\left(d-\frac{r^3}{4d^2}\right)$$

若 $E>0$，方向 O 由点指向 P 点；若 $E<0$，方向 P 由点指向 O 点.

10-12　电荷以相同的面密度 σ 分布在半径为 $r_1=10\text{cm}$ 和 $r_2=20\text{cm}$ 的两个同心球面上，设无限远处电势为零，球心处的电势为 $U_0=300\text{V}$.

(1) 求电荷面密度 σ.

(2) 若要使球心处的电势也为零，外球面上应放掉多少电荷？

解　(1) 球心处的电势为两个同心带电球面各自在球心处产生的电势的叠加，即

$$U_0=\frac{1}{4\pi\varepsilon_0}\left(\frac{q_1}{r_1}+\frac{q_2}{r_2}\right)=\frac{1}{4\pi\varepsilon_0}\left(\frac{4\pi r_1^2\sigma}{r_1}+\frac{4\pi r_2^2\sigma}{r_2}\right)$$

$$=\frac{\sigma}{\varepsilon_0}(r_1+r_2)$$

$$\sigma=\frac{U_0\varepsilon_0}{r_1+r_2}=8.85\times10^{-9}\text{C/m}^2$$

(2) 设外球面上放电后电荷面密度为 σ'，则应有

$$U_0'=\frac{1}{\varepsilon_0}(\sigma r_1+\sigma' r_2)=0$$

即

$$\sigma'=-\frac{r_1}{r_2}\sigma$$

外球面上应变成带负电，共应放掉电荷为

$$q' = 4\pi r_2^2(\sigma - \sigma') = 4\pi r_2^2\sigma\left(1 + \frac{r_1}{r_2}\right)$$
$$= 4\pi\sigma r_2(r_1 + r_2) = 4\pi\varepsilon_0 U_0 r_2$$
$$= 6.67 \times 10^{-9}\text{C}$$

10-13 附图为一个均匀带电的球层，其电荷体密度为 ρ，球层内表面半径为 R_1，外表面半径为 R_2，设无穷远处为电势零点，求空腔内任一点的电势.

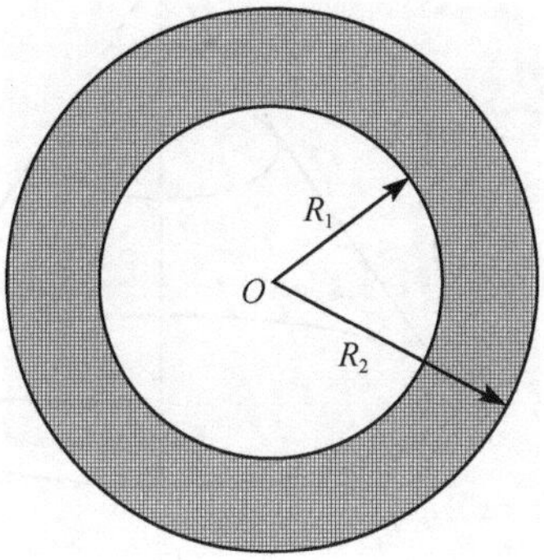

习题 10-13 图

解 由高斯定理可知空腔内 $E=0$，故带电球层的空腔是等势区，各点电势均为 U. 在球层内取半径为 $r \to r+\mathrm{d}r$ 的薄球层，其电量为

$$\mathrm{d}q = \rho \cdot 4\pi r^2 \mathrm{d}r$$

该薄层电荷在球心处产生的电势为

$$\mathrm{d}U_0 = \frac{\mathrm{d}q}{4\pi\varepsilon_0 r} = \frac{\rho r \mathrm{d}r}{\varepsilon_0}$$

整个带电球层在球心处产生的电势为

$$U_0 = \int \mathrm{d}U_0 = \frac{\rho}{\varepsilon_0}\int_{R_1}^{R_2} r\mathrm{d}r = \frac{\rho}{2\varepsilon_0}(R_2^2 - R_1^2)$$

因为空腔内为等势区，所以空腔内任一点的电势 U 为

$$U = U_0 = \frac{\rho}{2\varepsilon_0}(R_2^2 - R_1^2)$$

若根据电势定义 $U=\int \boldsymbol{E} \cdot \mathrm{d}\boldsymbol{l}$ 计算，结果也相同.

10-14 一锥顶角为 θ 的圆台，上、下底面下半径分别为 R_1 和 R_2，在它的侧面上均匀带电，电荷面密度 σ，求顶点 O 的电势(以无穷远处为电势零点).

解 如附图所示，以顶点 O 作坐标原点，圆锥轴线为 x 轴向下为正. 在任意位置 x 处取高度为 $\mathrm{d}x$ 的小圆环，其面积为

$$\mathrm{d}S = 2\pi r \frac{\mathrm{d}x}{\cos(\theta/2)} = 2\pi \frac{\tan(\theta/2)}{\cos(\theta/2)} x\mathrm{d}x$$

其上电量为

$$\mathrm{d}q = \sigma \mathrm{d}S = 2\pi\sigma \frac{\tan(\theta/2)}{\cos(\theta/2)} x\mathrm{d}x$$

它在 O 点产生的电势为

$$\mathrm{d}U = \frac{\mathrm{d}q}{4\pi\varepsilon_0\sqrt{r^2 + x^2}} = \frac{\mathrm{d}q}{4\pi\varepsilon_0\sqrt{x^2\tan^2(\theta/2) + x^2}}$$
$$= \frac{\sigma\tan(\theta/2)\mathrm{d}x}{2\varepsilon_0}$$

总电势为

$$U=\int \mathrm{d}U=\frac{\sigma}{2\varepsilon_0}\tan\frac{\theta}{2}\int_{x_1}^{x_2}\mathrm{d}x=\frac{\sigma(R_2-R_1)}{2\varepsilon_0}$$

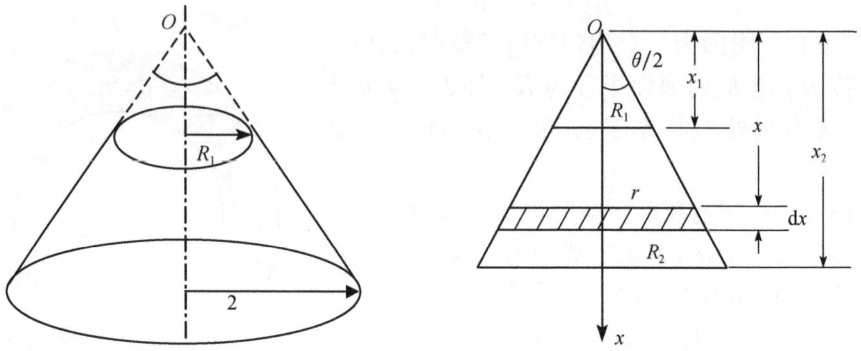

(a)　　(b)

习题 10-14 图

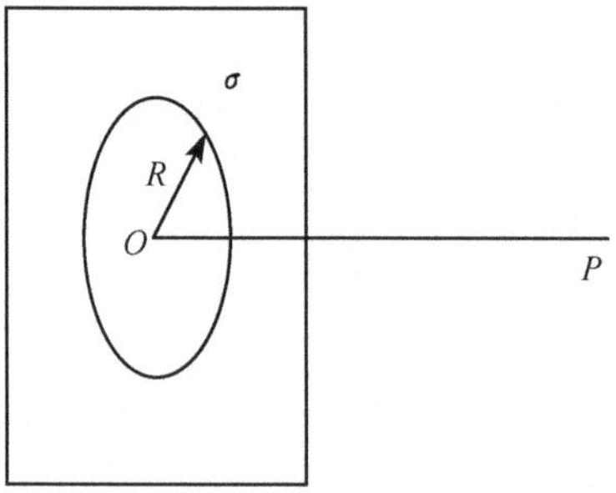

习题 10-15 图

10-15　如附图所示，一"无限大"平面，中部有一半径为 R 的圆孔，设平面上均匀带电，电荷面密度为 σ. 试求通过圆孔中心 O 与平面垂直的直线上各点的场强和电势(选 O 点的电势为零).

解　将题中的电荷分布看作面密度为 σ 的大平面和面密度为 $-\sigma$ 的圆盘叠加的结果. 选 x 轴垂直于平面，坐标原点 O 在圆盘中心，大平面在 x 处产生的场强为

$$\boldsymbol{E}_1=\frac{\sigma x}{2\varepsilon_0 |x|}\boldsymbol{i}$$

圆盘在该处的场强为

$$\boldsymbol{E}_2=-\frac{\sigma x}{2\varepsilon_0}\left(\frac{1}{|x|}-\frac{1}{\sqrt{R^2+x^2}}\right)\boldsymbol{i}$$

所以

$$\boldsymbol{E}=\boldsymbol{E}_1+\boldsymbol{E}_2=\frac{\sigma x}{2\varepsilon_0\sqrt{R^2+x^2}}\boldsymbol{i}$$

该点电势为

$$U=\int_x^0\frac{\sigma}{2\varepsilon_0}\frac{x\mathrm{d}x}{\sqrt{R^2+x^2}}=\frac{\sigma}{2\varepsilon_0}(R-\sqrt{R^2+x^2})$$

10-16　一对无限长的共轴直圆筒，半径分别为 R_1 和 R_2，筒面上均匀带电，沿轴线单位长度的电量分别为 λ_1 和 λ_2.

(1) 求各区域的场强；

(2) 求各区域的电势；

(3) 若 $\lambda_1=-\lambda_2$，求两筒间的电势差(取 $U|_{r=R_1}=0$)。

解 (1) 由于电荷分布是轴对称的，所以电场具有轴对称性.

当 $r<R_1$ 时，$$E_1=0.$$

当 $R_1<r<R_2$ 时，$$E_2=\frac{\lambda_1}{2\pi\varepsilon_0 r}$$

当 $r>R_2$ 时，$$E_3=\frac{\lambda_1+\lambda_2}{2\pi\varepsilon_0 r}$$

(2) 取 $U|_{r=R_1}=0$，则

当 $r<R_1$ 时，$$U_1=\int_r^{R_1}E_1\cdot \mathrm{d}r=0$$

当 $R_1<r<R_2$ 时，

$$U_2=\int_r^{R_1}E_2\cdot \mathrm{d}r=\int_r^{R_1}\frac{\lambda_1}{2\pi\varepsilon_0 r}\mathrm{d}r=\frac{\lambda_1}{2\pi\varepsilon_0}\ln\frac{R_1}{r}$$

当 $r>R_2$ 时，

$$U_3=\int_r^{R_2}E_3\cdot \mathrm{d}r+\int_{R_2}^{R_1}E_2\cdot \mathrm{d}r=\int_r^{R_2}\frac{\lambda_1+\lambda_2}{2\pi\varepsilon_0 r}\mathrm{d}r+\int_{R_2}^{R_1}\frac{\lambda_1}{2\pi\varepsilon_0 r}\mathrm{d}r$$

$$=\frac{\lambda_1+\lambda_2}{2\pi\varepsilon_0}\ln\frac{R_2}{r}+\frac{\lambda_1}{2\pi\varepsilon_0}\ln\frac{R_1}{R_2}$$

(3) 若 $\lambda_1=-\lambda_2$ 则两筒之间的电势差为

$$\Delta U=U_{R_2}-U_{R_1}=\int_{R_2}^{R_1}-\frac{\lambda_2}{2\pi\varepsilon_0 r}\mathrm{d}r=\frac{\lambda_2}{2\pi\varepsilon_0}\ln\frac{R_2}{R_1}$$

10-17 一半径为 R 的"无限长"圆柱形带电体，其电荷体密度为 $\rho=Ar(r\leqslant R)$，式中 A 为常数，试求：

(1) 圆柱体内、外各点场强大小的分布；

(2) 选距离轴线的距离为 $l(l>R)$ 处为电势零点，计算圆柱体内、外各点的电势分布.

解 (1) 如附图所示，取半径为 r、高为 h 的圆柱高斯面. 面上各点场强大小为 E 并垂直与柱面，则穿过该柱面的电通量为

$$\oint_S \boldsymbol{E}\cdot \mathrm{d}\boldsymbol{S}=2\pi rhE$$

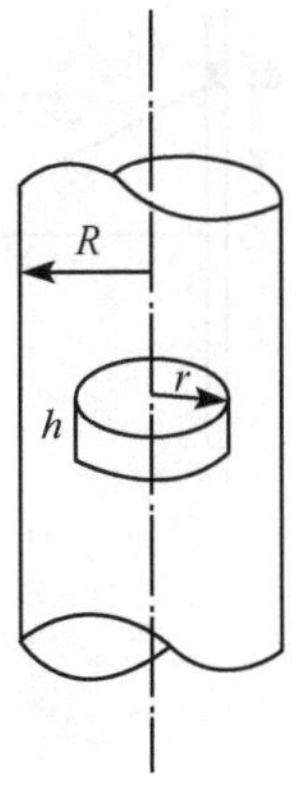

习题 10-17 图

$r<R$ 时，取一半径为 r'、厚 $\mathrm{d}r'$、高 h 的圆筒，其电量为

$$\rho\mathrm{d}V=2\pi Ahr'^2\mathrm{d}r'$$

则包围在高斯面内的总电量为

$$\int_V\rho\mathrm{d}V=\int_0^r 2\pi Ahr'^2\mathrm{d}r'=\frac{2\pi Ahr^3}{3}$$

由高斯定理得

$$2\pi rhE=\frac{2\pi Ahr^3}{3\varepsilon_0}$$

解出

$$E=\frac{Ar^2}{3\varepsilon_0}\quad (r\leqslant R)$$

$r>R$ 时,包围在高斯面内的总电量为

$$\int_V \rho \mathrm{d}V=\int_0^R 2\pi Ahr'^2\mathrm{d}r'=\frac{2\pi AhR^3}{3}$$

由高斯定理

$$2\pi rhE=\frac{2\pi AhR^3}{3\varepsilon_0}$$

解出

$$E=\frac{AR^3}{3\varepsilon_0 r}\quad (r>R)$$

(2) 计算电势分布

$r\leqslant R$ 时

$$U=\int_r^l E\mathrm{d}r=\int_r^R \frac{A}{3\varepsilon_0}r^2\mathrm{d}r+\int_R^l \frac{AR^3}{3\varepsilon_0}\frac{\mathrm{d}r}{r}$$
$$=\frac{A}{9\varepsilon_0}(R^3-r^3)+\frac{AR^3}{3\varepsilon_0}\ln\frac{l}{R}$$

$r>R$ 时

$$U=\int_r^l E\mathrm{d}r=\int_r^l \frac{AR^3}{3\varepsilon_0}\frac{\mathrm{d}r}{r}=\frac{AR^3}{3\varepsilon_0}\ln\frac{l}{r}$$

10-18 电量 q 均匀分布在长为 $2l$ 的细直线上,求下列各处的电势:

(1) 中垂面上离带电线段中心 O 为 r 处,并利用梯度关系求 E_r;

(2) 延长线上离中心 O 为 z 处,并利用梯度关系求 E_z.

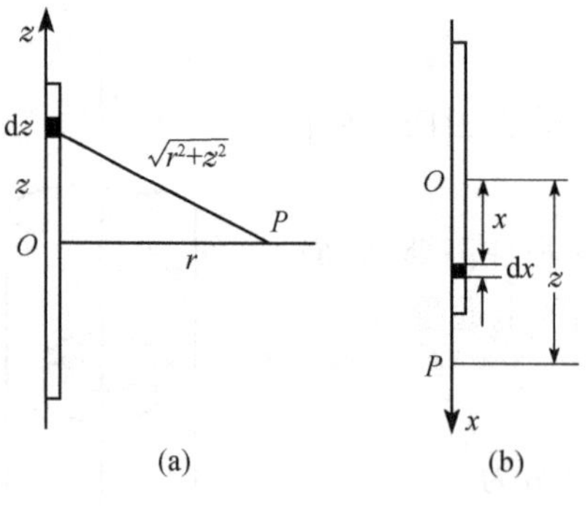

习题 10-18 图

解 (1) 如附图(a)所示,当 P 点在中垂面上时,取电荷元

$$\mathrm{d}q=\lambda\mathrm{d}z$$

其在 P 点处产生的电势为

$$\mathrm{d}U=\frac{\lambda}{4\pi\varepsilon_0}\frac{\mathrm{d}z}{\sqrt{r^2+z^2}}$$

则 P 点的电势为

$$U = \frac{\lambda}{4\pi\varepsilon_0}\int_{-l}^{l}\frac{\mathrm{d}z}{\sqrt{r^2+z^2}} = \frac{q}{4\pi\varepsilon_0}\ln\frac{l+\sqrt{r^2+l^2}}{r}$$

由电场与电势的梯度关系得

$$E_r = -\frac{\partial U}{\partial r} = \frac{q}{4\pi\varepsilon_0\sqrt{r^2+l^2}}$$

(2) 如附图(b)所示,当 P 点在延长线上时,取电荷元

$$\mathrm{d}q = \lambda\mathrm{d}x = \frac{q}{2l}\mathrm{d}x$$

其在 P 点处产生的电势为

$$\mathrm{d}U = \frac{q\mathrm{d}x}{8\pi\varepsilon_0(z-x)l}$$

则 P 点的电势为

$$U = \int\mathrm{d}U = \frac{q}{8\pi\varepsilon_0 l}\ln\frac{z+l}{z-l}$$

由电场与电势的梯度关系得

$$E_z = -\frac{\partial U}{\partial z} = \frac{q}{4\pi\varepsilon_0(z^2-l^2)}$$

讨论:如果 P 点在 Ox 轴负向,则 $E_z<0$,故

$$E_z = \pm\frac{q}{4\pi\varepsilon_0(z^2-l^2)} \quad (z>l,\text{取}+\text{号},z<l,\text{取}-\text{号})$$

10-19 如附图所示,半径为 R 的均匀带电球面,带电量为 q,沿矢径方向上有一均匀带电细线,电荷线密度为 λ,长度为 l,细线近端离球心距离为 r_0. 设球和线上的电荷分布不受相互作用影响,试求细线所受球面电荷的电场力和细线在该电场中的电势能(设无穷远处的电势为零).

解 如附图所示,设 x 轴沿细线方向,原点在球心处,在 x 处取线元 $\mathrm{d}x$,其上电量为 $\mathrm{d}q'=\lambda\mathrm{d}x$,该线元在带电球面的电场中所受电场力为

$$\mathrm{d}F = \frac{q\lambda\,\mathrm{d}x}{4\pi\varepsilon_0 x^2}$$

整个细线所受电场力为

$$F = \frac{q\lambda}{4\pi\varepsilon_0}\int_{r_0}^{r_0+l}\frac{\mathrm{d}x}{x^2} = \frac{q\lambda l}{4\pi\varepsilon_0(r_0+l)}$$

方向沿 x 轴正向.

电荷元在球面电荷电场中具有电势能为

$$\mathrm{d}W = \frac{q\lambda\,\mathrm{d}x}{4\pi\varepsilon_0 x}$$

整个电荷在电场中具有电势能为

$$W = \frac{q\lambda}{4\pi\varepsilon_0}\int_{r_0}^{r_0+l}\frac{\mathrm{d}x}{x} = \frac{q\lambda}{4\pi\varepsilon_0}\ln\frac{r_0+l}{r_0}$$

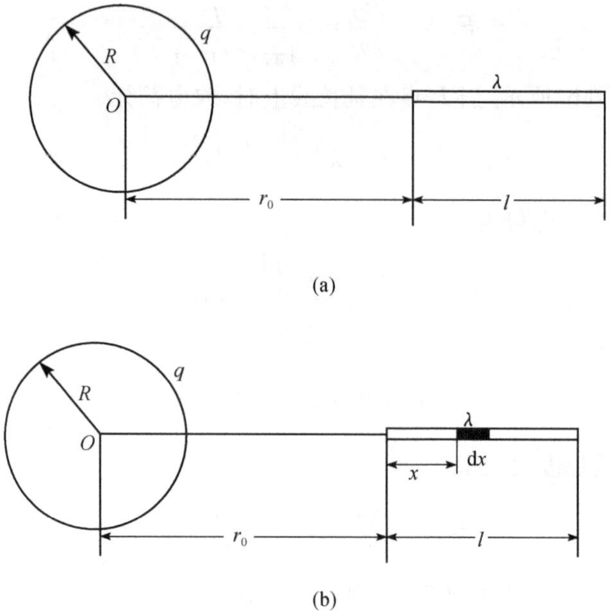

习题 10-19 图

10-20　一圆柱形电容器，外筒的直径为 4cm，内柱的直径可以适当选择，若其间充满各向同性的均匀电介质，该介质的击穿电场强度的大小为 $E_0=200\text{kV/cm}$. 试求该电容器可能承受的最高电压.

解　设圆柱形电容器单位长度上带电量为 λ，则电容器两极板之间的场强分布为

$$E = \frac{\lambda}{2\pi\varepsilon r}$$

当电介质确定时，则击穿电场强度 E_0 一定，电容器内柱上允许的电荷线密度 λ 值应为

$$\lambda = 2\pi\varepsilon r E$$

电容器两极板间可能的电压为

$$U = \int_r^R \boldsymbol{E}\cdot\mathrm{d}\boldsymbol{r} = \int_r^R \frac{\lambda}{2\pi\varepsilon r}\mathrm{d}r = rE_0\ln\frac{R}{r}$$

式中，R 为外柱的半径，r 为内柱的半径，适当选择 r 的值，可使 U 有极大值. 即令

$$\frac{\mathrm{d}U}{\mathrm{d}r} = E_0\ln\left(\frac{R}{r}\right) - E_0 = 0$$

得
$$r_0=\frac{R}{e}$$

显然有
$$\left.\frac{d^2U}{dr^2}\right|_{r=r_0}<0$$

故当 $r=r_0$ 时 $=R/e$ 电容器可能承受的最高电压为

$$U=U_{\max}=r_0E_0\ln\left(\frac{R}{r_0}\right)=\frac{RE_0}{e}$$
$$=147\text{V}$$

10-21 一接地的导体球，半径为 R，原来不带电. 今将一点电荷 q 放在球外距球心的距离为 r 的地方，求球上的感应电荷总量.

解 接地的导体球的电势包括球心处电势为零，点电荷 q 在球心的电势为 $\frac{q}{4\pi\varepsilon_0 r}$，设导体球上的感应电荷总量为 q'，则 q' 在球心的电势为 $q'/4\pi\varepsilon_0 R$. 由电势叠加原理

$$\frac{q}{4\pi\varepsilon_0 r}+\frac{q'}{4\pi\varepsilon_0 R}=0$$

由此得
$$q'=-\frac{R}{r}q$$

10-22 一半径为 R 的均匀带电球体，电量为 Q，如附图所示，在球体中开一直径通道，设此通道极细，不影响球体中的电荷及电场的原来的分布，在球体外距离球心 r 处有一带同种电荷、电量为 q 的点电荷沿通道方向朝球心 O 运动，试计算该点电荷至少应具有多大的初动能才能到达球心(设带电球体内外的介电常数是 ε_0).

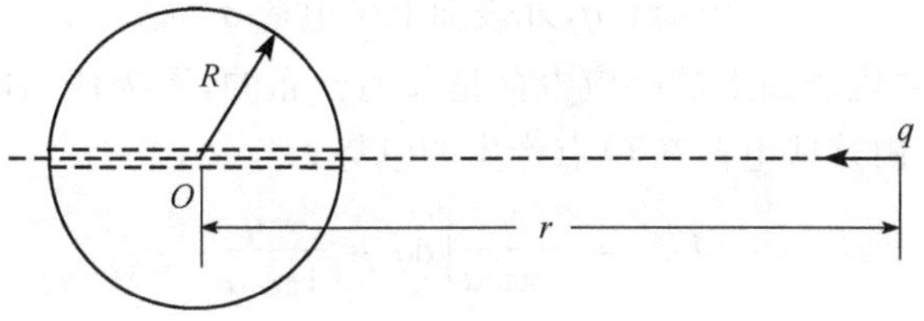

习题 10-22 图

解 按高斯定理可求得球体内的电场强度 E_1 为

$$E_1=\frac{Qr}{4\pi\varepsilon_0 R^3}\quad(r<R)$$

球体外的电场强度 E_2 为

$$E_1=\frac{Q}{4\pi\varepsilon_0 r^2}\quad(r>R)$$

用场强的线积分求的球心 O 点的电势 U_O 为

$$U_O=\int_0^R E_1\mathrm{d}r+\int_R^{\infty} E_2\mathrm{d}r=\frac{Q}{4\pi\varepsilon_0 R^3}\int_0^R r\mathrm{d}r+\frac{Q}{4\pi\varepsilon_0}\int_R^{\infty}\frac{1}{r^2}\mathrm{d}r$$
$$=\frac{3Q}{8\pi\varepsilon_0 R}$$

球外离球心 r 处的电势 U_r 为

$$U_r=\int_r^{\infty} E_2\mathrm{d}r=\frac{Q}{4\pi\varepsilon_0}\int_r^{\infty}\frac{1}{r^2}\mathrm{d}r=\frac{Q}{4\pi\varepsilon_0 r}$$

点电荷从距球心 r 处到达球心处电场力做功为

$$A=q(U_r-U_O)=\frac{qQ}{8\pi\varepsilon_0 Rr}(2R-3r)$$

根据动能定理

$$A=E_{k2}-E_{k1}=-E_{k1}\quad（按题意设 E_{k2}=0）$$

则
$$E_{k1}=-A=\frac{qQ}{8\pi\varepsilon_0 Rr}(3r-2R)$$

10-23　如附图所示，一内半径为 a、外半径为 b 的金属球壳，带有电量 Q，在球壳空腔内距离球心 r 处有一点电荷 q. 设无限远处为电势零点，试求：

(1) 球壳内外表面上的电荷；

(2) 球心 O 点处，由球壳内表面上电荷产生的电势；

(3) 球心 O 点处的总电势.

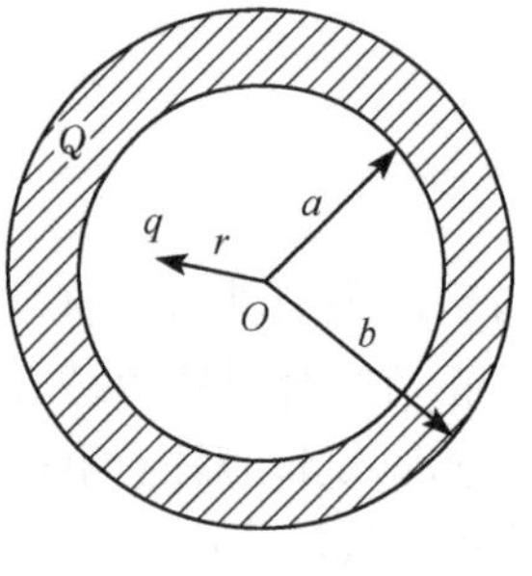

习题 10-23 图

解　(1) 由静电感应，金属球壳的内表面上有感应电荷 $-q$，外表面上带电荷 $q+Q$.

(2) 不论球壳内表面上的感应电荷是如何分布的，因为任一电荷元离 O 点的距离都是 a，所以由这些电荷在 O 点产生的电势为

$$U_{-q}=\frac{1}{4\pi\varepsilon_0 a}\int\mathrm{d}q=\frac{-q}{4\pi\varepsilon_0 a}$$

(3) 球心 O 点处的总电势为分布在球壳内外表面上的电荷和点电荷 q 在 O 点产生的电势的代数和，即

$$U_O=U_q+U_{-q}+U_{Q+q}$$
$$=\frac{q}{4\pi\varepsilon_0 r}-\frac{q}{4\pi\varepsilon_0 a}+\frac{Q+q}{4\pi\varepsilon_0 b}$$
$$=\frac{q}{4\pi\varepsilon_0}\left(\frac{1}{r}-\frac{1}{a}+\frac{1}{b}\right)+\frac{Q}{4\pi\varepsilon_0 b}$$

10-24　一个点电荷 q 放在一无限大接地金属平板上方 h 处. 考虑到板面上紧邻处电场垂直于板面，且板面上感生电荷产生的电场在板面上下具有对称性，试根

据电场叠加原理求出板面上感生面电荷密度的分布.

解　如附图所示,考虑距 q 为 r' 的两点 A 和 B,二者分别位于金属表面的上下,而且离金属表面非常近. 点电荷 q 在 A 和 B 产生电场基本相同,即

$$\boldsymbol{E}'_A = \boldsymbol{E}'_B = \frac{q}{4\pi\varepsilon_0 r'^2}\boldsymbol{e}_{r'}$$

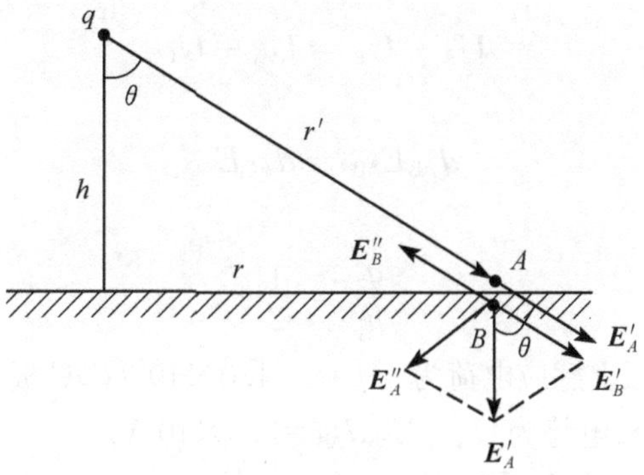

习题 10-24 图

由于在金属内部的 B 点,应该有 $\boldsymbol{E}_B=0$,所以金属表面的感应电荷在 B 点产生的电场应该是 $\boldsymbol{E}''_B=-\boldsymbol{E}'_A$. 根据金属表面上感应电荷的电场对于金属表面应具有平面对称性,所以在外表面的 A 点感应电荷的电场应为如习题 11-22 图所示,而 $\boldsymbol{E}''_A=\boldsymbol{E}''_B=\boldsymbol{E}'_B$,$\boldsymbol{E}''_A$的方向与 $\boldsymbol{E}''_B$和平面成同样的角度. 根据叠加原理,在表面紧邻处 A 点的电场应为 $\boldsymbol{E}_A=\boldsymbol{E}'_A+\boldsymbol{E}''_A$,如附图所示,垂直于表面,大小为

$$E_A = 2E'_A\cos\theta = \frac{2qh}{4\pi\varepsilon_0(h^2+r^2)^{3/2}}$$

而感应电荷的面密度应为

$$\sigma = -\varepsilon_0 E_A = -\frac{qh}{2\pi(h^2+r^2)^{3/2}}$$

10-25　如附图所示,A、B、C 是三块平行金属板,面积均为 200cm^2,A、B 相距 4.0mm,A、C 相距 2.0mm,B、C 两板都接地. 设 A 板带正电 3.0×10^{-7}C,不计边缘效应,求 B 板和 C 板上的感应电荷,以及 A 板的电势. 若在 A、B 间充以相对介电系数 $\varepsilon_r=5$ 的均匀电介质,再求 B 板和 C 板上的感应电荷,以及 A 板的电势.

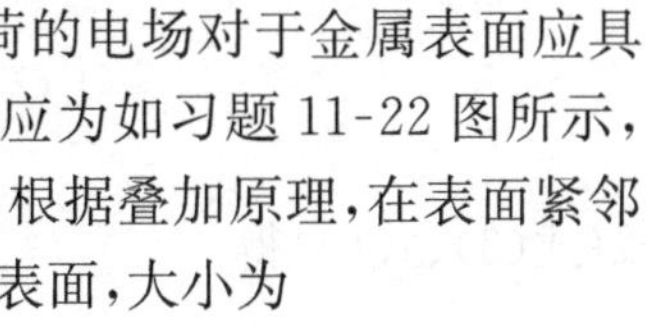

习题 10-25 图

解　(1) A 板带正电,B、C 板接地,且两板在 A 板附近,所以 A 板上的电量 q 分布在左右两表面

上，分别设为 q_1 和 q_2，B板左面感应电荷应为 $-q_2$，板右面应为 $-q_1$，于是有

$$q_1+q_2=q \tag{1}$$

由于AB间和AC间可视为匀强电场，则

$$E_{AB}=\frac{q_2}{\varepsilon_0 S},\quad E_{AC}=\frac{q_1}{\varepsilon_0 S}$$

由题意

$$U_A-U_B=U_A-U_C$$

即有

$$d_{AB}E_{AB}=d_{AC}E_{AC}$$

可得

$$\frac{q_2}{q_1}=\frac{1}{2} \tag{2}$$

解式(1)、式(2)得B板上感应电荷为 $-q_2=-1.0\times10^{-7}$C，C板上感应电荷为 $-q_1=-2.0\times10^{-7}$C. 而A板电势为 $U_A=E_{AB}d_{AB}=2.3\times10^4$V.

(2) 当AB间充满电介质时，有

$$q_1+q_2=q \tag{3}$$

$$E_{AB}=\frac{q_2}{\varepsilon_0\varepsilon_r S},\quad E_{AC}=\frac{q_1}{\varepsilon_0\varepsilon_r S}$$

$$\frac{q_2}{q_1}=\frac{\varepsilon_r E_{AB}}{E_{AC}}=\frac{5d_{AC}}{d_{AB}}=\frac{5}{2} \tag{4}$$

解式(3)、式(4)得

$$q_1=0.86\times10^{-7}\text{C}$$
$$q_2=2.14\times10^{-7}\text{C}$$

B板上感应电荷

$$-q_2=-2.14\times10^{-7}\text{C}$$

C板上感应电荷

$$-q_1=-0.86\times10^{-7}\text{C}$$
$$U_A=E_{AB}d_{AB}=9.7\times10^2\text{V}$$

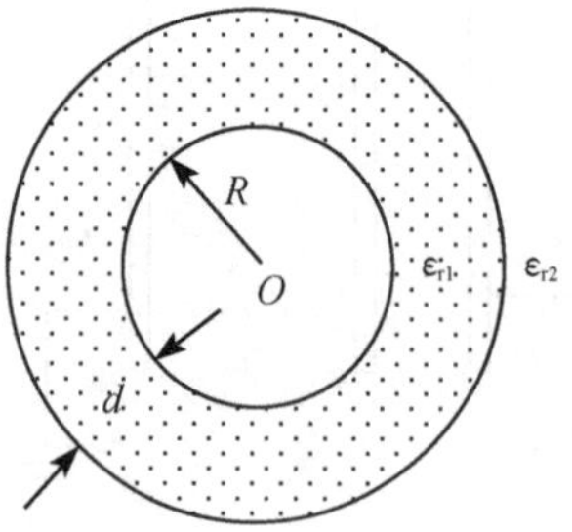

习题10-26图

10-26　如附图所示，一导体球带电 $q=1.0\times10^{-8}$C，半径为 $R=10.0$cm，球外有两种均匀电介质，一种介质($\varepsilon_{r1}=5.00$)的厚度为 $d=10.0$cm，另一种介质为空气($\varepsilon_{r2}=1.00$)，充满其余整个空间.

(1) 求离球心 O 为 r 处的电场强度 $\boldsymbol{E}$ 和电位移 $\boldsymbol{D}$，取 $r=5.0$cm 或 15.0cm 或 25.0cm，算出相应的 $\boldsymbol{E}$、$\boldsymbol{D}$ 的量值；

(2) 求离球心 O 为 r 处的电势 U,取 r=5.0cm、10.0cm、15.0cm、20.0cm 或 25.0cm. 算出相应的 U 的量值.

解 (1) 应用高斯定理可得

当 $r<R$ 时 $E_1=0,\quad D_1=0$

当 $R<r<(R+d)$ 时 $D_2=\dfrac{q}{4\pi r^2},\quad E_2=\dfrac{q}{4\pi\varepsilon_0\varepsilon_{r1}r^2}$

当 $r>(R+d)$ 时 $D_3=\dfrac{q}{4\pi r^2},\quad E_3=\dfrac{q}{4\pi\varepsilon_0 r^2}$

以 r=0.05m 代入

$$E_1=0,\quad D_1=0$$

以 r=0.15m 代入

$$E_2=8.0\times10^2\,\text{V/m}$$
$$D_2=\varepsilon_0\varepsilon_{r1}E_2=3.54\times10^{-8}\,\text{C/m}^2$$

以 r=0.25m 代入

$$E_3=1.44\times10^3\,\text{V/m}$$
$$D_3=\varepsilon_0E_3=1.27\times10^{-8}\,\text{C/m}^2$$

(2) 当 $r\leqslant R$ 时

$$U_1=\int_r^R E_1\,\mathrm{d}r+\int_R^{R+d}E_2\,\mathrm{d}r+\int_{R+d}^{\infty}E_3\,\mathrm{d}r$$
$$=\frac{q}{4\pi\varepsilon_0\varepsilon_{r1}}\left(\frac{1}{R}+\frac{\varepsilon_{r1}-1}{R+d}\right)$$

当 $R\leqslant r\leqslant(R+d)$ 时

$$U_2=\int_r^{R+d}E_2\,\mathrm{d}r+\int_{R+d}^{\infty}E_3\,\mathrm{d}r=\frac{q}{4\pi\varepsilon_0\varepsilon_{r1}}\left(\frac{1}{r}+\frac{\varepsilon_{r1}-1}{R+d}\right)$$

当 $r\geqslant(R+d)$ 时

$$U_3=\int_r^{\infty}E_3\,\mathrm{d}r=\frac{q}{4\pi\varepsilon_0 r}$$

当 r=0.05m,$U_1=5.4\times10^2$V;r=0.10m,$U_1'=5.4\times10^2$V;r=0.15m,$U_2=4.8\times10^2$V;r=0.20m,$U_2'=4.5\times10^2$V;r=0.25m,$U_3=3.6\times10^2$V.

10-27 一平行板电容器的每个板的面积为 0.02m^2,两板相距 0.5mm,放在一个金属盒子中,如附图(a)所示. 电容器两板到盒子上下底面的距离各为 0.25mm,忽略边缘效应,求此电容器的电容. 如果将一个板和盒子用导线连接起来,电容器的电容又是多少?

解 原电容器和盒子相当于附图(b)所示的组合电容器,总电容为

$$C=C_{AB}+\frac{C_{AK}C_{BK}}{C_{AK}+C_{BK}}$$

利用公式 $C=\varepsilon_0 S/d$ 将已给数据代入，可求得

$$C = 7.08\times10^{-10}\,\mathrm{F}$$

当一个板(如 B 板)和盒子相连后，就相当于附图(c)所示的组合电容器，其总电容为

$$C' = C_{AK} + C_{AB} = 1.06\times10^{-9}\,\mathrm{F}$$

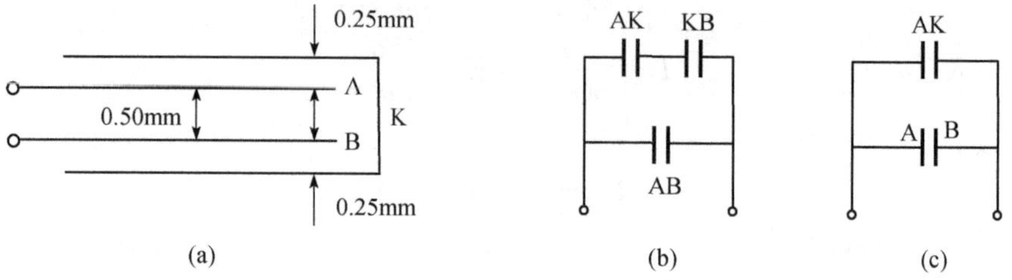

习题 10-27 图

10-28　同心导体球壳，其间充满相对介电常数为 ε_r 的各向同性均匀电介质，外球壳以外为真空，内球壳半径为 R_1，带电量为 Q_1；外球壳内、外半径分别为 R_2 和 R_3，带电量为 Q_2.

(1) 求整个空间的电场强度 $\boldsymbol{E}$ 的表达式，并定性画出场强大小的径向分布曲线；

(2) 求电介质中电场能量 W_e 的表达式.

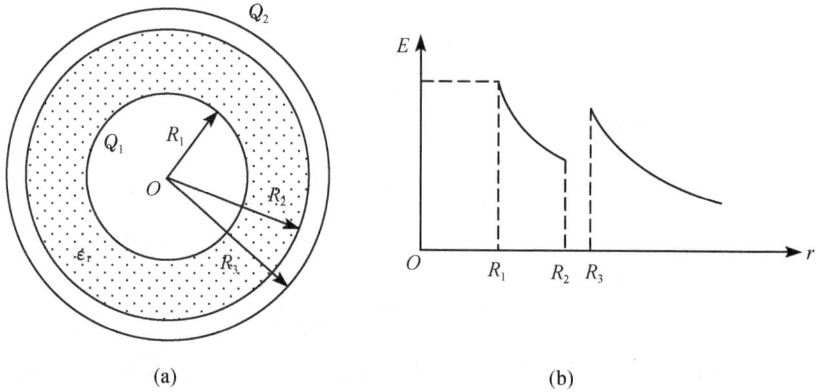

习题 10-28 图

解　(1) 场强表示式

$$\boldsymbol{E}_1 = 0,\quad r<R_1$$

$$\boldsymbol{E}_2 = \frac{Q_1}{4\pi\varepsilon_0\varepsilon_r r^3}\boldsymbol{r},\quad R_1<r<R_2$$

$$\boldsymbol{E}_3 = 0,\quad R_2<r<R_3$$

$$\boldsymbol{E}_4 = \frac{Q_1+Q_2}{4\pi\varepsilon_0 r^3}\boldsymbol{r},\quad r>R_3$$

场强径向分布见附图(b).

(2)
$$w_e=\frac{1}{2}\varepsilon E_2^2=\frac{Q_1^2}{32\pi^2\varepsilon_0\varepsilon_r r^4}$$
$$W_e=\int w_e dV=\int_{R_1}^{R_2}\frac{Q_1^2}{32\pi^2\varepsilon_0\varepsilon_r r^4}4\pi r^2 dr$$
$$=\frac{Q_1^2}{8\pi\varepsilon_0\varepsilon_r}\left(\frac{1}{R_1}-\frac{1}{R_2}\right)$$

10-29 铀核带电量为 $92e$,可以近似地认为它均匀分布在一个半径为 7.4×10^{-15}m 的球体内.

(1) 求铀核的静电势能.

(2) 当铀核对称裂变后,产生两个相同的钯核,各带电 $46e$,总体积和原来一样.设这两个钯核也可以看成球体,当它们分离很远时,它们的总静电势能又是多少? 这一裂变释放出的静电势能是多少?

(3) 按每个铀核都这样对称裂变.计算 1kg 铀裂变后释放出的静电势能是多少(裂变时释放的"核能"基本上就是这静电势能.铀的摩尔质量 $M=238\times10^{-3}$ kg/mol)?

解 (1) 电量为 q,半径为 R 的均匀带电球体,其电场分布为

$$\boldsymbol{E}=\begin{cases}\dfrac{q}{4\pi\varepsilon_0 R^3}\boldsymbol{r} & (r\leqslant R)\\[2ex] \dfrac{q}{4\pi\varepsilon_0 r^3}\boldsymbol{r} & (r\geqslant R)\end{cases}$$

球体内距球心为 r 处的电势为

$$U=\int_r^R\boldsymbol{E}\cdot d\boldsymbol{r}+\int_R^\infty\boldsymbol{E}\cdot d\boldsymbol{r}=\frac{q}{4\pi\varepsilon_0 R^3}\int_r^R\boldsymbol{r}\cdot d\boldsymbol{r}+\frac{q}{4\pi\varepsilon_0}\int_R^\infty\frac{1}{r^3}\boldsymbol{r}\cdot d\boldsymbol{r}$$
$$=\frac{q}{8\pi\varepsilon_0 R}(3R^2-r^2)$$

在半径为 r、厚度为 dr 的球壳内电量为

$$dq=\rho\cdot4\pi r^2 dr=\frac{3qr^2 dr}{R^3}$$

均匀带电球体的静电势能为

$$W=\frac{1}{2}\int_q U dq=\int_0^R\frac{3q^2(3R^2-r^2)r^2}{16\pi\varepsilon_0 R^6}dr=\frac{3q^2}{20\pi\varepsilon_0 R}$$

令 $q=92e$,则铀核的静电势能为

$$W=\frac{3\times(92e)^2}{20\pi\varepsilon_0 R}=1.6\times10^{-10}\text{J}$$

(2) 当该铀核分裂成两个相距很远的钯核后,总体积不变,因此有

$$\frac{4}{3}\pi R^3 = 2 \cdot \frac{4}{3}\pi r^3$$

则钯核的半径为 $r=2^{1/3}R$,两钯核系统的静电势能为

$$W = 2\times\frac{3\times(46e)^2}{20\pi\varepsilon_0 r} = 1.0\times10^{-10}\,\mathrm{J}$$

这一裂变释放出的静电势能为

$$W_1 - W_2 = 1.6\times10^{-10} - 1.0\times10^{-10} = 6.0\times10^{-11}(\mathrm{J})$$

(3) 质量为 m 的铀内原子核数为

$$N = \frac{m}{M}N_{\mathrm{A}}$$

式中 M 为铀的摩尔质量,N_{A} 为阿伏伽德罗常量.

那么 $m=1\mathrm{kg}$ 的铀核裂变之后释放的静电势能为

$$W = N(W_1 - W_2) = \frac{mN_{\mathrm{A}}(W_1 - W_2)}{M} = 1.5\times10^{14}\,\mathrm{J}$$

第11章 静磁学

一、基本要求

(1) 掌握磁感应强度,了解稳恒电流磁场的性质.

(2) 掌握毕奥-萨伐尔定律和安培环路定律,能根据磁场叠加原理计算某些简单的、电流分布对称的载流导体及其组合载流系统的磁感应强度.

(3) 掌握安培定律和洛伦兹力公式.能计算某些简单载流导体、载流平面线圈在磁场中受到的磁力和磁力矩,能分析和计算点电荷在均匀磁场中的运动问题.

(4) 了解磁介质磁化的原因和描述介质磁化现象的磁化强度、磁化电流;了解 $\boldsymbol{M}$、$\boldsymbol{B}$、$\boldsymbol{H}$ 三个磁矢量之间的关系.掌握介质中的安培环路定理.

二、内容提要

1. 电流的磁场

稳恒电流产生的磁场不随时间变化,称为稳恒磁场.磁力线与电流互相套连,方向呈右手螺旋关系.磁感应强度 $\boldsymbol{B}$ 是描述磁场强弱和方向的物理量.

磁场的两个基本定律:

磁场的高斯定理

$$\oint_S \boldsymbol{B} \cdot \mathrm{d}\boldsymbol{S} = 0$$

安培环路定理

$$\oint_l \boldsymbol{B} \cdot \mathrm{d}\boldsymbol{l} = \mu_0 \sum I$$

2. 毕奥-萨伐尔定律和磁场叠加原理

$$\mathrm{d}\boldsymbol{B} = \frac{\mu_0}{4\pi} \frac{I\mathrm{d}\boldsymbol{l} \times \boldsymbol{r}}{r^3}$$

$$\boldsymbol{B} = \int_l \frac{\mu_0}{4\pi} \frac{I\mathrm{d}\boldsymbol{l} \times \boldsymbol{r}}{r^3}, \quad \boldsymbol{B} = \sum \boldsymbol{B}_i$$

运动电荷的磁场

$$\boldsymbol{B} = \frac{\mu_0}{4\pi} \frac{q\boldsymbol{v} \times \boldsymbol{r}}{r^3}$$

3. 磁力

安培定律

$$\mathrm{d}\boldsymbol{F} = I\mathrm{d}\boldsymbol{l} \times \boldsymbol{B}, \quad \boldsymbol{F} = \int I\mathrm{d}\boldsymbol{l} \times \boldsymbol{B}$$

载流平面线圈的磁矩

$$\boldsymbol{p}_{\mathrm{m}} = NIS\boldsymbol{e}_n$$

载流平面线圈在均匀磁场中所受的磁力矩

$$\boldsymbol{M} = \boldsymbol{p}_{\mathrm{m}} \times \boldsymbol{B}$$

洛伦兹力

$$\boldsymbol{F} = q\boldsymbol{v} \times \boldsymbol{B}$$

磁力的功

$$A = \int_{\Phi_1}^{\Phi_2} I\mathrm{d}\Phi$$

4. 磁介质的磁化与磁场

(1) 磁化电流与磁化强度的关系

磁化电流面密度矢量

$$\boldsymbol{J}' = \boldsymbol{M} \times \boldsymbol{e}_n$$

$\boldsymbol{e}_n$ 介质表面法向单位矢量.

磁化面电流

$$I' = \oint_l \boldsymbol{M} \cdot \mathrm{d}\boldsymbol{l}$$

(2) 介质中的安培环路定理

$$\oint_l \boldsymbol{H} \cdot \mathrm{d}\boldsymbol{l} = \sum I$$

式中，$\boldsymbol{H}=\dfrac{\boldsymbol{B}}{\mu_0}-\boldsymbol{M}$ 称为磁场强度.

在各向同性的磁介质中

$$\boldsymbol{M} = \chi_{\mathrm{m}}\boldsymbol{H}, \quad \boldsymbol{B} = \mu_0\mu_{\mathrm{r}}\boldsymbol{H} = \mu\boldsymbol{H}$$

式中，χ_{m} 是介质的磁化率，μ_{r} 和 μ 分别被称为介质的相对磁导率和磁导率.

三、例题详解

例 11-1 在一半径 $R=1.0\mathrm{cm}$ 的无限长半圆形金属薄片中，自上而下有电流 $I=5.0\mathrm{A}$ 均匀通过，如附图(a)所示. 求半圆片轴线上 O 点的磁感强度.

解 如附图(b)所示，无限长圆柱形载流金属薄片可看作许多平行的无限长直导线所组成，对应于宽为 $\mathrm{d}l$ 的窄条无限长直导线中的电流为

$$\mathrm{d}I = \frac{I}{\pi R}\mathrm{d}l = \frac{I}{\pi R}R\,\mathrm{d}\theta = \frac{I}{\pi}\mathrm{d}\theta$$

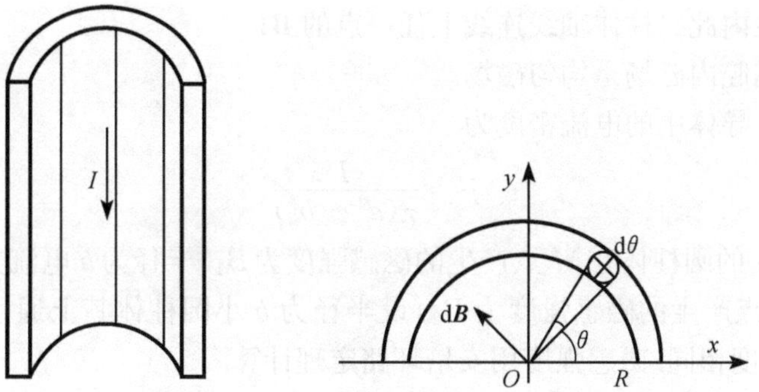

(a)　　(b)

例 11-1 图

它在 O 点产生的磁感应强度

$$dB = \frac{\mu_0 dI}{2\pi R} = \frac{\mu_0}{2\pi R}\frac{I d\theta}{\pi}$$

方向由右手判定,如附图(b)所示,则

$$dB_x = -dB\sin\theta,\quad dB_y = dB\cos\theta$$

由对称性可知

$$\int dB_y = 0$$

所以 O 点产生的磁感应强度

$$B = \int dB_x = -\int_0^{\pi}\frac{\mu_0 I}{2\pi^2 R}\sin\theta d\theta = -\frac{\mu_0 I}{\pi^2 R}$$

代入数据可得 $B=-6.37\times10^{-5}$T,$\boldsymbol{B}$ 的方向沿 x 轴负方向.

例 11-2　将半径为 a 的无限长金属圆柱体内挖去一半径为 $b(b<a)$ 的无限长柱体,两柱体轴线平行,轴间距 $d(d<a-b)$. 空心导体沿轴向通有电流 I 并沿截面均匀分布.

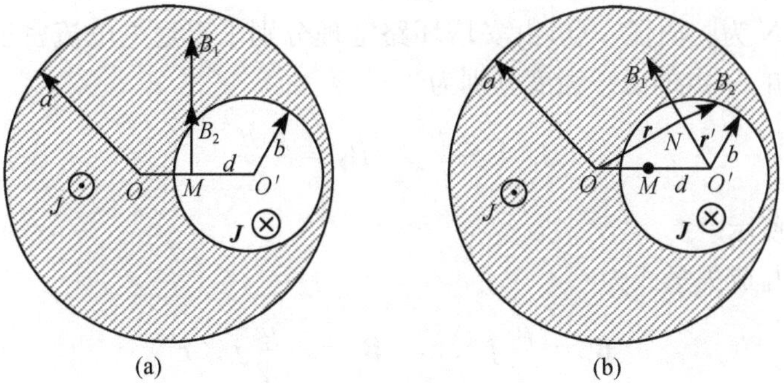

(a)　　(b)

例 11-2 图

(1) 求腔内此二柱体轴线连线上任一点的 $\boldsymbol{B}$；

(2) 证明腔内磁场是均匀磁场.

(1) **解** 导体中的电流密度为

$$j=\frac{I}{\pi(a^2-b^2)}$$

半径为 a 的圆柱体在 M 点产生的磁感强度为 B_1，半径为 b 电流方向相反的小圆柱体在 M 点产生的磁感强度为 B_2，设半径为 b 小圆柱体其上通过的电流方向相反，电流密度相同. 磁感强度用安培环路定理计算.

$$OM=r,\quad O'M=d-r$$

$$\oint \boldsymbol{B}_1\cdot \mathrm{d}\boldsymbol{l}=B_1 2\pi r=\mu_0 \pi r^2 j$$

可得

$$B_1=\frac{\mu_0 jr}{2}$$

方向如附图所示.

$$\oint \boldsymbol{B}_2\cdot \mathrm{d}\boldsymbol{l}=B_2 2\pi(d-r)=\mu_0 \pi(d-r)^2 j$$

可得

$$B_2=\frac{\mu_0 j(d-r)}{2}$$

方向如附图所示.

M 点的磁感应强度为

$$\boldsymbol{B}=\boldsymbol{B}_1+\boldsymbol{B}_2$$

方向如附图所示.

$\boldsymbol{B}$ 的大小为 $B=B_1+B_2=\dfrac{\mu_0 j\mathrm{d}}{2}$，$\boldsymbol{B}$ 方向垂直两轴线连线.

从上式可见两轴连线上各点的磁感强度 $\boldsymbol{B}$ 大小和方向均相同.

(2) 设 N 为腔内任一点，由安培环路定理分别求得通电电流密度为 $\boldsymbol{j}$ 与 $-\boldsymbol{j}$ 的大小圆柱在 N 点的磁感强度分别为

$$B_1=\frac{\mu_0 jr}{2},\quad B_2=\frac{\mu_0 jr'}{2}$$

方向如附图所示.

上两式写成矢量式为

$$\boldsymbol{B}_1=\frac{\mu_0}{2}\boldsymbol{j}\times\boldsymbol{r},\quad \boldsymbol{B}_2=-\frac{\mu_0}{2}\boldsymbol{j}\times\boldsymbol{r}'$$

则 N 点的磁感强度为

$$\boldsymbol{B}=\boldsymbol{B}_1+\boldsymbol{B}_2=\frac{\mu_0}{2}\boldsymbol{j}\times(\boldsymbol{r}-\boldsymbol{r}')=\frac{\mu_0}{2}\boldsymbol{j}\times\boldsymbol{OO'}$$

从上式可见腔内各点的磁感强度 B 与 N 点在腔内的位置无关，磁感应强度的大小为$\frac{\mu_0 jd}{2}$，方向为垂直于 OO' 向上. 即空腔内的场是均匀磁场.

例 11-3 均匀带电刚性细杆 AB，电荷线密度为 λ，绕垂直于直线的轴 O 以角速度 ω 匀速转动（O 点在细杆 AB 延长线上）求：

（1）O 点的磁感应强度 $\boldsymbol{B}_O$；

（2）磁矩 $\boldsymbol{p}_{\mathrm{m}}$；

（3）若 $a\gg b$，求 $\boldsymbol{B}_O$ 及 $\boldsymbol{p}_{\mathrm{m}}$.

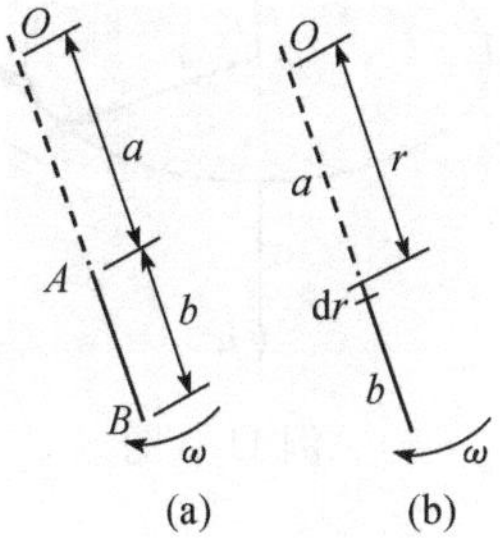

例 11-3 图

解 （1）如附图(b)所示，对 $r\sim r+\mathrm{d}r$ 段，电荷 $\mathrm{d}q=\lambda\mathrm{d}r$，旋转形成圆电流，则电流元为

$$\mathrm{d}I=\frac{\mathrm{d}q\omega}{2\pi}=\frac{\lambda\omega}{2\pi}\mathrm{d}r$$

它在 O 点的磁感应强度

$$\mathrm{d}B_O=\frac{\mu_0\mathrm{d}I}{2r}=\frac{\lambda\omega\mu_0}{4\pi}\cdot\frac{\mathrm{d}r}{r}$$

$$B_O=\int\mathrm{d}B_O=\frac{\lambda\omega\mu_0}{4\pi}\int_a^{a+b}\frac{\mathrm{d}r}{r}$$

$$=\frac{\mu_0\lambda\omega}{4\pi}\ln\left(\frac{a+b}{a}\right)$$

（2）

$$\mathrm{d}p_{\mathrm{m}}=\pi r^2\mathrm{d}I=\frac{1}{2}\lambda\omega r^2\mathrm{d}r$$

$$p_{\mathrm{m}}=\int\mathrm{d}p_{\mathrm{m}}=\int_a^{a+b}\frac{1}{2}\lambda\omega r^2\mathrm{d}r$$

$$=\frac{1}{6}\lambda\omega[(a+b)^3-a^3]$$

（3）若 $a\gg b$，则

$$\ln\frac{a+b}{a}\approx\frac{b}{a}$$

$$B_0=\frac{\mu_0\omega}{4\pi}\cdot\frac{\lambda b}{a}=\frac{\mu_0\omega q}{4\pi a}$$

$\boldsymbol{B}$ 的方向在 $\lambda>0$ 时为垂直图面向内.

过渡到点电荷的情况

在 $a\gg b$ 时

$$(a+b)^3\approx a^3(1+3b/a)$$

则

$$p_m = \frac{\lambda\omega}{6} \cdot a^3 3 \frac{b}{a} = \frac{1}{2} q\omega a^2$$

也与点电荷运动后的磁矩相同.

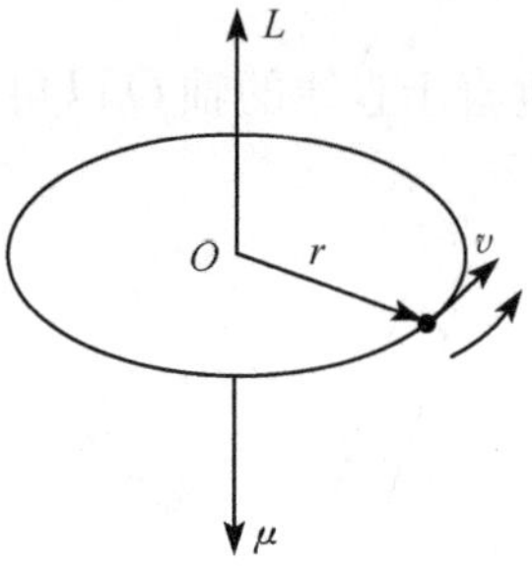

例 11-4 图

例 11-4 在玻尔的氢原子模型中,电子绕原子核运动相当于一个圆电流,具有相应的磁矩,称为轨道磁矩.试求轨道磁矩 μ 与轨道角动量 L 之间的关系,并计算氢原子在基态时电子的轨道磁矩.

解 设电子绕核做匀速圆周运动,圆的半径为 r,转速为 n. 电子的运动相当于一个圆电流,电流的量值为 $I=ne$,圆电流的面积为 $S=\pi r^2$,所以相应的磁矩为

$$\mu = IS = ne\pi r^2$$

轨道角动量

$$L = rm_e v = rm_e 2\pi nr = 2m_e n\pi r^2$$

所以

$$\mu = \frac{eL}{2m_e}$$

角动量和磁矩的方向可分别按右手螺旋规则确定. 因为电子运动方向与电流方向相反,所以 $\boldsymbol{L}$ 和 $\boldsymbol{\mu}$ 的方向恰好相反,如附图所示. 上式关系写成矢量式为

$$\boldsymbol{\mu} = -\frac{e}{2m_e}\boldsymbol{L}$$

这一经典结论与量子理论导出的结果相符. 在玻尔理论中,电子的轨道角动量是满足量子化条件的,其量值等于$(h/2\pi)$的整数倍. 所以氢原子在基态时,其轨道磁矩为

$$\mu_B = \frac{e}{2m_e}\left(\frac{h}{2\pi}\right) = \frac{eh}{4\pi m_e}$$

它是轨道磁矩的最小单位(称为玻尔磁子). 将 $e=1.602\times10^{-19}$ C, $m_e=9.11\times10^{-31}$ kg,普朗克常量 $h=6.626\times10^{-34}$ J · s 代入,可算得

$$\mu_B = 9.278\times10^{-24}\ \text{A}\cdot\text{m}^2$$

例 11-5 将半径 R 的圆电流 I_2 置于无限长直流 I_1 的磁场中,长直导线与圆电流直径重合且相互绝缘,求圆电流 I_2 所受的磁场力.

解法一 建立如附图所示的坐标. 载流导线产生的磁场方向如附图,大小为

$$B = \frac{\mu_0 I_1}{2\pi x}$$

圆形线圈上选取电流元 $I_2 \mathrm{d}\boldsymbol{l}$,则 y 轴左右两侧对称位置上 $I_2 \mathrm{d}\boldsymbol{l}$ 受力 $\mathrm{d}\boldsymbol{F}$ 的方向如

附图所示.

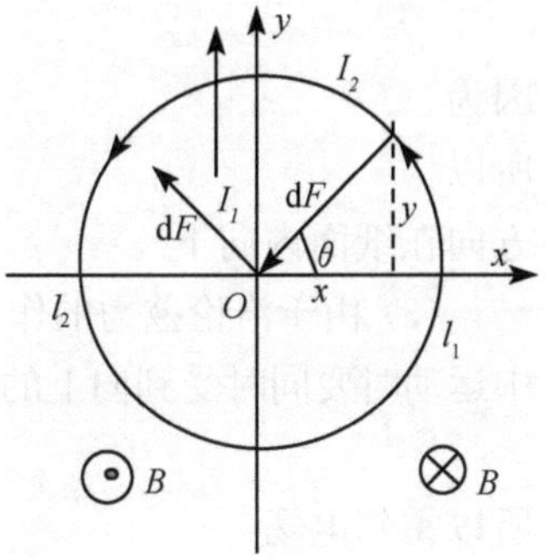

例 11-5 图

由对称性得

$$F_y = 0$$

由安培力公式

$$\boldsymbol{F} = \int I \mathrm{d}\boldsymbol{l} \times \boldsymbol{B}$$

得
$$\mathrm{d}F_x = -I_2 B \mathrm{d}l \cos\theta$$

$$F_x = -\int I_2 B \cos\theta \mathrm{d}l$$

因 $\mathrm{d}l = R\mathrm{d}\theta, x = R\cos\theta$,于是

$$B = \frac{\mu_0 I_1}{2\pi x} = \frac{\mu_0 I_1}{2\pi R\cos\theta}$$

$$F_x = -I_2 \frac{\mu_0 I}{2\pi} \int_0^{2\pi} \mathrm{d}\theta = -\mu_0 I_1 I_2$$

解法二 将圆电流分为左右两个通电半圆导线 l_2 和 l_1

$$\boldsymbol{F} = \int I \mathrm{d}\boldsymbol{l} \times \boldsymbol{B}$$

$$\boldsymbol{F} = \int_{l_1} I_2 \mathrm{d}\boldsymbol{l} \times \boldsymbol{B} + \int_{l_2} I_2 \mathrm{d}\boldsymbol{l} \times \boldsymbol{B}$$

$$\begin{aligned}
\boldsymbol{F} &= I_2 \int_{l_1} (\mathrm{d}x\boldsymbol{i} + \mathrm{d}y\boldsymbol{j}) \times B(-\boldsymbol{k}) + I_2 \int_{l_2} (\mathrm{d}x\boldsymbol{i} + \mathrm{d}y\boldsymbol{j}) \times B(\boldsymbol{k}) \\
&= I_2 \left[\int_{l_1} B\mathrm{d}x\boldsymbol{j} + \int_{l_1} B\mathrm{d}y(-\boldsymbol{i}) + \int_{l_2} B\mathrm{d}x(-\boldsymbol{j}) + \int_{l_2} B\mathrm{d}y\boldsymbol{i} \right] \\
&= I_2 \left[\int_0^0 B\mathrm{d}x\boldsymbol{j} + \int_0^0 B\mathrm{d}x(-\boldsymbol{j}) + \int_{-R}^{R} B\mathrm{d}y(-\boldsymbol{i}) + \int_R^{-R} B\mathrm{d}y\boldsymbol{i} \right] \\
&= 2I_2 \int_{-R}^{R} B\mathrm{d}y(-\boldsymbol{i}) = -\mu_0 I_1 I_2 \boldsymbol{i}
\end{aligned}$$

例 11-6 高 l 宽 b 的铜片内通有电流(在附图中以×号表示电流方向). 在与电流垂直的方向上施加一个磁感强度为 $\boldsymbol{B}$ 的均匀磁场. 已知铜片内电子数密度为 n,电子的平均漂移速率为 v,求:

(1) 铜片中的电流;

(2) 电子所受的洛伦兹力;

(3) 铜片中产生的霍尔电场的场强和霍尔电压. 哪一端为正极?

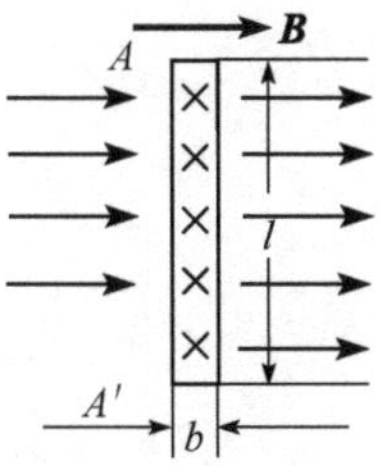

例 11-6 图

解 (1) 由电流的定义及金属的导电理论知,铜片中的电流为

$$I = envbl$$

(2) 由洛伦兹力公式知,电子受力为

$$\boldsymbol{F}=-e\boldsymbol{v}\times\boldsymbol{B}$$

因为
$$\boldsymbol{v}\perp\boldsymbol{B}$$
所以
$$F=evB$$
方向在纸面内向下.

(3) 由于洛伦兹力的作用,使得导体的上、下两端分别带正、负电荷,电子在铜片中运动时要同时受到向上的电场力和向下的洛伦兹力的作用,达到平衡时,电子受力

$$evB=eE_{\mathrm{H}}$$

所以霍尔电场

$$E_{\mathrm{H}}=vB$$

将导体中的电场视为匀强,则霍尔电压为

$$U_{\mathrm{H}}=E_{\mathrm{H}}l=vBl$$

也可用霍尔效应公式

$$U_{\mathrm{H}}=-\frac{1}{ne}\frac{IB}{b}$$

将 $I=envbl$,代入得

$$U_{\mathrm{H}}=Blv$$

A 点比 A' 点的电势高.

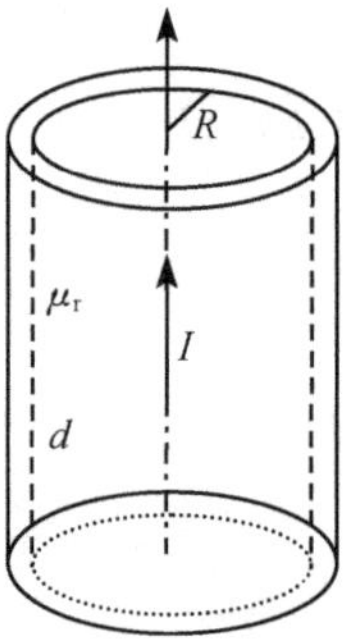

例 11-7 图

例 11-7　一无限长圆柱形直铜线,横截面半径为 R,线外包有一层 μ_r 的均匀介质,层厚为 d,导线中通有电流 I,如附图所示.求:

(1) 各处 H 及 B;

(2) 磁介质内、外表面上的分子电流.

解　(1) 由安培环路定理

$$\oint\boldsymbol{H}\cdot\mathrm{d}\boldsymbol{l}=\sum I$$

得

$$H=\begin{cases}\dfrac{rI}{2\pi R^2}, & r<R\\ \dfrac{I}{2\pi r}, & R<r<R+d\\ \dfrac{I}{2\pi r}, & r>R+d\end{cases}$$

又由

$$B=\mu_0 H(\text{介质外}),\quad B=\mu_0\mu_r H(\text{介质内})$$

有

$$B=\begin{cases}\dfrac{\mu_0 rI}{2\pi R^2}, & r<R\\ \dfrac{\mu_0\mu_r I}{2\pi r}, & R<r<R+d\\ \dfrac{\mu_0 I}{2\pi r}, & r>R+d\end{cases}$$

各 H 和 B 的方向由右手螺旋法则确定. H 和 B 线在垂直轴线的任一平面上为一系列的同心圆环.

(2) 磁化强度

$$\boldsymbol{M}=\frac{\sum \boldsymbol{p}_{mi}}{\Delta V}$$

$\boldsymbol{p}_{mi}$ 是分子磁矩.

$$M=x_m H=(\mu_r-1)\frac{I}{2\pi r}$$

$\boldsymbol{M}$ 线在垂直轴线的任一平面上也为一系列的同心圆环.

对顺磁质, $\mu_r>1$, $\boldsymbol{M}/\!/\boldsymbol{e}_\tau$; 对抗磁质, $\mu_r<1$, $\boldsymbol{M}/\!/-\boldsymbol{e}_\tau$, $\boldsymbol{e}_\tau$ 为同心圆环的切线方向.

已知均匀磁介质表面的分子电流线密度为

$$J'=M$$

$$J'_{R+d}=M_{R+d}=(\mu_r-1)\frac{I}{2\pi(R+d)}$$

$$J'_R=M_R=(\mu_r-1)\frac{I}{2\pi R}$$

外表面分子电流与内表面分子电流分别为

$$I'=2\pi(R+d)J'_{R+d}=(\mu_r-1)I$$
$$I'=2\pi RJ'_R=(\mu_r-1)I$$

磁介质内、外表面分子电流的流向相反，总量值相等，沿着轴线的方向与电流 I 同向或反向.

例 11-8　如附图所示，铁环中心线周长为 30cm，横截面积为 1.0cm²，在环上密绕 300 匝漆包导线，当导线中通有电流 32mA 时，通过环横截面积的磁通量为 2.0×10^{-6} Wb. 试求：

(1) 铁环内部 $\boldsymbol{B}$ 和 $\boldsymbol{H}$ 的大小；

(2) 铁的磁化率 χ_m 和相对磁导率 μ_r；

(3) 铁环的磁化强度 $\boldsymbol{M}$ 的大小.

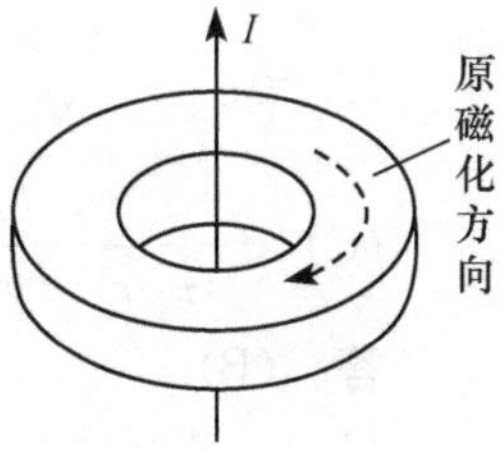

例 11-8 图

解 (1) $B=\frac{\Phi_B}{S}=2.0\times10^{-2}\mathrm{T}$,而

$$H=\frac{NI}{L}=32\mathrm{A/m}$$

L 为铁环中心线周长,所以

$$M=\frac{B}{\mu_0}-H=1.59\times10^4\mathrm{A/m}$$

(2) 因为 $\chi_m=\frac{M}{H}=497$,所以

$$\mu_r=1+\chi_m=498$$

(3) 对于铁磁材料,与 B/μ_0 相比,H 可忽略不计,即 $M\approx B/\mu_0$.

四、习题指导

(一) 思考题

11-1 如附图所示,在磁感应强度为 $\boldsymbol{B}$ 的均匀磁场中作一半径为 r 的半球面 S,S 边线所在平面的法线方向单位矢量 $\boldsymbol{e}_n$ 和 $\boldsymbol{B}$ 的夹角为 α,则通过半球面 S 的磁通量为(　　).

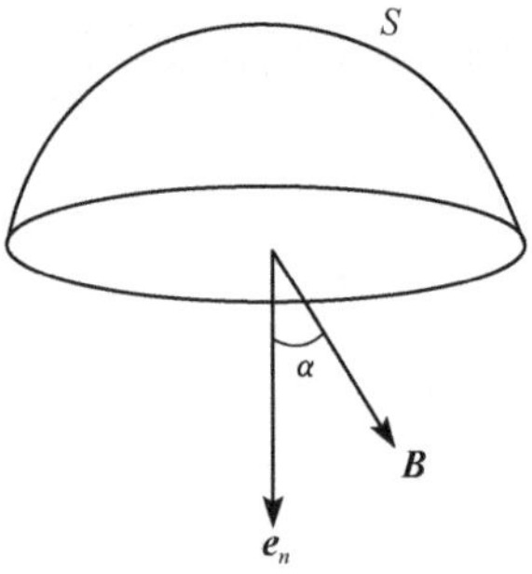

思考题 11-1 图

(A) πr^2B;　　(B) $2\pi r^2B$;

(C) $-\pi r^2B\sin\alpha$;　　(D) $-\pi r^2B\cos\alpha$.

答 (D).

11-2 有一个圆形回路 1 及一个正方形回路 2,圆直径和正方形的边长相等,两者中通有大小相等的电流,它们在各自中心产生的磁感应强度的大小之比 B_1/B_2 为(　　).

(A) 0.90;　　(B) 1.00;　　(C) 1.11;　　(D) 1.22.

答 (C).

11-3 一个电流元 $i\mathrm{d}\boldsymbol{l}$ 位于直角坐标系原点,电流沿 z 轴方向,空间点 $P(x,y,z)$ 的磁感应强度沿 x 轴的分量是(　　).

(A) 0;　　(B) $-\frac{\mu_0 iy\mathrm{d}l}{4\pi(x^2+y^2+z^2)^{3/2}}$;

(C) $-\frac{\mu_0 ix\mathrm{d}l}{4\pi(x^2+y^2+z^2)^{3/2}}$;　　(D) $-\frac{\mu_0 iy\mathrm{d}l}{(x^2+y^2+z^2)}$.

答 (B).

11-4 若要使半径为 4×10^{-3}m 的裸铜线表面的磁感应强度为 7.0×10^{-5}T,则铜线中需要通过的电流为($\mu_0=4\pi\times10^{-7}\mathrm{T\cdot m/A}$)(　　).

(A) 0.14A; (B) 1.4A;

(C) 14A; (D) 2.8A.

答 (B).

11-5 如附图所示,两根直导线 AB 和 CD 沿半径方向被接到一个截面处处相等的铁环上,稳恒电流 I 从 A 端流入而从 D 端流出,则磁感应强度 $\boldsymbol{B}$ 沿图中闭合路径 L 的积分 $\oint_L \boldsymbol{B}\cdot d\boldsymbol{l}$ 等于( ).

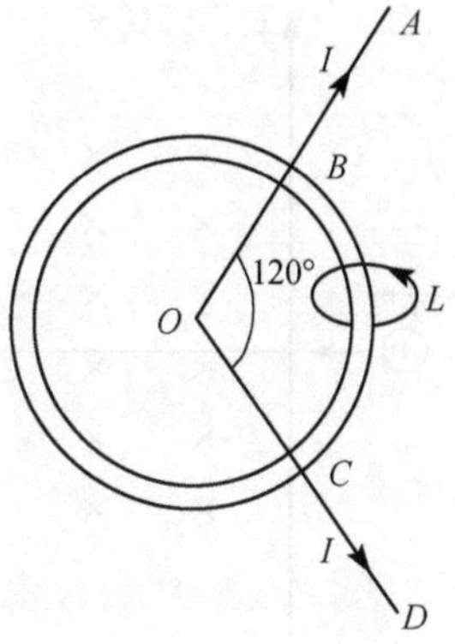

思考题 11-5 图

(A) $\mu_0 I$; (B) $\mu_0 I/3$;

(C) $\mu_0 I/4$; (D) $2\mu_0 I/3$.

答 (D).

11-6 如附图所示,流出纸面的电流为 $2I$,流进纸面的电流为 I,则下述各式中( )是正确的.

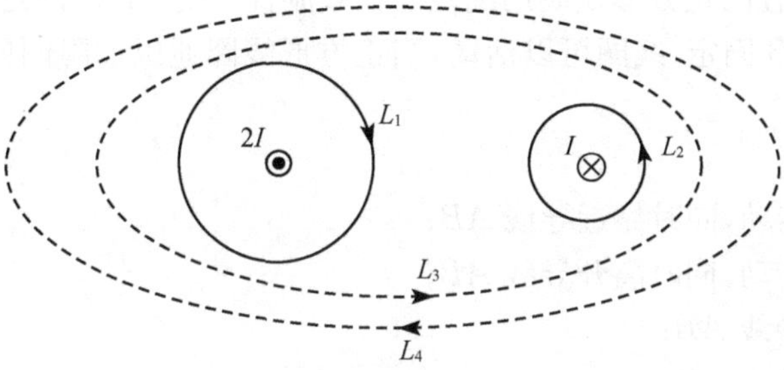

思考题 11-6 图

(A) $\oint_{L1} \boldsymbol{H}\cdot d\boldsymbol{l} = 2I$; (B) $\oint_{L2} \boldsymbol{H}\cdot d\boldsymbol{l} = I$;

(C) $\oint_{L3} \boldsymbol{H}\cdot d\boldsymbol{l} = -I$; (D) $\oint_{L4} \boldsymbol{H}\cdot d\boldsymbol{l} = -I$.

答 (D).

11-7 一电荷量为 q 的粒子在均匀磁场中运动,下列( )说法是正确的.

(A) 只要速度大小相同,粒子所受的洛伦兹力就相同;

(B) 在速度不变的前提下,若电荷 q 变为 $-q$,则粒子受力反向,数值不变;

(C) 粒子进入磁场后,其动能和动量不变;

(D) 洛伦兹力与速度方向垂直,所以带电粒子运动的轨迹必定是圆.

答 (B).

11-8 如附图所示,一个电量为 $+q$、质量为 m 的质点,以速度 v 沿 x 轴射入磁感强度为 B 的均匀磁场中,磁场方向垂直纸面向里,其范围从 $x=0$ 延伸到无限远,如果质点在 $x=0$ 和 $y=0$ 处进入磁场,则它将以速度 $-v$ 从磁场中某一点出

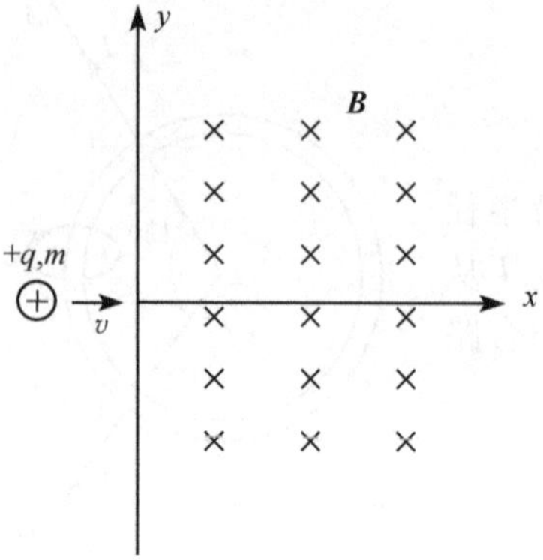

思考题 11-8 图

来,这点坐标是 $x=0$ 和(　　).

(A) $y=+\dfrac{mv}{qB}$;　　(B) $y=+\dfrac{2mv}{qB}$;

(C) $y=-\dfrac{2mv}{qB}$;　　(D) $y=-\dfrac{mv}{qB}$.

答　(B).

11-9　按玻尔的氢原子理论,电子在以质子为中心,半径为 r 的圆形轨道上运动,如果把这样一个原子放在均匀的外磁场中,使电子轨道平面与 $\boldsymbol{B}$ 垂直,如附图所示,在 r 不变的情况下,电子轨道运动的角速度将(　　).

(A) 增加;　　(B) 减小;　　(C) 不变;　　(D) 改变方向.

答　(A).

11-10　把轻的正方形线圈用细线挂在载流直导线 AB 的附近,两者在同一平面内,直导线 AB 固定,线圈可以活动,当正方形线圈通以如附图所示的电流时线圈将(　　).

(A) 不动;

(B) 发生转动,同时靠近导线 AB;

(C) 发生转动,同时离开导线 AB;

(D) 靠近导线 AB;

(E) 离开导线 AB.

答　(D).

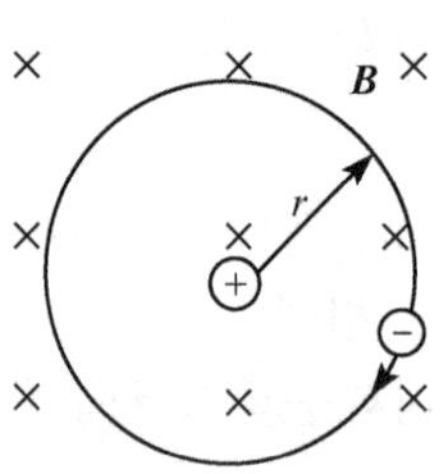

思考题 11-9 图

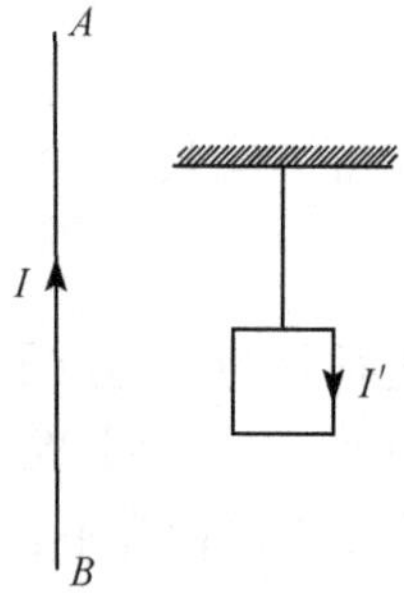

思考题 11-10 图

11-11　如附图所示,在磁感应强度为 $\boldsymbol{B}$ 的均匀磁场中,有一圆形载流导线,a、b、c 是其上三个长度相等的电流元,则它们所受安培力大小的关系为(　　).

(A) $F_a>F_b>F_c$;　　(B) $F_a<F_b<F_c$;

(C) $F_b>F_c>F_a$;　　(D) $F_a>F_c>F_b$.

答 (C).

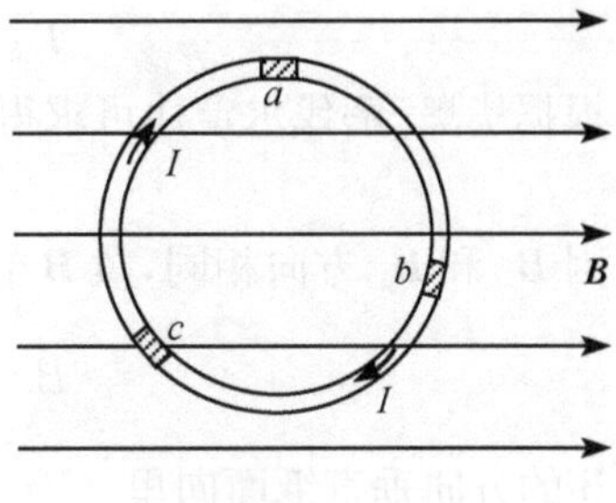

思考题 11-11 图

11-12 若一平面载流线圈在磁场中既不受力,也不受力矩作用,这说明( ).

(A) 该磁场一定均匀,且线圈的磁矩方向一定与磁场方向平行;

(B) 该磁场一定不均匀,且线圈的磁矩方向一定与磁场方向平行;

(C) 该磁场一定均匀,且线圈的磁矩方向一定与磁场方向垂直;

(D) 该磁场一定不均匀,且线圈的磁矩方向一定与磁场方向垂直.

答 (A).

11-13 关于稳恒磁场的磁场强度 $\boldsymbol{H}$ 的下列几种说法中( )是正确的.

(A) $\boldsymbol{H}$ 仅与传导电流有关;

(B) 若闭合曲线内没有包围传导电流,则曲线上各点的 $\boldsymbol{H}$ 必为零;

(C) 若闭合曲线上各点 $\boldsymbol{H}$ 均为零,则该曲线所包围传导电流的代数和为零;

(D) 以闭合曲线 L 为边缘的任意曲面的 $\boldsymbol{H}$ 通量均相等.

答 (C).

(二) 习题

11-1 如附图所示,真空中有一边长为 l 的正三角形导体框架,另有相互平行并与三角形的 BC 边平行的长直导线 1 和 2 分别在 A 点和 B 点与三角形导体框架相连.已知直导线中的电流为 I,求正三角形中心点 O 处的磁感应强度 $\boldsymbol{B}$.

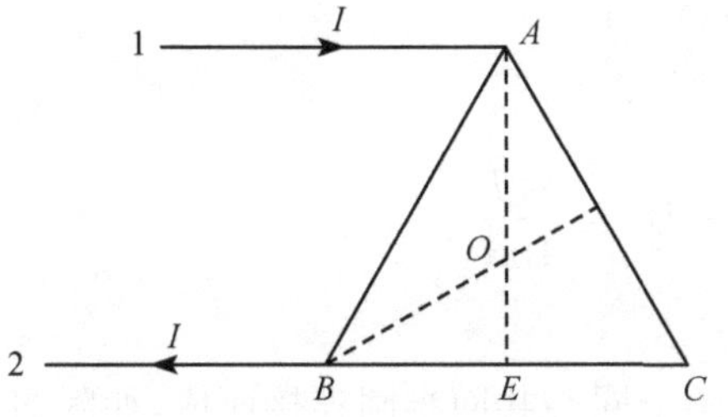

习题 11-1 图

解 对 O 点直导线 1 为半无限长通电导线,所产生的磁感应强度的大小

$$B_1=\frac{\mu_0 I}{4\pi\,\overline{OA}}=\frac{3\mu_0 I}{4\pi\sqrt{3}l}$$

方向垂直纸面向里.

直导线 2 在 O 点产生的场强大小为

$$B_2=\frac{\mu_0 I}{4\pi\,\overline{OE}}\left(\cos\frac{5\pi}{6}-\cos\pi\right)=\frac{6\mu_0 I}{4\pi\sqrt{3}l}\left(1-\frac{\sqrt{3}}{2}\right)$$

方向垂直纸面向里.

由于 AB 和 ACB 并联,所以

$$I_{AB} \cdot \overline{AB} = I_{ACB} \cdot (\overline{AC} + \overline{CB})$$

根据毕奥-萨伐尔定律可求得 $B_{AB}=B_{ACB}$，方向相反. 所以 O 点总的磁感应强度

$$B = B_1 + B_2$$

因 $\boldsymbol{B}_1$ 和 $\boldsymbol{B}_2$ 方向相同，故 $\boldsymbol{B}$ 的大小为

$$B = B_1 + B_2 = \frac{3\mu_0 I}{4\pi l}(\sqrt{3}-1)$$

$\boldsymbol{B}$ 的方向垂直纸面向里.

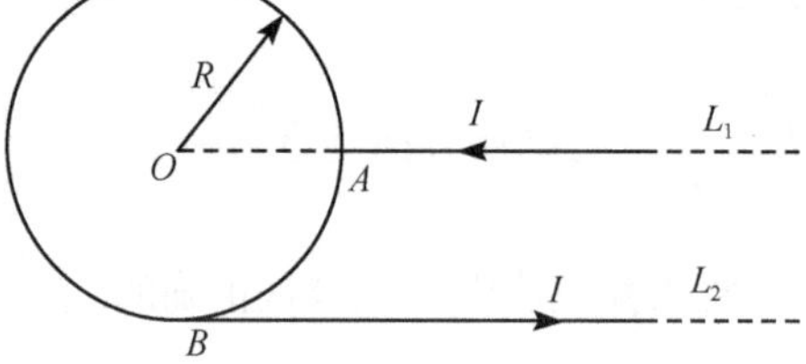

习题 11-2 图

11-2　用两根彼此平行的半无限长直导线 L_1、L_2 把半径为 R 的均匀导体圆环连到电源上，如附图所示，已知直导线上的电流为 I，求圆环中心 O 点的磁感应强度.

解　L_1 在点产生的磁感应强度为零，即

$$B_1 = 0$$

L_2 在 O 点产生的磁感应强度为 $B_2=\dfrac{\mu_0 I}{4\pi R}$，方向垂直于图面向外.

电流 I 由经 A 点分两路流入圆环，其中流经 3/4 圆弧的电流为 $I/4$，流经 1/4 圆弧的电流为 $3I/4$. 由此可见，两圆弧在 O 点产生的磁感应强度大小相等，方向相反，即

$$B_3 + B_4 = 0$$

O 点的磁感应强度

$$B_O = B_1 + B_2 + B_3 + B_4 = \frac{\mu_0 I}{4\pi R}$$

方向垂直于图面向外.

11-3　有一闭合回路由半径为 a 和 b 的两个同心共面半圆连接而成，如附图其上均匀分布线密度为 λ 的电荷，当回路以匀角速度 ω 绕过 O 点垂直于回路平面的轴转动时，求圆心 O 点处的磁感应强度的大小.

解　当回路绕 O 点垂直于回路平面的轴转动时，两半圆分别形成两圆电流，其中

$$I_1 = \frac{\pi\lambda\omega b}{2\pi}$$

它在点 O 产生的磁感应强度

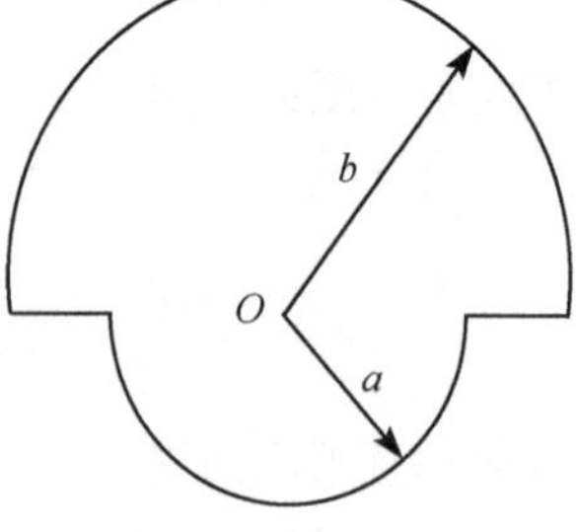

习题 11-3 图

$$B_1=\frac{\mu_0 I_1}{2b}=\frac{\mu_0\lambda\omega}{4}$$

另一圆电流为

$$I_2=\frac{\pi\lambda\omega a}{2\pi}$$

它在点 O 产生的磁感应强度

$$B_2=\frac{\mu_0 I_2}{2a}=\frac{\mu_0\lambda\omega}{4}$$

而带电直线段转动形成了半径从 $b-a$ 到 b 无数多个圆电流，任取一半径为 r、宽度为 $\mathrm{d}r$ 的圆电流

$$\mathrm{d}I_3=\frac{2\lambda\omega\,\mathrm{d}r}{2\pi}$$

整个直线段转动在点 O 产生的磁感应强度

$$B_3=\int_a^b\frac{\mu_0}{2}\cdot\frac{2\lambda\omega}{2\pi r}\mathrm{d}r=\frac{\mu_0\lambda\omega}{2\pi}\ln\frac{b}{a}$$

点 O 总的磁感应强度

$$B=B_1+B_2+B_3=\frac{\mu_0\lambda\omega}{2\pi}\left(\pi+\ln\frac{b}{a}\right)$$

11-4 载流正方形线圈边长为 $2a$，电流为 I.

(1) 求轴线上距中心为 r_0 处的磁感应强度；

(2) 当 $a=1.0\text{cm}$，$I=0.5\text{A}$，$r_0=0$ 和 10cm 时，B 等于多少？

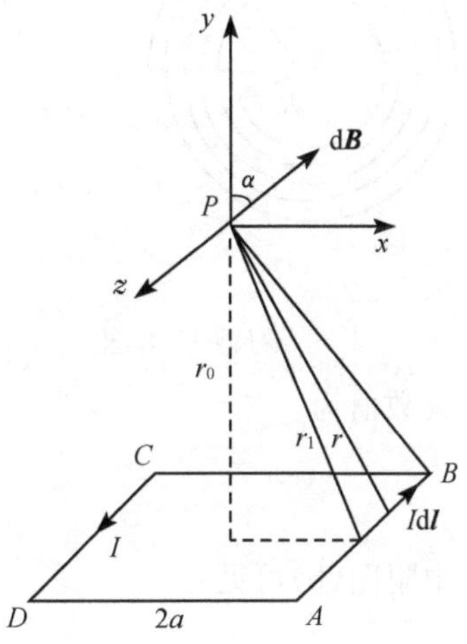

习题 11-4 图

解 (1) 如附图所示. 以 P 点为原点建立直角坐标系，由图可知，AB 边和 CD 边各电流元在 P 点所产生的磁感应强度的矢量和只有 y 轴方向的分量. 根据正方形的对称性，DA 边和 BC 边在 P 点所产生的磁感应强度的矢量和也只有 y 轴方向的分量.

$\mathrm{d}B$ 与 y 轴成 α 角，并且垂直于平面 PAB(注意：AB 边上各 $I\mathrm{d}l$ 在 P 点产生的磁场均垂直于平面 PAB)，则有

$$\mathrm{d}B=\frac{\mu_0}{4\pi}\frac{I\mathrm{d}l\sin\theta}{r^2}=\frac{\mu_0}{4\pi}\frac{Ir_1\mathrm{d}z}{r^3}$$

$$\mathrm{d}B_y=\mathrm{d}B\cdot\cos\alpha=\frac{\mu_0}{4\pi}\frac{Ir_1\mathrm{d}z}{r^3}\frac{a}{r_1}=\frac{\mu_0 Ia}{4\pi}\frac{\mathrm{d}z}{(z^2+a^2+r_0^2)^{3/2}}$$

$$B_y=\int\mathrm{d}B_y=\frac{\mu_0 Ia}{4\pi}\int_{-a}^{a}\frac{\mathrm{d}z}{(z^2+a^2+r_0^2)^{3/2}}=\frac{\mu_0 Ia^2}{2\pi r_1^2(2a^2+r_0^2)^{1/2}}$$

轴线上距中心为 r_0 处的 P 点的总磁感应强度的大小为

$$B_P = 4B_y = \frac{2\mu_0 I a^2}{\pi r_1^2 (a^2 + r_0^2)(2a^2 + r_0^2)^{1/2}}$$

(2) 当 $a=1.0\text{cm}, I=0.5\text{A}, r=0\text{cm}$ 时,有

$$B_P = \frac{2\mu_0 I}{\pi \sqrt{2} a} = 2.8 \times 10^{-5}\text{T}$$

当 $a=1.0\text{cm}, I=0.5\text{A}, r=10\text{cm}$ 时,有

$$B_P = \frac{2\mu_0 I a^2}{\pi r_1^2 (a^2 + r_0^2)(2a^2 + r_0^2)^{1/2}} = 3.9 \times 10^{-8}\text{T}$$

11-5　如附图(a)所示,在平面螺旋线中,流过一强度为 I 的电流,求在螺旋线中点的磁感应强度的大小. 螺旋线被限制在半径为 R_1 和 R_2 的两圆之间,共 n 圈(提示:螺旋线的极坐标方程为 $r=a\theta+b$,其中 a,b 为待定系数).

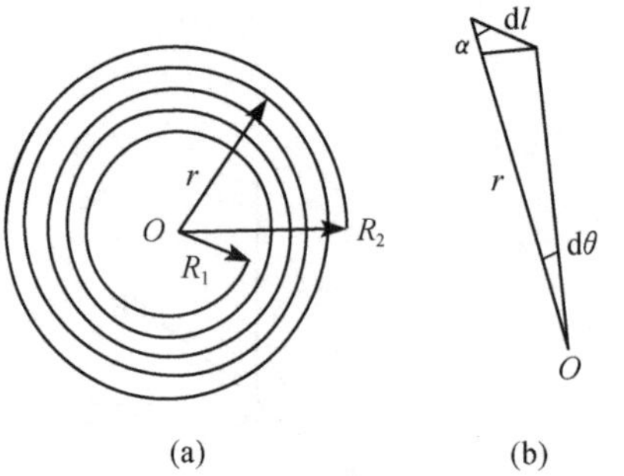

习题 11-5 图

解　螺旋线上电流元 $I\mathrm{d}\boldsymbol{l}$ 在中心 O 处产生的磁场为

$$\mathrm{d}\boldsymbol{B} = \frac{\mu_0}{4\pi} \frac{I\mathrm{d}\boldsymbol{l} \times \boldsymbol{r}}{r^3}$$

其数值为

$$\mathrm{d}B = \frac{\mu_0}{4\pi} \frac{I\mathrm{d}l\sin\alpha}{r^2}$$

由附图(b)可见

$$\mathrm{d}l\sin\alpha = r\mathrm{d}\theta$$

由螺旋线方程

$$r = a\theta + b, \quad \mathrm{d}r = a\mathrm{d}\theta$$

$$\mathrm{d}B = \frac{\mu_0}{4\pi} \frac{I\mathrm{d}r}{ar}$$

螺线共 n 匝.

当 $\theta=0$ 时　　$r=R_1=(a\theta+b)|_{\theta=0}=b$

当 $\theta=2n\pi$ 时　　$r=R_2=(a\theta+b)|_{\theta=2n\pi}=2n\pi a+b$

所以　　$a=\dfrac{R_2-R_1}{2n\pi}$

$$B = \frac{\mu_0}{2} \frac{nI}{R_2 - R_1} \ln \frac{R_2}{R_1}$$

此题也可用圆环公式积分得

$$B=\int_{R_1}^{R_2}\frac{\mu_0\dfrac{nI}{R_2-R_1}\mathrm{d}r}{2r}=\frac{\mu_0 nI}{2(R_2-R_1)}\ln\frac{R_2}{R_1}$$

11-6 两个半径为 R 的线圈平行地放置，相距为 l，通有相等的同向电流，如附图所示.

(1) 分别求出两线圈中心(O_1 和 O_2)处的磁感应强度.

(2) 求距离 O_1，O_2 连线中点 O 为 x 处 P 点的磁感应强度.

(3) 如线圈间的距离是一变量，证明当 $l=R$ 时(这样的线圈组合称为亥姆霍兹线圈)，O 点附近的磁场最为均匀$\left(提示：由\left(\dfrac{\mathrm{d}B}{\mathrm{d}x}\right)_{x=0}=0 及\left(\dfrac{\mathrm{d}^2B}{\mathrm{d}x^2}\right)_{x=0}=0 证明\right)$.

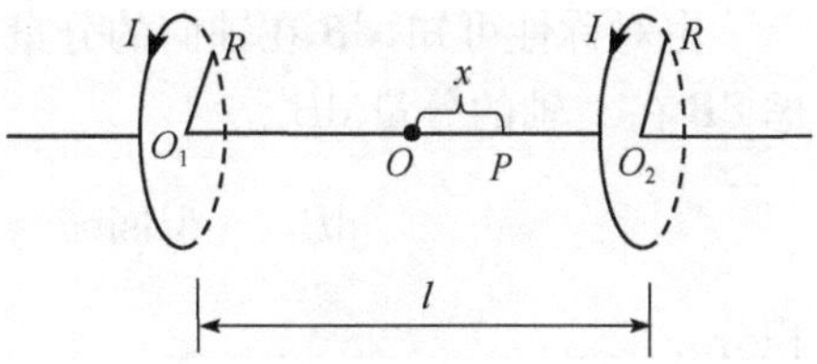

习题 11-6 图

解 (1) 两线圈在 O_1 点和 O_2 点产生的磁感应强度大小均为

$$B=\frac{\mu_0 I}{2R}+\frac{\mu_0 IR^2}{2(R^2+l^2)^{3/2}}$$

方向也相同为沿轴线向右.

(2) P 点处磁感应强度为

$$B=\frac{\mu_0 IR^2}{2[(l/2+x)^2+R^2]^{3/2}}+\frac{\mu_0 IR^2}{2[(l/2-x)^2+R^2]^{3/2}}$$

其大小随 x 而变化.

(3) 因为 B_P 随 x 而变化，当 $l=R$ 时，若 $\left|\dfrac{\mathrm{d}^2B}{\mathrm{d}x^2}\right|_{x=0}=0$，则说明当 $l=R$ 时，$x=0$ 处 B 对 x 曲线的斜率变化缓慢，此时 B 趋向均匀，显然

$$\frac{\mathrm{d}B}{\mathrm{d}x}=\frac{\mu_0 IR^2}{2}\left\{-\frac{3}{2}\frac{2(R/2+x)}{[(R/2+x)^2+R^2]^{5/2}}-\frac{3}{2}\frac{2(R/2-x)(-1)}{[(R/2-x)^2+R^2]^{5/2}}\right\}$$

$$\left|\frac{\mathrm{d}B}{\mathrm{d}x}\right|_{x=0}=0$$

而 $x=0$ 点，确有 $\left|\dfrac{\mathrm{d}^2B}{\mathrm{d}x^2}\right|_{x=0}=0$ 得证.

$\left(l\neq R 时，\left|\dfrac{\mathrm{d}B}{\mathrm{d}x}\right|_{x=0}\neq 0，说明此时 x=0 点已没有 l=R 时的 B 均匀\right)$

11-7 在一无限长的半圆筒形的金属薄片中，沿轴向流有电流，在垂直电流方向单位长度的电流为 $i=k\sin\theta$，其中 k 为常量，θ 如附图所示，求半圆筒轴线上的磁感应强度.

解 设半圆筒半径为 R. 先将半圆筒面分成许多平行轴线的宽度为的无限长直导线，其中流过的电流为

$$\mathrm{d}I = i\mathrm{d}l = k\sin\theta \cdot \mathrm{d}l = k\sin\theta R\,\mathrm{d}\theta$$

它在轴线上产生的磁感应强度为

$$\mathrm{d}B = \frac{\mu_0 \mathrm{d}I}{2\pi R} \quad \text{（方向如附图所示）}$$

由对称性可知，d$\boldsymbol{B}$ 在轴向的分量为零，在 y 轴的分量叠加中相互抵消，只需考虑 d$\boldsymbol{B}$ 在 x 轴的分量 $\mathrm{d}B_x$.

$$\mathrm{d}B_x = \mathrm{d}B\sin\theta = \frac{\mu_0 \mathrm{d}I}{2\pi R}\sin\theta = \frac{\mu_0 k\,\sin^2\theta}{2\pi}\mathrm{d}\theta$$

积分

$$B = \int \mathrm{d}B_x = \int_0^{\pi} \frac{\mu_0 k}{2\pi}\sin^2\theta\mathrm{d}\theta$$

$$= \frac{\mu_0 k}{2\pi}\int_0^{\pi} \frac{1-\cos2\theta}{2}\mathrm{d}\theta = \frac{\mu_0 k}{2\pi}\left(\frac{\theta}{2} - \frac{\sin2\theta}{4}\right)\Big|_0^{\pi}$$

$$= \frac{\mu_0 k}{4}$$

$\boldsymbol{B}$ 的方向沿 x 轴正方向.

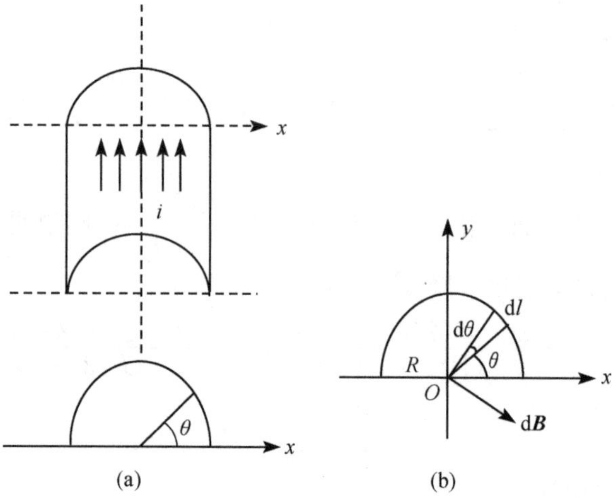

习题 11-7 图

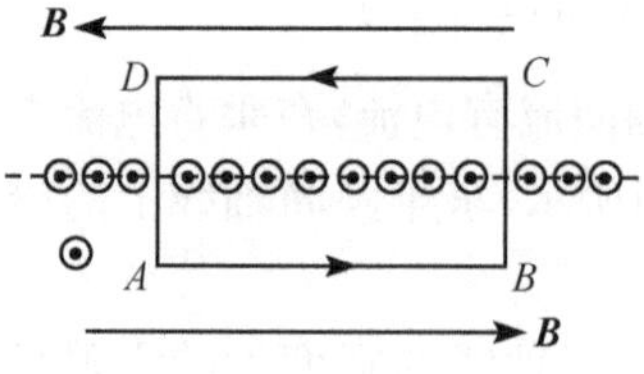

习题 11-8 图

11-8　两个无限大的平行平面上，有均匀分布的面电流，面电流密度大小分别为 i_1 及 i_2. 试求下列情况下两面之间的磁感应强度与两面之外空间的磁感应强度.

(1) 两电流平行；

(2) 两电流反平行；

(3) 两电流相互垂直.

解 对于一个无限大均匀分布的面电流,其磁场是对称的,如附图所示.由安培环路定理

$$\oint \boldsymbol{B} \cdot \mathrm{d}\boldsymbol{l} = \mu_0 I$$

有

$$B \cdot 2 \cdot AB = \mu_0 \cdot i \cdot AB$$

$$B = \frac{1}{2}\mu_0 i$$

当有两平面电流时,则空间任一点磁感应强度如下:

(1) 当两电流平行时

在两电流之间 $B = |B_1 - B_2| = \left|\frac{1}{2}\mu_0 i_1 - \frac{1}{2}\mu_0 i_2\right| = \frac{1}{2}\mu_0 |i_1 - i_2|$

在两电流之外 $B = B_1 + B_2 = \frac{1}{2}\mu_0(i_1 + i_2)$

(2) 当两电流反平行时

在两电流之间 $B = B_1 + B_2 = \frac{1}{2}\mu_0(i_1 + i_2)$

在两电流之外 $B = |B_1 - B_2| = \frac{1}{2}\mu_0 |i_1 - i_2|$

(3) 当两电流相互垂直时

在两电流之间 $B = \sqrt{B_1^2 + B_2^2} = \frac{1}{2}\mu_0 \sqrt{i_1^2 + i_2^2}$

在两电流之外 $B = \sqrt{B_1^2 + B_2^2} = \frac{1}{2}\mu_0 \sqrt{i_1^2 + i_2^2}$

11-9 一无限长圆柱形铜导体(磁导率 μ_0),半径为 R,通有均匀分布的电流 I,今取一矩形平面 S(长为 1m,宽为 $2R$),位置如附图中画斜线部分所示,求通过该矩形平面的磁通量.

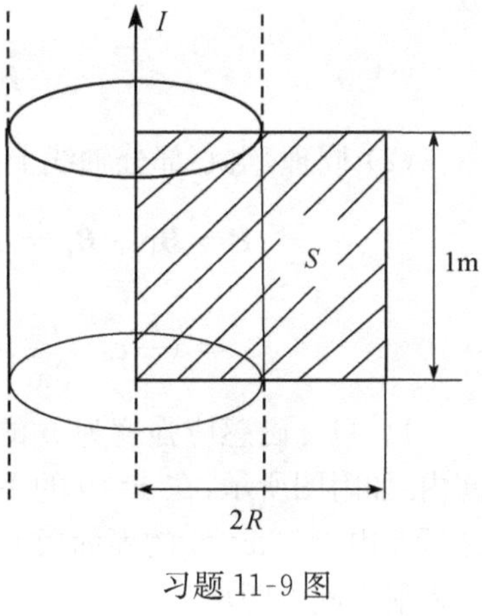

习题 11-9 图

解 在圆柱体内部与导体中心轴线相距为 r 处的磁感应强度的大小,由安培环路定律可得

$$B = \frac{\mu_0 I}{2\pi R^2} r \quad (r \leqslant R)$$

因而,穿过导体内画斜线部分平面的磁通量为

$$\Phi_1 = \int \boldsymbol{B} \cdot \mathrm{d}\boldsymbol{S} = \int B\mathrm{d}S = \int_0^R \frac{\mu_0 I}{2\pi R^2} r\mathrm{d}r = \frac{\mu_0 I}{4\pi}$$

在圆形导体外,与导体中心轴线相距 r 处的磁

感应强度的大小为

$$B=\frac{\mu_0 I}{2\pi r}\quad(r>R)$$

因而,穿过导体外画斜线部分平面的磁通量为

$$\Phi_2=\int \boldsymbol{B}\cdot \mathrm{d}\boldsymbol{S}=\int_R^{2R}\frac{\mu_0 I}{2\pi r}\mathrm{d}r=\frac{\mu_0 I}{2\pi}\ln 2$$

穿过整个平面的磁通量

$$\Phi=\Phi_1+\Phi_2=\frac{\mu_0 I}{4\pi}+\frac{\mu_0 I}{2\pi}\ln 2$$

11-10　如附图所示的是一个外半径为 R_1 的无限长的圆柱形导体管,管内空心部分的半径为 R_2,空心部分的轴与圆柱的轴相平行但不重合,两轴间距离为 a,且 $a>R_2$,现有电流 I 沿导体管流动,电流均匀分布在管的横截面上,而电流方向与管的轴线平行. 求:

(1) 圆柱轴线上的磁感应强度的大小;

(2) 空心部分轴线上的磁感应强度的大小.

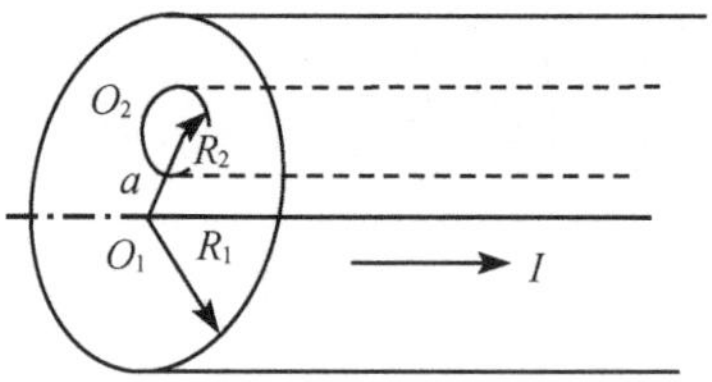

习题 11-10 图

解　(1) 圆柱轴线上的 $\boldsymbol{B}$ 可视为一实心导体柱的 $\boldsymbol{B}_1$ 与沿空心柱的反向电流的 $\boldsymbol{B}_2$ 的叠加,即

$$\boldsymbol{B}=\boldsymbol{B}_1+\boldsymbol{B}_2$$

$$\boldsymbol{B}=\boldsymbol{B}_1+\boldsymbol{B}_2=0+\frac{\mu_0 I'}{2\pi a}\boldsymbol{e}_\theta$$

式中,$\boldsymbol{e}_\theta$ 为切向的单位矢量,它与圆柱轴线垂直.

$$I'=\frac{I}{\pi(R_1^2-R_2^2)}\cdot\pi R_2^2=\frac{IR_2^2}{(R_1^2-R_2^2)}$$

故

$$\boldsymbol{B}=\frac{\mu_0 I}{2\pi a}\frac{R_2^2}{(R_1^2-R_2^2)}\boldsymbol{e}_\theta$$

(2) 同理,空心部分轴线上一点的 $\boldsymbol{B}$ 为

$$\boldsymbol{B}=\boldsymbol{B}_1+\boldsymbol{B}_2=\boldsymbol{B}_1+0=\frac{\mu_0 I_1}{2\pi a}(-\boldsymbol{e}_\theta)$$

$$=(-\boldsymbol{e}_\theta)\frac{\mu_0}{2\pi a}\frac{I}{\pi(R_1^2-R_2^2)}\pi a^2=-\frac{\mu_0 Ia}{2\pi(R_1^2-R_2^2)}\boldsymbol{e}_\theta$$

11-11　磁感应强度为 $\boldsymbol{B}$ 的均匀磁场只存在于 $x>0$ 的空间中,且 $\boldsymbol{B}$ 垂直纸面向内. 如附图所示,在 $x=0$ 的平面上有理想边界,一电子质量为 m、电荷为 $-e$,它在纸面内以与 $x=0$ 的界面成 60°角的速度 v 进入磁场,求电子在磁场中的出射点与入射点间的距离.

解　电子在磁场中做半径为 $R=mv/(eB)$ 的圆周运动. 连接入射点和出射点的线段将是圆周的一条弦,如附图所示. 所以入射点和出射点间的距离为

$$l=2R\sin 60^{\circ}=\frac{\sqrt{3}mv}{eB}$$

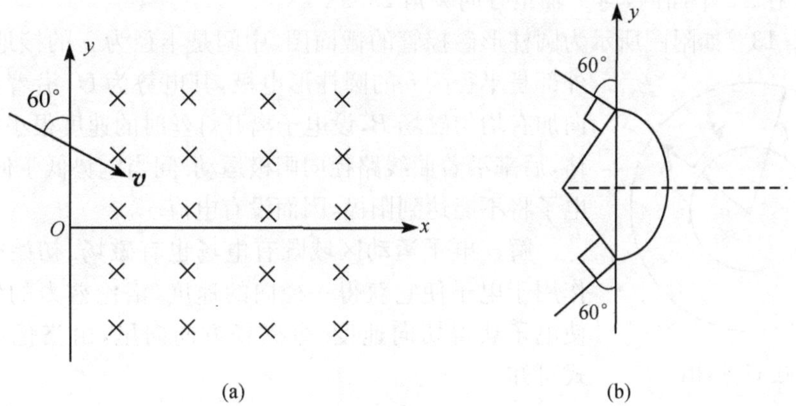

习题 11-11 图

11-12　一电子以速率 $v=1\times10^{4}$m/s 在磁场中运动,当电子沿 x 轴正方向通过空间 A 点时,受到一个沿 $+y$ 方向的作用力,力的大小为 $F=8.01\times10^{-17}$N;当电子沿 $+y$ 方向再次以同一速率通过 A 点时,所受的力沿 z 轴的分量 $F_z=1.39\times10^{-16}$N,求 A 点磁感应强度的大小及方向.

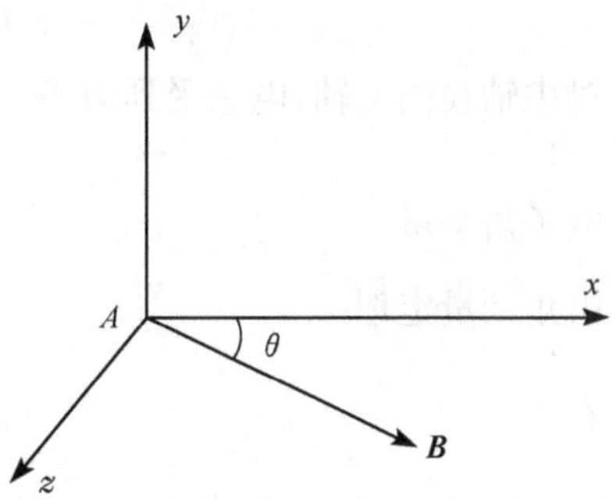

习题 11-12 图

解　因为

$$\boldsymbol{F}=q\boldsymbol{v}\times\boldsymbol{B},\quad \boldsymbol{F}\perp\boldsymbol{B}$$

所以由 v 沿 x 方向、$\boldsymbol{F}$ 沿 y 方向,可知 $B_y=0$,即 $\boldsymbol{B}$ 在 xz 平面内.

又

$$F_y=|q|v_xB_x$$

$$B_z=\frac{F_y}{|q|v_x}=5.00\times10^{-2}\,\mathrm{T}$$

$$F_z=|q|v_yB_x$$

$$B_x=\frac{F_z}{|q|v_y}=8.69\times10^{-2}\,\mathrm{T}$$

所以磁感应强度的大小为

$$B=\sqrt{B_x^2+B_y^2}=1.00\times10^{-1}\text{T}$$

方向：$\boldsymbol{B}$ 与 x 轴的夹角设为 θ，如附图所示，则

$$\tan\theta=\frac{B_z}{B_x}=0.575,\quad \theta\approx29.9°$$

所以 $\boldsymbol{B}$ 在 xz 平面内，与 x 轴正方向夹角 29.9°.

11-13　如附图所示为圆柱形磁控管的截面图，中间是半径为 a 的接地灯丝，外部是半径为 b 的圆柱形电极，其电势为 U，沿着轴线方向加有均匀磁场 B，设电子离开灯丝时的速度很小可以忽略，后来沿着曲线路径向阳极运动. 问当电势低于何值时，电子将不能达到阳极，因而没有电流.

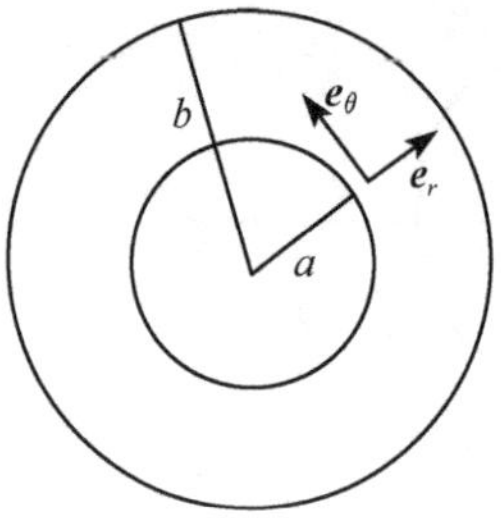

习题 11-13 图

解　电子运动区域既有电场也有磁场. 初始时电场作用于电子使它获得一径向的速度，洛伦兹力的作用又使电子获得切向速度. 令磁场方向向里，由洛伦兹力公式可知

$$\begin{aligned}\boldsymbol{f}_{\text{e}}&=-e(v_r\boldsymbol{e}_r+v_\theta\boldsymbol{e}_\theta)\times\boldsymbol{B}\\&=ev_rB\boldsymbol{e}_\theta-ev_\theta B\boldsymbol{e}_r\\&=e\dot{r}B\boldsymbol{e}_\theta-er\dot{\theta}B\boldsymbol{e}_r=\boldsymbol{f}_\theta+\boldsymbol{f}_r\end{aligned}$$

对中轴线固定轴，电子受到力矩

$$M=f_\theta r=e\dot{r}Br$$

电子角动量

$$|\boldsymbol{L}|=mr^2\dot{\theta}$$

由角动量定理

$$M=\frac{\mathrm{d}L}{\mathrm{d}t}$$

有

$$eBr\frac{\mathrm{d}r}{\mathrm{d}t}=\frac{\mathrm{d}}{\mathrm{d}t}mr^2\dot{\theta}$$

$$\int_a^r eBr\,\mathrm{d}r=\int_0^{mr^2\dot{\theta}}\mathrm{d}mr^2\dot{\theta}$$

$$\dot{\theta}=\frac{eB(r^2-a^2)}{2mr^2}\tag{1}$$

又因电场力是保守力，洛伦兹力不做功，故能量守恒，即

$$\frac{1}{2}m(v_r^2+v_\theta^2)-eU=0$$

$$\frac{1}{2}m(\dot{r}^2+r^2\dot{\theta}^2)=eU\tag{2}$$

将式(1)代入式(2)，并令 $r=b$ 时，$\dot{r}=0$. 故解得

$$U_{\min}=\frac{eB^2(a^2-b^2)^2}{8mb^2}$$

11-14 如附图所示，一铜片厚为 $d=1.0\text{mm}$，放在 $B=1.5\text{T}$ 的磁场中，磁场方向与铜片表面垂直. 已知铜片里每立方厘米有 8.4×10^{22} 个自由电子，每个电子的电荷 $-e=-1.6\times10^{-19}\text{C}$，当铜片有电流 $I=200\text{A}$ 流通时，(1)求铜片上下两侧的电势差 $U_{AA'}$；(2)铜片宽度对有无影响？为什么？

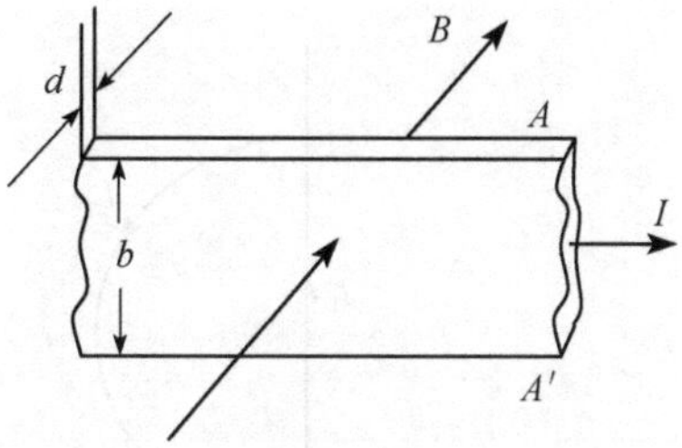

习题 11-14 图

解 (1)

$$U_{AA'}=\frac{IB}{nqd}=\frac{200\times1.5}{8.4\times10^{22}\times(-1.6\times10^{-19})\times1.0\times10^{-3}}$$
$$=-2.23\times10^{-5}(\text{V})$$

负号表示 A' 侧电势高.

(2) 铜片宽度 b 对 $U_{AA'}=U_H$ 无影响. 这是因为 $U_H=E_Hb=vb/B$ 与 b 有关，而在电流 I 一定的情况下，漂移速度 $v=I/(nqbd)$ 又与 b 成反比的缘故.

11-15 一矩形线圈边长分别为 10cm 和 5cm，导线中电流为 $I=2\text{A}$，此线圈可绕它的一边 Oz 转动，如附图所示. 当加上 $B=0.5\text{T}$ 均匀外磁场 $\boldsymbol{B}$，且与线圈平面成 30°角时，线圈的角加速度为 $\beta=2\text{rad/s}^2$，求：

(1) 线圈对 Oz 轴的转动惯量 $J=$？

(2) 线圈平面由初始位置转到与 $\boldsymbol{B}$ 垂直时磁力所做的功.

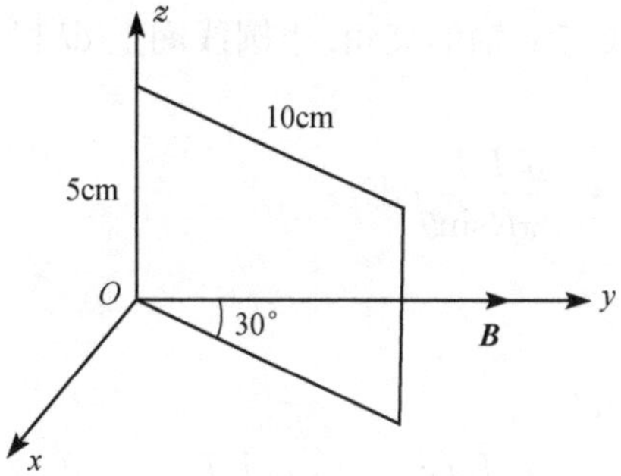

习题 11-15 图

解 (1) $S=0.05\times0.1=5\times10^{-3}(\text{m}^2)$

$$p_m=SI=1\times10^{-2}\text{A}\cdot\text{m}^2,\quad M=p_mB\sin60^\circ$$
$$M=J\beta,\quad J=\frac{M}{\beta}=2.16\times10^{-3}\text{kg}\cdot\text{m}^2$$

(2) 因 $\boldsymbol{M}$ 与角位移 $\text{d}\theta$ 的正方向相反，则

$$A=\int_{60^\circ}^{0^\circ}M\text{d}\theta=\int_{60^\circ}^{0^\circ}-p_mB\sin\theta\text{d}\theta=2.5\times10^{-3}\text{J}$$

11-16 半径为 R 的半圆线圈 ACB 通有电流 I_2，置于电流为 I_1 的无限长直线电流的磁场中，直线电流 I_1 恰过半圆的直径，两导线相互绝缘. 求半圆线圈受到长直线电流 I_1 的磁力.

解 长直导线在周围空间产生的磁场分布为 $B=\mu_0I_1/(2\pi r)$，取 xOy 坐标如附图所示，则在半圆线圈所在处产生的磁感应强度的大小为

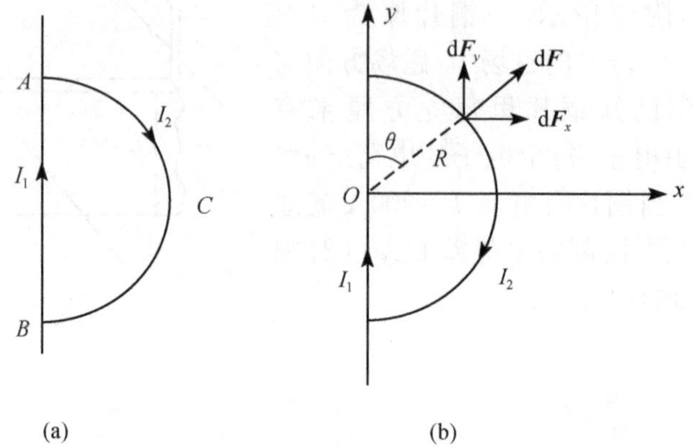

习题 11-16 图

$$B=\frac{\mu_0 I_1}{2\pi R\sin\theta}$$

方向垂直纸面向里. 式中 θ 为场点至圆心的连线与 y 轴的夹角. 半圆线圈上 dl 段线电流所受的力为

$$dF=|I_2 d\boldsymbol{l}\times\boldsymbol{B}|=I_2 B dl=\frac{\mu_0 I_1 I_2}{2\pi R\sin\theta}r d\theta$$

根据对称性知

$$\int dF_y=0$$

$$dF_x=dF\sin\theta$$

$$F_x=\int_0^{\pi}dF_x=\frac{\mu_0 I_1 I_2}{2\pi}\cdot\pi=\frac{\mu_0 I_1 I_2}{2}$$

所以半圆线圈受 I_1 的磁力的大小为 $F=\frac{1}{2}\mu_0 I_1 I_2$，方向垂直 I_1 向右.

11-17　一半径为 4.0cm 的圆环放在磁场中，磁场的方向对环而言是对称发散的，如附图所示，圆环所在处的磁感应强度的大小为 0.10T，磁场的方向与环面法向成 60°角，求当圆环中通有电流 $I=15.8$A 时，圆环所受磁力的大小和方向.

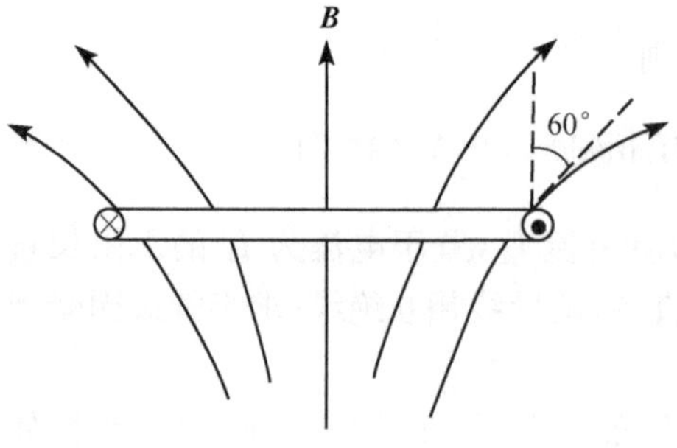

习题 11-17 图

解　将电流元 Idl 处的 $\boldsymbol{B}$ 分解为平行线圈平面的 B_1 和垂直直线线圈平面的 B_2 两分量，则 $B_1=B\sin60°$；$B_2=B\cos60°$. 分别讨论线圈在 B_1 磁场和 B_2 磁场中所受的合力 F_1 与 F_2.

电流元受 B_1 的作用力

$$\mathrm{d}F_1 = I\mathrm{d}lB_1\sin 90^\circ = IB\sin 60^\circ \mathrm{d}l$$

方向平行圆环轴线.

因为线圈上每一点流元受力方向相同,所以合力

$$F_1 = \int \mathrm{d}F_1 = IB\sin 60^\circ \int_0^{2\pi R} \mathrm{d}l = IB\sin 60^\circ \cdot 2\pi R = 0.34\mathrm{N}$$

方向平行圆环轴线.

电流元受 B_2 的作用力

$$\mathrm{d}F_2 = I\mathrm{d}lB_2\sin 90^\circ = IB\cos 60^\circ \mathrm{d}l$$

方向指向线圈平面中心.

由于轴对称,$\mathrm{d}F_2$ 对整个线圈的合力为零,即 $F_2=0$. 所以圆环所受合力 $F=F_1=0.34\mathrm{N}$,方向是垂直环面向上.

11-18 如附图所示,半径为 R 的圆盘,带有正电荷,其电荷面密度 $\sigma=kr$,k 是常数,r 为圆盘上一点到圆心的距离,圆盘放在一均匀磁场 $\boldsymbol{B}$ 中,其法线方向与 $\boldsymbol{B}$ 垂直,当圆盘以角速度 ω 绕过圆心 O 点,且垂直于圆盘平面的轴做逆时针旋转时,求圆盘所受磁力矩的大小和方向.

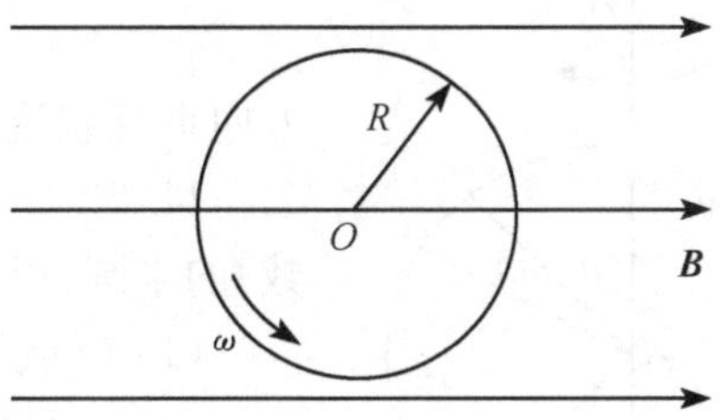

习题 11-18 图

解 $r\to r+\mathrm{d}r$ 环上电荷

$$\mathrm{d}q = \sigma 2\pi r\mathrm{d}r$$

环以 ω 角速度旋转的电流为

$$\mathrm{d}I = \sigma r\omega\mathrm{d}r$$

磁矩大小为

$$\mathrm{d}p_{\mathrm{m}} = \pi r^2\mathrm{d}I = \pi r^2(kr)\omega r\mathrm{d}r$$

$$\mathrm{d}M = B\mathrm{d}p_{\mathrm{m}} = \pi k\omega r^4 B\mathrm{d}r \quad \text{(相应于环上的磁力矩)}$$

$$M = \int \mathrm{d}M = \int \pi k\omega Br^4\mathrm{d}r = \frac{1}{5}\pi k\omega BR^5 \quad \text{(圆盘所受总磁力矩)}$$

$\boldsymbol{M}$ 方向垂直 $\boldsymbol{B}$ 向上.

习题 11-19 图

11-19 将一均匀分布着电流的无限大载流平面放入均匀磁场 $\boldsymbol{B}_0$ 中,电流方向与此磁场垂直. 如附图所示,已知平面两侧的磁感应强度分别为 $\boldsymbol{B}_1$ 和 $\boldsymbol{B}_2$,求该载流平面单位面积所受的磁场力的大小和方向.

解 载流平面在其两侧产生的磁场为

$$B = \frac{\mu_0 J}{2}$$

式中 J 为载流平面中的电流线密度.

由附图中磁感应线的疏密可知 $B_2 > B_1$，因此在载流平面上方 $\boldsymbol{B}$ 和 $\boldsymbol{B}_0$ 的方向相同，而下方 $\boldsymbol{B}$ 和 $\boldsymbol{B}_0$ 的方向相反，而 $\boldsymbol{J}$ 的方向垂直纸面向里. 由场强叠加原理

$$B_1 = B_0 - B, \quad B_2 = B_0 + B$$

所以

$$B_0 = \frac{1}{2}(B_1 + B_2), \quad B = \frac{1}{2}(B_2 - B_1)$$

$$J = \frac{2B}{\mu_0} = \frac{(B_2 - B_1)}{\mu_0}$$

载流平面单位面积受的力为

$$F = JB_0 = \frac{(B_2^2 - B_1^2)}{2\mu_0}$$

方向垂直载流平面指向 $\boldsymbol{B}_1$ 一侧.

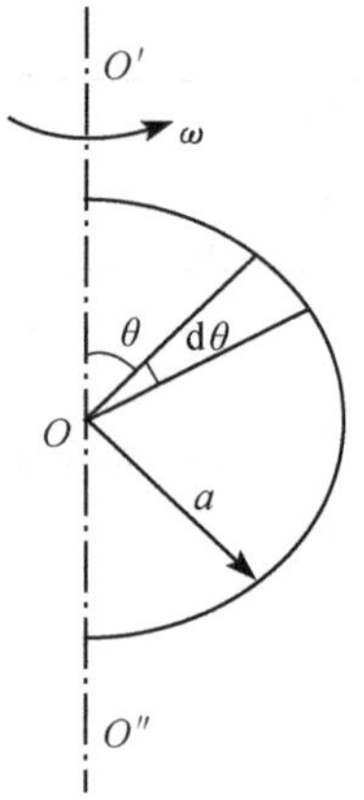

习题 11-20 图

11-20　如附图所示，半径为 R，带正电荷且线密度是 λ（常数）的半圆，以角速度 ω 绕轴 $O'O''$ 匀速旋转，求：

(1) O 点的 $\boldsymbol{B}$；

(2) 旋转的带电半圆的磁矩 $\boldsymbol{p}_m$.

解　(1) 如附图所示，对 $\theta \sim \theta + d\theta$ 弧元，$dq = \lambda R d\theta$ 旋转形成圆电流

$$dI = \frac{\omega}{2\pi} dq = \frac{\omega\lambda}{2\pi} R d\theta$$

它在 O 点的磁感应强度 dB 为

$$dB = \frac{\mu_0 R^2 \sin^2\theta}{2R^3} \cdot \frac{\omega\lambda}{2\pi} R d\theta = \frac{\mu_0 \omega\lambda}{4\pi} \sin^2\theta d\theta$$

$$B = \int dB = \frac{\mu_0 \omega\lambda}{4\pi} \int_0^{\pi} \sin^2\theta d\theta = \frac{\mu_0 \omega\lambda}{8}$$

$\boldsymbol{B}$ 的方向向上.

(2)

$$dp_m = \pi R^2 \sin^2\theta \frac{\omega\lambda}{2\pi} R d\theta = \frac{1}{2} \omega\lambda R^3 \sin^2\theta d\theta$$

$$p_m = \int dp_m = \int_0^{\pi} \frac{1}{2} \omega\lambda R^3 \sin^2\theta d\theta = \frac{\pi\omega\lambda R^3}{4}$$

$\boldsymbol{p}_m$ 的方向向上.

11-21　铁棒中一个铁原子的磁矩是 1.8×10^{-3} A · m，设长 5m、截面积为 $1cm^2$ 的铁棒中所有铁原子的磁矩都整齐排列，则：

(1) 铁棒的磁矩为多大？

(2) 如果要使这铁棒与磁感应强度为 1.5T 的外磁场正交，需要多大的力矩？

设铁的密度为7.8g/cm^3,铁的相对原子质量是55.85.

解 (1) 铁棒中铁原子数为

$$N = N_0 \frac{m}{M} = N_0 \frac{\rho V}{M}$$

铁棒的总磁矩

$$\begin{aligned} p_m &= p_{mi} \cdot N = p_{mi} \cdot N_0 \frac{\rho V}{M} \\ &= 1.8 \times 10^{-23} \times 6.023 \times 10^{23} \times \frac{7.8 \times 10^3 5 \times 10^{-2} \times 10^{-4}}{55.85 \times 10^{-3}} \\ &= 7.65(\mathrm{A \cdot m^2}) \end{aligned}$$

(2) 当铁棒与外磁场正交时,受到的磁力矩

$$M = p_m B \sin\frac{\pi}{2} = 7.56 \times 1.5 = 11.4(\mathrm{N \cdot m})$$

故要保持铁棒与外磁场正交,需用11.4N·m的反向转矩.

11-22 一铁环中心线周长 $l=30\mathrm{cm}$,横截面 $S=1.0\mathrm{cm}^2$,环上紧密地绕有 $N=300$匝的线圈,当导线中电流 $I=32\mathrm{mA}$ 时,通过环截面的磁通量 $\Phi_m=2.0\times10^{-6}\mathrm{Wb}$,试求铁芯的磁化率 χ_m.

解

$$B=\frac{\Phi_m}{S}=2.0\times10^{-2}\mathrm{T}$$

$$H=nI=\frac{NI}{l}=32\mathrm{A/m}$$

$$\mu=\frac{B}{H}=6.25\times10^{-4}\mathrm{T\cdot m/A}$$

$$\chi_m=\frac{\mu}{\mu_0}-1=496$$

11-23 一根同轴线由半径 R_1 的长导线和套在它外面的内半径为 R_2、外半径为 R_3 的同轴导体圆筒组成.中间充满磁导率为 μ 的各向同性均匀非铁磁绝缘材料,如附图所示.传导电流 I 沿导线向上流去,由圆筒向下流回,在它们的截面上电流都是均匀分布的.求同轴线内外的磁感应强度大小 B 的分布.

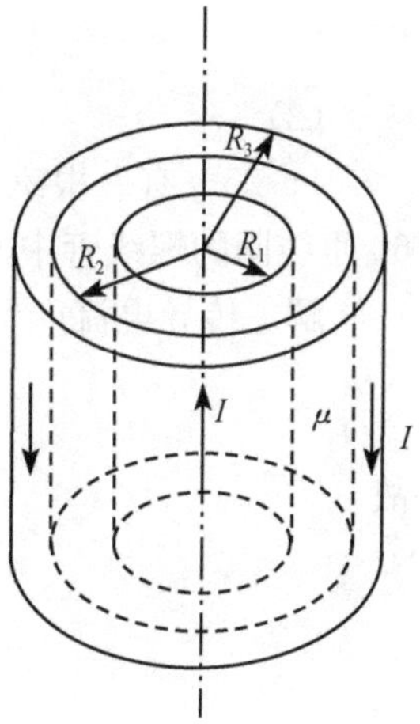

习题11-23图

解 由安培环路定理

$$\oint_l \boldsymbol{H} \cdot \mathrm{d}\boldsymbol{l} = \sum I_i$$

$0<r<R_1$ 区域 $\quad 2\pi r H=\dfrac{Ir^2}{R_1^2}$

$$H = \frac{Ir}{2\pi R_1^2}, \quad B = \frac{\mu_0 Ir}{2\pi R_1^2}$$

$R_1<r<R_2$ 区域 $$2\pi rH=I$$

$$H = \frac{I}{2\pi r}, \quad B = \frac{\mu I}{2\pi r}$$

$R_2<r<R_3$ 区域

$$2\pi rH = I - \frac{I\pi(r^2 - R_2^2)}{\pi(R_3^2 - R_2^2)}$$

$$H = \frac{I}{2\pi r}\left(1 - \frac{r^2 - R_2^2}{R_3^2 - R_2^2}\right)$$

$$B = \frac{\mu_0 I}{2\pi r}\left(1 - \frac{r^2 - R_2^2}{R_3^2 - R_2^2}\right)$$

$r>R_3$ 区域

$$H=0, \quad B=0$$

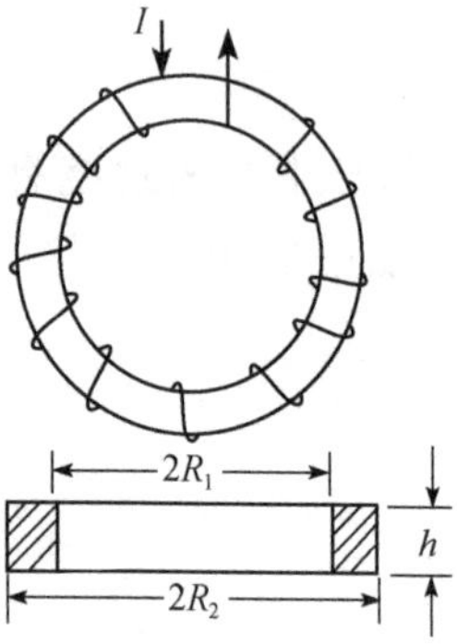

习题 11-24 图

11-24 如附图所示，横截面为矩形的环形螺线管，圆环内外半径分别为 R_1 和 R_2，芯子材料的磁导率为 μ，导线总匝数为 N，绕得很密，若线圈通电流 I. 求：

(1) 芯子中的 B 值和芯子截面的磁通量；

(2) 在 $r<R_1$ 和 $r>R_2$ 处的 B 值.

解 (1) 由安培环路定理可求得

$$B = \frac{\mu NI}{2\pi r}$$

磁通量

$$\Phi = \int \boldsymbol{B} \cdot \mathrm{d}\boldsymbol{S} = \frac{\mu NIb}{2\pi}\ln\frac{R_2}{R_1}$$

(2) $$B=0$$

11-25 有一根磁铁棒，其矫顽力为 4×10^3 A/m，欲把它插入长为 2cm 绕有 60 匝线圈的螺线管中使它去磁. 此螺线管应通以多大电流？

解 传导电流产生的磁场强度在数值上至少应等于矫顽力 H_c，即

$$H = \frac{NI}{l} = H_c$$

故

$$I = \frac{H_c l}{N} = \frac{4\times10^3\times0.12}{60} = 8(\mathrm{A})$$

第 12 章　变化的电磁场

一、基本要求

(1) 掌握并能熟练应用法拉第电磁感应定律和楞次定律来计算感应电动势，并判明其方向.

(2) 理解动生电动势和感生电动势的本质，了解有旋电场的概念.

(3) 了解自感和互感的现象，会计算几何形状简单的导体的自感和互感.

(4) 了解磁场具有能量和磁能密度的概念，会计算均匀磁场和对称磁场的能量.

(5) 了解位移电流和麦克斯韦电场的基本概念以及麦克斯韦方程组(积分形式)的物理意义.

(6) 了解平面电磁波的性质.

二、内容提要

1. 电磁感应

1) 实验定律

(1) 楞次定律：闭合回路中感生电流的方向是使它产生的磁通量反抗引起电磁感应的磁通量变化. 楞次定律是能量守恒定律在电磁感应中的表现.

(2) 法拉第电磁感应定律：当闭合回路 l 中的磁通量 Φ 变化时，在回路中的感应电动势为

$$\varepsilon = -\frac{\mathrm{d}\Phi}{\mathrm{d}t}$$

若 $\varepsilon>0$ 时，电动势沿回路 l 的正方向，$\varepsilon<0$ 时，沿反方向. 对线圈，Φ 为全磁通. 感应电流和电量

$$I = -\frac{1}{R}\frac{\mathrm{d}\Phi}{\mathrm{d}t},$$

$$q = -\frac{\Delta\Phi}{R} = \frac{\Phi_1 - \Phi_2}{R}$$

2) 理论解释

(1) 动生电动势：在磁场中运动的导线 l 以洛伦兹力为非电静力而成为一电源，导线上的动生电动势

$$\varepsilon = \int_l (v \times \boldsymbol{B}) \cdot \mathrm{d}\boldsymbol{l}$$

若 $\varepsilon>0$,电动势沿导线 l 的正方向,若 $\varepsilon<0$,沿反方向. 动生电动势的大小为导线单位时间扫过的磁通量,动生电动势的方向可由正载流子受洛伦兹力的方向决定.

(2) 感生电动势:变化磁场要在周围空间激发一个非静电性的有旋电场 $\boldsymbol{E}$,有旋电场绕磁场的变化率左旋,其环流满足

$$\oint_l \boldsymbol{E}\cdot\mathrm{d}\boldsymbol{l} = -\frac{\mathrm{d}\Phi}{\mathrm{d}t} = -\int_S \frac{\partial \boldsymbol{B}}{\partial t}\cdot\mathrm{d}\boldsymbol{S}$$

在变化磁场中的导线 l,其感生电动势为

$$\varepsilon = \int_l \boldsymbol{E}\cdot\mathrm{d}\boldsymbol{l}$$

圆柱域匀磁场激发的有旋电场

$$E_{内} = -\frac{r}{2}\frac{\mathrm{d}B}{\mathrm{d}t},\quad E_{外} = -\frac{R^2}{2r}\frac{\mathrm{d}B}{\mathrm{d}t}$$

2. 自感和互感

1) 自感

磁通链: $\Phi=LI$

回路的自感系数及自感电动势

$$L = \frac{\Phi}{I}(静态),\quad \varepsilon = -L\frac{\mathrm{d}I}{\mathrm{d}t},\quad L = -\varepsilon\Big/\frac{\mathrm{d}I}{\mathrm{d}t}(动态)$$

2) 互感

两回路相互产生的磁通量

$$\Phi_{12} = MI_2,\quad \Phi_{21} = MI_1$$

两回路的互感系数及互感电动势

$$M = \frac{\Phi_{12}}{I_2} = \frac{\Phi_{21}}{I_1}(静态),$$

$$\varepsilon_{12} = -M\frac{\mathrm{d}I_2}{\mathrm{d}t},\quad \varepsilon_{21} = -M\frac{\mathrm{d}I_1}{\mathrm{d}t}$$

$$M = -\varepsilon_{12}\Big/\frac{\mathrm{d}I_2}{\mathrm{d}t} = -\varepsilon_{21}\Big/\frac{\mathrm{d}I_1}{\mathrm{d}t}(动态)$$

串联线圈的等效自感

$$L = L_1 + L_2 \pm 2M$$

顺接时取正号,反接时取负号.

3. 磁场能量

自感的磁场能量

$$W_{\mathrm{m}} = \frac{1}{2}LI^2$$

磁场的能量密度

$$w_m = \frac{B^2}{2\mu} = \frac{1}{2}BH = \frac{1}{2}\mu H^2$$

体积 V 中的磁场能量

$$W_m = \int_V w_m \mathrm{d}V$$

4. 位移电流、麦克斯韦方程组

1）位移电流密度和位移电流

变化着的电场激发磁场，这是位移电流的本质. 位移电流密度 $\boldsymbol{j}_d = \frac{\partial \boldsymbol{D}}{\partial t}$，位移电流 $I_d = \frac{\partial \phi_D}{\partial t} = \iint_S \frac{\partial \boldsymbol{D}}{\partial t} \cdot \mathrm{d}\boldsymbol{S}$. 位移电流与传导电流有相同的磁效应.

由传导电流和位移电流一起构成的电流称为全电流

$$I_r = I + I_d = \int_S \left(\boldsymbol{j} + \frac{\partial \boldsymbol{D}}{\partial t}\right) \cdot \mathrm{d}\boldsymbol{S}$$

全电流永远是连续的. 空间的磁场由全电流产生.

$$\oint_l \boldsymbol{H} \cdot \mathrm{d}\boldsymbol{l} = I + I_d = \int_S \left(\boldsymbol{j} + \frac{\partial \boldsymbol{D}}{\partial t}\right) \cdot \mathrm{d}\boldsymbol{S}$$

称全电流定律.

2）麦克斯韦方程组(积分形式)

$$\oint_S \boldsymbol{D} \cdot \mathrm{d}\boldsymbol{S} = \int_V \rho \mathrm{d}V, \qquad \boldsymbol{D}\text{ 有源场}$$

$$\oint_l \boldsymbol{E} \cdot \mathrm{d}\boldsymbol{l} = -\int_S \frac{\partial \boldsymbol{B}}{\partial t} \cdot \mathrm{d}\boldsymbol{S}, \qquad \boldsymbol{E}\text{ 有旋场}$$

$$\oint_S \boldsymbol{B} \cdot \mathrm{d}\boldsymbol{S} = 0, \qquad \boldsymbol{B}\text{ 无源场}$$

$$\oint_l \boldsymbol{H} \cdot \mathrm{d}\boldsymbol{l} = \int_S \left(\boldsymbol{j} + \frac{\partial \boldsymbol{D}}{\partial t}\right) \cdot \mathrm{d}\boldsymbol{S}, \qquad \boldsymbol{H}\text{ 有旋场}$$

麦克斯韦方程组连同描述介质性质的方程

$$\boldsymbol{D} = \varepsilon \boldsymbol{E}, \quad \boldsymbol{B} = \mu \boldsymbol{H}, \quad \boldsymbol{j} = \gamma \boldsymbol{E}$$

构成一组完整的方程组，可以说明电磁场的性质，原则上解决一切宏观的电磁问题.

5. 电磁波

电磁波速

$$u = \frac{1}{\sqrt{\mu_0 \mu_r \varepsilon_0 \varepsilon_r}}$$

真空中

$$c = \frac{1}{\sqrt{\mu_0 \varepsilon_0}} = 2.9979 \times 10^8 \mathrm{m/s}$$

平面电磁波的性质：

(1) 电磁波是横波，令 $\boldsymbol{k}$ 为电磁波传播方向的单位矢量，则

$$\boldsymbol{E}\perp\boldsymbol{k},\quad \boldsymbol{H}\perp\boldsymbol{k},\quad \boldsymbol{E}\perp\boldsymbol{H}$$

(2) $\boldsymbol{E}$ 和 $\boldsymbol{H}$ 同相位，并且在任何时刻，任何地点，$\boldsymbol{E}$、$\boldsymbol{H}$、和 $\boldsymbol{k}$ 三个矢量总构成右旋系，即 $\boldsymbol{E}\times\boldsymbol{H}$ 的方向总是沿着 $\boldsymbol{k}$ 的.

电磁波能量密度

$$w=\frac{1}{2}ED+\frac{1}{2}BH$$

电磁波能流密度(坡印亭矢量)

$$\boldsymbol{S}=w\boldsymbol{u},\quad \boldsymbol{S}=\boldsymbol{E}\times\boldsymbol{H}$$

三、例题详解

例 12-1 如附图所示，一长直电流 I 旁距离 r 处有一与电流共面的圆线圈，线圈的半径为 R 且 $R\ll r$. 就下列情况求线圈中的感应电动势.

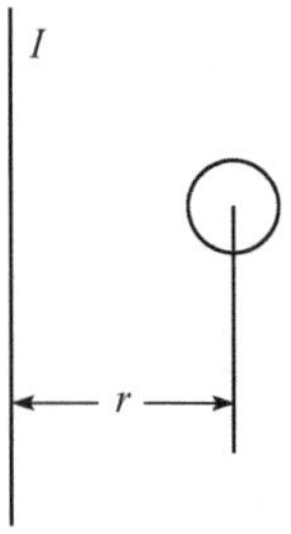

例 12-1 图

(1) 若电流以速率$\frac{\mathrm{d}I}{\mathrm{d}t}$增加；

(2) 若线圈以速率向右平移；

(3) 若电流以速率$\frac{\mathrm{d}I}{\mathrm{d}t}$增加，同时线圈以速度向右平移.

解 按题意，线圈所在处磁场可看作均匀磁场

$$B=\frac{\mu_0 I}{2\pi r}$$

方向向里. 故穿过线圈的磁通量为

$$\Phi=BS=\frac{\mu_0 I}{2\pi r}\cdot\pi R^2=\frac{\mu_0 I}{2r}\cdot R^2$$

(1) 若电流以速率$\frac{\mathrm{d}I}{\mathrm{d}t}$增加，电流 I 是时间的函数，按法拉第电磁感应定律，线圈中的感应电动势大小为

$$\varepsilon=\left|\frac{\mathrm{d}\Phi}{\mathrm{d}t}\right|=\frac{\mathrm{d}}{\mathrm{d}t}\left(\frac{\mu_0 I}{2r}\cdot R^2\right)=\frac{\mu_0}{2r}\cdot R^2\cdot\frac{\mathrm{d}I}{\mathrm{d}t}$$

由楞次定律可知，感应电动势为逆时针方向.

(2) 若线圈以速率向右平移，距离 r 是时间的函数，按法拉第电磁感应定律，线圈中的感应电动势大小为

$$\varepsilon=\left|\frac{\mathrm{d}\Phi}{\mathrm{d}t}\right|=\left|\frac{\mathrm{d}}{\mathrm{d}t}\left(\frac{\mu_0 I}{2r}\cdot R^2\right)\right|=\frac{\mu_0}{2}IR^2\left|\frac{\mathrm{d}}{\mathrm{d}t}\cdot\frac{1}{r}\right|=\frac{\mu_0}{2}IR^2\cdot\frac{1}{r^2}\frac{\mathrm{d}r}{\mathrm{d}t}$$

由于$\frac{\mathrm{d}r}{\mathrm{d}t}=v$，故

$$\varepsilon = \frac{\mu_0}{2r^2} IR^2 v$$

由楞次定律可知，感应电动势为顺时针方向.

(3) 若电流以速率$\frac{dI}{dt}$增加，同时线圈以速度向右平移，电流 I 距离 r 均是时间的函数，按法拉第电磁感应定律，线圈中的感应电动势大小为

$$\varepsilon = -\frac{d\Phi}{dt} = -\frac{d}{dt}\left(\frac{\mu_0 I}{2r} \cdot R^2\right) = -\frac{\mu_0}{2} \cdot R^2 \cdot \frac{d}{dt}\frac{I}{r}$$

$$= -\frac{\mu_0}{2} \cdot R^2 \cdot \frac{\frac{dI}{dt} \cdot r - I\frac{dr}{dt}}{r^2} = \frac{\mu_0 IR^2 v}{2r^2} - \frac{\mu_0 R^2 v}{2r}\frac{dI}{dt}$$

若 $\varepsilon > 0$，表示感应电动势 ε 沿 l 方向，若 $\varepsilon < 0$，表示 ε 逆 l 方向. 不难看出，本讨论的情况是(1)、(2)两种情况的综合，其结果也正是前面所得到的两个结果的叠加.

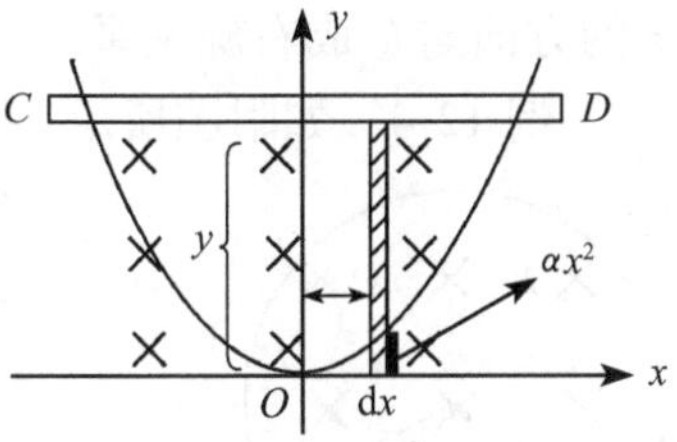

例 12-2 图

例 12-2　如附图所示，一根导线弯成抛物线形状 $y=\alpha x^2$，放在均匀磁场中. $\boldsymbol{B}$ 与 xOy 平面垂直，细杆 CD 平行于 x 轴并以加速度 a 从抛物线的底部向开口处做平动. 求 CD 距 O 点为 y 处时回路中产生的感应电动势.

解　计算抛物线与 CD 组成的面积内的磁通量

$$\Phi_m = 2\int B dS = 2\int_0^{\sqrt{\frac{y}{\alpha}}} B(y - \alpha x^2) dx = 2\,\frac{2B}{3\sqrt{\alpha}} y^{\frac{3}{2}}$$

故感应电动势

$$\varepsilon = -\frac{d\Phi_m}{dt} = -\frac{B}{\sqrt{\alpha}} y^{\frac{1}{2}} \frac{dy}{dt} = -\frac{2B}{\sqrt{\alpha}} y^{\frac{1}{2}} v$$

又

$$v^2 = 2ay$$

所以

$$\varepsilon_i = -\frac{2B}{\sqrt{\alpha}} y^{\frac{1}{2}} \sqrt{2a} y^{\frac{1}{2}} = -By\sqrt{\frac{8a}{\alpha}}$$

ε_i 实际方向沿 ODC.

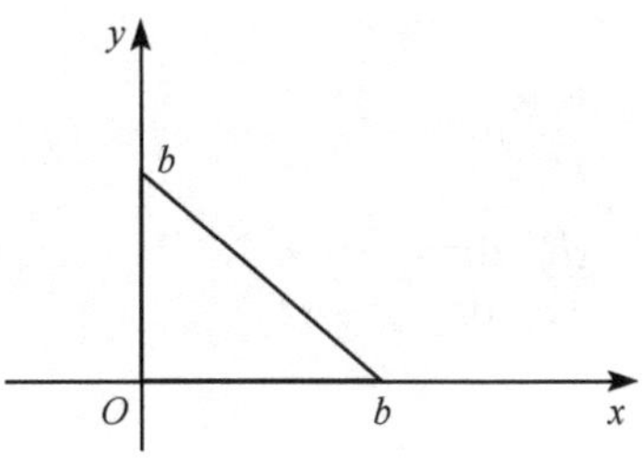

例 12-3 图

例 12-3　有一三角形闭合导线，如附图放置. 在这三角形区域中的磁感应强度为 $\boldsymbol{B} = B_0 x^2 y e^{-at} \boldsymbol{k}$ 式中 B_0 和 a 是常量，$\boldsymbol{k}$ 为 z 轴方向单位矢量，求导线中的感生电动势.

解　建立坐标如附图所示，则三角形斜边方

程为

$$y = b - x$$
$$\boldsymbol{B} = B_0 x^2 y e^{-at} \boldsymbol{k}$$

通过三角形面积内的磁通量为

$$\begin{aligned}\phi_m &= B_0 e^{-at} \int_0^b dx \int_0^{b-x} x^2 y dy \\ &= B_0 e^{-at} \int_0^b x^2 \frac{(b-x)^2}{2} dx \\ &= \left(\frac{b^5}{60}\right) B_0 e^{-at}\end{aligned}$$

$$\varepsilon = -\frac{d\phi_m}{dt} = \frac{b^5}{60} a B_0 e^{-at}$$

ε 的方向与 $\boldsymbol{k}$ 成右旋关系.

例 12-4 如附图所示,磁感应强度为 $\boldsymbol{B}$ 的均匀磁场充满一半径为 R 的圆柱形空间,一金属杆放在图中位置,杆长为 $2R$,其中一半位于磁场内、另一半在磁场外. 当 $\frac{dB}{dt}>0$ 时,求杆两端的感应电动势的大小和方向.

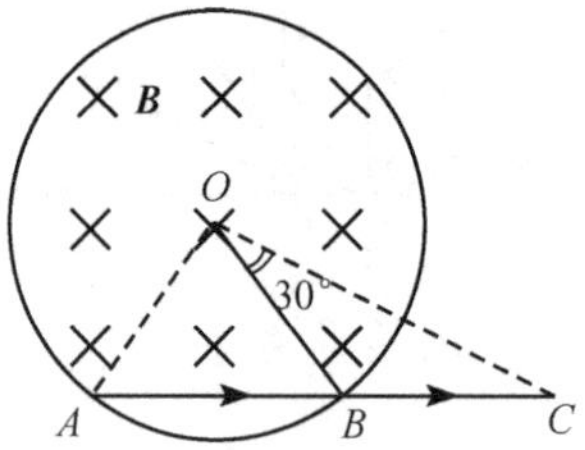

例 12-4 图

解 将 AB 和 AC 分别作为三角形闭合回路 $ABOA$ 和 $ACOA$ 的一部分;由于感生电场的方向与径向垂直,故 OA、OB 和 OC 段上的电动势为零,因此,三角形闭合回路 $ABOA$ 和 $ACOA$ 的电动势即为 AB 和 AC 段上的电动势. 利用法拉第电磁感应定律.

取逆时针方向为绕行正反向,对于三角形闭合回路 $ABOA$

$$\Phi_1 = -\frac{\sqrt{3}}{4} R^2 B$$

$$\varepsilon_{AB} = \varepsilon_{ABOA} = -\frac{d\Phi_1}{dt} = -\frac{d}{dt}\left(-\frac{\sqrt{3}}{4} R^2 B\right) = \frac{\sqrt{3}R}{4} \frac{dB}{dt}$$

对于三角形闭合回路 $ACOA$

$$\Phi_2 = -\frac{\pi R^2}{12} B$$

$$\varepsilon_{BC} = -\frac{d\Phi_2}{dt} = -\frac{d}{dt}\left(-\frac{\pi R^2}{12} B\right) = \frac{\pi R^2}{12} \frac{dB}{dt}$$

$$\varepsilon_{AC} = \varepsilon_{AB} + \varepsilon_{BC}$$

$$\varepsilon_{AC} = \left(\frac{\sqrt{3}R^2}{4} + \frac{\pi R^2}{12}\right) \frac{dB}{dt}$$

因为$\frac{dB}{dt}>0$,所以$\varepsilon_{AC}>0$即ε从$A\to C$.

例 12-5　如附图(a)所示,一长为L的金属棒OA与载有电流I的无限长直导线共面,金属棒可绕端点O在平面内以角速度ω匀速转动. 试求当金属棒转至图示位置时(即棒垂直于长直导线),棒内的感应电动势.

解　无限长直导线在金属棒转动平面内激发的磁场是非均匀的,方向垂直纸面向外.

在金属棒上沿OA方向任取一线元dl,dl至O点距离为l,距无限长直导线距离为r,由无限长直载流导线产生磁场的公式可知,该处的磁感应强度大小为

$$B=\frac{\mu_0 I}{2\pi r}\quad(\text{方向垂直纸平面向外})$$

当棒旋转至附图(b)所示位置时,金属OA上各线元的速度方向均垂直各线元沿平面向上,其夹角

$$\theta=\frac{\pi}{2}$$

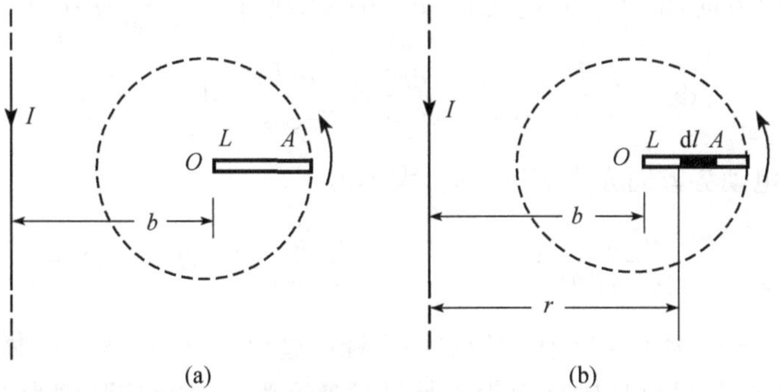

例 12-5 图

$(v\times\boldsymbol{B})$的方向沿OA方向,即$(v\times\boldsymbol{B})$与dl间夹角为零. 由于线元dl速度大小$v=\omega l$,所以dl上的动生电动势大小为

$$d\varepsilon=(v\times\boldsymbol{B})\cdot d\boldsymbol{l}=(vB\sin\frac{\pi}{2})\cos 0^\circ dl=\omega Bl\,dl$$

金属棒上总的动生电动势大小为

$$\varepsilon_{OA}=\int_L d\varepsilon=\int_L(v\times\boldsymbol{B})\cdot d\boldsymbol{l}$$

$$=\int_0^L\omega Bl\,dl=\int_0^L\frac{\omega\mu_0 I}{2\pi r}l\,dl$$

在上式中,r,l均为变量,必须先统一变量后才能进行积分,由图示可知,$l=r-b$,$dl=dr$,将其代入上式故

$$\varepsilon_{OA}=\int_b^{b+L}\omega\frac{\mu_0 I}{2\pi r}(r-b)\mathrm{d}r=\frac{\mu_0\omega I}{2\pi}\int_b^{b+L}\frac{(r-b)}{r}\mathrm{d}r$$

$$=\frac{\mu_0\omega I}{2\pi}(L-b\ln\frac{b+L}{B})$$

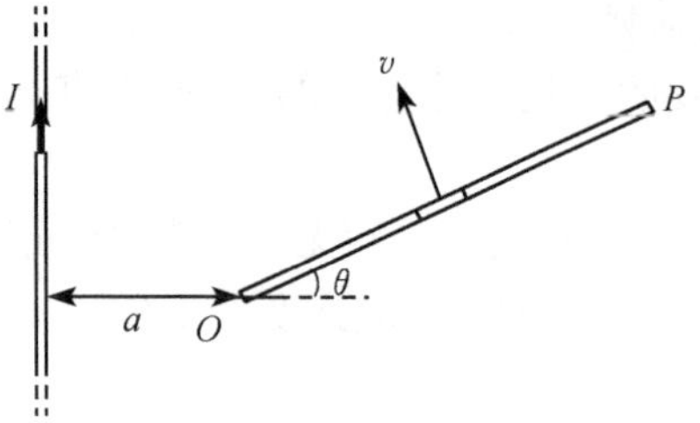

例 12-6 图

由 $\varepsilon_{OA}>0$ 或由($v\times\boldsymbol{B}$)可知，电动势 ε_{OA} 的方向从 O 指向 A，即 A 点电势高.

例 12-6 如附图所示，在长直电流 I 的磁场中，一长为 l 的直导线，绕距长直电流为 a 的 O 点在长直电流所在平面内以角速度 ω 旋转，当导线转到如图倾角为 θ 的位置时，求导线上的电动势.

解 在直导线上距 O 为 l 处取线元 $\mathrm{d}l$，在 $\mathrm{d}l$ 上微元电动势

$$\mathrm{d}\varepsilon=Bv\mathrm{d}l=\frac{\mu_0 l}{2\pi r}\cdot l\omega\cdot\mathrm{d}l$$

方向为 $P\to O$ 方向，$\mathrm{d}l$ 距长直电流 $r=a+l\cos\theta$，故有 $l=\frac{r-a}{\cos\theta}$ 及 $\mathrm{d}l=\frac{\mathrm{d}r}{\cos\theta}$，所以

$$\mathrm{d}\varepsilon=\frac{\mu_0 I}{2\pi r}\cdot\frac{r-a}{\cos\theta}\omega\frac{\mathrm{d}r}{\cos\theta}=\frac{\mu_0 I\omega}{2\pi\cos^2\theta}(\mathrm{d}r-a\frac{\mathrm{d}r}{r})$$

故导线上的电动势方向亦为 PO 方向，大小为

$$\varepsilon=\int_a^{a+l\cos\theta}\frac{\mu_0 I\omega}{2\pi\cos^2\theta}\left(\mathrm{d}r-a\frac{\mathrm{d}r}{r}\right)=\frac{\mu_0 I\omega}{2\pi\cos^2\theta}\left(l\cos\theta-a\ln\frac{a+l\cos\theta}{a}\right)$$

例 12-7 一金属棒 OA 在均匀磁场中绕通过 O 点的垂直轴 Oz 做锥形匀角速旋转，棒 OA 长 I_0，与 Oz 轴夹角为 θ，旋转角速度为 ω，磁感应强度为 B，方向与 Oz 轴一致，如附图(a)所示. 试求 OA 两端的电势差.

解 用动生电动势公式求解. 如附图(b)所示，将金属棒看成为由许多线元组成，选取距 O 点为 l，长度为 $\mathrm{d}l$ 的线元，动生电动势 $\mathrm{d}\varepsilon=(v\times\boldsymbol{B})\cdot\mathrm{d}\boldsymbol{l}$，由题意分析可知，$v$ 垂直于 $\boldsymbol{B}$，且 $v=l\sin\theta\omega$，而 $v\times\boldsymbol{B}$ 的方向与 $\boldsymbol{B}$ 方向垂直，与线元 $\mathrm{d}\boldsymbol{l}$ 的夹角为 $\frac{\pi}{2}-\theta$，所以

$$\mathrm{d}\varepsilon=(v\times\boldsymbol{B})\cdot\mathrm{d}l=l\sin\theta\omega B\mathrm{d}l\cos\left(\frac{\pi}{2}-\theta\right)$$

$$=l\omega B\sin^2\theta\mathrm{d}l$$

对于整个金属棒来说，其电动势为

$$\varepsilon=\int\mathrm{d}\varepsilon=\int_0^{l_0}l\omega B\sin^2\theta\mathrm{d}l=\frac{1}{2}\omega Bl_0^2\sin^2\theta$$

结果表明，$\varepsilon>0$，即 A 端电势高于 O 端电势，电动势 ε 的方向由 O 指向 A.

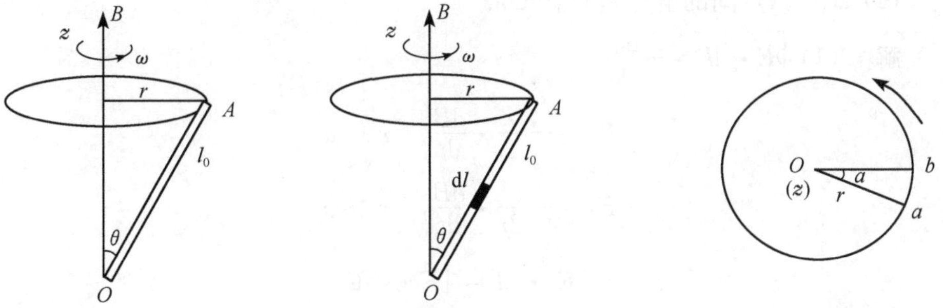

(a)　　(b)　　(c)

例 12-7 图

例 12-8　如附图所示，在均匀磁场中有一金属框架 $AOBA$，AB 边可无摩擦自由滑动，已知 $\angle AOB=\theta$，$AB\perp Ox$，磁场随时间变化规律为 $B_t=t^2/2$. 若 $t=0$ 时，AB 边由 $x=0$ 处开始以速率 v 做平行于 x 轴的匀速滑动. 试求任意时刻 t 金属框中感应电动势的大小和方向.

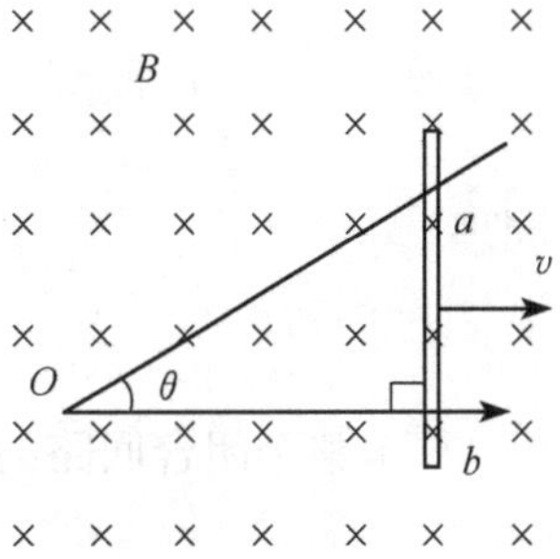

例 12-8 图

解　由于 B 随时间变化，同时 AB 导线切割磁场线，故回路中既存在感生电动势，又存在动生电动势.

由法拉第电磁感应定律可知，t 时刻金属框中感应电动势的大小为

$$|\varepsilon|=\frac{\mathrm{d}\Phi}{\mathrm{d}t}=\frac{\mathrm{d}(BS)}{\mathrm{d}t}=B\frac{\mathrm{d}S}{\mathrm{d}t}+S\frac{\mathrm{d}B}{\mathrm{d}t}$$

$$=B\frac{\mathrm{d}}{\mathrm{d}t}\left(\frac{1}{2}lx\right)+\frac{1}{2}lx\frac{\mathrm{d}}{\mathrm{d}t}\left(\frac{1}{2}t^2\right)$$

$$=\varepsilon_{动}+\varepsilon_{势}$$

$\varepsilon_{动}$ 的方向从 B 指向 A，$\varepsilon_{感}$ 的方向为逆时针方向.

将 $x=vt$，$l=x\tan\theta=vt\tan\theta$ 代入上式，则

$$|\varepsilon_{\mathrm{i}}|=\frac{1}{2}t^2\frac{\mathrm{d}}{\mathrm{d}t}\left(\frac{1}{2}v^2t^2\tan\theta\right)+\frac{1}{2}v^2t^2\tan\theta\frac{\mathrm{d}}{\mathrm{d}t}\left(\frac{1}{2}t^2\right)$$

$$=v^2t^3\tan\theta$$

ε_{i} 的方向为逆时针方向.

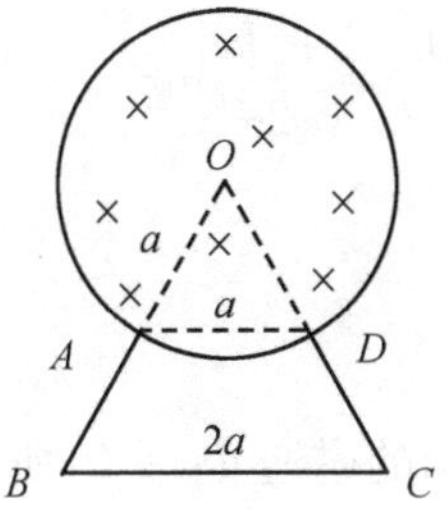

例 12-9 图

例 12-9　如附图所示，半径为 a 的长直螺线管中，有 $\frac{\mathrm{d}B}{\mathrm{d}t}>0$ 的磁场，一直导线弯成等腰梯形的闭合回路 $ABCDA$，总电阻为 R，上底为 a，下底为 $2a$，求：

(1) AD 段、BC 段和闭合回路中的感应电动势；

(2) B、C 两点间的电势差 U_B-U_C.

解　(1) $\oint \boldsymbol{E}\cdot \mathrm{d}\boldsymbol{l}=-\dfrac{\mathrm{d}\Phi}{\mathrm{d}t}$

$$E_1=-\frac{r}{2}\cdot\frac{\mathrm{d}B}{\mathrm{d}t},\quad r<a$$

$$E_2=-\frac{a^2}{2r}\cdot\frac{\mathrm{d}B}{\mathrm{d}t},\quad r>a$$

$$\varepsilon_{AD}=\int \boldsymbol{E}_1\cdot \mathrm{d}\boldsymbol{l}=\int E\cos\theta \mathrm{d}l$$

$$=\int_{-\frac{a}{2}}^{\frac{a}{2}}\frac{r}{2}\frac{\mathrm{d}B}{\mathrm{d}t}\frac{\sqrt{a^2-\left(\frac{a}{2}\right)^2}}{r}\mathrm{d}l$$

$$=\frac{\sqrt{3}}{4}\cdot a^2\frac{\mathrm{d}B}{\mathrm{d}t}$$

同理

$$\varepsilon_{BC}=\int \boldsymbol{E}_2\cdot \mathrm{d}\boldsymbol{l}=\frac{\pi a^2}{6}\frac{\mathrm{d}B}{\mathrm{d}t}$$

(2) 整个闭合回路的电动势

$$\varepsilon=\varepsilon_{BC}-\varepsilon_{AD}=\left(\frac{\pi a^2}{6}-\frac{\sqrt{3}a^2}{4}\right)\frac{\mathrm{d}B}{\mathrm{d}t}$$

$$U_B-U_C=-\varepsilon_{BC}=-\frac{\pi a^2}{6}\frac{\mathrm{d}B}{\mathrm{d}t}$$

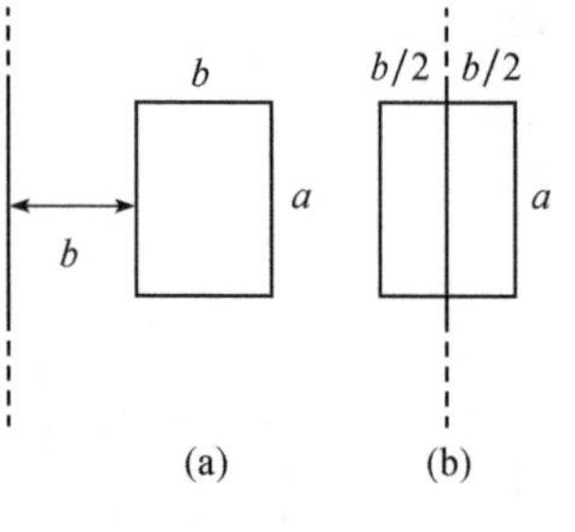

例 12-10 图

例 12-10　一矩形线圈长为 $a=20\text{cm}$，宽为 $b=10\text{cm}$，由 100 匝表面绝缘的导线绕成，放在一无限长导线的旁边且与线圈共面. 求附图(a)和(b)中两种情况下，线圈与长直导线间的互感.

解　(a) 设长直电流为 I，它产生的磁场通过矩形线圈的磁通为

$$\Phi_{12}=\int_{(S)}\boldsymbol{B}\cdot \mathrm{d}\boldsymbol{S}=\frac{\mu_0 Ia}{2\pi}\int_b^{2b}\frac{\mathrm{d}r}{r}=\frac{\mu_0 Ia}{2\pi}\ln 2$$

所以，线圈与导线间的互感系数

$$M=\frac{N\Phi_{12}}{I}=N\frac{\mu_0 a}{2\pi}\ln 2=2.8\times 10^{-6}\,\text{H}$$

(b) 通过矩形线圈左右两边的磁通量等量反向，故矩形线圈的磁通 $\Phi_{12}=0$，所以，线圈与导线间的互感系数

$$M=0$$

例 12-11　如附图所示，一个半径为 a 的小线圈，开始时和一个半径为 $b(a<b)$ 的大线圈共面并同心，大线圈通有一个恒定电流 I_2，并保持不动，现使小线圈以角速度绕直径转动. 设小线圈的电阻为 R. 试求：

(1) 两线圈的互感系数；

(2) 小线圈中的感应电流；

(3) 大线圈中的感生电动势.

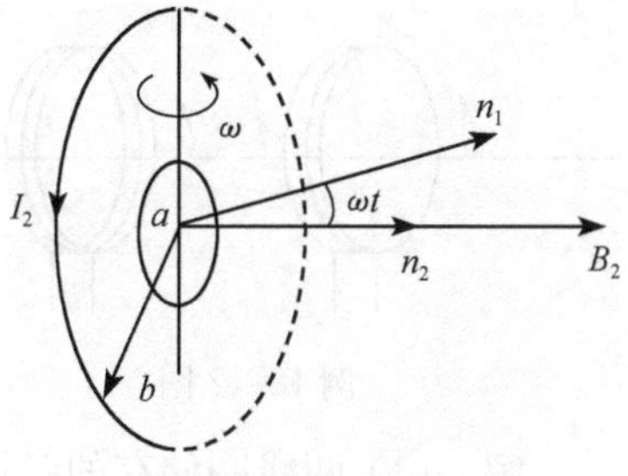

例 12-11 图

解　(1) 设小线圈为线圈 1，大线圈为线圈 2，大线圈中通有恒定电流 I_2，由载流圆线圈在轴线上产生磁场的公式可知，I_2 在其中心处所产生的磁感应强度为 $B_2=\dfrac{\mu_0 I_2}{2b}$. 由题意知 $a<b$，故小线圈所在处的磁场可近似视为均匀磁场. 在任意时刻 t 通过小线圈的磁通量为

$$\Phi_{21}=B_2\cdot S_1=B_2S_1\cos\theta-\left(\frac{\mu_0 I_2 \pi a_2}{2b}\right)\cos\omega t$$

式中 $\theta=\omega t$ 为 t 时刻两线圈平面法线间的夹角. 根据互感系数定义式，两线圈的互感系数为

$$M=\frac{\Psi_{21}}{I_2}=\frac{\Phi_{21}}{I_2}=\frac{\mu_0 I_2 \pi a^2}{2b}\cos\omega t$$

从结果中看出，两线圈的互感系数 M 与它们间的相对位置有关. 这是因小线圈相对于大线圈的转动，而引起它们间相对位置的变化，致使它们间的互感系数随时间变化.

(2) 由法拉第电磁感应定律，可得小线圈中的感应电动势为

$$\varepsilon_1=-\frac{\mathrm{d}\Phi_{21}}{\mathrm{d}t}=\left(\frac{\mu_0 I_2 \pi a^2}{2b}\right)\omega\sin\omega t$$

因此小线圈中的感应电流为

$$I_1=-\frac{\varepsilon_1}{R}=\left(\frac{\mu_0 I_2 \pi a^2}{2bR}\right)\omega\sin\omega t$$

(3) 由式(1)、(2)得小线圈中的电流 I_1 所产生的磁场穿过大线圈的磁通量为

$$\Phi_{12}=MI_1=\left(\frac{\mu_0 \pi a^2}{2b}\right)^2\frac{I_2}{R}\omega\sin\omega t\cos\omega t$$

$$=\left(\frac{\mu_0 \pi a^2}{2b}\right)2\,\frac{I_2}{R}\omega\,\frac{\sin 2\omega t}{2}$$

由法拉第电磁感应定律，可得大线圈中的感生电动势为

$$\varepsilon_2=-\frac{\mathrm{d}\Phi_{12}}{\mathrm{d}t}=-\left(\frac{\mu_0 \pi a^2\omega}{2b}\right)^2\frac{I_2}{R}\cos 2\omega t$$

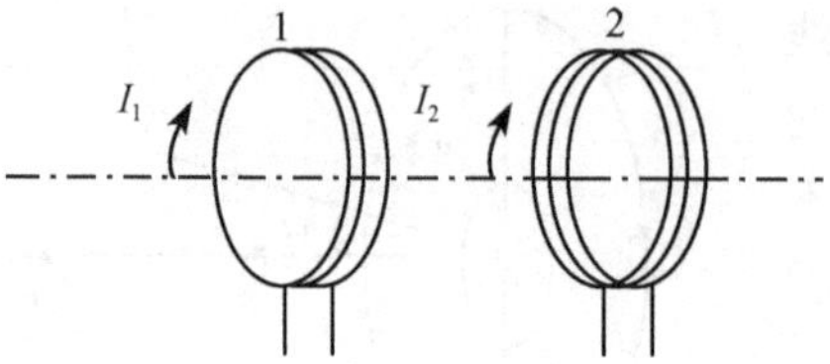

例 12-12 图

例 12-12 如附图所示,设两相邻载流线圈的电流分别为 I_1,I_2.

(1) 试计算在两线圈中建立电流的过程中线圈周围空间磁场的能量;

(2) 证明两个线圈的互感相等,即 $M_{12}=M_{21}$.

解 (1) 两线圈储存的磁场能量:

分析:两线圈的储能是在它们电流没有达到稳定状态之前的过程中建立起来的. 当两线圈的电流达到稳定状态时,磁场储存的能量不再因流过电流而发生改变. 因此,计算磁场储能,只需考虑两线圈电流达到稳定前电流转化为磁场的能量.

为此,假设先给线圈 1 通以电流,当其从 0 达到 I_1 过程中,线圈 1 自身由于自感,必然在此期间将电能转化为磁场能量,即线圈 1 在此过程中储存的磁场能量为

$$W_1=\frac{1}{2}L_1I_1^2$$

当线圈 2 通以电流从零增加到 I_2 的过程中,并保持线线圈 1 的电流保持 I_1 不变,线圈 2 的自感会将电能转化为磁场能

$$W_2=\frac{1}{2}L_2I_2^2$$

由于线圈 2 通以电流从零增加到 I_2 的过程中,线圈 1 中有互感电动势. 保持线圈 1 的电流 I_1 在线圈 2 电流从零增大到 I_2 过程中始终不变,那么,线圈 1 的电源必然克服线圈 1 中的互感电动势做功,从而又将一部分电能转化为磁场能. 因此,在此过程中,电能转化为磁场能量的总能量值为

$$W_{21}=-\int\varepsilon_{21}I_1\mathrm{d}t=\int M_{21}I_1\frac{\mathrm{d}i_2}{\mathrm{d}t}\mathrm{d}t$$
$$=\int_0^{I_2}M_{21}I_1\mathrm{d}i_2=M_{21}I_1\int_0^{I_2}\mathrm{d}i_2=M_{21}I_1I_2$$

在上述两个过程中,电能转化为磁场能的总能量值为

$$W=W_1+W_2+W_{21}=\frac{1}{2}L_1I_1^2+\frac{1}{2}L_2I_2^2+M_{21}I_1I_2$$

(2) 证明两线圈的互感系数相等.

如果首先让线圈 2 通以电流 I_2,然后保持 I_2 不变,再通以电流 I_1,则与(1)类似,系统储存的总能量为

$$W'=W_1+W_2+W_{12}=\frac{1}{2}L_1I_1^2+\frac{1}{2}L_2I_2^2+M_{21}I_1I_2$$

显然,上述过程的最终状态完全相同,因而磁场储存的能量应当相同,于是

$$W=W'$$

所以

$$M_{12} = M_{21} = M$$

例 12-13　试证:平行板电容器的位移电流可写成 $I_d = C\dfrac{dU}{dt}$. 式中 C 为电容器的电容,U 是电容器两极板的电势差. 如果不是平板电容器,以上关系还适用吗?

解　由

$$q = CU$$

$$D = \sigma_0 = \frac{CU}{S}$$

得

$$\Phi_D = DS = CU$$

$$I_D = \frac{d\Phi_D}{dt} = C\frac{dU}{dt}$$

不是平板电容器时,$D = \sigma_0$ 仍成立. 所以

$$I_D = C\frac{dU}{dt}$$

还适用.

例 12-14　一平行板电容器的两极板为圆形金属板,面积均为 S,接于一交流电源时,板上的电荷随时间变化,即 $q = q_m \sin\omega t$. 试求:

(1) 电容器中的位移电流密度的大小;

(2) 设 r 为由圆板中心到该点的距离,两板之间的磁感应强度分布 B.

解　(1) 由题意可知,$q = q_m \sin\omega t$,对于平行板电容器电位移矢量的大小为

$$D = \sigma_0 = \frac{q}{S} = \frac{q_m}{S}\sin\omega t$$

所以,位移电流密度的大小为

$$j_D = \frac{\partial D}{\partial t} = \frac{\partial}{\partial t}\left(\frac{q_m}{S}\sin\omega t\right) = \frac{q_m \omega}{S}\cos\omega t$$

(2) 由于电容器内无传导电流,故 $J_0 = 0$. 又由于位移电流具有轴对称性,故可用安培环路求解磁感应强度. 设 r 为由圆板中心到场点的距离,并以 r 为半径做圆周路径 L. 根据全电流安培环路定理可知

$$\oint_{(L)} \boldsymbol{H} \cdot d\boldsymbol{l} = H \cdot 2\pi r$$

通过 L 所围面积的位移电流为

$$\int_S \boldsymbol{j}_D \cdot d\boldsymbol{S} = j_D \cdot \pi r^2$$

所以

$$H=\frac{j_D r}{2}=\frac{q_m\omega r}{2S}\cos\omega t$$

最后可得

$$B=\mu_0 H=\frac{q_m\omega r\mu_0}{2S}\cos\omega t$$

例 12-15　一电台辐射电磁波，若电磁波的能流均匀分布在以电台为球心的球面上，功率为 10^5W. 求离电台 10km 处电磁波的坡印廷矢量和电场分量的幅值.

解　$S=\frac{P}{2\pi r^2}=\frac{10^5}{2\pi\times 10000^2}=1.59\times 10^{-4}[\mathrm{J/(m^2\cdot s)}]$

$S=\frac{1}{2}E_m H_m$，　$\sqrt{\varepsilon_0}E=\sqrt{\mu_0}H$

所以

$$E_m=\left(2S\cdot\sqrt{\frac{\mu_0}{\varepsilon_0}}\right)^{\frac{1}{2}}=0.346\mathrm{V/m}$$

例 12-16　一导线，截面半径为 10^{-2}m，单位长度的电阻为 $3\times 10^{-3}\Omega$/m，载有电流 25.1A. 试计算在距导线表面很近一点的以下各量：

(1) H 的大小；

(2) E 在平行于导线方向上的分量；

(3) 垂直于导线表面的 S 分量.

解　(1) 由

$$\oint \boldsymbol{H}\cdot \mathrm{d}\boldsymbol{l}=\sum I$$

取与导线同轴的垂直于导线的圆周 $l=2\pi r$，则

$$H2\pi r=I$$

$$H=\frac{I}{2\pi r}=4\times 10^2\mathrm{A/m}$$

(2) 由欧姆定律微分形式 $j=\sigma E$ 得

$$E=\frac{j}{\sigma}=\frac{I/S}{1/RS}=IR=7.53\times 10^{-2}\mathrm{V/m}$$

(3) 按 $\boldsymbol{S}=\boldsymbol{E}\times\boldsymbol{H}$，$\boldsymbol{E}$ 沿导线轴线，$\boldsymbol{H}$ 垂直于轴线，所以 $\boldsymbol{S}$ 垂直导线侧面进入导线，大小

$$S=EH=30.1\mathrm{W/m^2}$$

四、习题指导

(一)思考题

12-1　在电磁感应定律 $\varepsilon=-\mathrm{d}\Phi/\mathrm{d}t$ 中，负号的意义是什么？你是怎样根据正

负号来确定感应电动势的方向的？

答　负号反映了感应电动势的方向，是楞次定律的体现. 用正负符号来描述电动势的方向，首先应明确电动势的正方向（即电动势符号为正的时候所代表的方向）. 在电磁感应现象中，电动势的正方向即是所选回路的绕行方向，由于回路的绕行方向与回路所围面积的法线方向（即穿过该回路磁通量的正方向）符合右手螺旋，所以，回路电动势的正方向与穿过该回路磁通量的正方向也符合右手螺旋. 原则上说，对于穿过任一回路的磁通量，可以任意规定它的正负，因此，在确定感应电动势的方向时，可以首先将穿过回路的磁通量规定为正，然后，再按右手螺旋关系确定出该回路的绕行方向（即电动势的正方向）. 最后，再由电动势 ε 的符号，若 ε 的符号为正即电动势的方向与规定的正方向相同，否则相反.

12-2　如附图所示，金属棒 AB 在光滑的导轨上以速度v 向右运动，从而形成了闭合导体回路 $ABCDA$. 楞次定律告诉我们，AB 棒中出现的感应电流是自 B 点流向 A 点，有人说：电荷总是从高电势流向低电势. 因此 B 点的电势应高于A 点，这种说法对吗？为什么？

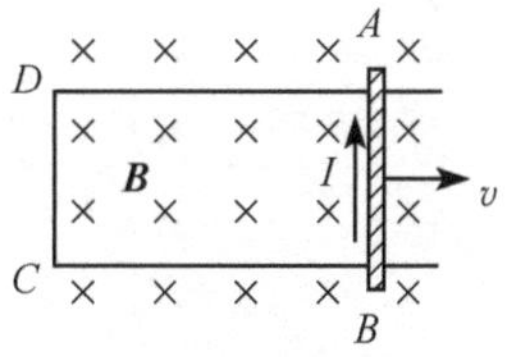

思考题 12-2 图

答　这种说法不对. 回路 $ABCD$ 中 AB 棒相当于一个电源，A 点是电源的正极，B 点是电源的负极. 这是因为电源电动势的形成是非静电力做功的结果，非静电力在将正电荷从低电势的负极 B 移向高电势的正极 A 的过程中，克服了静电力而做功. 所以正确的说法是：在作为电源的 AB 导线内部，正电荷从低电势移至高电势. 是非静电力做正功；在 AB 导线外部的回路上，正电荷从高电势流至低电势，是静电力做正功. 因此，B 点的电势低，A 点的电势高.

12-3　如附图所示，一根细铜棒在均匀磁场中做下列各种运动，在哪种运动中铜棒内产生感应电动势？其方向怎样？

（1）铜棒向右平移（附图(a)）.

（2）铜棒绕通过其中心的轴在垂直于 $\boldsymbol{B}$ 的平面内转动（附图(b)）.

（3）铜棒绕通过中心的轴在平行于 $\boldsymbol{B}$ 的平面内转动（附图(c)）.

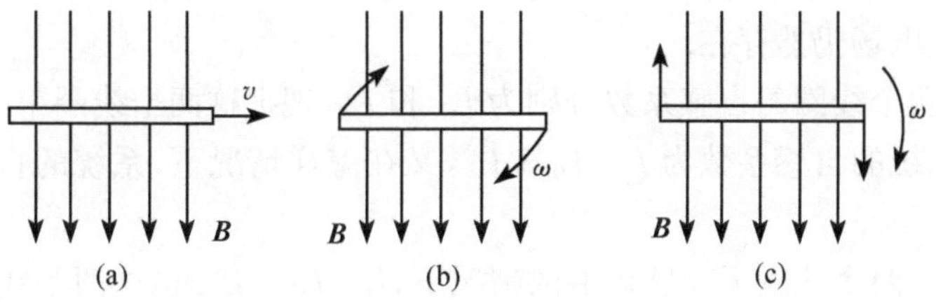

思考题 12-3 图

答 (a)无;(b)由中心指向两端;(c)无.

12-4 如附图所示,一矩形金属线框,以速度 v 从无场空间进入一均匀磁场中,然后又从磁场中出来,到无场空间中,不计线圈的自感,下面哪一条图线正确地表示了线圈中的感应电流对时间的函数关系(从线圈刚进入磁场时刻开始计时,I 以顺时针方向为正)?

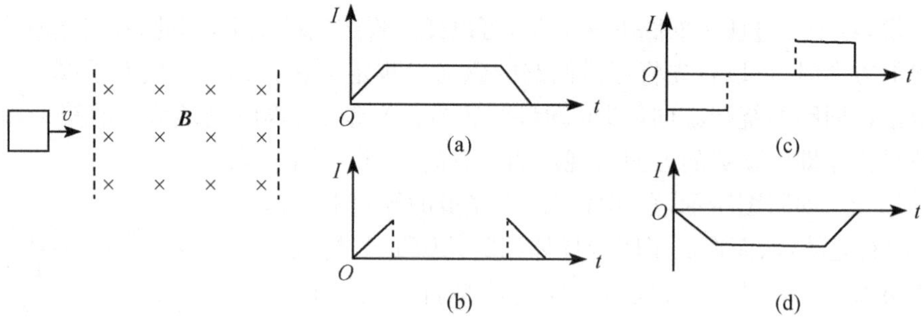

思考题 12-4 图

思考题 12-5 图

答 (c).

12-5 如附图所示,为用冲击电流计测量磁极间磁场的装置.小线圈与冲击电流计相接,线圈面积为 A,匝数为 N,电阻为 R,其法向 $\boldsymbol{n}$ 与该处磁场方向相同,将小线圈迅速取出磁场时,冲击电流计测得感应电量为 q,问小线圈所在位置的磁感应强度为多少?

答
$$q=\int I\mathrm{d}t=\frac{1}{R}\int \varepsilon\mathrm{d}t=\frac{\Delta\Phi}{R}=\frac{NBA}{R}$$
$$B=\frac{Rq}{NA}$$

12-6 将磁铁插入铜质圆环中,铜环内有感应电流和感应电场吗?如果用非金属环代替铜环,环中还有感应电流和感应电场吗?

答 铜环内有感应电流和感应电场.如果用非金属环代替铜环,环中则无感应电流,但感应电场仍然存在.

12-7 两个线圈的自感系数分别为 L_1 和 L_2,现把这两个线圈串联起来,在怎样情况下,系统的自感系数为 $L=L_1+L_2$,又在怎样情况下,系统的自感系数 $L\neq L_1+L_2$.

答 在这两个线圈无互感影响的情况下,$L=L_1+L_2$.当这两个线圈有互感影响时,$L\neq L_1+L_2$.

12-8 用金属丝绕成的标准电阻要求无自感,怎样绕制才能达到这一要求?

为什么？

答 把金属丝对折成双线如附图缠绕即可. 这样，近似地说，标准电阻部分的回路包围的面积为零，有电流时磁通为零，故自感为零.

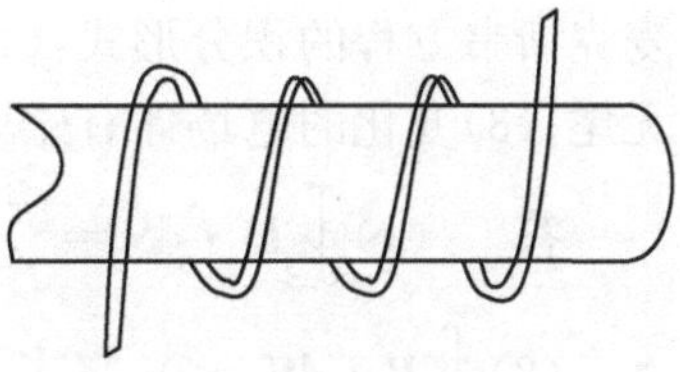

思考题12-8图

12-9 当扳断电路时，开关的两触头之间常有火花发生，如在电路里串接一电阻小、电感大的线圈，在扳断开关时火花就发生得更厉害，为什么会这样？

答 扳断电路时，电流从最大值骤然降为零，dI/dt 很大，自感电动势就很大，在开关触头之间产生高电压，击穿空气发生火花. 若加上电感大的线圈，自感电动势就更大，所以扳断开关时，火花也更厉害.

12-10 为什么在电子感应加速器中，只有1/4的周期内才能对电子起加速作用？

答 电子感应加速器是利用感生电场加速电子的高能电子加速器，在圆柱形电磁铁的两磁极间放置一个环形真空室，当电磁铁线圈中通以交变电流时，在两磁极间产生一圆形区域的交变磁场. 交变磁场又在真空室内激发涡旋状的感生电场. 电子由电子枪注入环形真空室时，在磁场施加的洛伦兹力和涡旋电场的电场力共同作用下电子做加速圆周运动.

一方面，由于磁场是交变的，涡旋电场当然也是交变的. 因此，在一个周期内电子并不按一种回旋方向加速，而且电子所受的洛伦兹力也并非总是指向圆心. 在圆柱形空间区域内，有 $E_i=\dfrac{r}{2}\dfrac{dB}{dt}$，故只有$\dfrac{dB}{dt}$不变号时，感生电场的方向保持不变，另一方面，要保证电子所受的洛伦兹力也总是指向圆心，磁场 B 的方向应保持不变，对于交变磁场，只有1/4的周期内才满足上述两点.

12-11 一平板电容器充电以后断开电源，然后缓慢拉开电容器两极板的间距，则拉开过程中两极板间的位移电流为多大？若电容器两端始终维持恒定电压，则在缓慢拉开电容器两极板间距的过程中两极板间有无位移电流？若有位移电流，则它的方向怎样？

答 $I_d=C\dfrac{dU}{dt}$.

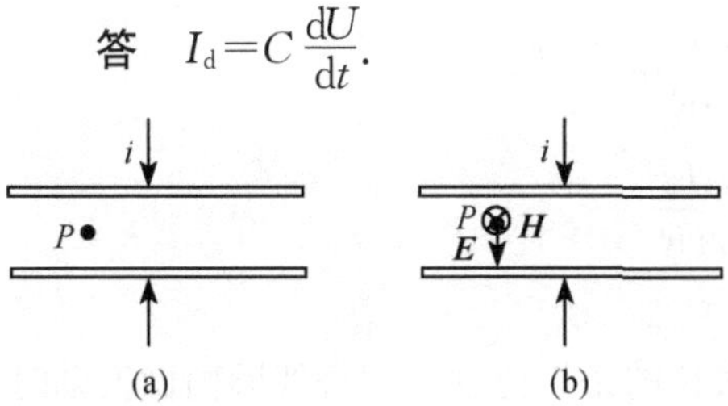

思考题12-12图

12-12 如附图(a)所示，圆形平行板电容器，从 $q=0$ 开始充电，试画出充电过程中，极板间某点 P 处电场强度的方向和磁场强度的方向.

答 如附图(b)所示.

12-13 试写出与下列内容相应的

麦克斯韦方程的积分形式:(1)电力线起始于正电荷终止于负电荷;(2)磁力线无头无尾;(3)变化的电场伴有磁场;(4)变化的磁场伴有电场.

答　(1) $\oint_S \boldsymbol{D}\cdot \mathrm{d}\boldsymbol{S}=\sum q_i$

(2) $\oint_S \boldsymbol{B}\cdot \mathrm{d}\boldsymbol{S}=0$

(3) $\oint_S \boldsymbol{H}\cdot \mathrm{d}\boldsymbol{l}=\sum I_c+\int_S \frac{\partial \boldsymbol{D}}{\partial t}\cdot \mathrm{d}\boldsymbol{S}$

(4) $\oint_l \boldsymbol{E}\cdot \mathrm{d}\boldsymbol{l}=-\int_S \frac{\partial \boldsymbol{D}}{\partial t}\cdot \mathrm{d}\boldsymbol{S}$

12-14　试述平面电磁波的基本性质.

答　(1) 电磁波是横波.若 $\boldsymbol{k}$ 为沿电磁波传播方向的单位矢量,则 $\boldsymbol{E}$、$\boldsymbol{H}$ 均与 $\boldsymbol{k}$ 垂直.

(2) 电矢量 $\boldsymbol{E}$ 与磁矢量 $\boldsymbol{H}$ 相互垂直,并且在任何时刻,任何地点,$\boldsymbol{E}$、$\boldsymbol{H}$ 与 $\boldsymbol{k}$ 三个矢量总构成右旋系,即 $\boldsymbol{E}\times\boldsymbol{H}$ 的方向总是沿着传播方向 k 的.

(3) $\boldsymbol{E}$ 和 $\boldsymbol{H}$ 同频率、同相位,即 $\boldsymbol{E}$ 和 $\boldsymbol{H}$ 同时达到各自的正极大值,$\boldsymbol{E}$ 和 $\boldsymbol{H}$ 的大小有下述关系

$$\sqrt{\varepsilon_0\varepsilon_r}E=\sqrt{\mu_0\mu_r}H$$

(4) 电磁波的传播速度为

$$u=\frac{1}{\sqrt{\mu_0\mu_r\varepsilon_0\varepsilon_r}}$$

在真空中 $\varepsilon_r=\mu_r=1$,故

$$c=\frac{1}{\sqrt{\mu_0\varepsilon_0}}\approx 2.9979\times 10^8\,\mathrm{m/s}$$

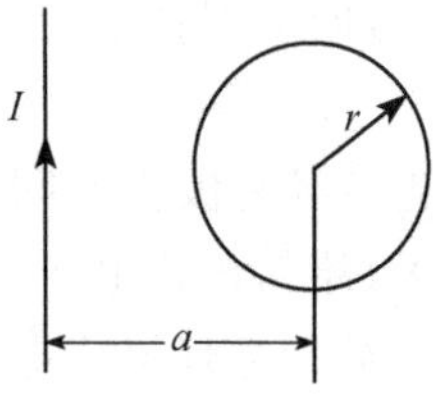

思考题 12-15 图

12-15　在一通有电流 I 的无限长直导线所在平面内,有一半径为 r、电阻为 R 的导线环,环中心距直导线为 a,如附图所示,且 $a\gg r$,当直导线的电流被切断后,沿着导线环流过的电量约为(　　).

(A) $\frac{\mu_0 I r^2}{2\pi R}\left(\frac{1}{a}-\frac{1}{a+r}\right)$;　　(B) $\frac{\mu_0 I r}{2\pi R}\ln\frac{a+r}{a}$;

(C) $\frac{\mu_0 I r^2}{2aR}$;　　(D) $\frac{\mu_0 I a^2}{2rR}$.

答　(C).

12-16　在如附图所示的装置中,当不太长的条形磁铁在闭合线圈内做振动时(忽略空气阻力)(　　).

(A) 振幅会逐渐加大;

(B) 振幅会逐渐减小；

(C) 振幅不变；

(D) 振幅先减小后增大.

答　(B).

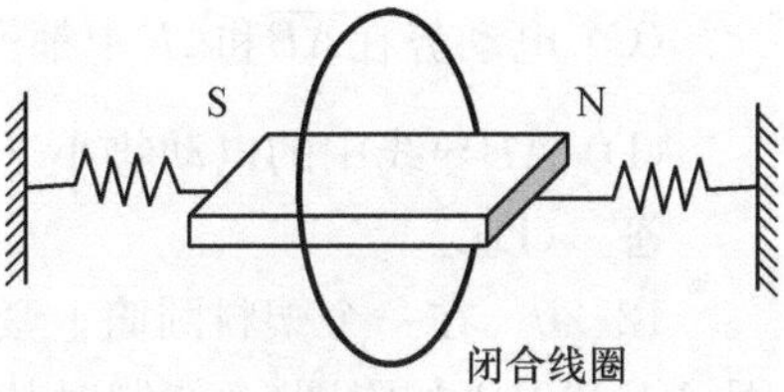

思考题 12-16 图

12-17　圆铜盘水平放置在均匀磁场中，$\boldsymbol{B}$ 的方向垂直盘面向上. 当铜盘绕通过中心垂直于盘面的轴沿附图示方向转动时(　　).

(A) 铜盘上有感应电流产生，沿着铜盘转动的相反方向流动；

(B) 铜盘上有感应电流产生，沿着铜盘转动的方向流动；

(C) 铜盘上产生涡流；

(D) 铜盘上有感应电动势产生，铜盘边缘处电势最高；

(E) 铜盘上有感应电动势产生，铜盘中心处电势最高.

答　(D).

12-18　在圆柱形空间内有一磁感应强度为 $\boldsymbol{B}$ 的均匀磁场，如附图所示，$\boldsymbol{B}$ 的大小以速率 $\mathrm{d}B/\mathrm{d}t$ 变化. 有一长度为 l_0 的金属棒先后放在磁场的两个不同位置 1(AB)和 2($A'B'$)；则金属棒在这两个位置时棒内的感应电动势的大小关系为(　　).

(A) $\varepsilon_2=\varepsilon_1\neq0$；　　(B) $\varepsilon_2>\varepsilon_1$；

(C) $\varepsilon_2<\varepsilon_1$；　　(D) $\varepsilon_2=\varepsilon_1=0$.

答　(B).

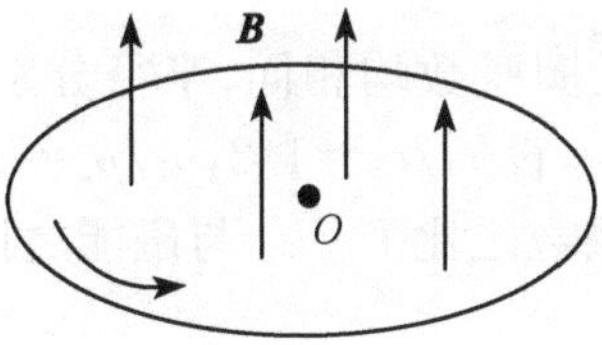

思考题 12-17 图

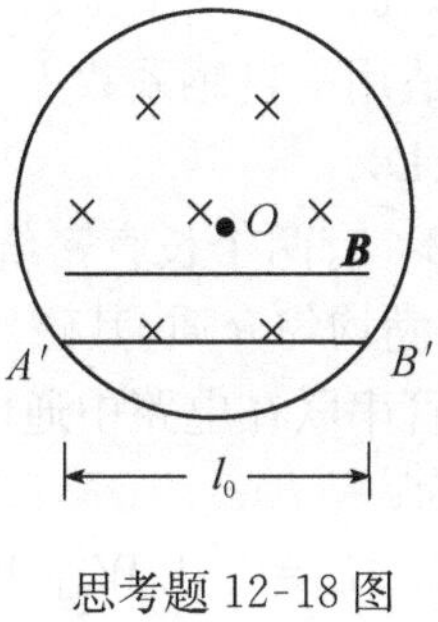

思考题 12-18 图

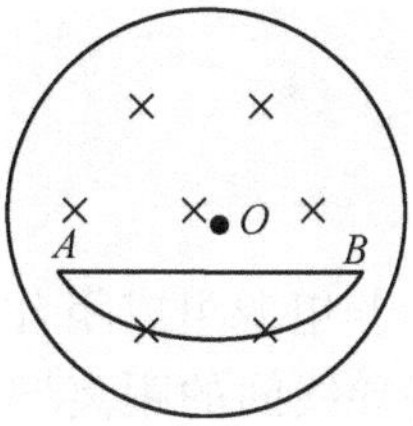

思考题 12-19 图

12-19　在圆柱形空间内有一磁感应强度为 $\boldsymbol{B}$ 的均匀磁场，如附图所示，$\boldsymbol{B}$ 的大小以速率 $\mathrm{d}B/\mathrm{d}t$ 变化，在磁场中有 A、B 两点，其间可放直导线$\overline{AB}$和弯曲的导线$\overset{\frown}{AB}$，则(　　).

(A) 电动势只在$\overline{AB}$导线中产生；

(B) 电动势只在$\overset{\frown}{AB}$导线中产生；

(C) 电动势在$\overline{AB}$和$\overset{\frown}{AB}$中都产生,且两者大小相等;

(D) $\overline{AB}$导线中的电动势小于$\overset{\frown}{AB}$导线中的电动势.

答 (D).

12-20 在一个塑料圆筒上紧密地绕有两个完全相同的线圈AA'和BB',当线圈AA'和BB'如附图(a)绕制时其互感系数为M_1,如附图(b)绕制时其互感系数为M_2,M_1与M_2的关系是( ).

(A) $M_1=M_2\neq0$; (B) $M_1=M_2=0$;

(C) $M_1>M_2$; (D) $M_1<M_2$.

答 (D).

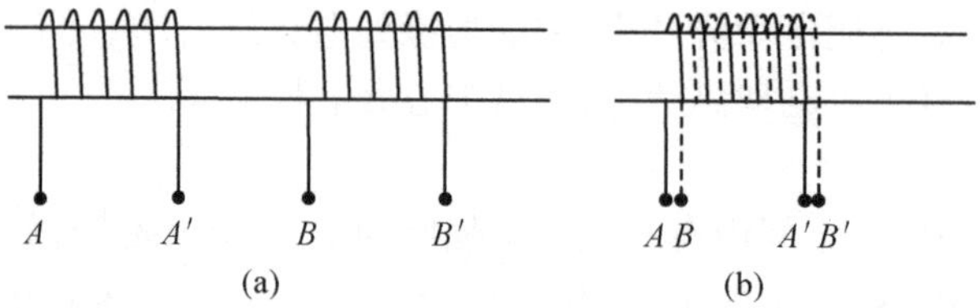

思考题 12-20 图

12-21 用线圈和自感系数L来表示载流线圈磁场能量的公式$W_m=LI^2/2$,( ).

(A) 只适用于无限长密绕螺线管;

(B) 只适用于单匝圆线圈;

(C) 只适用于一个匝数很多,且密绕的螺绕环;

(D) 适用于自感系数L一定的任意线圈.

答 (D).

12-22 有两个长直密绕螺线管,长度及线圈匝数均相同,半径分别为r_1和r_2,管内充满均匀介质,其磁导率分别为μ_1和μ_2,设$r_1/r_2=1/2$,$\mu_1/\mu_2=1/2$,当将两只螺线管串联在电路中通电稳定后,其自感系数之比L_1/L_2与磁能之比$W_{m1}:W_{m2}$分别为( ).

(A) $L_1/L_2=1/1$,$W_{m1}/W_{m2}=1/1$;

(B) $L_1/L_2=1/2$,$W_{m1}/W_{m2}=1/1$;

(C) $L_1/L_2=1/2$,$W_{m1}/W_{m2}=1/2$;

(D) $L_1/L_2=2/1$,$W_{m1}/W_{m2}=2/1$.

答 (C).

12-23 如附图所示,两根很长的平行直导线,其间距离为a,与电源组成闭合回路.已知导线上的电流强度为I,在保持I不变的情况下,若将导线间的距离增大,则空间的( ).

(A) 总磁能将增大；

(B) 总磁能将减少；

(C) 总磁能将保持不变；

(D) 总磁能的变化不能确定.

答　(A).

12-24　如附图所示，平板电容器(忽略边缘效应)充电时，沿环路 L_1、L_2 磁场强度 $\boldsymbol{H}$ 的环流中，必有(　　).

(A) $\oint_{L_1} \boldsymbol{H}\cdot \mathrm{d}\boldsymbol{l} > \oint_{L_2} \boldsymbol{H}\cdot \mathrm{d}\boldsymbol{l}$；

(B) $\oint_{L_1} \boldsymbol{H}\cdot \mathrm{d}\boldsymbol{l} = \oint_{L_2} \boldsymbol{H}\cdot \mathrm{d}\boldsymbol{l}$；

(C) $\oint_{L_1} \boldsymbol{H}\cdot \mathrm{d}\boldsymbol{l} < \oint_{L_2} \boldsymbol{H}\cdot \mathrm{d}\boldsymbol{l}$；

(D) $\oint_{L_1} \boldsymbol{H}\cdot \mathrm{d}\boldsymbol{l} = 0$.

答　(C).

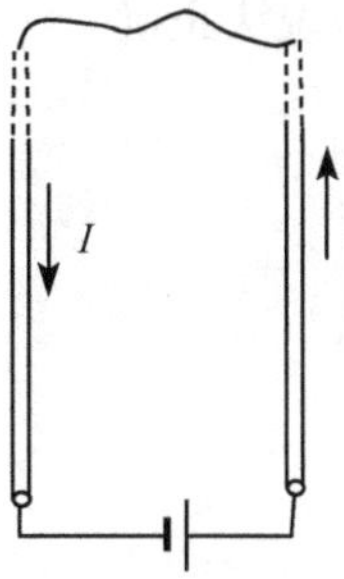

思考题 12-23 图

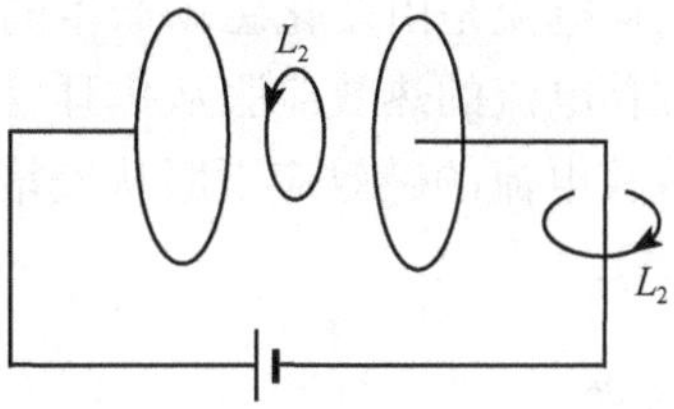

思考题 12-24 图

12-25　在感应电场中电磁感应定律可写成 $\oint_L \boldsymbol{E}_{\mathrm{k}}\cdot \mathrm{d}\boldsymbol{l} = -\dfrac{\mathrm{d}\Phi}{\mathrm{d}t}$，式中 $\boldsymbol{E}_{\mathrm{k}}$ 为感应电场的电场强度，此式表明(　　).

(A) 闭合曲线 L 上 $\boldsymbol{E}_{\mathrm{k}}$ 处处相等；

(B) 感应电场是保守力场；

(C) 感应电场的电力线不是闭合曲线；

(D) 在感应电场中不能像对静电场那样引入电势的概念.

答　(D).

12-26　如附图所示，空气中有一无限长金属薄壁圆筒，在表面上沿圆周方向均匀地流着一层随时间变化的面电流 $i(t)$，则(　　).

(A) 圆筒内均匀地分布着变化磁场和变化电场；

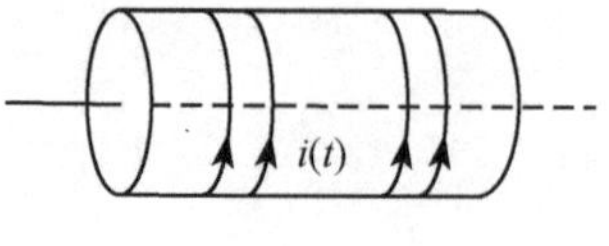

思考题 12-26 图

(B) 任意时刻通过圆筒内假想的任一球面的磁通量和电通量均为零；

(C) 沿圆筒外任意闭合环路上磁感应强度的环流不为零；

(D) 沿圆筒内任意闭合环路上电场强度的环流为零.

答 (B).

12-27 如附图所示，图(a)中是充电后切断电源的平行板电容器；图(b)中是一与直流电源相接的电容器. 当两板间距离相互靠近或分离时，试判断两种情况的极板间有无位移电流，并说明原因.

答 (1) 因平板电容器的电量不变，当两板间距改变时电场强度不变，故无位移电流.

(2) 电容改变而电源所加电压不变，所以电容器上的电量必定改变，极板间场强也必定改变，由位移电流定义 $I_d = d\Phi_D/dt$ 知存在位移电流.

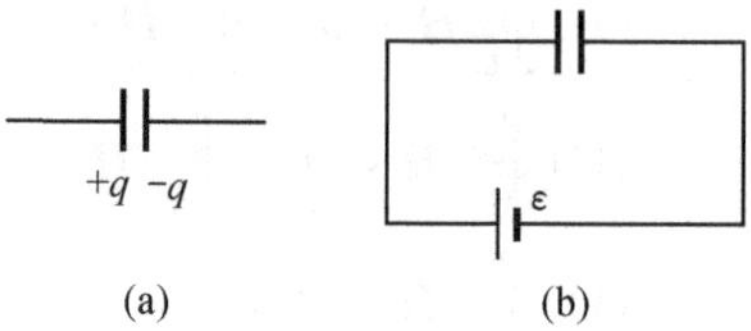

思考题 12-27 图

12-28 对位移电流，有下述四种说法，请指出(　　)说法正确.

(A) 位移电流是由变化电场产生的；

(B) 位移电流是由变化磁场产生的；

(C) 位移电流的热效应服从焦耳-楞次定律；

(D) 位移电流的磁效应不服从安培环路定理.

答 (A).

(二) 习题

12-1 直导线中通以交流电，如附图所示，置于磁导率为 μ 的介质中，已知 $I = I_0 \sin\omega t$，其中 I_0、ω 是大于零的常量. 求与其共面的 N 匝矩形回路中的感应电动势.

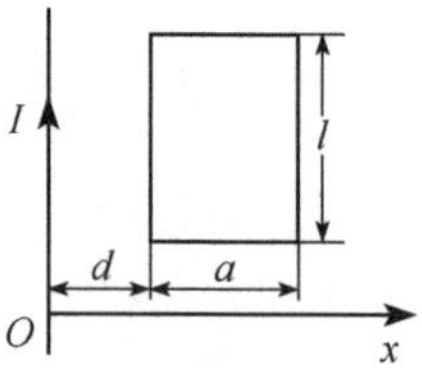

习题 12-1 图

解 $B = \dfrac{\mu_0 I}{2\pi x}$

$$\Phi = \int_d^{d+a} \frac{\mu_0 I}{2\pi x} \cdot l\mathrm{d}x = \frac{\mu_0 I l}{2\pi} \ln \frac{d+a}{d}$$

$$\varepsilon = -N\frac{\mathrm{d}\Phi}{\mathrm{d}t} = -\frac{\mu_0 \omega l}{2\pi} \ln \frac{d+a}{d} \cos\omega t$$

12-2 如附图所示，长直导线中通有电流 $I = 5.0A$，在与其相距 $d = 0.5\text{cm}$ 处放有一矩形线圈，共 1000 匝，设线圈长 $l = 4.0\text{cm}$，宽 $a = 2.0\text{cm}$. 不计线圈自感，若线圈以速度 $v = 3.0\text{cm/s}$ 沿垂直于长导线的方向向右运动，线圈中的感生电动势多大?

解　$\varepsilon_{AB}=NB_2lv$，　$\varepsilon_{DC}=NB_1lv$

$$\varepsilon=\varepsilon_{DC}-\varepsilon_{AB}$$

$$=NB_1lv-NB_2lv=\frac{\mu_0 IN}{2\pi}\left(\frac{1}{d}-\frac{1}{d+a}\right)lv=\frac{\mu_0 IalvN}{2\pi d(d+a)}$$

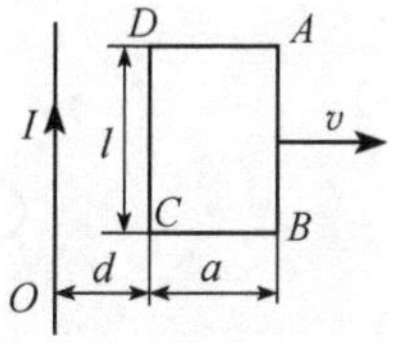

习题 12-2 图

12-3　如附图所示，一根长为 L 的金属细杆 AB 绕竖直轴 O_1O_2 以角速度 ω 在水平面内旋转. O_1O_2 在离细杆 A 端 $L/5$ 处. 若已知地磁场在竖直方向的分量为 $\boldsymbol{B}$，求 AB 两端间的电势差 U_A-U_B.

解　OB 间的动生电动势

$$\varepsilon_1=\int_0^{4L/5}(\boldsymbol{v}\times\boldsymbol{B})\cdot \mathrm{d}\boldsymbol{l}=\int_0^{4L/5}\omega Bl\,\mathrm{d}l$$

$$=\frac{1}{2}\omega B\left(\frac{4}{5}L\right)^2=\frac{16}{50}\omega BL^2$$

B 点电势高于 O 点.

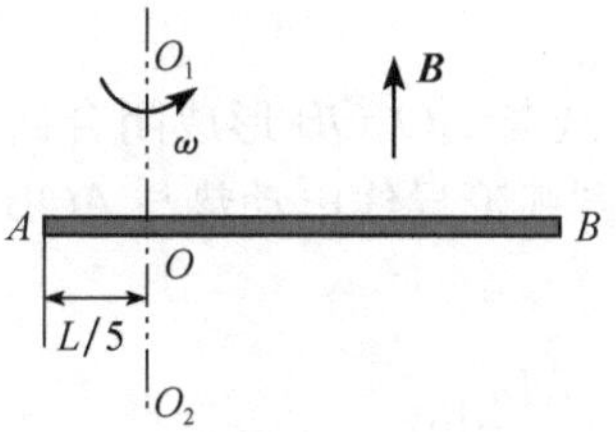

习题 12-3 图

OA 间的动生电动势

$$\varepsilon_2=\int_0^{L/5}(\boldsymbol{v}\times\boldsymbol{B})\cdot \mathrm{d}\boldsymbol{l}=\int_0^{L/5}\omega Bl\,\mathrm{d}l$$

$$=\frac{1}{2}\omega B\left(\frac{L}{5}\right)^2=\frac{1}{50}\omega BL^2$$

A 点电势高于 O 点.

所以

$$U_A-U_B=\varepsilon_2-\varepsilon_1=\frac{1}{50}\omega BL^2-\frac{16}{50}\omega BL^2=-\frac{3}{10}\omega BL^2$$

12-4　求长度为 L 的金属杆在均匀磁场 $\boldsymbol{B}$ 中绕平行于磁场方向的定轴 OO' 转动时的动生电动势，已知杆相对于均匀磁场 $\boldsymbol{B}$ 的方位角为 θ，杆的角速度为 ω，转向如附图所示.

解　在距 O 点为 l 处的 $\mathrm{d}l$ 线元中的动生电动势为

$$\mathrm{d}\varepsilon=(\boldsymbol{v}\times\boldsymbol{B})\cdot \mathrm{d}\boldsymbol{l};\quad v=\omega l\sin\theta$$

所以

$$\varepsilon=\int_L(\boldsymbol{v}\times\boldsymbol{B})\cdot \mathrm{d}\boldsymbol{l}=\int_L vB\sin\left(\frac{1}{2}\pi\right)\cos\alpha\,\mathrm{d}l$$

$$=\int_L\omega lB\sin^2\theta\,\mathrm{d}l=\omega B\sin^2\theta\int_0^L l\,\mathrm{d}l$$

$$=\frac{1}{2}B\omega L^2\sin^2\theta$$

$\boldsymbol{E}$ 的方向沿着杆指向上端.

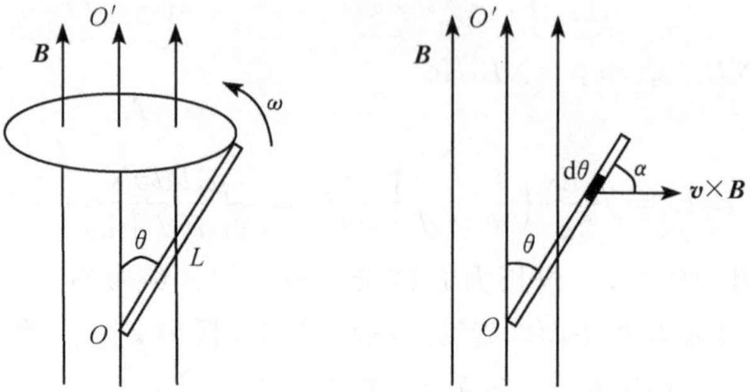

(a) (b)

习题 12-4 图

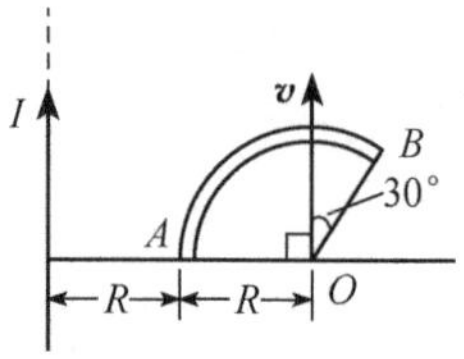

习题 12-5 图

12-5 电流为 I 的无限长直导线旁有一弧形导线，圆心角为120°，几何尺寸及位置如附图所示. 求当圆弧形导线以速度 v 平行于长直导线方向运动时，弧形导线中的动生电动势.

解 连接 AO、OB，圆弧形导线与 AO、OB 形成闭合回路，闭合回路的电动势为 0，所以圆弧形导线电动势与 AOB 直导线的电动势相等.

$$\varepsilon_{AO}=\int v\times \boldsymbol{B}\cdot \mathrm{d}\boldsymbol{l}=-\int_{R}^{2R}\frac{\mu_0 Iv}{2\pi x}\mathrm{d}x=-\frac{\mu_0 Iv}{2\pi}\ln 2$$

$$\varepsilon_{OB}=\int v\times \boldsymbol{B}\cdot \mathrm{d}\boldsymbol{l}=-\int_{2R}^{\frac{5}{2}R}\frac{\mu_0 Iv}{2\pi x}\mathrm{d}x=-\frac{\mu_0 Iv}{2\pi}\ln\frac{5}{4}$$

$$\varepsilon_{AB}=\varepsilon_{AO}+\varepsilon_{OB}=-\frac{\mu_0 Iv}{2\pi}\ln\frac{5}{2}$$

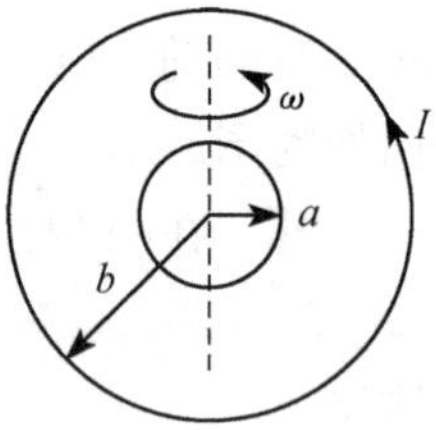

习题 12-6 图

12-6 如附图所示，半径分别为 b 和 a 的两圆形线圈 ($b\gg a$)，在 $t=0$ 时共面放置，大圆形线圈通有稳恒电流 I，小圆形线圈以角速度 ω 绕竖直轴转动，若小圆形线圈的电阻为 R，求：

(1) 当小线圈转过 90°时，小线圈中电流的瞬时值；

(2) 从初始时刻转到该位置的过程中，磁力矩所做功的大小.

解 $B=\dfrac{\mu_0 I}{2b}$ 任一时间穿过小线圈的磁通量为

$$\Phi=B\pi a^2\cos\omega t$$

小线圈的感应电流

$$i=\frac{\varepsilon}{R}=\frac{1}{R}\frac{d\Phi}{dt}=\frac{B\omega\pi a^2}{R}\sin\omega t$$

当 $\omega t=\frac{\pi}{2}$ 时，有

$$p_m=i\pi a^2=\frac{B\omega\pi^2a^4}{R}$$

$$M=Bp_m=\frac{B^2\omega\pi^2a^4}{R}=\frac{\mu_0^2I^2\omega\pi^2a^4}{4Rb^2}$$

$$W=\int i\pi a^2B\mathrm{d}\theta=\frac{B^2\omega\pi a^2}{R}\int_0^{\frac{\pi}{2}}\sin^2\theta\mathrm{d}\theta=-\frac{B^2\omega\pi^2a^4}{R}=\frac{\mu_0^2I^2\omega\pi^3a^4}{16Rb^2}$$

12-7　长为 L 质量为 m 的均匀金属细棒，以棒端 O 为中心在水平面内旋转，棒的另一端在半径为 L 的金属环上滑动，棒端 O 和金属环之间接一电阻 R，整个环面处于均匀磁场 $\boldsymbol{B}$ 中，$\boldsymbol{B}$ 的方向垂直纸面向外，如附图所示. 设 $t=0$ 时，初角速度为 ω_0，忽略摩擦力及金属棒、导线和圆环的电阻. 求：

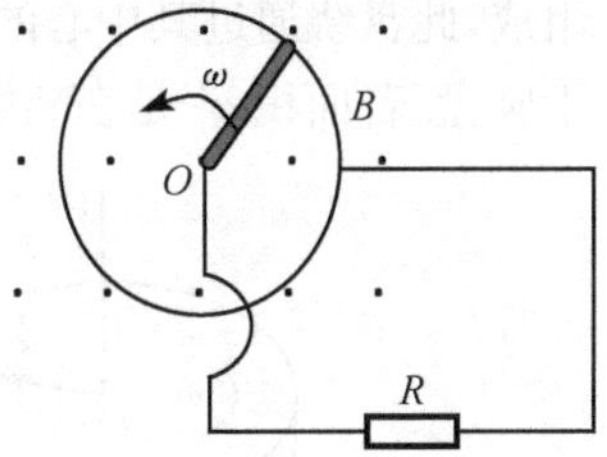

习题 12-7 图

(1) 当角速度为 ω 时金属棒内的动生电动势的大小.

(2) 棒的角速度随时间变化的表达式.

解　(1) $\varepsilon_i=\int_0^L vB\mathrm{d}r=\int_0^L r\omega B\mathrm{d}r=\frac{B\omega L^2}{2}$

(2) $J\frac{d\omega}{dt}=-M$，其中

$$J=\frac{1}{3}mL^2$$

$$M=\int_0^L r\cdot BI\mathrm{d}r=\frac{1}{2}BIL^2$$

$$=\frac{1}{2}B\left(\frac{B\omega L^2}{2R}\right)L^2=\frac{B^2\omega L^4}{4R}$$

则

$$\frac{d\omega}{\omega}=-\frac{3B^2L^2}{4Rm}dt$$

$$\omega=\omega_0\exp\left(-\frac{3B^2L^2}{4Rm}t\right)$$

12-8　圆柱形匀强磁场中同轴放置一金属圆柱体，半径为 R，高为 h，电阻率为 ρ，如附图所示. 若匀强磁场以 $\mathrm{d}B/\mathrm{d}t=k$($k>0$，$k$ 为恒量)的规律变化，求圆柱体内涡电流的热功率.

解　在圆柱体内任取一个半径为 r，厚度为 $\mathrm{d}r$，高为 h 的小圆柱通壁

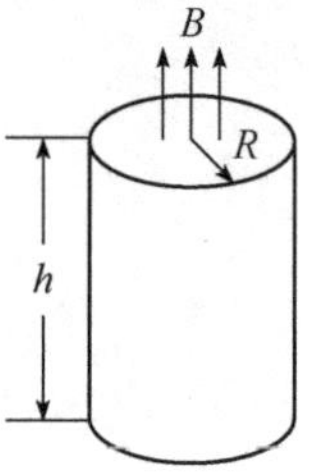

习题 12-8 图

$$\varepsilon = \frac{\mathrm{d}\Phi}{\mathrm{d}t} = \pi r^2 \frac{\mathrm{d}B}{\mathrm{d}t}$$

电阻

$$R = \rho \frac{2\pi r}{h\,\mathrm{d}r}$$

$$\mathrm{d}P = \frac{\varepsilon^2}{R} - \frac{h}{\rho}\frac{\mathrm{d}B}{\mathrm{d}t} \cdot r\mathrm{d}r$$

$$P = \int_0^R \frac{\pi h}{2\rho}\left(\frac{\mathrm{d}B}{\mathrm{d}t}\right)^2 \cdot r^3 \mathrm{d}r = \frac{\pi h k^2 R^4}{8\rho}$$

12-9　如附图(a)所示,一电磁"涡流"制动器,由一电导率为 σ 和厚度为 t 的圆盘组成,此盘绕通过其中心的轴以角速度 ω 旋转,且有一覆盖面积为 a^2 的磁场 $\boldsymbol{B}$ 垂直于圆盘. 若面积 a^2 是在离轴 r 日处,试求使圆盘慢下来的转矩的近似表达式.

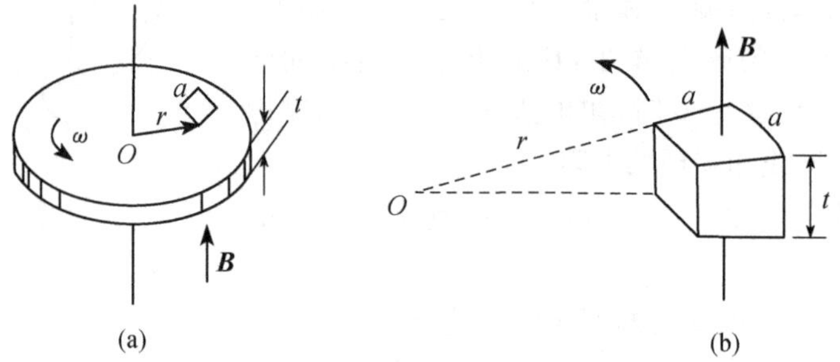

习题 12-9 图

解　圆盘旋转过程中的任意时刻,在附图(b)所示的处,始终有一覆盖面积为 a^2 的磁场 $\boldsymbol{B}$ 垂直于圆盘. 当圆盘经过此处时切割磁力线而产生动生电动势,进而产生一径向感应电流. 该感应电流受安培力作用而产生磁力矩,其方向与圆盘旋转方向相反. 圆盘上沿径向长度为 a 的线段切割磁力线时所产生的动生电动势为

$$\varepsilon_i = \int (v \times \boldsymbol{B}) \cdot \mathrm{d}\boldsymbol{l} = Bav = Bar\omega$$

小方块径向电阻为

$$R = \rho \frac{a}{at} = \frac{1}{\sigma t}$$

所以感应电流为

$$i = \frac{\varepsilon_i}{R} = Bar\omega\sigma t$$

其所受到的安培力为

$$F = iaB$$

所产生的力矩为

$$M = rF = riaB = r^2 a^2 B^2 \omega\sigma t$$

12-10　均匀磁场 $\boldsymbol{B}$ 被限制在半径 $R=10\text{cm}$ 的无限长圆柱空间内，方向垂直纸面向里，取一固定的等腰梯形回路 $ABCD$，梯形所在平面的法向与圆柱空间的轴平行，位置如附图所示. 设磁场以 $\mathrm{d}B/\mathrm{d}t=1\text{T/s}$ 的匀速率增加，已知 $\theta=\pi/3$，$OA=OB=6\text{cm}$，求等腰梯形回路中感生电动势的大小和方向.

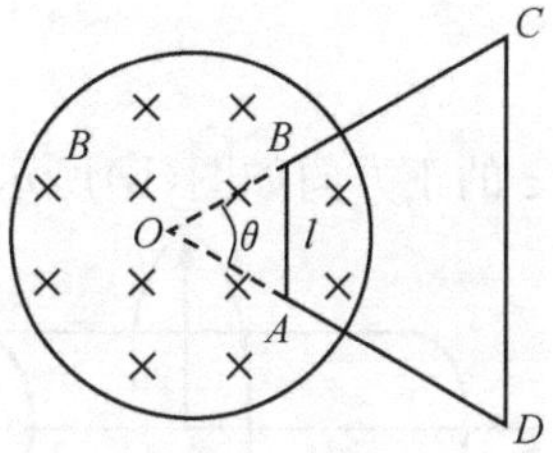

习题 12-10 图

解　如附图所示

$$\varepsilon=\left|\frac{\mathrm{d}\Phi}{\mathrm{d}t}\right|=S\frac{\mathrm{d}B}{\mathrm{d}t}$$

$$\varepsilon=S\frac{\mathrm{d}B}{\mathrm{d}t}=\left(\frac{1}{2}R^2\theta-\frac{1}{2}\overline{AB}\cdot\overline{Ol}\right)\frac{\mathrm{d}B}{\mathrm{d}t}$$
$$=3.68\text{mV}$$

ε 方向沿 $ADCB$ 绕向.

12-11　在半径为 R 的圆柱形空间内，充满磁感应强度为 $\boldsymbol{B}$ 的均匀磁场，$\boldsymbol{B}$ 的方向与圆柱的轴线平行. 有一无限长直导线在垂直圆柱中心轴线的平面内，两线相距为 a，$a>R$，如附图所示，已知磁感应强度随时间的变化率为 $\mathrm{d}B/\mathrm{d}t$，求长直导线中的感应电动势 ε.

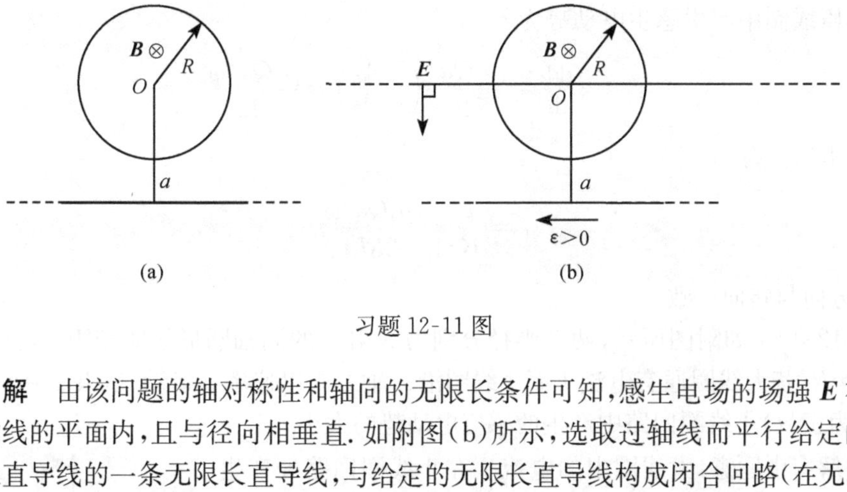

习题 12-11 图

解　由该问题的轴对称性和轴向的无限长条件可知，感生电场的场强 $\boldsymbol{E}$ 在垂直轴线的平面内，且与径向相垂直. 如附图(b)所示，选取过轴线而平行给定的无限长直导线的一条无限长直导线，与给定的无限长直导线构成闭合回路(在无限远闭合)，则在过轴线的长直导线上，因 $\boldsymbol{E}$ 处处与之垂直，所以电动势为零. 又在无限远处 $\boldsymbol{E}=0$，故此回路中的电动势就是给定的无限长直导线中的电动势 ε.

该回路的磁通量

$$\Phi=\frac{1}{2}\pi R^2B$$

由电磁感应定律有

$$\varepsilon = -\frac{\mathrm{d}\Phi}{\mathrm{d}t} = -\frac{1}{2}\pi R^2 \frac{\mathrm{d}B}{\mathrm{d}t}$$

ε 的正方向如图(b)所示.

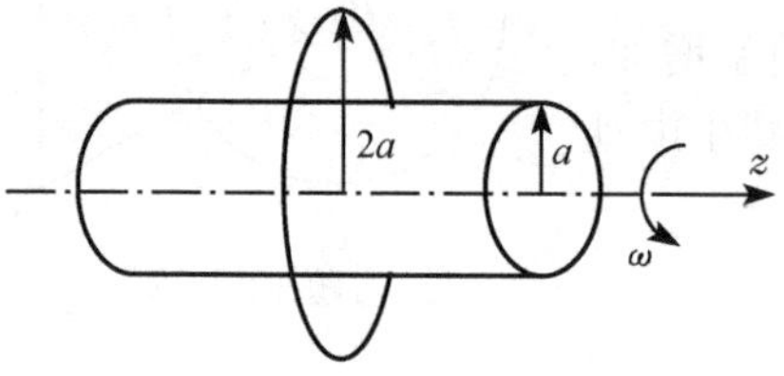

习题 12-12 图

12-12　如附图所示,电量 Q 均匀分布在半径为 a、长为 $L(L\gg a)$ 的绝缘薄壁长圆筒表面上,圆筒以角速度 ω 绕中心轴线旋转,一半径为 $2a$、电阻为 R 的单匝圆形线圈套在圆筒上. 若圆筒转速按照 $\omega=\omega_0(1-t/t_0)$ 的规律(ω_0 和 t_0 是已知常数),随时间线性地减小,求圆形线圈中感应电流的大小和流向.

解　筒以 ω 旋转时,相当于表面单位长度上有环形电流 $\frac{Q}{L}\cdot\frac{\omega}{2\pi}$,它和通电流螺线管的 nI 等效. 按长螺线管产生磁场的公式,筒内均匀磁场的磁感应强度为

$$B = \frac{\mu_0 Q\omega}{2\pi L}\quad\text{(方向沿筒的轴向)}$$

筒外磁场为零. 所以穿过线圈的磁通量为

$$\Phi = \pi a^2 B = \frac{\mu_0 Q\omega a^2}{2L}$$

在单匝线圈中产生感生电动势为

$$\varepsilon = -\frac{\mathrm{d}\Phi}{\mathrm{d}t} = \frac{\mu_0 Qa^2}{2L}\left(-\frac{\mathrm{d}\omega}{\mathrm{d}t}\right) = \frac{\mu_0 Qa^2\omega_0}{2Lt_0}$$

感应电流 i 为

$$i = \frac{\varepsilon}{R} = \frac{\mu_0 Qa^2\omega_0}{2RLt_0}$$

i 的方向与转向一致.

12-13　如附图所示,两个半径分别为 R 和 r 的同轴圆形线圈相距 x,且 $R\gg r$,$x\gg R$. 若大线圈通有电流 I 而小线圈沿 x 轴方向以速率 v 运动,试求 $x=NR$ 时(N 为正数)小线圈回路中产生的感应电动势的大小.

解　由题意,大线圈中的电流 I 在小线圈回路处产生的磁场可视为均匀的.

$$B = \frac{\mu_0}{4\pi}\frac{2\pi IR^2}{(R^2+x^2)^{3/2}} = \frac{\mu_0 IR^2}{2(R^2+x^2)^{3/2}}$$

故穿过小回路的磁通量为

$$\Phi = \boldsymbol{B}\cdot\boldsymbol{S} = \frac{\mu_0}{2}\frac{IR^2}{(R^2+x^2)^{3/2}}\pi r^2$$

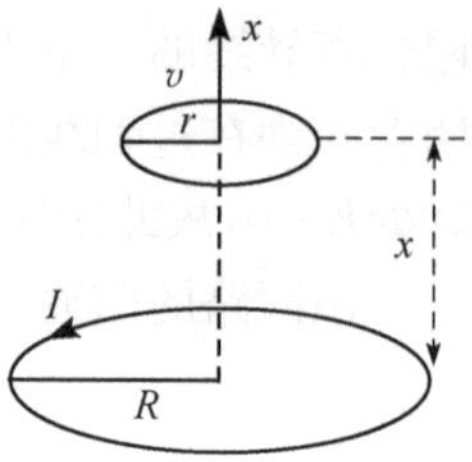

习题 12-13 图

$$\approx \frac{\pi\mu_0 I r^2 R^2}{2x^3}$$

由于小线圈的运动,小线圈中的感应电动势为

$$\varepsilon_i = \left|\frac{\mathrm{d}\Phi}{\mathrm{d}t}\right| = \frac{3\mu_0 \pi r^2 IR^2}{2x^4}\left|\frac{\mathrm{d}x}{\mathrm{d}t}\right| = \frac{3\mu_0 \pi r^2 IR^2}{2x^4}v$$

当 $x=NR$ 时,小线圈回路中的感应电动势为

$$\varepsilon_i = \frac{3\mu_0 \pi r^2 I v}{2N^4 R^2}$$

12-14　如附图所示,一个限定在半径为 R 的圆柱体内的均匀磁场 $\boldsymbol{B}$,以 1.0×10^{-2} T/s 恒定速率减少,当把电子放在 A,O,C 各点处时,其所获得的瞬时加速度(大小和方向)各为若干? 设 $r=5.0$cm?

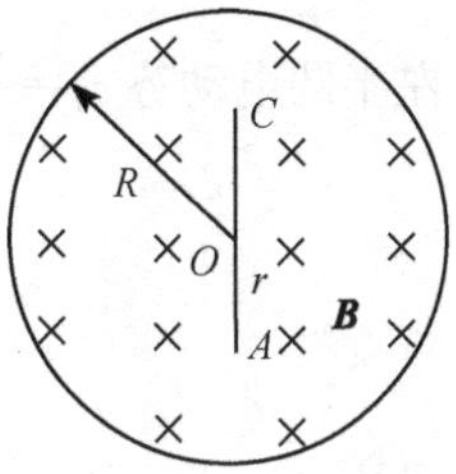

习题 12-14 图

解　由感应电场的环路定理得

$$\varepsilon_i = \oint_L \boldsymbol{E}\cdot \mathrm{d}\boldsymbol{l} = -\frac{\mathrm{d}\Phi}{\mathrm{d}t} = -\pi r^2 \frac{\mathrm{d}B}{\mathrm{d}t}$$

$$E\cdot 2\pi r = -\pi r^2 \frac{\mathrm{d}B}{\mathrm{d}t}$$

所以 r 处感应电场的大小为

$$\varepsilon = \frac{r}{2}\frac{\mathrm{d}B}{\mathrm{d}t} = 2.5\times10^{-4}\mathrm{N/C}$$

方向为顺时针方向. 故电子在 O 点的加速度 $a_O=0$.

电子在 A,C 两点的加速度大小相等,均为

$$a_A = a_C = \frac{F}{m} = \frac{eE}{m} = 4.4\times10^7\mathrm{m/s^2}$$

其中 A 点加速度向右,C 点加速度向左.

12-15　无限长密绕螺线管半径为 r,其中通有电流,在螺线管内部产生一均匀磁场 $\boldsymbol{B}$,在螺线管外同轴地套一粗细均匀的金属圆环,金属环由两个半环组成,AB 为其分界面,半环电阻分别为 R_1 和 R_2,如附图所示图中螺线管垂直纸面放置. 当螺线管内部磁感应强度 $\boldsymbol{B}$ 增大时,分别就(1)$R_1=R_2$;(2)$R_1>R_2$;(3)$R_1<R_2$ 三种情况讨论 A、B 两点电势的高低.

解　当螺线管内部磁感应强度增大时,在金属环内产生涡旋电场,其电场线为沿逆时针方向的圆.

由 $\varepsilon = \oint \boldsymbol{E}_\mathrm{k}\cdot \mathrm{d}\boldsymbol{l} = -\int \frac{\partial \boldsymbol{B}}{\partial t}\cdot \mathrm{d}\boldsymbol{S}$ 可知,整个金属圆环产生感应电动势为

$$\varepsilon = \pi r^2 \frac{\mathrm{d}B}{\mathrm{d}t}$$

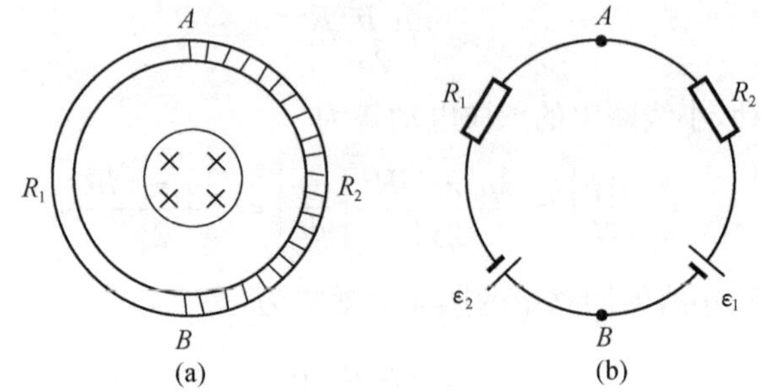

习题 12-15 图

左半圆电动势 $\varepsilon_1=\frac{\pi r^2}{2}\frac{dB}{dt}$,右半圆电动势 $\varepsilon_2=\frac{\pi r^2}{2}\frac{dB}{dt}$,由基尔霍夫电压定律

$$U_{AB}=\varepsilon_1-IR_2=\frac{\varepsilon}{2}-\frac{\varepsilon}{R_1+R_2}R_2$$

$$=\frac{\varepsilon(R_1-R_2)}{2(R_1+R_2)}$$

讨论:(1) $R_1=R_2$,$U_A=U_B$,两端电势相等;

(2) $R_1>R_2$,$U_A>U_B$,A 端电势高;

(3) $R_1<R_2$,$U_A<U_B$,B 端电势高.

12-16 有一圆环,环管横截面的半径为 a,中心线的半径为 R,$R\gg a$. 有两个彼此绝缘的导线圈都均匀地密绕在环上,一个 N_1 匝,另一个 N_2 匝,求:

(1) 两线圈的自感 L_1 和 L_2;

(2) 两线圈的互感 M;

(3) M 与 L_1 和 L_2 的关系.

解 (1) 设在第一个线圈通以电流 I

$$2\pi RB=\mu_0N_1I$$

$$B=\frac{\mu_0N_1I}{2\pi R}$$

$$L_1=\frac{N_1\Phi_m}{I}=\frac{N_1B\pi a^2}{I}=\frac{\mu_0N_1^2a^2}{2R}$$

则

$$L_2=\frac{N_1\Phi_m}{I}=\frac{N_2B\pi a^2}{I}=\frac{\mu_0N_2^2a^2}{2R}$$

(2) 设在第一个线圈通以电流 I

$$M_{21}=\frac{N_2\Phi_m}{I}=\frac{N_2B_1\pi a^2}{I}=\frac{\mu_0N_1N_2a^2}{2R}$$

$$M_{12}=\frac{N_1\Phi_m}{I}=\frac{N_1B_2\pi a^2}{I}=\frac{\mu_0N_1N_2a^2}{2R}$$

$$M_{12} = M_{21} = M$$

(3)　　$$M = \sqrt{L_1 L_2}$$

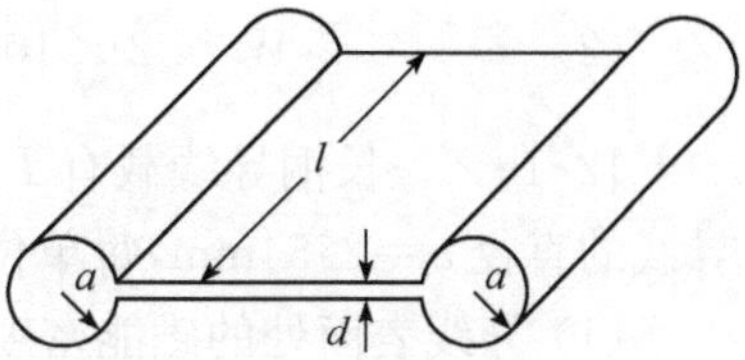

习题 12-17 图

12-17　将金属薄片弯成如附图所示回路，两端为半径为 a 的圆柱面，中间是边长为 l，间隔为 d 的两正方形平面，且 $l \gg a$，$a \gg d$.

(1) 试求该回路的自感系数；

(2) 若沿圆柱面的轴向加变化磁场 $B = B_0 + kt$，试求回路中的电流 $I(t)$（回路中的电阻很小，可忽略不计）.

解　(1) $B = \mu_0 nI = \mu_0 \dfrac{I}{l}$

$$W = wV = 2 \cdot \frac{1}{2}\frac{B^2}{\mu_0} \cdot \pi R^2 l + \frac{1}{2}\frac{B^2}{\mu_0} \cdot l^2 d$$

$$= \frac{\mu_0 I^2}{l}\pi R^2 + \frac{1}{2}\mu_0 I^2 d$$

根据 $W = \dfrac{1}{2}LI^2$ 有

$$L = \frac{2\mu_0 \pi R^2}{l} + \mu_0 d$$

(2)
$$\varepsilon = L\frac{\mathrm{d}I}{\mathrm{d}t} = \frac{\mathrm{d}\Phi}{\mathrm{d}t}, \quad \mathrm{d}\Phi = \boldsymbol{B} \cdot \mathrm{d}\boldsymbol{S}$$

$$I = \frac{S}{L}\int k\mathrm{d}t = \frac{2\pi R^2 + ld}{\dfrac{2\mu_0 \pi R^2}{l} + \mu_0 d}kt = \frac{lkt}{\mu_0}$$

12-18　截面为圆的长直铜导线中，通有强度为 I 的电流，电流均匀地分布在横截面上. 求：

(1) 导线内部单位长度上的磁能；

(2) 若 $I = 10\mathrm{A}$，计算 2m 长导线内的磁能.

解　(1) 导线内，离轴为 r 处的磁感应强度为

$$B = \frac{\mu_0 Ir}{2\pi R^2}$$

式中，R 代表导线的半径，铜的相对磁导率 $\mu_r = 1$，因此在铜导线内部的磁能密度为

$$w_m = \frac{B^2}{2\mu_0} = \frac{1}{2\mu_0}\frac{\mu_0^2 I^2}{4\pi^2 R^4}r^2$$

导线内单位长度上的总磁能为

$$W = \int \frac{\mu_0 I^2}{8\pi^2 R^4}r^2 \cdot 2\pi R\mathrm{d}r = \frac{\mu_0 I^2}{4\pi R^4}\int_0^R r^3\mathrm{d}r = \frac{\mu_0 I^2}{16\pi}$$

(2) $$W = 2\times10^{-7}\times\frac{1}{4}\times10^{2} = 5.0\times10^{-6}(\text{J})$$

12-19　一长铜导线载有 $I=10\text{A}$ 的电流，电流均匀地分布在横截面上，若铜导线的直径 $d=2.54\text{mm}$，每单位长度的电阻为 $3.28\times10^{-3}\Omega/\text{m}$. 求：

(1) 导线表面处的磁能密度；

(2) 导线表面处的电能密度.

解　(1) 按上题的结果，在导线内的磁能密度为

$$w_{\text{m}} = \frac{\mu_0 I^2}{8\pi^2 R^4}r^2$$

在导线的表面处，其磁能密度为

$$w'_{\text{m}} = \frac{\mu_0 I^2}{8\pi^2 R^2} = 0.99\text{J/m}^3$$

(2) 由微分形式的欧姆定律有

$$j = \frac{E}{\rho}$$

故

$$E = j\rho = \frac{I}{\pi R^2}\rho = R'I$$

其中

$$R' = 3.28\times10^{-3}\Omega/\text{m}$$

电能密度为

$$w_{\text{e}} = \frac{1}{2}\varepsilon E^2 = 4.8\times10^{-15}\text{J/m}^3$$

12-20　如附图(a)所示，一匝边长为 a 的正方形线圈与一无限长直导线共面，置于真空中.

(1) 当二者之间的最近距离为 b 时，互感系数 M 为多少？线圈受力 F 为多少？

(2) 若维持 I_1 及 I_2 不变而线圈向左移动，由 b 减至$b/2$的过程中磁力做功 A 为多少？磁能增量 ΔW 为多少？

解　(1) 在线圈平面上，距长直导线 x 处，取宽为 $\mathrm{d}x$、长为 a 且与长直导线平行的面积元图(b). 在面积元上，磁感应强度

$$B = \frac{\mu_0 I_1}{2\pi x}$$

方向垂直纸面向内. 磁通量

$$\mathrm{d}\Phi = B\mathrm{d}S = \frac{\mu_0 I_1 a}{2\pi x}\mathrm{d}x$$

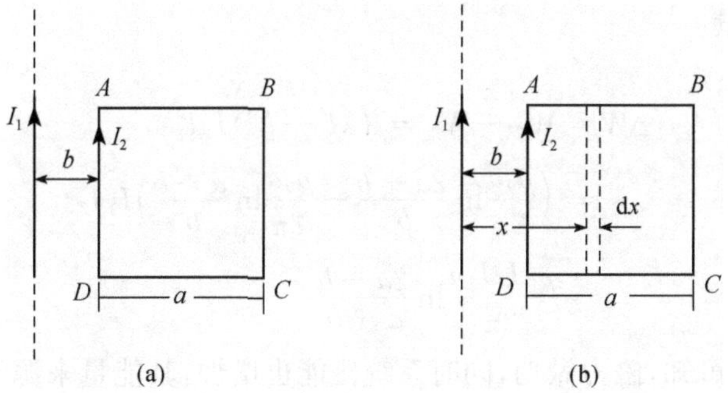

习题 12-20 图

通过线圈的磁通量

$$\Phi=\int \mathrm{d}\Phi=\int_{b}^{a+b}\frac{\mu_0 I_1 a}{2\pi x}\mathrm{d}x=\frac{\mu_0 I_1 a}{2\pi}\ln\frac{a+b}{b}$$

因此,长直导线与线圈的互感系数

$$M=\frac{\Phi}{I_1}=\frac{\mu_0 a}{2\pi}\ln\frac{a+b}{b}$$

AB、AC 两边受磁力作用,但它们等值反向,互相抵消,线圈所受合力为

$$F=F_{AD}-F_{BC}=I_2 aB_1-I_2 aB_2$$
$$=\frac{\mu_0 I_1 I_2 a}{2\pi b}-\frac{\mu_0 I_1 I_2 a}{2\pi(a+b)}=\frac{\mu_0 I_1 I_2 a}{2\pi}\left(\frac{1}{b}-\frac{1}{a+b}\right)$$

方向垂直并指向长直导线.

(2) 当线圈与长直导线相距为 x 时,线圈受力

$$F=\frac{\mu_0 I_1 I_2 a}{2\pi b}\left(\frac{1}{x}-\frac{1}{x+a}\right)$$

线圈向左移动到 $x=b/2$ 时,磁力做的功

$$A=\int \boldsymbol{F}\cdot \mathrm{d}\boldsymbol{S}=-\int_{b}^{b/2}F\,\mathrm{d}x=\frac{\mu_0 I_1 I_2}{2\pi a}\ln\frac{2a+b}{a+b} \qquad (1)$$

线圈移动后,它与长直导线的互感系数也变了,其值变为

$$M'=\frac{\mu_0 a}{2\pi}\ln\frac{a+b/2}{b/2}=\frac{\mu_0 a}{2\pi}\ln\frac{2a+b}{b}$$

线圈移动前,线圈与长直导线这一系统的磁能

$$W_1=\frac{1}{2}L_1 I_1^2+\frac{1}{2}L_2 I_2^2+MI_1 I_2$$

线圈移动后,系统的磁能

$$W_2=\frac{1}{2}L_1 I_1^2+\frac{1}{2}L_2 I_2^2+M'I_1 I_2$$

所以磁能的增量

$$\begin{aligned}\Delta W &= W_2 - W_1 = (M' - M)I_1 I_2 \\ &= \left(\frac{\mu_0 a}{2\pi}\ln\frac{2a+b}{b} - \frac{\mu_0 a}{2\pi}\ln\frac{a+b}{b}\right)I_1 I_2 \\ &= \frac{\mu_0 I_1 I_2 a}{2\pi}\ln\frac{2a+b}{a+b} \qquad (2)\end{aligned}$$

由式(1)、式(2)可知，磁力做功，同时系统磁能也增加，其能量来源于维持 I_1、I_2 不变的两回路中的电源.

12-21　一平行板电容器的电容为 C，两板间电势差为 U，试证该平板电容器中的位移电流为 $I_d = C\frac{dU}{dt}$，另外在 $1\mu F$ 的电容器中产生 1A 的位移电流，问加在电容器上的电压变化率应为多大?

解　设平行板电容器极板面积为 S，极板间距为 d，则其电容器 $C=\frac{\varepsilon S}{d}$，式中 ε 为两极板间的电介质的电容率.

因为

$$\Phi_D = DS = \varepsilon ES = \varepsilon\frac{U}{d}S = CU$$

故位移电流

$$I_d = \frac{d\Phi_D}{dt} = C\frac{dU}{dt}$$

由 $I_d = C\frac{dU}{dt}$，有

$$\frac{dU}{dt} = \frac{I_d}{C} = \frac{1}{1\times 10^{-6}} = 10^6 (V/s)$$

12-22　如附图所示，电荷 $+q$ 以速度 v 向 O 点运动($+q$ 到 O 的距离以 x 表示). 在 O 点处作一半径为 a 的圆，圆面与 v 垂直，试计算通过此圆面的位移电流以及圆周上各点处磁场强度 H.

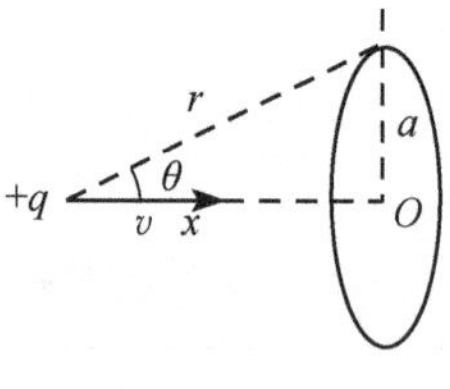

习题 12-22 图

解　电荷 q 沿着圆的轴线运动. 在某一时刻，电荷在圆面积上产生的电通量等于以此圆为底面的球冠面积上的电通量，此球冠的球心在点电荷所在处，球半径为 r. 球冠面积

$$S = 2\pi r(r - x)$$

球冠上场强

$$E = \frac{q}{4\pi\varepsilon_0 r^2}$$

电位移

$$D = \varepsilon_0 E = \frac{q}{4\pi r^2}$$

球冠上(即圆面上)电通量

$$\Phi_e = DS = \frac{q}{4\pi r^2} \cdot 2\pi r(r - x)$$

$$= \frac{q}{2}\left(1 - \frac{x}{r}\right) = \frac{q}{2}\left(1 - \frac{x}{\sqrt{x^2 + a^2}}\right)$$

当点电荷向圆面积运动时,圆面上的位移电流

$$I_d = \frac{d\Phi_e}{dt} = \frac{d\Phi_e}{dx}\frac{dx}{dt}$$

$$= -\frac{q}{2}\frac{a^2}{(x^2 + a^2)^{3/2}}\frac{dx}{dt}$$

$$\frac{dx}{dt} < 0, \quad -\frac{dx}{dt} = v$$

所以

$$I_d = \frac{qa^2 v}{2(x^2 + a^2)^{3/2}}$$

由于电荷沿圆的轴运动,位移电流产生的磁场具有轴对称性,在圆周上各点磁场强度相同,方向与圆相切.沿圆周的积分

$$\oint \boldsymbol{H} \cdot d\boldsymbol{l} = 2\pi a H$$

根据安培环路定律

$$2\pi a H = I_d = \frac{qa^2 v}{2(x^2 + a^2)^{3/2}}$$

$$H = \frac{qva}{4\pi(x^2 + a^2)^{3/2}}$$

因为

$$x^2 + a^2 = r^2, \quad \frac{a}{(x^2 + a^2)^{1/2}} = \frac{a}{r} = \sin\theta$$

所以

$$H = \frac{qv\sin\theta}{4\pi r^2}$$

写成矢量式即

$$\boldsymbol{H} = \frac{q\boldsymbol{v} \times \boldsymbol{r}}{4\pi r^3}$$

与运动电荷的磁场计算公式完全相同.

12-23 一内导体半径为 R_1、外导体半径为 R_2 的球形电容器,两球间充有相

对介电常数为ε_r的介质，在电容器上加电压，内球对外球的电压为$U=U_0\sin\omega t$，假设ω不太大，以致电容器电场分布与静态场情形近似相同，求介质中各处的位移电流密度，再计算通过半径为$r(R_1<r<R_2)$的球面的总位移电流.

解 由静电学计算

$$\boldsymbol{E}=\frac{q(t)}{4\pi\varepsilon_0\varepsilon_r r^2}\boldsymbol{e}_r$$

$$U=\frac{q(t)}{4\pi\varepsilon_0\varepsilon_r}\left(\frac{1}{R_1}-\frac{1}{R_2}\right)=\frac{q(t)(R_2-R_1)}{4\pi\varepsilon_0\varepsilon_r R_1R_2}$$

所以

$$\boldsymbol{E}=\frac{UR_1R_2}{r^2(R_2-R_1)}\boldsymbol{e}_r=\frac{R_1R_2}{r^2(R_2-R_1)}U_0\sin(\omega t)\boldsymbol{e}_r$$

位移电流密度为

$$\boldsymbol{j}=\frac{\partial \boldsymbol{D}}{\partial t}=\varepsilon_0\varepsilon_r\frac{\partial \boldsymbol{E}}{\partial t}=\frac{\varepsilon_0\varepsilon_r R_1R_2}{r^2(R_2-R_1)}U_0\omega\cos(\omega t)\boldsymbol{e}_r$$

12-24 给电容为C的平行板电容器充电，电流为$i=0.2\mathrm{e}^{-t}$(SI)，$t=0$时电容器极板上无电荷.求：

(1) 极板间电压U随时间t而变化的关系.

(2) t时刻极板间总的位移电流I_d(忽略边缘效应).

解 (1) $U=\dfrac{q}{C}=\dfrac{1}{C}\displaystyle\int_0^t i\mathrm{d}t=-\frac{1}{C}\times0.2\mathrm{e}^{-t}\Big|_0^t=\frac{0.2}{C}(1-\mathrm{e}^{-t})$

(2) 由全电流的连续性，得

$$I_d=i=0.2\mathrm{e}^{-t}$$

12-25 一平面电磁波在真空中沿x轴正方向传播，设某点的电场强度为

$$E_y=900\cos\left(2\pi\nu t+\frac{\pi}{6}\right)(\mathrm{V/m})$$

试求这一点的磁场强度的表达式.若在该点前方am处和后方am处(均沿x轴计算)，其电场强度和磁场强度如何？

解 设该电磁波沿x轴正向传播，根据磁场强度H_z与电场强度E_y的关系，有

$$H_z=\sqrt{\frac{\varepsilon_0}{\mu_0}}E_y$$

式中，$\varepsilon_0=8.85\times10^{-12}\mathrm{C^2/(N\cdot m^2)}$，$\mu_0=4\pi\times10^{-7}\mathrm{H/m}$，故$H_z$为

$$H_z\approx2.4\cos\left(2\pi\nu t+\frac{\pi}{6}\right)(\mathrm{A\cdot m})$$

故电磁波的波动方程为

$$E_y=900\cos\left(2\pi\nu t-\frac{2\pi x}{\lambda}+\frac{\pi}{6}\right)(\mathrm{V/m})$$

$$H_z = 2.4\cos\left(2\pi\nu t - \frac{2\pi x}{\lambda} + \frac{\pi}{6}\right)(\text{A/m})$$

当 $x=a$ 时，

$$E_y = 900\cos\left(2\pi\nu t - \frac{2\pi a}{\lambda} + \frac{\pi}{6}\right)(\text{V/m})$$

$$H_z = 2.4\cos\left(2\pi\nu t - \frac{2\pi a}{\lambda} + \frac{\pi}{6}\right)(\text{A/m})$$

当 $x=-a$ 时，

$$E_y = 900\cos\left(2\pi\nu t + \frac{2\pi a}{\lambda} + \frac{\pi}{6}\right)(\text{V/m})$$

$$H_z = 2.4\cos\left(2\pi\nu t + \frac{2\pi a}{\lambda} + \frac{\pi}{6}\right)(\text{A/m})$$

12-26　一广播电台的广播辐射功率是 10kW. 假定辐射均匀分布在以电台为中心的半球面上，试求：

(1) 距离电台 $r=10\text{km}$ 处坡印廷矢量的平均值；

(2) 若在上述距离处的电磁波可看作平面波，求该处电场强度和磁场强度的振幅.

解　(1) 在距电台 r 处的坡印廷矢量的平均值为

$$\overline{S} = \frac{P}{2\pi r^2} \approx \frac{10\times10^3}{6.28\times10^2\times10^6} \approx 1.6\times10^{-5}[\text{J/(m}\cdot\text{s}^2)]$$

(2) 坡印廷矢量的最大值为平均值的 2 倍，即

$$S_{\max} = 2\overline{S} = E_0 H_0$$

式中，E_0 和 H_0 分别为电场强度和磁场强度的振幅值，根据 $\sqrt{\varepsilon_0}E_0 = \sqrt{\mu_0}H_0$ 可分别求和如下：

因为

$$E_0^2\sqrt{\frac{\varepsilon_0}{\mu_0}} = 2\overline{S}$$

所以

$$E_0 = \sqrt{2\overline{S}\sqrt{\frac{\mu_0}{\varepsilon_0}}} \approx 0.11\text{V/m}$$

又

$$H_0^2 = \sqrt{\frac{\mu_0}{\varepsilon_0}} = 2\overline{S}$$

所以

$$H_0 = \sqrt{2\overline{S}\sqrt{\frac{\varepsilon_0}{\mu_0}}} \approx 2.9\times10^{-4}\,\text{A/m}$$

第四篇　波动光学

第13章 光的干涉

一、基本要求

(1) 理解相干光的条件及获得相干光的基本原理.

(2) 掌握光程的概念,光程差与相位差的关系,理解什么情况下反射光有半波损失,能根据初相位差、光程差和半波损失等影响干涉场中相位差的因素,处理某些简单的两相干光的干涉问题.

(3) 掌握杨氏双缝干涉实验的基本装置及干涉条纹位置的计算.

(4) 掌握劈尖、牛顿环干涉实验的基本装置及干涉条纹位置的计算,并了解其应用.

(5) 了解等倾干涉条纹产生的原理.

(6) 理解迈克耳孙干涉仪的原理及其应用.

(7) 了解光源的单色性和相干性,并了解相干长度的意义.

二、内容提要

1. 相干光

同振动方向、同振动频率位相差恒定的光为相干光. 普通光源发出的光不满足相干条件. 通常用分波阵面和分振幅两种方法获得相干光. 要使分割后的两部分光还能相遇叠加产生干涉,它们传播路程的差距不应大于光波列的长度(即光程差不应大于光的相干长度).

两列强度分别为 I_1, I_2 的相干光叠加后,合成光强

$$I = I_1 + I_2 + 2\sqrt{I_1 I_2}\cos(\varphi_2 - \varphi_1)$$

2. 光程

光程是与光在介质中几何路程相当的真空中的路程. 其大小等于光在介质中的几何路程 r 与介质的折射率 n 的乘积 nr. 光程差 δ 和相位差 $\Delta\varphi$ 之间的关系为

$$\Delta\varphi = \frac{2\pi}{\lambda}\delta \quad (\lambda \text{ 为真空中的波长})$$

光从光疏介质(折射率小)到光密介质(折射率大)的分界面上反射时,相位发生 π 的突变,相当于光程增加或减少$\frac{\lambda}{2}$,故又称为半波损失. 光经过薄透镜不引起附加光程差.

3. 双缝干涉

双缝干涉是典型的分波阵面法获得同相位的两书相干光产生干涉.

双缝干涉的光程差

$$\delta = r_2 - r_1 = d\sin\varphi \approx d\tan\varphi = d\,\frac{x}{D}$$

$$\delta = d\,\frac{x}{D} = \pm k\lambda,\quad \text{明条纹},\quad k = 0,1,2,\cdots$$

明条纹中心位置

$$x = \pm k\,\frac{D}{d}\lambda,\quad k = 0,1,2,\cdots$$

当

$$\delta = d\,\frac{x}{D} = \pm(2k-1)\,\frac{\lambda}{2},\quad \text{暗条纹},\quad k = 1,2,\cdots$$

暗条纹中心位置

$$x = \pm(2k-1)\,\frac{D}{d}\,\frac{\lambda}{2},\quad k = 1,2,\cdots$$

条纹等间距,相邻明(暗)条纹间距

$$\Delta x = x_{k+1} - x_k = \frac{D}{d}\lambda$$

4. 薄膜干涉

薄膜干涉是利用分振幅法获得相干光.

薄膜干涉的光程差

$$\delta = 2e\sqrt{n_2^2 - n_1^2\sin^2 i} + \frac{\lambda}{2},\quad (n_1 < n_2 > n_3,\ n_1 > n_2 < n_3)$$

$$\delta = \begin{cases} k\lambda, & \text{明纹}, \\ (2k+1)\,\dfrac{\lambda}{2}, & \text{暗纹}, \end{cases}\quad k = 0,1,2,\cdots$$

(1) 等倾干涉

$$e = \text{常量},\quad \delta = \delta(i)$$

决定条纹亮度分布的光程差只与入射光的倾角有关,产生的条纹称为等倾干涉条纹. 等倾干涉条纹通常是一组明暗相间、疏密不匀的同心圆环,等倾干涉条纹的中心干涉级次最高.

(2) 等厚干涉

$$i = \text{常量},\quad \delta = \delta(e)$$

入射角 i 一定时,干涉条纹是薄膜上厚度相同点的轨迹,称为等厚干涉条纹.

5. 劈尖干涉

干涉条纹是一组与棱边平行的等间距的明暗相间的直条纹. 属于等厚干涉.

对于空气劈尖

$$i=0,\quad \delta=2ne+\frac{\lambda}{2}$$

明纹 $\delta=k\lambda,\quad k=1,2,3,\cdots$

暗纹 $\delta=(2k+1)\dfrac{\lambda}{2},\quad k=0,1,2,\cdots$

条纹特点：

相邻明(暗)条纹厚度差 Δe

$$\Delta e=e_{k+1}-e_k=\frac{\lambda}{2n}$$

相邻明(暗)条纹的间距 l

$$l\sin\theta=\frac{\lambda}{2n},\quad l=\frac{\lambda}{2n\sin\theta}\approx\frac{\lambda}{2n\theta}$$

劈尖的棱边是明纹或暗纹取决于有无半波损失.

6. 牛顿环干涉

干涉条纹是一组明暗相间疏密不均匀的同心圆环. 属于等厚干涉.

对于中心为 暗点的牛顿环,明、暗环半径分别为

明环半径

$$r_{明}=\sqrt{(2k-1)R\frac{\lambda}{2n}},\quad k=1,2,3,\cdots$$

暗环半径

$$r_{暗}=\sqrt{kR\frac{\lambda}{n}},\quad k=0,1,2,3,\cdots$$

7. 迈克耳孙干涉仪

利用分振幅法使两个相互垂直的平面镜形成一等效的空气薄膜,产生双光束干涉. 根据实验条件不同,既可产生等厚干涉条纹,也可产生等倾干涉条纹. 干涉条纹移动一条相当于空气薄膜厚度改变$\lambda/2$.

干涉条纹变化或移过的数目 N 与 M_1 移过的距离 d 的关系：

$$d=N\frac{\lambda}{2}$$

三、例题详解

例 13-1 如附图将一厚度为 l,折射率为 n 的薄玻璃片放在一狭缝和屏幕之间,设入射光波长为 λ,测量中点 C 处的光强与片厚 l 的函数关系. 如果 $l=0$ 时,该点的强度为 I_0,试问：

(1) 点 C 的光强与片厚 l 的函数关系是什么?

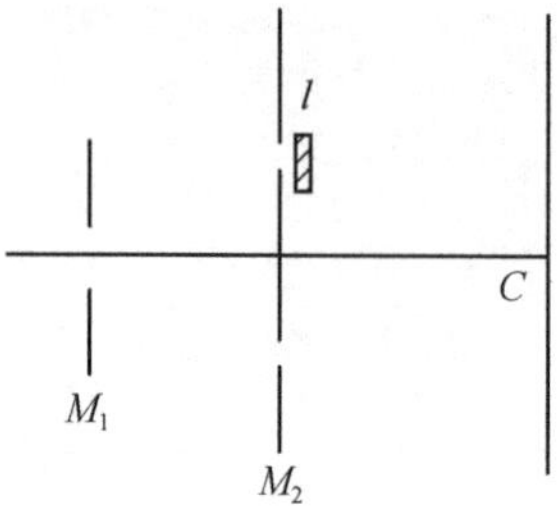

例 13-1 图

(2) l 取什么值时，点 C 的光强最小.

解　(1) 在 C 点来自两狭缝光线的光程差为

$$\delta = nl - l$$

相应的相位差为

$$\Delta\varphi = \frac{2\pi}{\lambda}\delta = \frac{2\pi}{\lambda}(n-1)l$$

点 C 的光强为

$$I = I_1 + I_1 + 2I_1\cos^2\Delta\varphi = 4I_1\cos^2\frac{\Delta\varphi}{2}$$

其中 I_1 为通过单个狭缝在点 C 的光强.

当 $l=0$ 时，$I_0=I_1+I_1+2I_1\cos 0=4I_1$.

(2) 当 $\delta=(n-1)l=\left(k-\frac{1}{2}\right)\lambda$ 时，C 的光强最小. 所以

$$l = \left(k-\frac{1}{2}\right)\frac{\lambda}{n-1},\quad k=1,2,3,\cdots$$

例 13-2　薄钢片上有两条紧靠的平行细缝，用波长 $\lambda=5461\text{Å}$ 的平面光波正入射到钢片上. 屏幕距双缝的距离为 $D=2.00\text{m}$，测得中央明条纹两侧的第五级明条纹间的距离为 $\Delta x=12.0\text{mm}$.

(1) 求两缝间的距离；

(2) 从任一明条纹(记作 0)向一边数到第 20 条明条纹，共经过多大距离？

(3) 如果使光波斜入射到钢片上，条纹间距将如何改变？

解　(1)

$$\Delta x = \frac{2kD\lambda}{d}$$

$$d = \frac{2kD\lambda}{\Delta x}$$

$$k = 5$$

所以

$$d = \frac{10D\lambda}{\Delta x} = 0.910\text{mm}$$

(2) 共经过 20 个条纹间距，经过的距离

$$l = \frac{kD\lambda}{d} = \frac{20D\lambda}{d} = 24\text{mm}$$

(3) 不变.

例 13-3　附图所示的是一种利用干涉测量气体折射率的示意图，其中 T_1，T_2 为一对完全相同的长为 l 的玻璃管. 实验开始时，两管中为空气，在 P_0 处出现零级明纹. 然后在 T_2 管中注入待测气体而将空气排除，在这过程中干涉条纹就会移动，通过测定

干涉条纹的移动数可以推知气体的折射率. 设 $l=20\text{cm}$,光波波长 $\lambda=589.3\text{nm}$,空气的折射率 1.000276,充一某种气体后,条纹移动 200 条,求这种气体的折射率.

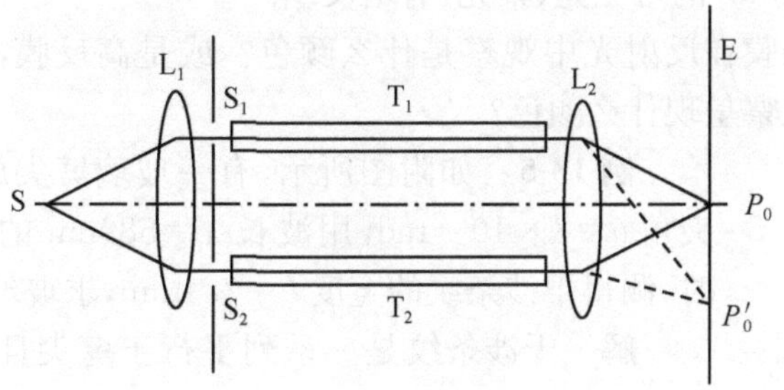

例 13-3 图

解　当两管同为空气时,零级明纹出现在 P_0 处,则从 S_1 和 S_2 射出的光在此处相遇时,光程差为零. T_2 管充以某种气体后,从 S_2 射出的光到达屏处的光程就要增加,零级明纹将要向下移动,出现在 P_0'处. 如干涉条纹移动 N 条明纹,这样 P_0 处将成为第 N 级明纹,因此,充气后两光线在 P_0 处的光程差为

$$\delta = n_2 l - n_1 l$$

所以

$$\delta = n_2 l - n_1 l = N\lambda$$

即

$$n_2 = \frac{N\lambda}{l} + n_1$$

代入数据得

$$n_2 = \frac{200 \times 589.3 \times 10^{-9}}{0.2} + 1.000276 = 1.000865$$

例 13-4　如附图波长 $\lambda=550\text{nm}$ 的光线垂直入射在折射率 $n_3=1.5$ 照相机镜头上,其上涂了一层折射率 $n_2=1.38$ 的氟化镁增透膜,问:若在反射光相消干涉的条件中取$k=1$,膜的厚度为多少? 此增透膜在可见光范围内有没有增反?

解　因为 $n_1<n_2<n_3$,反射光经历两次半波损失,所以无半波损失. 反射光相干相消的条件是

$$2n_2 d = (2k+1)\frac{\lambda}{2}$$

代入 $k=1$ 和 n_2 求得

$$d = \frac{3\lambda}{4n_2} = \frac{3 \times 550 \times 10^{-9}}{4 \times 1.38} = 2.982 \times 10^{-7}(\text{m})$$

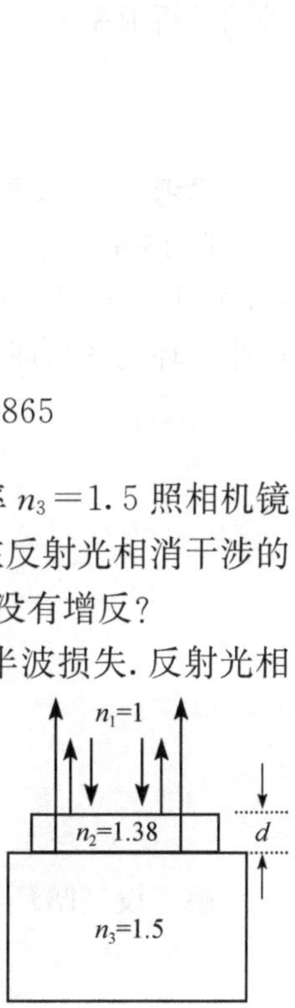

例 13-4 图

此膜对反射光相干相长的条件为

$$2n_2d = k\lambda$$

当 $k=1$ 时，$\lambda_1=855\text{nm}$；当 $k=2$ 时，$\lambda_2=412.5\text{nm}$；当 $k=3$ 时，$\lambda_3=275\text{nm}$.

对波长 412.5nm 的可见光(紫光)有增反.

思考:该增透膜在反射光中观察是什么颜色？或是高反膜，膜的厚度应为多少，在反射光中观察呈现什么颜色？

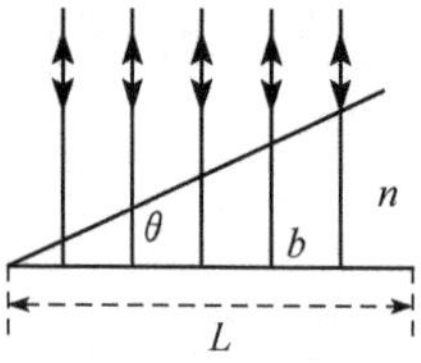

例 13-5 图

例 13-5　如附图所示，有一玻璃劈尖放在空气中，劈尖夹角 $\theta=8\times10^{-5}\,\text{rad}$，用波长 $\lambda=589\text{nm}$ 的单色光垂直入射时，测得干涉条纹的宽度 $b=2.4\text{mm}$，求玻璃的折射率.

解　干涉条纹是一系列平行于劈尖且等间距的明暗直条纹，相邻两明纹对应的膜厚之差为

$$\Delta e = e_{k+1} - e_k = \frac{\lambda}{2n}$$

$$\theta \approx \tan\theta = \frac{\Delta e}{b} = \frac{\lambda}{2nb}$$

$$n = \frac{\lambda}{2\theta b}$$

玻璃的折射率为

$$n = \frac{589\times10^{-9}\,\text{m}}{2\times8\times10^{-5}\times2.4\times10^{-3}\,\text{m}} = 1.53$$

思考:该玻璃劈尖的薄膜干涉公式中有无半波损失？

例 13-6　如附图(a)所示，牛顿环装置的平凸透镜与平板玻璃有一小空气缝隙 e_0，现用波长为的单色光垂直照射，已知平凸透镜的曲率半径为 R，求反射光形成的牛顿环的各暗环半径.

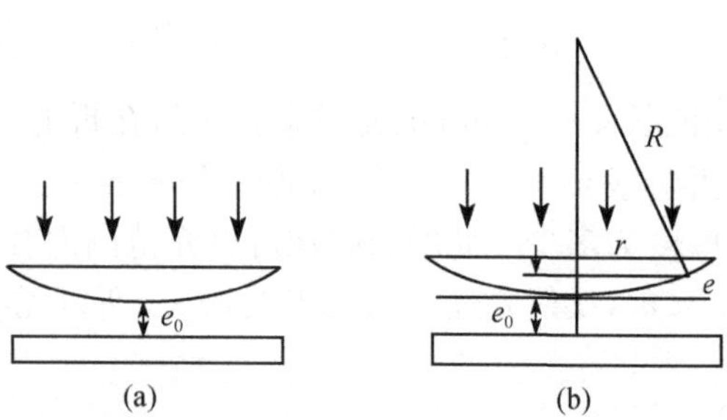

例 13-6 图

解　设某暗环半径为 r，由附图(b)可知，根据几何关系，近似有

$$e = \frac{r^2}{2R} \tag{1}$$

再根据干涉相消条件有

$$2e + 2e_0 + \frac{\lambda}{2} = \frac{1}{2}(2k+1)\lambda \tag{2}$$

把式(1)代入式(2)可得暗环半径

$$r = \sqrt{R(k\lambda - 2e_0)}$$

k 为整数，且 $k > \frac{2e_0}{\lambda}$.

例 13-7　利用牛顿环的条纹可以测定平凹球面的曲率半径，将已知半径的平凸透镜的凸球面放置在待测的凹球面上，在两球面间形成空气薄层，如附图所示．用波长为 λ 的平行单色光垂直照射，观察反射光形成的干涉条纹．试证明：若中心 O 点处刚好接触，则第 k 个暗环的半径 r_k 与凹球面半径 R_2，凸面半径 R_1（$R_1 < R_2$）及入射光波长 λ 的关系为

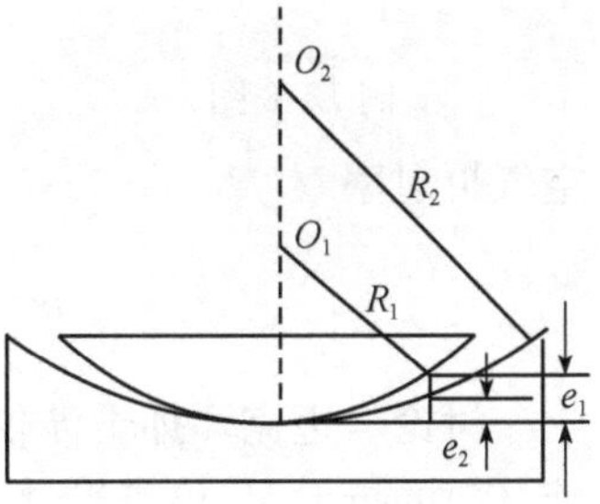

例 13-7 图

$$r_k^2 = \frac{R_1 R_2 k\lambda}{R_2 - R_1}, \quad k = 1,2,3,\cdots$$

解　如附图所示，第 k 个暗环处空气薄膜厚度为 Δe

$$\Delta e = e_1 - e_2$$

由几何关系可得近似关系

$$e_1 = \frac{r_k^2}{2R_1}, \quad e_2 = \frac{r_k^2}{2R_2}$$

第 k 个暗环的条件为

$$2\Delta e + \frac{\lambda}{2} = (2k+1)\frac{\lambda}{2}, \quad k = 0,1,2,\cdots$$

即

$$2\Delta e = k\lambda$$

$$2 \times \frac{r_k^2}{2}\left(\frac{1}{R_1} - \frac{1}{R_2}\right) = k\lambda$$

所以

$$r_k^2 = \frac{k\lambda R_1 R_2}{R_2 - R_1}$$

讨论：利用牛顿环可比对出透镜和标准样的曲率半径的差异，常用于快速检测透镜表面曲率是否合格.

例 13-8　如附图所示，在迈克耳孙干涉仪的两臂中分别引入 10cm 长的玻璃管 A 和 B，其中一个抽成真空，另一个在充以一个大气压空气的过程中观察到

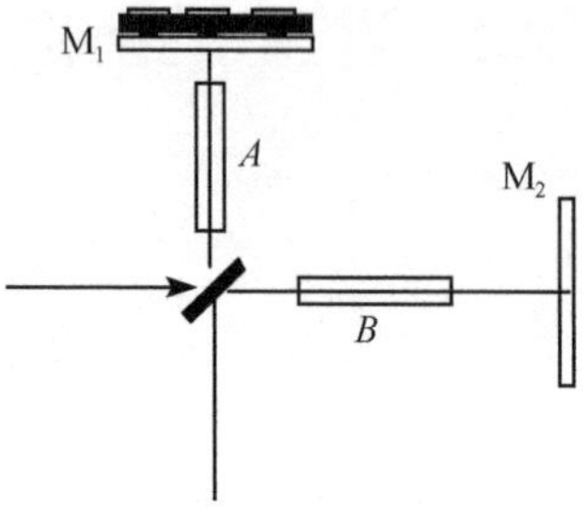

例 13-8 图

107.2 条条纹移动，所用波长 546nm. 求空气的折射率.

解　设空气的折射率为 n，两臂的光程差为

$$\delta = 2nl - 2l = 2l(n-1)$$

相邻条纹或说条纹移动一条时，对应光程差的变化为一个波长，当观察到 107.2 条移过时，光程差的改变量满足

$$2l(n-1) = 107.2 \times \lambda$$

空气折射率

$$n = \frac{107.2 \times \lambda}{2l} + 1 = 1.0002927$$

讨论　迈克耳孙干涉仪可用于多种精密测量，如精密测量长度、测介质(固、液、气)的折射率、检查光学元件的质量和测定光谱精细结构等.

四、习题指导

(一) 思考题

13-1　单色光从空气射入水中，则(　　).

(A) 频率、波长和波速都将变小；　(B) 频率不变、波长和波速都变大；

(C) 频率不变，波长波速都变小；　(D) 频率、波长和波速都不变.

答　频率 ν 不变，$\lambda = \frac{\lambda_0}{n}$，$n = \frac{c}{v}$，而 $n_{空气} < n_{水}$，故选(C).

13-2　如附图所示，波长为 λ 的单色平行光垂直入射到折射率为 n_2、厚度为 e 的透明介质薄膜上，薄膜上下两边透明介质的折射率分别为 n_1 和 n_3，已知 $n_1 < n_2$，$n_2 > n_3$，则从薄膜上下两表面反射的两光束的光程差是(　　).

(A) $2en_2$；　(B) $2en_2 + \frac{\lambda}{2}$；

(C) $2en_2 - \lambda$；　(D) $2en_2 + \frac{\lambda}{2n_2}$.

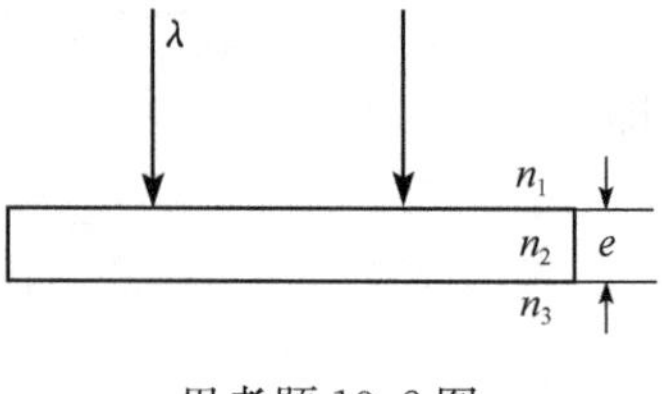

思考题 13-2 图

答　由 $n_1 < n_2$，$n_2 > n_3$ 可知，光线在薄膜上下两表面反射时有半波损失，故选(B).

13-3　来自不同光源的两束白光，如两束手电筒光，照射在同一区域内，是不能产生干涉花样的，这是由于(　　).

(A) 白光是由许多不同波长的光构成的；

(B) 来自不同光源的光，不能具有正好相同的频率；

(C) 两光源发出的光强度不同；

(D) 两个光源是独立的，不是相干光源；

答 普通的独立光源是非相干光源. 选(D).

13-4 在双缝干涉实验中，为使屏上的干涉条纹间距变大，可以采取的办法是(　　).

(A) 使屏靠近双缝；

(B) 使两缝的间距变小；

(C) 把两个缝的宽度稍微调窄；

(D) 改用波长较小的单色光源.

答 由条纹间距公式 $\Delta x=\dfrac{2f\lambda}{a}$，可知选(B).

13-5 在杨氏双缝实验中，如以过双缝中点垂直的直线为轴，将缝转过一个角度 α，转动方向如附图所示，则在屏幕上干涉的中央明纹将(　　).

(A) 向上移动；　(B) 向下移动；

(C) 不动；　(D) 消失.

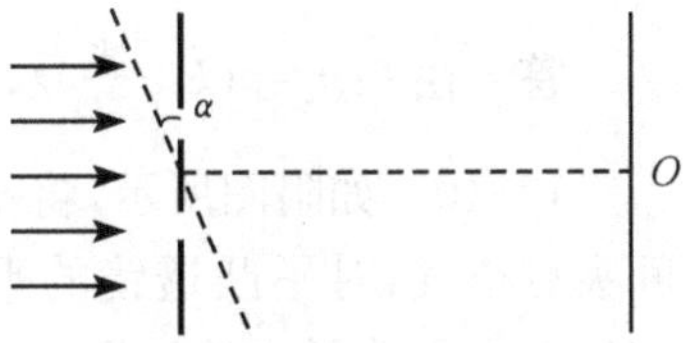

思考题 13-5 图

答 中央明纹出现的位置是光通过双缝后到屏幕上光程差为 0 的地方，故选(A).

13-6 在双缝干涉实验中，入射光的波长为 λ，用玻璃纸遮住双缝中的一条缝，若玻璃纸中的光程比相同厚度的空气的光程大 2.5λ，则屏上原来的明纹处(　　).

(A) 仍为明条纹；

(B) 变为暗条纹；

(C) 既非明条纹，也非暗条纹；

(D) 无法确定是明条纹还是暗条纹.

答 明条纹和暗条纹光程差$\dfrac{\lambda}{2}$，故选 (B).

13-7 用波长为 λ 的单色光垂直照射折射率为 n 的劈尖上表面. 当水平坐标为 x 时，该劈尖的厚度 $e=e_0+bx$，e_0 和 b 均为常数，则劈尖表面所呈现的干涉条纹的间距应是(　　).

(A) $\dfrac{\lambda}{2nb}$；　(B) $\dfrac{n\lambda}{2b}$；　(C) $\dfrac{\lambda}{2n}$；　(D) $\dfrac{2\lambda}{b}$.

答 条纹间距为 $\Delta l=\dfrac{\lambda}{2n\sin\theta}$，$\sin\theta\approx\tan\theta=b$，故选(A).

13-8 两块平板玻璃构成空气劈尖，左边为棱边，用单色平行光垂直入射. 若上面的平板玻璃以棱边为轴，沿逆时针方向做微小转动，则干涉条纹的(　　).

(A) 间隔变小，并向棱边方向平移；

(B) 间隔变大,并向远离棱边方向平移;

(C) 间隔不变,向棱边方向平移;

(D) 间隔变小,并向远离棱边方向平移.

答　由 $l\theta=\dfrac{\lambda}{2}$,$\theta$ 增大,条纹间隔 l 变小,并向棱边方向平移. 选(A).

13-9　如附图所示,波长为 λ 的单色光垂直照射折射率为 n_2 的劈尖薄膜,图中各部分折射率的关系是 $n_1<n_2<n_3$. 观察反射光的干涉条纹,从劈尖顶开始向右数第 5 条暗条纹中心所对应的膜厚 $e=$(　　).

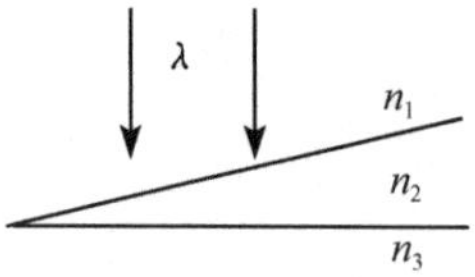

思考题 13-9 图

(A) $\dfrac{9\lambda}{4n_2}$;　(B) $\dfrac{5\lambda}{2n_2}$;

(C) $\dfrac{11\lambda}{4n_2}$;　(D) $\dfrac{2\lambda}{n_2}$.

答　由 $2en_2=(k+\dfrac{1}{2})\lambda$,对第 5 条暗纹,$k=4$,$e=\dfrac{9\lambda}{4n_2}$,故选(A).

13-10　如附图所示,将平凸透镜放在平玻璃上,中间夹有空气,对平凸透镜的平面垂直向下施加压力,观察反射光干涉形成的牛顿环,将发现(　　).

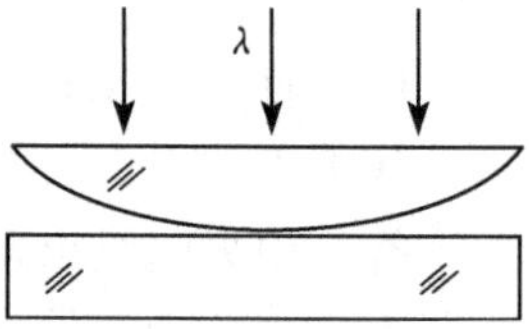

思考题 13-10 图

(A) 牛顿环向中心收缩,中心处时明时暗交替变化;

(B) 牛顿环向外扩张,中心处时明时暗交替变化;

(C) 牛顿环向中心收缩,中心始终为暗斑;

(D) 牛顿环向外扩张,中心始处终为暗斑.

答　根据暗环(或明环)出现位置的厚度满足的光程差公式,可知,从里往外,级次逐渐增加. 若厚度 e 减小,则级次 k 减小. 而中心处 $e=0$,满足暗纹公式,故选(D).

13-11　在牛顿环实验中,平凸透镜和平玻璃板的折射率都是 n_1,其间原为空气,后来注满折射率为 n_2($n_2>n_1$)的透明液体,则反射光的干涉条纹将(　　).

(A) 变密;　(B) 变疏;　(C) 不变;　(D) 不能确定.

解　牛顿环暗(或明)环半径 $r_k=\sqrt{\dfrac{kR\lambda}{n_2}}$,对同一级条纹,$n_2$ 大则 r_k 小,所以条纹变密,选(A).

13-12　在附图所示三种透明材料构成的牛顿环装置中,用单色光垂直照射,在反射光中看到干涉条纹,则在接触点 P 处形成的圆斑为(　　).

(A) 全明;

(B) 全暗;

(C) 左半部明,右半部暗;

(D) 左半部暗,右半部明.

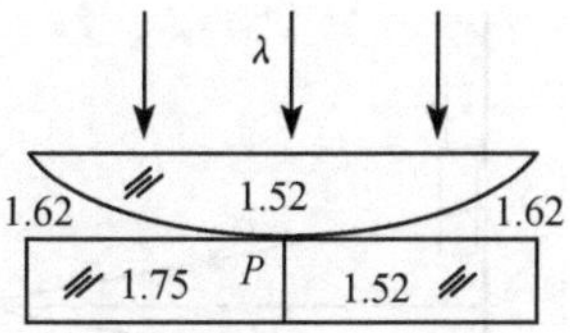

思考题 13-12 图

答 由 $\delta=2en_2+半=k\lambda$，明纹；

$\delta=2en_2+半=\left(k+\frac{1}{2}\right)\lambda$，暗纹；

左边：无半波损失，半$=0$；$e=0$ 处为明纹.

右边：有半波损失，半$=\frac{\lambda}{2}$；$e=0$ 处为暗纹. 故选(C).

13-13 在迈克耳孙干涉仪的一支光路中放入一片折射率为 n 的透明介质薄膜后，测出两束光的光程差的改变量为一个波长 λ，则薄膜的厚度是( ).

(A) $\lambda/2$； (B) $\lambda/(2n)$； (C) λ/n； (D) $\lambda/[2(n-1)]$.

答 由 $2(n-1)e=\lambda$，得 $e=\lambda/[2(n-1)]$，故选(D).

(二) 习题

13-1 用白光照射杨氏双缝，已知 $d=1.0\text{mm}$，$D=1.0\text{m}$，设屏无限大. 求：

(1) $\lambda=500\text{nm}$ 的光的第四级明纹位置及明纹间距；

(2) $\lambda=600\text{nm}$ 的光理论上在屏上可呈现的最大级数；

(3) $\lambda_1=500\text{nm}$ 和 $\lambda_2=600\text{nm}$ 的光在屏上什么位置开始发生重叠?

解 (1) 明条纹中心位置

$$x=\pm k\frac{D}{d}\lambda \quad (k=0,1,2,\cdots)$$

相邻明条纹的间距为

$$\Delta x=\frac{D}{d}\lambda$$

将 $k=4$，$\lambda=500\text{nm}$，$d=1.0\text{mm}$，$D=1.0\text{m}$ 代入，得

$$x=\pm 2\text{mm}, \quad \Delta x=0.5\text{mm}$$

(2) 从两缝发出的光到达屏幕上某点的形成干涉明纹的光程差应满足 $d\sin\theta=k\lambda$，$\theta=90°$时，可算出理论上的最大级次 $k=\frac{d}{\lambda}\approx1666$ 条.

(3) 发生条纹重叠时满足 $k_1\lambda_1=k_2\lambda_2$，所以 $k_1=6$ 或 $k_2=5$ 时条纹开始发生第一次重叠，重叠位置为

$$x=\pm k\frac{D}{d}\lambda=\pm 6\times\frac{1}{1\times10^{-3}}\times500\times10^{-9}=\pm 3(\text{mm})$$

13-2 如附图所示，在双缝干涉实验中，波长 $\lambda=5500\text{Å}$ 的单色平行光垂直入射到缝间距 $d=2\times10^{-4}\text{m}$ 的双缝上，屏到双缝的距离 $D=2\text{m}$. 求：

(1) 中央明纹两侧的两条第 10 级明纹中心的间距；

(2) 用一厚度为 $e=6.6\times10^{-6}\text{m}$、折射率为 $n=1.58$ 的云母片覆盖一缝后，零

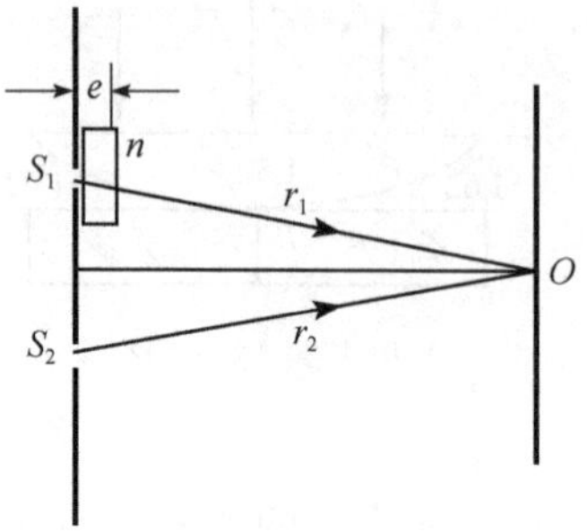

习题 13-2 图

级明纹将移到原来的第几级明纹处?

解 (1) $x=\pm k\dfrac{D}{d}\lambda$, $k=10$

所以

$$\Delta x = 20\frac{D\lambda}{d} = 0.11\text{mm}$$

(2) 覆盖云母片后,零级明纹应满足

$$r_2 - [(r_1 - e) + ne] = 0$$

设不盖玻璃片时,此点为第 k 级明纹,则应有

$$r_2 - r_1 = k\lambda$$

所以

$$(n-1)e = k\lambda$$

$$k = \frac{(n-1)e}{\lambda} = 6.96 \approx 7$$

零级明纹移到原第 7 级明纹处.

13-3　一束激光斜入射到间距为 d 的双缝上,入射角为 φ,

(1) 证明双缝后出现明纹的角度 θ 由下式给出:$d\sin\theta - d\sin\varphi = \pm k\lambda, k=0, 1, 2, \cdots$.

(2) 证明在 θ 很小的区域,相邻明纹的角距离 $\Delta\theta$ 与 φ 无关.

解 (1) 光斜入射时,两束相干光入射到缝前时的光程差为 $d\sin\varphi$,缝后出射的光程差为 $d\sin\theta$,则出现明纹的光程差满足

$$d\sin\theta - d\sin\varphi = \pm k\lambda, \quad k = 0, 1, 2, \cdots$$

(2) 当 θ 很小时,$\sin\theta \approx \theta$,相邻两明纹间距满足

$$d\Delta\theta = \lambda, \quad \Delta\theta = \frac{\lambda}{d}$$

与 φ 无关.

13-4　如附图所示,在双缝干涉实验中,用波长为 λ 的单色光照射双缝,并将一折射率为 n,劈角为 α(α 很小)的透明劈尖 b 插入光线 2 中. 设缝光源 S 和屏 C 上的 O 点都在双缝 S_1 和 S_2 的中垂线上. 问要使 O 点的光强由最亮变为最暗,劈尖 b 至少应向上移动多大距离(只遮住 S_2)?

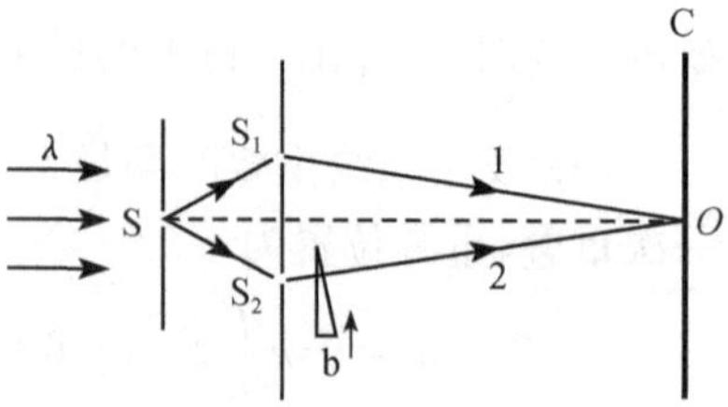

习题 13-4 图

解 设向上移动的距离为 d,则 S_1 和 S_2 到 O 的光程差为 $\delta=(n-1)d\alpha$,最暗需满足 $\delta=(2k+1)\dfrac{\lambda}{2}$,$k=0$ 时,

$$d_{\min} = \frac{\lambda}{2(n-1)d}$$

13-5 在制造半导体元件时，常常需要在硅片(Si)上均匀涂上一层二氧化硅(SiO_2)薄膜. 如附图所示，已知 SiO_2 的折射率为 $n_2=1.5$，Si 的折射率为 $n_3=3.4$. 在白光(400～760nm)照射下，垂直方向上发现反射光中只有 420nm 的紫光和 630nm 的红光得到加强.

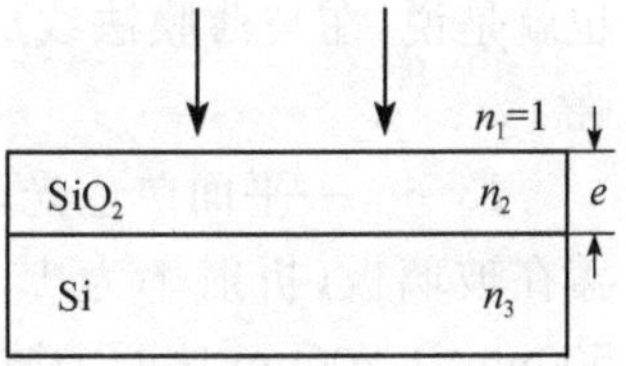

习题 13-5 图

(1) 求二氧化硅(SiO_2)薄膜的厚度；

(2) 问在反射光方向上哪些波长的光因干涉而相消；

(3) 如在与薄膜法线成 30°角的方向上观察，白光中哪些颜色的光加强了？

解 (1) 由于不存在半波损失，反射光中又只有 420nm 的紫光和 630nm 的红光得到加强，故有

$$2en_2 = k\lambda_1,\quad \lambda_1 = 420\text{nm}$$
$$2en_2 = (k-1)\lambda_2,\quad \lambda_2 = 630\text{nm}$$

由此得

$$k \times 420\text{nm} = (k-1) \times 630\text{nm}$$
$$k = 3$$

二氧化硅(SiO_2)薄膜的厚度为

$$e = \frac{k\lambda_1}{2n_2} = 420\text{nm} = 4.2 \times 10^{-7}\text{m}$$

(2) 干涉相消条件为

$$2en_2 = \left(k + \frac{1}{2}\right)\lambda$$

$$\lambda = \frac{2en_2}{k+\frac{1}{2}} = \frac{2 \times 1.5 \times 420\text{nm}}{k+0.5} = \frac{1260\text{nm}}{k+0.5}$$

在白光(400～760nm)范围内，只有 $k=2$，得

$$\lambda = \frac{1260\text{nm}}{2+0.5} = 504\text{nm}$$

也就是说，反射光中只有 504nm 的光因干涉而相消.

(3) 在与薄膜法线成 30°角的方向上观察，反射光加强的条件为

$$2e\sqrt{n_2^2 - n_1^2\sin^2 i} = k\lambda$$

$$\lambda = \frac{2e}{k}\sqrt{n_2^2 - n_1^2\sin^2 i} == \frac{1188\text{nm}}{k}$$

在白光(400～760nm)范围内，也只有 $k=2$，得

$$\lambda=\frac{1188\text{nm}}{2}=594\text{nm}$$

也就是说，在与薄膜法线成 30°角的方向上观察，反射光中只有 594nm 的黄光加强了.

13-6 一平面单色光垂直照射在厚度均匀的油膜(折射率为 1.30)上，油膜覆盖在玻璃板(折射率为 1.50)上. 若单色光的波长可由光源连续可调，可观察到 500nm 和 700nm 这两个波长的光在反射中消失，而这两波长之间无别的波长发生相消，求此油膜的厚度.

解 光在油膜上下表面的反射无半波损失，故由薄膜公式有

$$\delta_{反}=2en_2=\left(k+\frac{1}{2}\right)\lambda$$

当 $\lambda_1=500\text{nm}$ 时，有

$$2en_2=\left(k_1+\frac{1}{2}\right)\lambda_1 \tag{1}$$

当 $\lambda_2=700\text{nm}$ 时，有

$$2en_2=\left(k_2+\frac{1}{2}\right)\lambda_2 \tag{2}$$

由于 500nm 和 700nm 这两个波长之间无别的波长发生相消，故 k_1、k_2 为两个连续整数，且 $k_1>k_2$，所以

$$k_1=k_2+1 \tag{3}$$

由式(1)～式(3)解得

$$k_1=3,\quad k_2=2$$

可由式(1)求得油膜的厚度为

$$e=\frac{\left(k_1+\frac{1}{2}\right)\lambda_1}{2n_2}=6731\text{Å}=6.731\times10^{-4}\text{mm}$$

13-7 由两块平板玻璃构成的一密封气体劈尖，在单色光垂直照射下，形成 4001 条暗纹的等厚干涉. 若将劈尖中气体抽去，则留下 4000 条暗纹. 求这种气体的折射率.

解 有气体时，由薄膜公式有

$$2e_{\max}n_2+\frac{\lambda}{2}=\left(4001+\frac{1}{2}\right)\lambda$$

抽去气体后，有

$$2e_{\max}+\frac{\lambda}{2}=\left(4000+\frac{1}{2}\right)\lambda$$

由以上两式求得这种气体的折射率

$$n_2 = \frac{4001}{4000} = 1.00025$$

13-8 两块平板玻璃构成一空气劈尖，长 $L=4\text{cm}$，一端夹住一金属丝，如附图所示，现以波长 $\lambda=589\text{nm}$ 的钠光垂直入射.

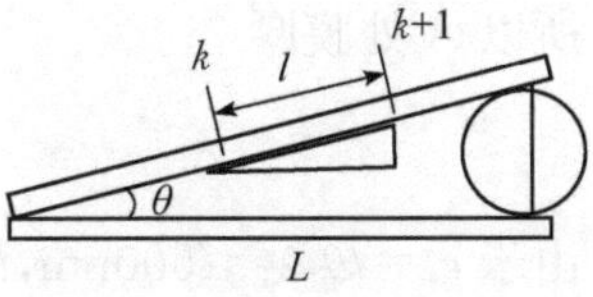

习题 13-8 图

(1) 若观察到相邻明纹(或暗纹)间距 $l=0.1\text{mm}$，求金属丝的直径?

(2) 将金属丝通电，受热膨胀，直径增大，此时，从劈尖中部的固定点观察，发现干涉条纹向左移动了 2 条，问金属丝的直径膨胀了多少?

解 (1) 空气劈尖干涉时相邻明纹间距离 l 对应的厚度差为 $\frac{\lambda}{2}$，由附图所示的两个相似直角三角形，有

$$\frac{d}{\frac{\lambda}{2}} = \frac{L}{l}$$

所以

$$d = \frac{L}{l}\frac{\lambda}{2} = \frac{4\times10^{-2}\times5.89\times10^{-7}}{1\times10^{-4}\times2} = 1.18\times10^{-4}(\text{m})$$

(2) 由于条纹每移动一条，空气劈尖厚度改变 $\frac{\lambda}{2}$，向左移动条纹密集，表示级数 k 增加，由暗纹干涉条件 $2ne=k\lambda$ 可知，级数 k 增加表示空气膜的厚度 e 增大，故左移两条干涉条纹，即固定观察点 $\frac{L}{2}$ 处厚度增加 λ，由三角形中位线定理知，金属丝直径增加量

$$\Delta d = 2\lambda = 2\times5.89\times10^{-7}\text{m} = 1.178\times10^{-6}\text{m}$$

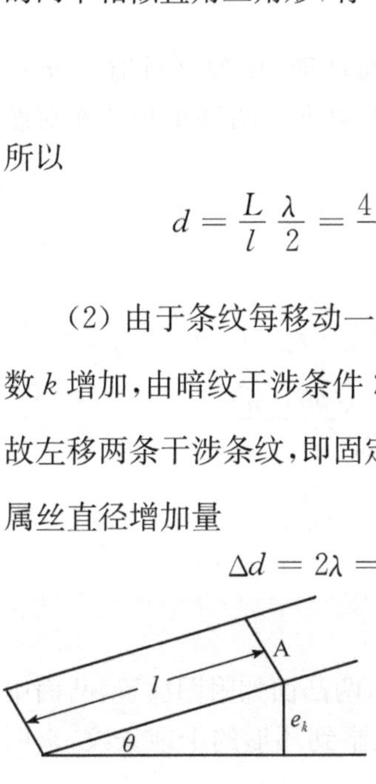

习题 13-9 图

13-9 波长为 500nm 的单色光垂直照射到由两块光学平板玻璃构成的空气劈尖上，如附图所示，在反射光中观察，距劈尖棱边 $l=1.56\text{cm}$ 的 A 处是第四条暗条纹中心.

(1) 求此空气劈尖的劈尖角 θ;

(2) 改用 $\lambda_2=600\text{nm}$ 的单色光垂直照射此劈尖，仍在反射光中观察，A 处是明条纹还是暗条纹? 从棱边到 A 处的范围内共有几条明纹? 几条暗纹?

解 (1) 由薄膜公式，有

$$2e_k + \frac{\lambda_1}{2} = \left(k+\frac{1}{2}\right)\lambda_1,\quad k=0,1,2,\cdots$$

对第四条暗纹，$k=3$，有

$$2e_4 + \frac{\lambda_1}{2} = \left(3+\frac{1}{2}\right)\lambda_1$$

所以 A 处膜厚

$$e_4=\frac{3}{2}\lambda_1$$

由于 $e_4=l\theta,\lambda_1=500\text{nm},l=1.56\text{cm}$,故得

$$\theta=\frac{3\lambda_1}{2l}=4.8\times10^{-5}\text{rad}$$

(2) 当改用波长为 $\lambda_2=600\text{nm}$ 的光时,有

$$\delta_{反}=2e_4+\frac{\lambda_2}{2}=3\lambda_2$$

所以此时 A 处是第 3 级明条纹.

棱边处($e=0$)为一暗纹,而 A 处是第 3 级明条纹,所以从棱边到 A 处的范围内共有 3 条明纹和 3 条暗纹.

13-10　在牛顿环装置中,把玻璃平凸透镜和平面玻璃(设玻璃折射率 $n_1=1.50$)之间的空气($n_2=1.00$)改换成水($n_2'=1.33$),求第 k 个暗环半径的相对改变量$\frac{|r_k'-r_k|}{r_k}$.

解　牛顿环暗环半径

$$r_k=\sqrt{\frac{kR\lambda}{n}},\quad r_k'=\sqrt{\frac{kR\lambda}{n'}}$$

$$\frac{|r_k'-r_k|}{r_k}=\frac{r_k-r_k'}{r_k}=\frac{\sqrt{kR\lambda/n}-\sqrt{kR\lambda/n'}}{\sqrt{kR\lambda/n}}$$

$$=\frac{\sqrt{1/n}-\sqrt{1/n'}}{\sqrt{1/n}}=1-\sqrt{n/n'}$$

$$=1-\sqrt{\frac{1}{1.33}}=13.6\%$$

13-11　两平凸透镜,凸球面半径分别为 R_1 和 R_2,两凸面如附图放置,凸面中心刚好接触.现用波长为 λ 的单色光垂直入射,可以观察到环形的干涉条纹,求明暗条纹的半径.

解　由薄膜公式,有

$$2e+\frac{\lambda}{2}=k\lambda,\qquad 明纹,\quad k=1,2,\cdots$$

$$2e+\frac{\lambda}{2}=\left(k+\frac{1}{2}\right)\lambda,\quad 暗纹,\quad k=0,1,2,\cdots$$

由本题解图,可知 $e=e_1+e_2$,而

$$e_1\approx\frac{r^2}{2R_1},\quad e_2\approx\frac{r^2}{2R_2}$$

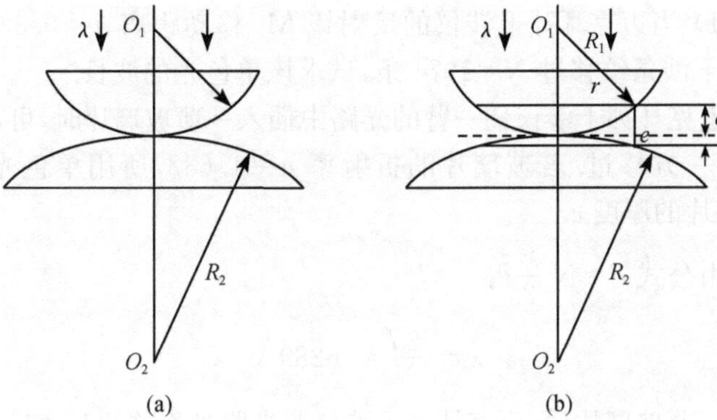

习题 13-11 图

对于明纹

$$r^2\left(\frac{1}{R_1}+\frac{1}{R_2}\right)=\left(k-\frac{1}{2}\right)\lambda$$

明条纹半径为

$$r_k=\sqrt{\frac{(2k-1)R_1R_2\lambda}{2(R_1+R_2)}},\quad k=1,2,\cdots$$

对于暗纹

$$r^2\left(\frac{1}{R_1}+\frac{1}{R_2}\right)=k\lambda$$

暗条纹半径为

$$r_k=\sqrt{\frac{kR_1R_2\lambda}{R_1+R_2}},\quad k=0,1,2,\cdots$$

13-12　折射率 $n_2=1.20$ 的油滴落在 $n_3=1.50$ 平板玻璃上，形成一上表面近似于球面的油膜，测得油膜最高处的高度 $d_m=1.1\mu m$，用 $\lambda=6000Å$ 的单色光垂直照射油膜. 求

（1）油膜周边是暗环还是明环？

（2）整个油膜可看见几个完整暗环？

解　（1）光程差 $\delta=2en_2$，在边缘处，$e=0$. 根据明暗纹条件，满足的是明纹条件，所以油膜周边是明环.

（2）暗环条件

$$2en_2=(2k+1)\frac{\lambda}{2},\quad k=0,1,2\cdots$$

$$k=\frac{2en_2}{\lambda}-\frac{1}{2}=\frac{2\times1.1\times10^{-6}\times1.2}{6000\times10^{-10}}-\frac{1}{2}=3.9,$$

取 $k=3$，所以从 $k=0$ 算起总共 4 个完整暗环.

13-13 (1) 当迈克耳孙干涉仪的反射镜 M_1 移动距离 $d=0.3220\text{mm}$ 时，测得某单色光的干涉条纹移过 $N=1024$ 条，试求该单色光的波长.

(2) 当在迈克耳孙干涉仪任一臂的光路中插入一薄玻璃片时，可观察到有 150 条干涉条纹向一方移过. 若玻璃片的折射率 $n=1.632$，所用单色光的波长 $\lambda=5000\text{Å}$，求玻璃片的厚度 e.

解 (1) 由公式 $d=N\dfrac{\lambda}{2}$ 得

$$\lambda=\frac{2d}{N}=6289\text{Å}$$

(2) 插入一薄玻璃片后，迈克耳孙干涉仪两光路光程差的改变量为 $2(n-1)e$；而每看见一条条纹移过，两光路的光程差应改变一个 λ，所以有

$$2(n-1)e=150\lambda$$

求得玻璃片的厚度

$$e=\frac{150\lambda}{2(n-1)}=5.9\times10^{-2}\text{mm}$$

13-14 雅敏干涉仪可以用来测定气体在各种温度和压力下的折射率，其光路如附图所示. 图中 S 为光源，L 为凸透镜，G_1、G_2 为两块完全相同的玻璃板，彼此平行放置，T_1、T_2 为两个等长度的玻璃管，长度均为 d. 测量时，先将两管抽空，然后将待测气体徐徐充入一管中，在 E 处观察干涉条纹的变化，即可测得该气体的折射率. 某次测量时，将待测气体充入 T_2 管中，从开始进气到到达标准状态的过程中，在 E 处看到共移过 98 条干涉条纹. 若光源波长 $\lambda=589.3\text{nm}$，$d=20\text{cm}$，试求该气体在标准状态下的折射率.

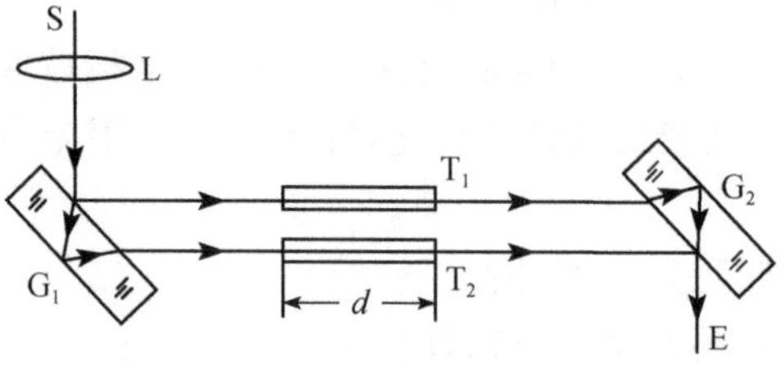

习题 13-14 图

解 每看到一条条纹移过，两玻璃管中的光程差就改变(增大)了一个波长. 若看到 N 条条纹移过，就有

$$(n-1)d=N\lambda$$

由此得

$$n=\frac{N\lambda}{d}+1=\frac{98\times589.3\times10^{-9}}{20\times10^{-2}}+1=1.00029$$

第 14 章　光的衍射

一、基本要求

(1) 理解光的衍射以及惠更斯-菲涅耳原理.

(2) 了解菲涅耳衍射与夫琅禾费衍射的区别,掌握用半波带法分析夫琅禾费单缝衍射条纹的产生及其亮暗纹位置,能画出单缝衍射条纹的光强分布曲线的示意图.

(3) 了解瑞利判据,了解光的衍射对光学仪器分辨率的影响.

(4) 理解光栅衍射形成明条纹的条件,掌握用光栅方程计算谱线位置.

(5) 了解 X 射线的衍射和布拉格公式.

二、内容提要

1. 惠更斯-菲涅耳原理

波前上的每一点都可作为新的波源发出相干子波,在空间各点相遇时,其强度分布是相干叠加的结果.

2. 菲涅耳衍射与夫琅禾费衍射

障碍物、光源、观察屏三者之间的距离至少有一个为有限值时的衍射称为菲涅耳衍射.

障碍物、光源、观察屏三者之间的距离均为无限远时的衍射称为夫琅禾费衍射. 实验室里,夫琅禾费衍射中的平行光是利用透镜实现的.

3. 夫琅禾费单缝衍射

光的衍射是同一光束中无数子波在障碍物后叠加的结果.

利用半波带法计算单缝边缘两点的光程差

$$a\sin\varphi=\begin{cases}\pm 2k\dfrac{\lambda}{2}, & \text{暗纹中心},\\[2ex] \pm(2k+1)\dfrac{\lambda}{2}, & \text{明纹中心},\end{cases}\qquad k=1,2,3,\cdots$$

$\varphi=0$　(中央(零级)明纹中心)

相邻明(暗)条纹间距

$$\Delta x=x_{k+1}-x_k=\frac{f\lambda}{a}$$

中央明纹宽度

$$\Delta x_0 = 2\Delta x = 2\frac{f\lambda}{a}$$

相邻明(暗)条纹角宽度

$$\Delta\varphi = \frac{\lambda}{a} \quad (\sin\varphi \approx \varphi)$$

中央明纹角宽度

$$\Delta\varphi_0 = 2\Delta\varphi = \frac{2\lambda}{a}$$

4. 光学仪器的分辨本领

瑞利判据:对两个强度相等且不相干的点光源,如果一个像点的艾里斑的中心刚好与另一个像点的衍射图样的第一极小相重合,则这两个物点恰能被一光学仪器分辨.这两点光源在透镜中心处的张角称为最小分辨角

$$\theta_{\min} = 1.22\frac{\lambda}{d}$$

最小分辨角的倒数称为光学仪器的分辨率

$$R = \frac{d}{1.22\lambda}$$

5. 光栅衍射

光栅衍射是衍射与干涉的总效果.与单缝衍射相比,光栅衍射在黑暗的背景上显现窄细明亮的谱线,且缝数越多,谱线越细越亮.

单色光垂直入射时,谱线主极大的位置为

$$d\sin\varphi = k\lambda, \quad k = 0, \pm1, \pm2, \cdots$$

上式为光栅方程,其中 d 为光栅常数.

谱线强度受单缝衍射调制,在满足光栅公式,同时又满足单缝衍射暗纹条件 $a\sin\varphi = k'\lambda$,其中 a 是缝宽,将出现"缺级"现象

$$k = \frac{d}{a}k', \quad k' = \pm1, \pm2, \cdots \quad (k\text{ 级缺级})$$

6. X 射线衍射

X 射线入射晶体,当满足布拉格公式

$$2d\sin\theta = k\lambda, \quad k = 1,2,3\cdots$$

将在入射光的反射方向产生加强衍射.式中 d 为晶格常数,θ 为掠射角.

三、例题详解

例 14-1 水银灯发出的波长为 546nm 的绿色平行光,垂直入射到宽 0.437mm 的单缝,缝后放置一焦距为 40cm 的透镜,试求在透镜焦面上出现的衍

射条纹中央明纹的宽度.

解　中央明纹宽度即两个第一级暗纹中心间的距离.

第一级暗条纹($k=1$)

$$a\sin\theta_1 = \lambda$$

$$\theta_1 \approx \sin\theta_1 = \frac{\lambda}{a} \quad (\theta_1 \text{ 很小})$$

中央明纹角宽度为

$$2\theta_1 = \frac{2\lambda}{a}$$

透镜焦面上出现中央明纹的线宽度

$$\Delta x = 2f\tan\theta_1 \approx 2f\theta_1 = \frac{2f\lambda}{a} = \frac{2\times 546\times 10^{-9}\times 0.4}{0.437\times 10^{-3}} = 1.0\times 10^{-3}(\text{m})$$

由上式可知,中央明纹的线宽度与缝宽 a 成反比;单缝越窄,中央明纹越宽.

例 14-2　在单缝衍射实验中,光源发出的光含有两种波长 λ_1 和 λ_2 并垂直入射在单缝上.若 λ_1 的第一级衍射极小与 λ_2 的第二级衍射极小重合,试问:

(1) 这两种波长 λ_1 和 λ_2 之间有何关系?

(2) 在这两种波长的光所形成的衍射图样中,是否还有其他极小相重合?

解　(1) 用半波带法,单缝衍射的暗纹公式为

$$a\sin\theta_1 = \pm k\lambda, \quad k = 1,2,3,\cdots$$

当 $k=1$ 时,　$a\sin\theta_1=\lambda_1$

当 $k=2$ 时,　$a\sin\theta_2=2\lambda_2$

λ_1 的第一级暗纹与 λ_2 的第二级暗纹重叠有

$$\theta_1 = \theta_2, \quad \lambda_1 = 2\lambda_2$$

(2)　$a\sin\theta_1=k_1\lambda_1=2k_1\lambda_2$,　$a\sin\theta_2=k_2\lambda_2$

当 $k_2\lambda_2=2k_1\lambda_2$,即 $k_2=2k_1$ 时,$\theta_1=\theta_2$ 时,则相应的暗纹重叠,极小相重合.

例 14-3　一台光谱仪备有 1500 条/毫米,900 条/毫米和 60 条/毫米的三块光栅,今欲用它测量波长约为 700nm 的红光,选用那块光栅比较合适?

解　由光栅公式

$$d\sin\varphi = k\lambda$$

试用 1500 条/毫米的光栅观察

$$d = \frac{1\text{mm}}{1500}$$

$$\sin\varphi = \frac{k\lambda}{d} = 1.05k$$

$|\sin\varphi|\leqslant 1$,所以 k 仅能取 0,故此光栅不合适.

试用 900 条/毫米的光栅观察,

$$d=\frac{1}{900}\text{mm}$$

$$\sin\varphi=\frac{k\lambda}{d}=0.63k$$

$k=1$,$\sin\varphi=0.63$,$\varphi=36°$,出现第一级主极大. 该位置适合观察,故选此光栅较合适.

试用 60 条/毫米的光栅观察,

$$d=\frac{1}{60}\text{mm}$$

$$\sin\varphi=\frac{k\lambda}{d}=0.042k$$

取 $k=1$,$\sin\varphi_1=0.042$,$\varphi_1=2°$;取 $k=2$,$\sin\varphi_2=0.084$,$\varphi_2=4.8°$条纹间距太小,不适合.

例 14-4 一双缝,缝距 $d=0.40\text{mm}$,两缝的宽度都是 $a=0.08\text{mm}$,用波长为 4800Å 的平行光垂直照射双缝,在双缝后放一焦距 $f=2.0\text{m}$ 的透镜,求:

(1) 在透镜焦平面处的屏上双缝干涉条纹的间距 x;

(2) 在单缝衍射中央亮纹范围内的双缝干涉亮纹数目.

解 (1) 双缝干涉第 k 级亮纹条件为

$$d\sin\theta=k\lambda$$

则第 k 级亮纹在屏上的位置

$$x_k=f\tan\theta\approx f\sin\theta=f\frac{k\lambda}{d}$$

相邻亮纹的间距

$$\Delta x=x_{k+1}-x_k=\frac{f\lambda}{d}=2.4\times10^{-3}\text{m}=2.4\text{mm}$$

(2) 单缝衍射中央亮纹宽度

$$\Delta x_0=f\frac{2\lambda}{a}=24\text{mm}$$

在单缝衍射的中央亮纹包迹内,可能有主极大的数目为

$$\frac{\Delta x_0}{\Delta x}+1=11$$

双缝干涉级次取

$$k=0,\pm1,\pm2,\pm3,\pm4,\pm5$$

又因

$$\frac{d}{a}=\frac{0.40}{0.08}=5$$

所以，双缝衍射±5 级主极大缺级.

在单缝衍射中央亮纹范围内，双缝干涉亮纹数目为 9，即 $k=0,\pm1,\pm2,\pm3,\pm4$.

例 14-5　波长为 500nm 的单色光，以 30°入射角照射在光栅上，发现原在垂直入射时的中央明条纹的位置现在改变为第二级光谱的位置，求：

(1) 此光栅每 1cm 上共有多少条缝？

(2) 最多能看到几级光谱？共可看到几条谱线？

解　(1) 原中央明纹处衍射角

$$\theta=0$$

斜入射时光栅公式为

$$d(\sin\theta+\sin i)=k\lambda$$

第二级光谱取 $k=2$，且 $i=30°$，则有

$$d(\sin 0+\sin 30°)=2\lambda$$

$$d=\frac{2\lambda}{\sin 30°}=4\lambda=2\times10^{-6}\text{m}=2\mu\text{m}$$

$$N=\frac{1\times10^{-2}}{d}=5000\ \text{条/厘米}$$

(2) 令衍射角 $\theta=90°$，得

$$k=\frac{d(\sin 90°+\sin 30°)}{\lambda}=6$$

$\theta=90°,k=6$，该级条纹看不见. 所以取

$$k_{\max}=5$$

令衍射角 $\theta=-90°$，得零级亮纹下方的最高级次

$$k=\frac{d[\sin(-90°)+\sin 30°]}{\lambda}=-2$$

$\theta=-90°,k=-2$，该级条纹看不见，取

$$k_{\max}=-1$$

所以最多可以看见 $k=0,\pm1,2,3,4,5$ 共 7 条谱线.

例 14-6　以波长 0.11nm 的 X 射线照射岩盐晶面，实验测得在 X 射线与晶面的夹角(掠射角)为 11°30′时获得第一级极大的反射光. 问：

(1) 岩盐晶体原子平面之间的间距 d 为多大？

(2) 如以另一束待侧的 X 射线照岩盐晶面，测得 X 射线与镜面的夹角为 17°30′时获得第一级极大反射光，则待测 X 射线的波长是多少？

解 (1)

$$2d\sin\varphi = k\lambda$$

$$k=1,\quad d=\frac{\lambda}{2\sin\varphi}=\frac{0.11}{2\times\sin11^\circ30'}=0.276\text{nm}$$

(2) $\lambda=\dfrac{2d\sin\varphi}{k}=2d\sin\varphi=2\times2.76\times10^{-10}\sin17^\circ30'=1.660\times10^{-10}(\text{m})$

四、习题指导

(一) 思考题

14-1　为什么隔着山可以听到中波段的电台广播,而电视广播却很容易被高大建筑物挡住?

答　只有当障碍物的大小比波长大得不多时,衍射现象才显著.对一座山来说,电视广播的波长很短,衍射很小;而中波段的电台广播波长较长,衍射现象比较显著.

14-2　用眼睛通过一单狭缝直接观察远处与缝平行的光源,看到的衍射图样是菲涅耳衍射图样还是夫琅禾费衍射图样?为什么?

答　远处光源发出的光可认为是平行光,视网膜在眼睛(相当于凸透镜)的焦平面上,所以观察到的是平行光的衍射.由此可知,这时人眼看到的是夫琅禾费衍射图样.

14-3　在单缝衍射图样中,离中央明纹越远的明纹亮度越小,试用半波带法说明.

答　在单缝衍射图样中,未相消的一个半波带决定着明纹的亮度.离中央明纹越远处,衍射角越大,单缝处波阵面分的半波带越多,未相消的一个半波带的面积越小,故离中央明纹越远的明纹亮度越小.

14-4　根据惠更斯-菲涅耳原理,若已知光在某时刻的波阵面为 S,则 S 的前方某点 P 的光强度取决于波阵面 S 上所有面积元发出的子波各自传到 P 点的(　　).

(A) 振动振幅之和;　　(B) 光强之和;

(C) 振动振幅之和的平方;　　(D) 振动的相干叠加.

答　衍射光强是所有子波相干叠加的结果.选(D).

14-5　波长为 λ 的单色平行光垂直入射到一狭缝上,若第一级暗纹的位置对应的衍射角为 30°,则缝宽的大小(　　).

(A) $a=0.5\lambda$;　(B) $a=\lambda$;　(C) $a=2\lambda$;　(D) $a=3\lambda$.

答　(C).

14-6　波长为 λ 的单色光垂直入射到单缝上,若第一级明纹对应的衍射角为 30°,则缝宽 a 等于(　　).

(A) λ；　(B) 2λ；　(C) $\frac{3}{2}\lambda$；　(D) 3λ.

答　(D).

14-7　在单缝夫琅禾费衍射实验中波长为 λ 的单色光垂直入射到单缝上，对应于衍射角为 $30°$ 的方向上，若单缝处波面可分成 3 个半波带，则缝宽度 a 等于(　　).

(A) λ；　(B) 1.5λ；　(C) 2λ；　(D) 3λ.

答　(D).

14-8　在单缝夫琅禾费衍射实验中，波长为 λ 的单色光垂直入射到宽度 $a=4\lambda$ 的单缝上，对应于衍射角为 $30°$ 的方向，单缝处波面可分成的半波带数目为(　　).

(A) 2 个；　(B) 4 个；　(C) 6 个；　(D) 8 个.

答　(B).

14-9　在单缝夫琅禾费衍射实验中，屏上第三级暗纹对应的单缝处波面可划分为(　　).

(A) 2 个半波带；　(B) 4 个半波带；

(C) 6 个半波带；　(D) 8 个半波带.

答　(C).

14-10　在如附图所示的单缝夫琅禾费衍射装置中，将单缝宽度 a 稍稍变宽，同时使单缝沿 y 轴正方向做微小位移，则屏幕 E 上中央明条纹将(　　).

(A) 变窄，同时向上移；

(B) 变窄，同时向下移；

(C) 变窄，不移动；

(D) 变宽，同时向上移；

(E) 变宽，不移动.

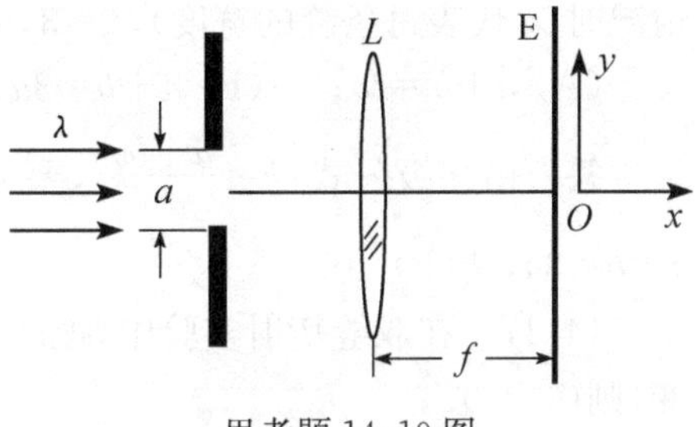

思考题 14-10 图

答　由中央明条纹宽度公式 $\Delta x=\frac{2f\lambda}{a}$ 可知，将单缝宽度 a 稍稍变宽，中央明条纹将变窄. 由于透镜未动，焦点位置不动，故位于焦点附近的中央明条纹位置也将不移动. 故选(C).

14-11　波长为 000Å 的单色光垂直入射到光栅常数为 1.0×10^{-4} cm 的平面衍射光栅上，第一级衍射主极大所对应的衍射角为(　　).

(A) $60°$；　(B) $30°$；　(C) $45°$；　(D) $75°$.

答　(B).

14-12　波长为 500Å 的单色光垂直入射到光栅常数为 2.0×10^{-4} cm 的平面衍射光栅上，可能观察到的光谱线的最大级次为(　　).

(A) 2；　(B) 3；　(C) 4；　(D) 5.

答 (B).

14-13 一束白光垂直照射在一平面衍射光栅上，在形成的同一级光栅光谱中，从中央向外方向颜色的排列顺序是( ).

(A) 由红到紫；(B) 由红到红；(C)由紫到紫；(D)由紫到红.

答 (D).

14-14 用波长为 λ 的单色平行光垂直入射到一光栅上，其光栅常数 $d=3\mu m$，缝宽 $a=1\mu m$，则在单缝衍射的中央明纹宽度内主极大的个数是( ).

(A) 3 个；(B) 4 个；(C) 5 个；(D) 6 个.

答 (C).

14-15 一衍射光栅对垂直入射的某一确定的波长，在屏幕上只能出现零级和一级主极大，欲使屏幕上出现更高级次的主极大，应该( ).

(A) 换一个光栅常数较小的光栅；(B) 换一个光栅常数较大的光栅；

(C) 将光栅向靠近屏幕的方向移动；(D) 将光栅向远离屏幕的方向移动.

答 光栅方程：$d\sin\varphi=k\lambda$，取 $\varphi=90°$，能看到的最高级次：$k_{\max}=\dfrac{d}{\lambda}$，对某一确定的波长，光栅常数越大，屏幕上出现的级次越高. 故选(B).

14-16 一束平行单色光垂直入射在光栅上，当光栅常数 $(a+b)$ 为下列( )情况时(a 代表每条缝的宽度)，$k=3,6,9$ 等级次的主极大均不出现.

(A) $a+b=2a$；(B) $a+b=3a$；(C) $a+b=4a$；(D) $a+b=6a$.

答 由缺级公式：$k=\dfrac{a+b}{a}k'$，要 $k=3,6,9$ 缺级，即要 $k=\dfrac{a+b}{a}k'=3k'$，所以 $a+b=3a$，选(B).

14-17 在双缝衍射实验中，把两条缝的宽度 a 略微加宽，而其他条件保持不变，则( ).

(A) 单缝衍射的中央主极大变宽，其中所包含的干涉条纹数目变少；

(B) 单缝衍射的中央主极大变宽，其中所包含的干涉条纹数目变多；

(C) 单缝衍射的中央主极大变宽，其中所包含的干涉条纹数目不变；

(D) 单缝衍射的中央主极大变窄，其中所包含的干涉条纹数目变少；

(E) 单缝衍射的中央主极大变窄，其中所包含的干涉条纹数目变多.

答 由中央明条纹宽度公式 $\Delta x=\dfrac{2f\lambda}{a}$ 可知，将单缝宽度 a 稍稍变宽，其他条件保持不变，中央明条纹将变窄. 在单缝衍射的中央明纹宽度内

$$d\sin\varphi = k\lambda$$

$$a\sin\varphi = \lambda$$

$$k_{\max} = \frac{d}{a}$$

d 不变，a 变宽，在单缝衍射的中央明条纹宽度内干涉条纹数目将变少. 故选(D).

14-18 某元素的特征光谱中含有波长分别为 $\lambda_1=450\text{nm}$ 和 $\lambda_2=750\text{nm}$ 的光谱线. 在光栅光谱中，这两种波长的谱线有重叠现象，重叠处 λ_2 的谱线的级数将是(　　).

(A) 2,3,4,5,…；　　(B) 2,5,8,11,…；

(C) 2,4,6,8,…；　　(D) 3,6,9,12,….

答 重叠：$d\sin\varphi=k_1\lambda_1=k_2\lambda_2$，即 $3k_1=5k_2$，只有 $k_1=5,10,15$，$k_2=3,6,9$. 故选(D).

(二) 习题

14-1 某种单色平行光垂直入射在单缝上，单缝宽 $a=0.15\text{mm}$. 缝后放一个焦距 $f=400\text{mm}$ 的凸透镜，在透镜的焦平面上，测得中央明条纹两侧的两个第三级暗条纹之间的距离为 8.0mm，求入射光的波长.

解 第三级暗条纹

$$a\sin\varphi = 3\lambda$$

由于 $\frac{x}{f}=\tan\varphi\approx\sin\varphi$(因 φ 很小)，第三级暗条纹坐标

$$x_3 = \frac{3f\lambda}{a}$$

故中央明条纹两侧的两个第三级暗条纹之间的距离为

$$\Delta x = 2x_3 = \frac{6f\lambda}{a}$$

所以

$$\lambda = 2x_3 = \frac{a\Delta x}{6f} = 5000\text{Å}$$

14-2 在夫琅禾费单缝衍射实验中，如果缝宽 a 与入射光波长 λ 的比值分别为(1)1，(2)10，(3)100，试分别计算中央明条纹边缘的衍射角，再讨论计算结果说明什么问题.

解 中央明纹边缘衍射角即第一级暗纹衍射角

$$a\sin\theta=\pm\lambda,\quad \sin\theta=\pm\frac{\lambda}{a}$$

(1) $\frac{\lambda}{a}=1$，则 $\sin\theta=\pm1$，$\theta=\pm90°$，即中央明纹占据整个屏幕.

(2) $\frac{\lambda}{a}=0.1$，$\sin\theta=\pm0.1$，$\theta=\pm5.7°$

(3) $\frac{\lambda}{a}=0.01$，$\sin\theta=\pm0.1$，$\theta=\pm0.57°$，中央明纹已经很难看到.

这表明，比值 λ/a 变小的时候，衍射角也变小，中央明条纹变窄（其他明条纹也相应地靠近中央），衍射效应越来越不明显. 当 $\lambda/a\to0$ 时，将没有衍射现象，光线沿直线传播，这是几何光学的情况.

14-3 (1) 在单缝夫琅禾费衍射实验中，垂直入射的光有两种波长，$\lambda_1=4000\text{Å}$，$\lambda_2=7600\text{Å}$. 已知单缝宽度 $a=1.0\times10^{-2}\text{cm}$，透镜焦距 $f=50\text{cm}$. 求两种光第一级衍射明纹中心之间的距离.

(2) 若用光栅常数 $d=1.0\times10^{-3}\text{cm}$ 的光栅替换单缝，其他条件和上一问相同，求两种光第一级主极大之间的距离.

解 (1) 第一级衍射明纹中心位置

$$a\sin\theta=\frac{3}{2}\lambda,\quad \sin\theta=\frac{3}{2}\frac{\lambda}{a}\approx\theta$$

所以

$$\Delta x=f\Delta\theta=f\frac{3}{2}\frac{\Delta\lambda}{a}=50\times10^{-2}\times\frac{3}{2}\times\frac{(7600-4000)\times10^{-10}}{2\times1\times10^{-4}}=1.35(\text{mm})$$

(2) 第一级主极大位置

$$d\sin\theta=\lambda$$

所以

$$\Delta x=f\Delta\theta=f\frac{\Delta\lambda}{d}=50\times10^{-2}\times\frac{(7600-4000)\times10^{-10}}{1\times10^{-5}}=18(\text{mm})$$

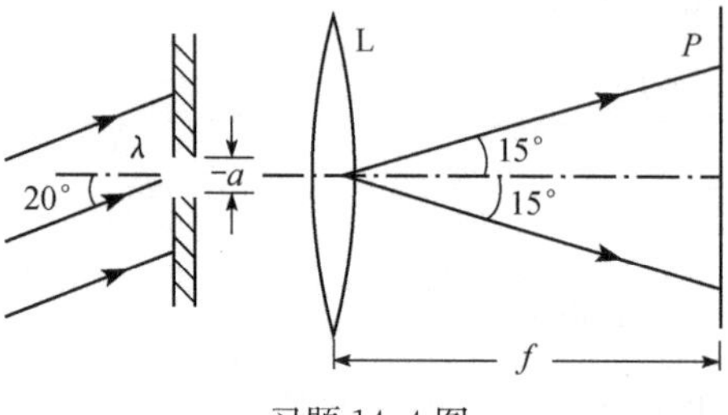

习题 14-4 图

14-4 在单缝夫琅禾费衍射实验中，波长为 $\lambda=632.8\text{nm}$ 的单色光以与单缝平面的法线成 20°的角入射到缝宽为 $a=0.010\text{mm}$ 的单缝上，对应于衍射角±15°的方向，如附图所示. 求：

(1) 单缝处波阵面可分半波带的数目；

(2) 屏上是明条纹，还是暗条纹；

(3) 条纹的级次.

解 如附图斜入射，入射线与单缝平面法线的夹角为 $\varphi=-20°$，单缝边缘对应光线在到达单缝前就产生了光程差.

(1) 对于衍射角为 θ 的衍射方向，单缝处波阵面可分为半波带的数目为

$$N=\frac{|a\sin\varphi+a\sin\theta|}{\lambda/2}$$

当 $\theta=+15°$时，

$$N_{+15^\circ}=\frac{|a\sin\varphi+a\sin\theta|}{\lambda/2}$$

$$=\frac{|0.010\times10^{-3}\times\sin(-20^\circ)+0.010\times10^{-3}\times\sin15^\circ|}{632.8\times10^{-9}/2}=2.63$$

当 $\theta=-15^\circ$ 时，

$$N_{-15^\circ}=\frac{|a\sin\varphi+a\sin\theta|}{\lambda/2}$$

$$=\frac{|0.010\times10^{-3}\times\sin(-20^\circ)+0.010\times10^{-3}\times\sin(-15^\circ)|}{632.8\times10^{-9}/2}=19.0$$

即衍射角 $\theta=+15^\circ$时，透过单缝的波阵面可分半波带的数目为 2.63；衍射角 $\theta=-15^\circ$时，透过单缝的波阵面可分半波带的数目为 19.0.

(2) 当 $\theta=+15^\circ$时，由于单缝处波阵面可分半波带的数目为 2.63，衍射光在屏上会聚抵消了两个半波带的光能，还剩下 0.63 个半波带的光能. 故衍射角 $\theta=+15^\circ$. 对应为明暗纹的过渡区.

当 $\theta=-15^\circ$时，由于单缝处波阵面可分半波带的数目为 19.0，是奇数个半波带. 故衍射角 $\theta=-15^\circ$，对应为明条纹.

(3) 当 $\theta=+15^\circ$时，由于单缝处波阵面可分半波带的数目为 2.63，即 $2<N_{+15^\circ}<3$，写成 2×1(暗纹条件)$<N_{+15^\circ}<2\times1+1$(明纹条件)，故衍射角为$+15^\circ$对应为正一级暗纹到正一级明纹的过渡区，为正一级明纹的一部分.

当 $\theta=-15^\circ$时，由于单缝处波阵面可分半波带的数目为 19，满足 $N_{-15^\circ}=2\times9+1$(明纹条件)，故对应为负 9 级明纹，不过因 k 值较大，所以条纹光强较弱.

14-5 波长范围在 450～650nm 的复色平行光垂直照射在每厘米有 5000 条刻线的光栅上，屏幕放在透镜的焦平面处，屏上第二级光谱在屏上所占范围的宽度为 35.1cm，求透镜的焦距 f.

解 光栅常数

$$d=\frac{1}{5\times10^{-5}}=2\times10^{-6}\text{m}$$

$$d\sin\varphi_1=2\lambda_1,\quad \lambda_1=450\text{nm}$$

$$d\sin\varphi_2=2\lambda_2,\quad \lambda_1=650\text{nm}$$

$$\varphi_1=\arcsin\frac{2\lambda_1}{d}=26.74^\circ$$

$$\varphi_2=\arcsin\frac{2\lambda_2}{d}=40.54^\circ$$

第二级光谱的宽度

$$x_2-x_1=f(\tan\varphi_2-\tan\varphi_2)$$

透镜的焦距

$$f=\frac{x_2-x_1}{\tan\varphi_2-\tan\varphi_1}=100\text{cm}$$

14-6　设某种波长 λ_1 的光与波长 $\lambda_2=486.1\text{nm}$ 的光均为平行光，它们同时垂直入射到光栅上，若 λ_1 光的第三级光谱线（即第三级亮条纹）与 λ_2 光的第四级光谱线恰好重合在离中央亮纹距离为 5mm 处，设透镜焦距为 0.50m. 求：

（1）λ_1 的值.

（2）光栅常数；

解　（1）根据光栅方程

$$d\sin\theta=k\lambda$$

所以

$$d\sin\theta=3\lambda_1=4\lambda_2$$

$$\lambda_1=\frac{4}{3}\lambda_2=\frac{4}{3}\times 486.1\times 10^{-9}=648.1(\text{nm})$$

（2）因为

$$\Delta x=f\tan\theta$$

所以

$$\tan\theta=\frac{5\times 10^{-3}}{0.5}=0.01\approx\sin\theta,\quad d=\frac{4\times 486.1\times 10^{-9}}{0.01}=1.94\times 10^{-4}(\text{m})$$

14-7　用每毫米有 300 条刻痕的衍射光栅来检验仅含有属于红和蓝的两种准单色成分的光谱. 已知红谱线波长 λ_R 在 $0.63\sim0.76\mu\text{m}$ 范围内，蓝谱线波长 λ_B 在 $0.43\sim0.49\mu\text{m}$ 范围内. 当光垂直入射时，发现在 22.46°角度处，红、蓝两谱线同时出现. 求：

（1）在 22.46°角度处，同时出现的红、蓝两谱线的级次和波长；

（2）如果还有的话，在什么角度下还会出现这种复合谱线？

解

$$d=\frac{1}{300}\text{mm}=3.33\mu\text{m}$$

（1）$d\sin 22.46°=1.38\mu\text{m}=k\lambda$. 对于红光

$$k=2,\quad \lambda_R=0.69\mu\text{m}$$

对于蓝光

$$k=3,\quad \lambda_B=0.46\mu\text{m}$$

（2）$d\sin\varphi=k_R\lambda_R=k_B\lambda_B$. 对于红光（$0.63\sim0.76\mu\text{m}$），当 $\varphi=90°$，最大级次 $k_R=d/0.63\mu\text{m}=4.8$，取 $k_R=4$.

对于蓝光（$0.43\sim0.49\mu\text{m}$），$\varphi=90°$，最大级次 $k_B=d/0.43\mu\text{m}=7.2$，取 $k_B=7$.

显然，红光的第 4 级和蓝光的第 6 级还会重合.

由 $d\sin\varphi=4\lambda_R$ 求得重合的角度为

$$\varphi=\arcsin\frac{4\lambda_R}{d}=55.9^\circ$$

14-8　试证：双缝夫琅禾费衍射图样中，中央包络线内的干涉条纹为 $2\frac{d}{a}-1$ 条. 式中，d 是缝间距，a 是缝宽.

证明　考虑缺级条件后单缝衍射中央明纹内衍射角满足

$$-\frac{\lambda}{a}<\sin\theta<\frac{\lambda}{a}$$

对双缝干涉，有

$$d\sin\theta=k\lambda,\quad \sin\theta=\frac{k\lambda}{d}$$

在单缝的中央明纹包络线内双缝干涉的最高级次为

$$-\frac{\lambda}{a}<\frac{k\lambda}{d}<\frac{\lambda}{a},\quad -\frac{d}{a}<k<\frac{d}{a}$$

所以总共出现的干涉极大的个数为

$$2\left(\frac{d}{a}-1\right)+1=2\frac{d}{a}-1$$

14-9　一衍射光栅，每厘米有 200 条透光缝，每条透光缝宽为 $a=2\times10^{-3}$cm，在光栅后放一焦距 $f=1$m 的凸透镜，现以 $\lambda=6000$Å 的单色平行光垂直照射光栅，求：

(1) 单缝衍射的中央明条纹宽度为多少？

(2) 在中央明条纹宽度内，有几个光栅衍射主极大？

解　(1) 中央明条纹宽度

$$\Delta x=\frac{2f\lambda}{a}=0.06\text{m}$$

(2) $d=\frac{1}{200}=5\times10^{-3}$cm，由

$$d\sin\varphi=k\lambda$$
$$a\sin\varphi=\lambda$$

在中央明条纹宽度内的最高级次为

$$k=\frac{d}{a}=2.5$$

所以在中央明条纹宽度内有 $k=0,\pm1,\pm2$，共 5 个衍射主极大.

14-10　用每毫米内有 500 条刻痕的平面透射光栅观察钠光谱（$\lambda=589.3$nm），设透镜焦距为 $f=1.00$m. 问：

(1) 光线垂直入射时,最多能看到第几级光谱?

(2) 光线以入射角 30°入射时,最多能看到第几级光谱?

(3) 若用白光(400～760nm)垂直照射光栅,最多能看到几级完整光谱?最多能看到几级不重叠光谱?求第一级光谱的线宽度.

解　该光栅的光栅常数为

$$d=\frac{1\times10^{-3}}{500}\text{m}=2.00\times10^{-6}\text{m}$$

(1) 因为光是垂直入射,最高级次衍射角应满足

$$d\sin\theta_k=k\lambda<d\sin90^\circ=d$$

即

$$k<\frac{d}{\lambda}=\frac{2.00\times10^{-6}}{589.3\times10^{-9}}=3.39$$

取 $k=3$,最多看到第 3 级光谱.

(2) 当光斜入射,光到达光栅时,相邻两缝衍射光产生的光程差为 $d\sin\varphi$,故最高级次的衍射角应满足

$$d(\sin\theta_k+\sin\varphi)=k\lambda<d(\sin90^\circ+\sin\varphi),$$

所以

$$k<\frac{d(1+\sin30^\circ)}{\lambda}=\frac{2.00\times10^{-6}\times1.5}{589.3\times10^{-9}}=5.09$$

取 $k=5$,所以最多看到第 5 级.

(3) 若白光照射光栅,对所看到最高级次的完整光谱,应以长波长的光出现为准.故

$$d\sin\theta_k=k\lambda_2<d\sin90^\circ=d$$

即

$$k<\frac{d}{\lambda_2}=\frac{2.00\times10^{-6}}{760\times10^{-9}}=2.63$$

取 $k=2$,最多看到第 2 级完整光谱.

对所看到的最高级次不重叠光谱,即要求高级次短波的衍射角大于低一级次长波的衍射角

$$d\sin\theta_k=k\lambda_2\leqslant d\sin\theta_{k+1}=(k+1)\lambda_1$$

即

$$k\lambda_2\leqslant(k+1)\lambda_1$$

所以

$$k=\frac{\lambda_1}{\lambda_2-\lambda_1}=\frac{400\times10^{-9}}{760\times10^{-9}-400\times10^{-9}}=1.11$$

取 $k=1$,不重叠光谱的最高级次为 1.

求第一级光谱的线宽度.

对于 $\lambda_1=400\text{nm}$,有

$$d\sin\theta_1=\lambda_1,\quad \sin\theta_1=\frac{\lambda_1}{d}=\frac{400\times10^{-9}}{2.00\times10^{-6}}=0.20$$

得 $\theta_1=11.54°$.

$\lambda_1=400\text{nm}$ 第一级谱线的线坐标为

$$x_1=f\tan\theta_1=1.00\times\tan11.54°=0.204\text{m}$$

对于 $\lambda_2=760\text{nm}$,有

$$d\sin\theta_2=\lambda_2,\quad \sin\theta_2=\frac{\lambda_2}{d}=\frac{760\times10^{-9}}{2.00\times10^{-6}}=0.38$$

得 $\theta_2=22.33°$.

$\lambda_2=760\text{nm}$ 第一级谱线的线坐标为

$$x_2=f\tan\theta_2=1.00\times\tan22.33°=0.411(\text{m})$$

故第一级光谱的线宽度为

$$\Delta x=x_2-x_1=0.411\text{m}-0.204\text{m}=0.207\text{m}$$

14-11　在地面上空 160km 处绕地飞行的卫星,具有焦距 2.4m 的透镜,它对地面物体的分辨本领是 0.36m. 试问,如果只考虑衍射效应,该透镜的有效直径应为多大? 设光波波长 $\lambda=550\text{nm}$.

解　由最小分辨角的定义,$\theta=1.22\dfrac{\lambda}{D}$,所以

$$D=\frac{1.22\lambda}{\theta}=\frac{1.22\times550\times10^{-9}}{0.36/160\times10^3}=0.30(\text{m})$$

14-12　用晶格常数等于 $3.029\times10^{-10}\text{m}$ 的方解石来分析 X 射线的光谱,发现入射光与晶面的夹角为 $43°20'$ 和 $40°42'$ 时,各有一条主极大的谱线. 求这两谱线的波长.

解　主极大即散射最强的条纹,由布拉格公式,取 $k=1$,得

当 $\theta_1=43°20'$ 时,

$$\lambda_1=2d\sin\theta_1=4.147\times10^{-10}\text{m}$$

当 $\theta_1=40°42'$ 时,

$$\lambda_2=2d\sin\theta_2=3.928\times10^{-10}\text{m}$$

第 15 章　光的偏振

一、基本要求

（1）从光的偏振说明光是横波，理解用偏振片起偏和检偏的方法.

（2）掌握马吕斯定律，熟练计算偏振光通过检偏器后光强的变化.

（3）了解光在反射和折射时偏振状态的变化，能用布儒斯特定律计算起偏角 i_0，掌握用反射和折射现象获得偏振光的方法.

（4）了解双折射现象，理解光轴、主平面概念，理解寻常光与非常光的区别，了解确定单轴晶体中 o 光、e 光传播方向的惠更斯作图法.

二、内容提要

（1）光波是横波，光的偏振状态可分为自然光、线偏振光、部分偏振光、椭圆和圆偏振光等.

（2）偏振片的起偏和检偏. 用能吸收某一方向的光振动的某些物质造成的透明薄片称为偏振片. 偏振片允许通过的光振动方向称为“偏振化方向”.

起偏：强度 I_0 的自然光通过偏振片后，透射光是线偏振光，光强 $I=\frac{I_0}{2}$.

检偏：用偏振片可以检查光是自然光、线偏振光，或是部分偏振光.

（3）马吕斯定律

$$I = I_0\cos^2\alpha$$

式中，I_0 为入射线偏振光的光强，α 为偏振光的振动方向与偏振片偏振化方向的夹角.

（4）反射和折射时光的偏振. 自然光入射到介质分界面时，在一般情况下反射光和折射光都是部分偏振光.

当入射角 i_0 满足

$$\tan i_0 = \frac{n_2}{n_1}, \quad i_0 + \gamma = \frac{\pi}{2}$$

时，反射光为振动方向垂直入射面的偏振光. 这一结果称为布儒斯特定律.

（5）双折射现象. 自然光和偏振光入射各向异性的晶体时，晶体内将分出两条折射偏振光. 其中 o 光是寻常光，遵守折射定律. e 光被称为非常光，不遵守折射定律.

光轴方向:晶体内沿某一方向o光与e光的折射率相同,不产生双折射现象,该方向称为晶体的光轴方向.

主平面:晶体中任一已知光线和光轴组成的平面称为该光线的主平面.

寻常光(o光)振动方向垂直其主平面,沿各个方向的传播速度相同,子波的波阵面是球面.

非常光(e光)振动方向平行其主平面(通常的实验条件下,o光和e光的振动方向互相垂直).e光沿各方向传播速度不同,子波的波阵面是旋转椭球面.

三、例题详解

例 15-1 有两个偏振片,一个用作起偏器;一个用作检偏器. 它们偏振化方向间的夹角为30°时,一束单色自然光穿过它们,出射光强为I_1;当它们偏振化方向间的夹角为60°时,另一束单色自然光穿过它们,出射光强为I_2,且$I_1=I_2$. 求两束单色自然光的强度之比.

解 设两束单色自然光的强度分别为I_{10}和I_{20},经过起偏器后光强分别为$\frac{I_{10}}{2}$和$\frac{I_{20}}{2}$,经过检偏器后

$$I_1=\frac{I_{10}}{2}\cos^2 30^\circ,\quad I_2=\frac{I_{20}}{2}\cos^2 60^\circ$$

因为$I_1=I_2$,所以

$$\frac{I_{10}}{I_{20}}=\frac{\cos^2 60^\circ}{\cos^2 30^\circ}=\frac{1}{3}$$

例 15-2 在两个偏振化方向正交的偏振片之间插入第三个偏振片.

(1) 当最后透过的光强为入射自然光强的1/8时,求插入第三个偏振片偏振化的方向;

(2) 若最后透射光强为零,则第三个偏振片该怎样放置?

解 (1) 设插入的第三个偏振片偏振化方向与第一个偏振片偏振化方向的夹角为α,则与第三个偏振片偏振化方向的夹角为$\frac{\pi}{2}-\alpha$,设入射线自然光的强度为I_0.

光经过三个偏振片后的光强为

$$I=\frac{I_0}{2}\cos^2\alpha\cos^2\left(\frac{\pi}{2}-\alpha\right)=\frac{I_0}{8}\sin 2\alpha$$

已知$I=\frac{I_0}{8}$,解得

$$\sin 2\alpha=1,\quad \alpha=45^\circ$$

式中,α为插入的偏振片与第一个偏振片之间偏振化方向的夹角.

(2) 同理

$$I=\frac{I_0}{2}\cos^2\alpha\cos^2\left(\frac{\pi}{2}-\alpha\right)=0$$

解得

$$\sin 2\alpha=0,\quad \alpha=0^\circ,\quad 或\ \alpha=\frac{\pi}{2}$$

例 15-3 一束光是自然光和偏振光的混合光,让它垂直通过一个偏振片,若以此入射光束为轴,旋转偏振片时,测得透射光强强度的最大值是最小值的 5 倍,求入射光束中,自然光与线偏振光的光强比值.

解 设入射光束中自然光强为 I_0,线偏振光的光强为 I_1,则垂直通过一偏振片后,透射光强最大时,最大时,线偏振光全通过,透过偏振片的自然光强度始终为$\frac{I_0}{2}$,则

$$I_{\max}=\frac{I_0}{2}+I_1$$

透射光强最小时,线偏振光被偏振片完全吸收,有

$$I_{\min}=\frac{I_0}{2}$$

又因为

$$I_{\max}=5I_{\min}=\frac{5}{2}I_0$$

即

$$\frac{I_0}{2}+I_1=\frac{5}{2}I_0$$

所以自然光与线偏振光的光强比值

$$\frac{I_0}{I_1}=\frac{1}{2}$$

例 15-4 已知方解石晶体的 o 光和 e 光的折射率分别为 $n_o=1.658$,$n_e=1.486$ 今将该晶体做成波晶片,使光轴与晶面平行,用波长为 589.3nm 的单色偏振光入射,光的振动方向与光轴成 45°角,若使出射光是圆偏振光,问这镜片的最小厚度是多少?

解 要使透过波晶片的光是圆偏振光,除满足题中给的条件 $\varphi=45^\circ$,使 $A_o=A_e$ 外,还要求晶片有特定的厚度 d,从而使 o 光和 e 光的相位差为 $\pi/2$,光程差为 $\lambda/4$,即对波长为 589.3nm 的光而言是四分之一波片.

$$\delta=(n_o-n_e)d=\frac{\lambda}{4}$$

$$d=\frac{\lambda}{4(n_o-n_e)}=856.5\text{nm}$$

则晶片的最小厚度为856.6nm.

四、习题指导

(一) 思考题

15-1 在双缝干涉实验中,用单色自然光在屏上形成干涉条纹,若在两缝后放一个偏振片,则( ).

(A) 干涉条纹的间距不变,但明纹的亮度加强;

(B) 干涉条纹的间距不变,但明纹的亮度减弱;

(C) 干涉条纹的间距变窄,且明纹的亮度减弱;

(D) 无干涉条纹.

答 放一个偏振片后,唯一的影响是投射到屏上的光强变弱.选(B).

15-2 光强为 I_0 的一束自然光垂直穿过两个偏振片,此两偏振片偏振化方向之间的夹角 $\alpha=30°$,若不考虑偏振片的反射和吸收,则穿过两个偏振片后的光强为( ).

(A) $\frac{I_0}{4}$; (B) $\frac{3I_0}{4}$; (C) $\frac{I_0}{8}$; (D) $\frac{3I_0}{8}$.

答 (D).

15-3 一束光是自然光和线偏振光的混合光.现垂直通过一偏振片,旋转偏振片测得透射光强最大值是最小值的5倍,则入射光中自然光与线偏振光之比为( ).

(A) $\frac{1}{2}$; (B) $\frac{1}{5}$; (C) $\frac{1}{3}$; (D) $\frac{2}{3}$.

答 (A).

15-4 两偏振片堆叠在一起,一束自然光垂直入射其上时没有光线通过.当其中一偏振片慢慢转动180°时,透射光强度发生的变化为( ).

(A) 光强单调增加;

(B) 光强单调减小;

(C) 光强先增加,后又减小至零;

(D) 光强先增加,后减小,再增加;

(E) 光强先增加,后减小,再增加,再减小至零.

答 透过两偏振片的光强 $I=\frac{I_0}{2}\cos^2\alpha$,故选(C).

15-5 使一光强为 I_0 的平面偏振光先后通过两个偏振片 P_1 和 P_2.P_1 和 P_2 的偏振化方向与入射光光矢量振动方向的夹角分别是 α 和 90°,则通过这两个偏振片后的光强 I 是( ).

(A) $I=\frac{I_0}{2}\cos^2\alpha$； (B) $I=0$； (C) $I=\frac{I_0}{4}\sin^2 2\alpha$；

(D) $I=\frac{I_0}{4}\sin^2\alpha$； (E) $I=I_0\cos^4\alpha$.

答　透射光强 $I=I_0\cos^2\alpha\cos^2(90°-\alpha)=\frac{I_0}{4}\sin^2 2\alpha$，选(C).

15-6　自然光以 60°的入射角照射到不知其折射率的某一透明介质表面时，反射光为线偏振光，则知(　　).

(A) 折射光为线偏振光，折射角为 30°；

(B) 折射光为部分偏振光，折射角为 30°；

(C) 折射光为线偏振光，折射角不能确定；

(D) 折射光为部分偏振光，折射角不能确定.

答　因 $i_0+r=90°$，所以 $r=30°$. 选(B).

15-7　一束平行的自然光以 60°的入射角由空气入射到平板玻璃表面上，反射光为完全偏振光，则知(　　).

(A) 折射光的折射角为 30°，玻璃的折射率为 1.73；

(B) 折射光的折射角为 60°，玻璃的折射率为 1.73；

(C) 折射光的折射角为 30°，玻璃的折射率为 1.50；

(D) 折射光的折射角为 60°，玻璃的折射率为 1.50.

答　(A).

15-8　某种透明媒质对于空气的全反射的临界角等于 45°，则光从空气射向此媒质时的布儒斯特角是(　　).

(A) 35.3°；　(B) 40.9°；　(C) 45°；　(D) 54.7°；　(E) 57.3°.

答　选(D).

15-9　如附图所示，一束自然光自空气射向一块平板玻璃，设入射角等于布儒斯特角 i_0，则在界面 2 的反射光(　　).

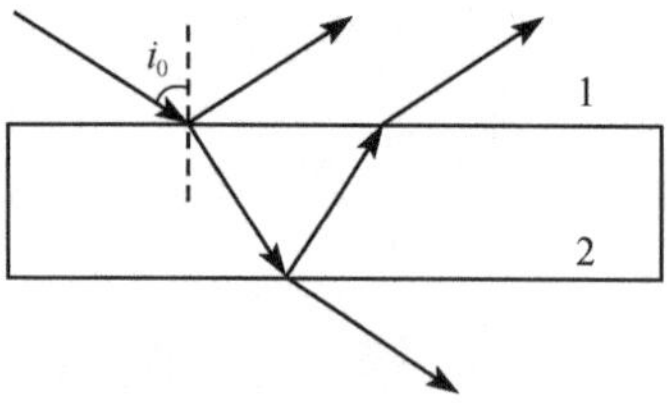

思考题 15-9 图

(A) 是自然光；

(B) 是完全偏振光且光矢量的振动方向垂直于入射面；

(C) 是完全偏振光且光矢量的振动方向平行于入射面；

(D) 是部分偏振光.

答　(B).

15-10　$ABCD$ 为一块方解石的一个主截面，AB 为垂直于纸面的晶体平面与纸面的交线. 光轴方向在纸面内且与 AB 成一锐角 θ，如附图所示. 一束平行的单色

自然光垂直于 AB 端面入射，在方解石内折射光分解为 o 光和 e 光，则 o 光和 e 光的(　　).

(A) 传播方向相同，光矢量的振动方向互相垂直；

(B) 传播方向相同，光矢量的振动方向不互相垂直；

(C) 传播方向不同，光矢量的振动方向互相垂直；

(D) 传播方向不同，光矢量的振动方向不互相垂直.

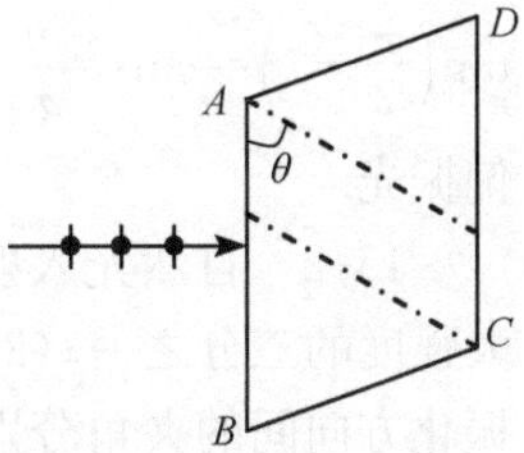

思考题 15-10 图

答 (C).

15-11　自然光或圆偏振光投射到一个偏振片上，当旋转偏振片时，透射光的光强都不会有变化. 那么怎样确定入射于该偏振片的光到底是圆偏振光还是自然光呢?

答　通常用的办法是使用一个偏振片，加上一块四分之一波片. 当入射光是自然光时，我们单独使用偏振片观察，转动偏振片一周将发现光强并无变化，让自然光入射于四分之一波片，再使用偏振片观察透射光，这时转动偏振片一周仍将发现光强没有任何变化. 对于圆偏振光就不一样了，由于构成圆偏振光的两个相互垂直的光振动有$\frac{\pi}{2}$位相差，透过该四分之一波片后 o 光和 e 光的位相差又要改变$\frac{\pi}{2}$，于是又变回到线偏振光，这时我们转动偏振片就能看到透射光有最大光强和消光现象.

15-12　两尼科耳棱镜的主截面之间的夹角由 60°转到 45°，在入射的自然光强度不变的条件下，透射光强度之比$\frac{I_{45^\circ}}{I_{60^\circ}}=$(　　).

(A) 1；　(B) 2；　(C) $\frac{1}{2}$；　(D) 3；　(E) $\frac{1}{3}$.

答　自然光通过第一块棱镜后的光强都减为入射光强的一半，且方向为第一块棱镜光轴方向的线偏振光，所以两次透射光强之比为$\dfrac{\frac{I_0}{2}\cos^2 45^\circ}{\frac{I_0}{2}\cos^2 60^\circ}=2$，选(B).

(二) 习题

15-1　如附图所示，放置的透光介质 n_1, n_2, n_1，两交界面相互平行. 一束自然光由 n_1 中入射. 试证：若 i 为起偏角，则界面 AB 上的反射光亦为完全偏振光.

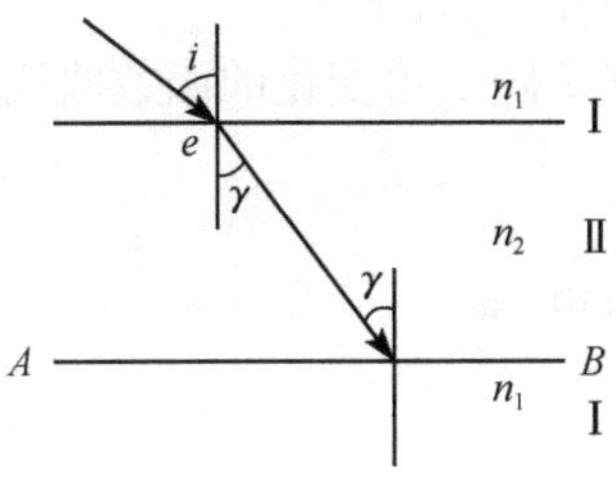

习题 15-1 图

证明　如附图所示，若 i 为起偏角，根据布儒斯特定律

$$\tan i=\frac{n_2}{n_1},\quad i+\gamma=\frac{\pi}{2}$$

而折射光在 AB 界面以 γ 入射，有 $\tan\gamma=$

$\tan\left(\frac{\pi}{2}-i\right)=\cot i=\frac{n_1}{n_2}$，仍满足布儒斯特定律，所以 AB 界面上的反射光仍为完全偏振光.

15-2　自然光入射到两个互相重叠的偏振片上. 如果透射光强为(1)透射光最大强度的三分之一；(2)入射光强度的三分之一；求上述两种情况中两个偏振片偏振化方向间的夹角分别是多少？

解　(1) 自然光入射，两偏振片同向时，透射光强最大，为 $I_0/2$，当透射光强为 $\frac{I_0/2}{3}$ 时，有 $\frac{I_0}{2}\cos^2\theta=\frac{I_0/2}{3}$，两偏振片的偏振化方向夹角为

$$\theta=\arccos\sqrt{\frac{1}{3}}=54°44'$$

(2) 由于透射光强 I' 为 $I'=I'=\frac{I_0}{2}\cos^2\theta'=\frac{I_0}{3}$，所以有

$$\theta=\arccos\sqrt{\frac{2}{3}}=35°16'$$

15-3　已知某一物质的全反射临介角是 45°，它的起偏角是多大？

解　全反射临界角 i_0 满足

$$\sin i_0=\frac{n_1}{n_2}$$

由 $i_0=45°$，有

$$\frac{n_2}{n_1}=\sqrt{2}$$

根据布儒斯特定律 $\tan i=\frac{n_2}{n_1}$，得 $i=54.7°$

15-4　三个偏振片 P_1、P_2 和 P_3 堆叠在一起，P_1 和 P_3 的偏振化方向相互垂直，P_2 和 P_1 的偏振化方向间的夹角为 α，P_2 可以入射光线为轴转动. 强度为 I_0 的自然光垂直入射于偏振片 P_1，并依次透过偏振片 P_1、P_2 和 P_3，不考虑偏振片的吸收和反射.

(1) 求穿过三个偏振片后的透射光强度 I 与 α 角的函数关系式；

(2) 试定性画出在 P_2 转动一周的过程中透射光强 I 随 α 角变化的函数曲线.

解　(1) 透射三个偏振片后的光强为

$$I=\frac{I_0}{2}\cos^2\alpha\cos^2(90°-\alpha)=\frac{I_0}{8}\sin^2 2\alpha$$

(2) I 随 α 角变化的函数曲线如附图所示.

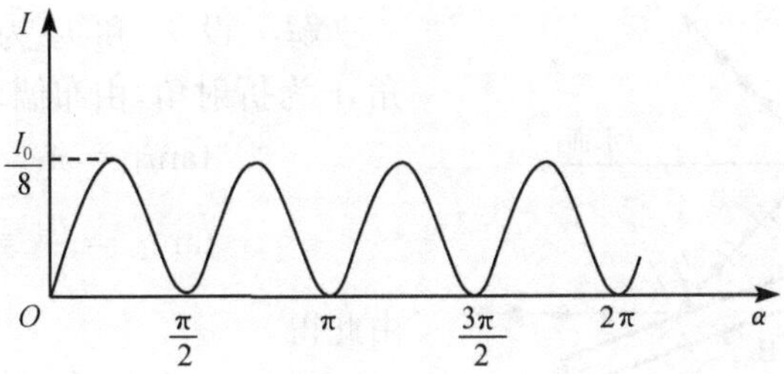

习题 15-4 图

15-5　两个偏振片 P_1、P_2 叠在一起，其偏振化方向之间的夹角为 45°. 一束强度为 I_0 的光垂直入射到偏振片上，该入射光由强度相同的自然光和线偏振光混合而成. 此入射光中线偏振光矢量沿什么方向才能使连续透过两个偏振片后的光强最大？在此情况下，透过偏振片 P_1 和 P_2 的光强各是多大？

解　设入射光中线偏振光的光矢量方向与 P_1 的偏振化方向之间的夹角为 θ，则透过 P_1 和 P_2 的光强分别为

$$I_1 = \frac{1}{2}\cdot\frac{I_0}{2} + \frac{I_0}{2}\cos^2\theta$$

$$I_2 = I_1\cos^2 45° = \frac{I_0}{2}\left(\frac{1}{2} + \cos^2\theta\right)\cos^2 45°$$

要是 I_2 最大，应取 $\cos^2\theta = 1, \theta = 0$. 即入射光中线偏振光的光矢量方向与 P_1 的偏振化方向平行. 在此情况下

$$I_1 = \frac{3}{4}I_0, \quad I_2 = \frac{3}{8}I_0$$

15-6　水的折射率为 1.33，玻璃的折射率为 1.50，当光由水中射向玻璃而反射时，起偏振角为多少？当光由玻璃射向水而反射时，起偏振角又为多少？这两个起偏振角之间有什么关系？

解　当光由水中射向玻璃而反射时，起偏振角为

$$i_{01} = \arctan\frac{n_2}{n_1} = \arctan\frac{1.50}{1.33} = 48°26'$$

当光由玻璃射向水而反射时，起偏振角又为

$$i_{02} = \arctan\frac{n_1}{n_2} = \arctan\frac{1.33}{1.50} = 41°34'$$

由于 $\tan i_{01}\frac{n_2}{n_1} = \frac{1}{\tan i_{02}}$，所以 $i_{01} + i_{02} = 90°$，即二者互余.

15-7　有一平面玻璃板 B 放在水中，板面与水面的夹角为 θ，见附图. 设水和玻璃的折射率分别为 1.333 和 1.517. 欲使图中从水面和玻璃板面反射的光都是完全偏振光，θ 角应为多大？

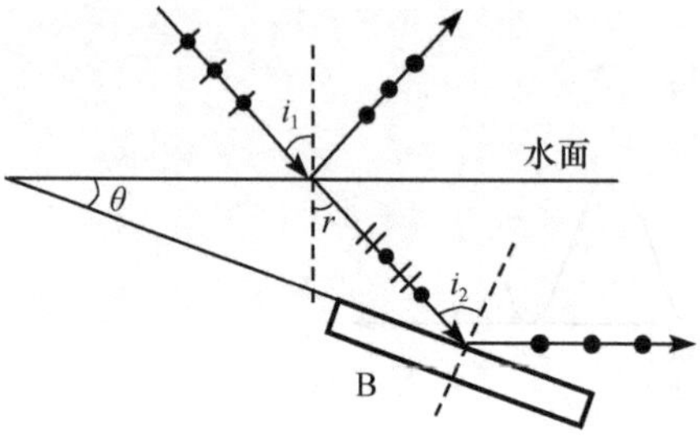

习题 15-7 图

解　设 i_1 和 i_2 为相应的布儒斯特角，r 为折射角，由布儒斯特定律知

$$\tan i_1 = n_1 = 1.333$$

$$\tan i_2 = \frac{n_2}{n_1} = \frac{1.517}{1.333}$$

由此得

$$i_1 = 53.12°,\quad i_2 = 48.69°$$

由△ABC 可得

$$\theta + \left(\frac{\pi}{2} + r\right) + \left(\frac{\pi}{2} - i_2\right) = \pi$$

求得

$$r = i_2 - \theta$$

由布儒斯特定律可知

$$i_1 + r = 90°$$

将 r 代入上式得

$$\begin{aligned}\theta &= i_1 + i_2 - 90° \\ &= 53.12° + 48.69° - 90° = 11.8°\end{aligned}$$

15-8　一方解石切割成的直角棱镜如附图(a)所示，光轴垂直于直角棱镜的截面. 自然光以 $i=48°$入射时，折射光中的 e 光恰与直角边 AB 平行.

(1) 试求 n_e；

(2) 大致画出 o 光的传播方向和光矢量的振动方向.

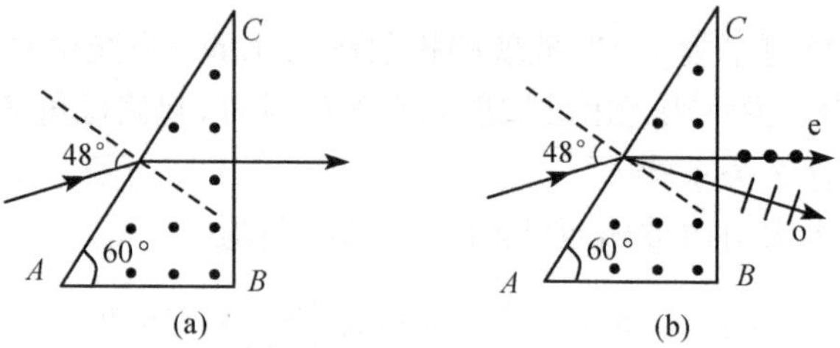

习题 15-8 图

解　(1) 由

$$\sin 48° = n_e \sin 30°$$

得

$$n_e = \frac{\sin 48°}{\sin 30°} = 1.486$$

(2) o 光的传播方向和光矢量的振动方向如图(b)所示.

15-9　假设石英的主折射率 n_o 和 n_e 与波长无关. 某块石英晶片，对 $\lambda_1 =$

800nm 波长的光是四分之一波片. 当波长为 $\lambda_2 = 400\text{nm}$ 的线偏振光入射到该晶片上,且其光矢量振动方向与晶片光轴成 45°角时,透射光的偏振状态如何?

解 由于 $(n_o - n_e)d = \frac{\lambda_1}{4} = \frac{\lambda_2}{2}$,所以对 $\lambda_1 = 800\text{nm}$ 波长的光是四分之一波片的石英晶片,对波长 $\lambda_2 = 400\text{nm}$ 的光就是二分之一波片.

入射线偏振光对二分之一波片来说,由于其光矢量振动方向与晶片光轴成 45°角,所以两相互垂直的光振动分振幅相等而且同相. 通过二分之一波片后,此二分振动相差为 π,所以其合振动仍然是线偏振光,不过振动方向与入射线偏振光的振动方向垂直.

15-10 一强度为 I_0 的左旋偏振光垂直通过由方解石做成的四分之一波片,然后再垂直通过一偏振片,设偏振片的偏振化方向与波片光轴成 15°,见附图. 求从偏振片出射光的强度(略去反射、吸收等损失).

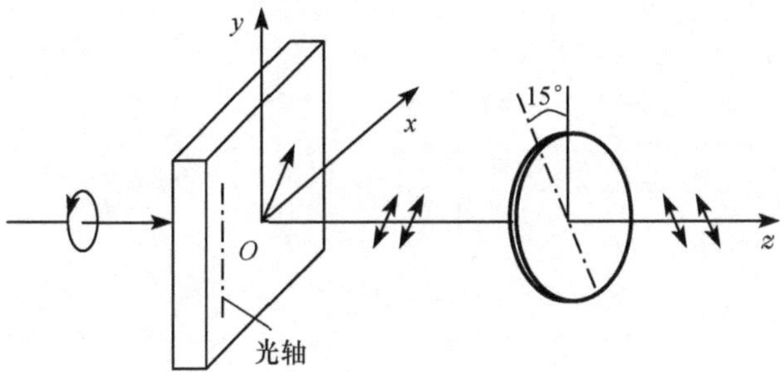

习题 15-10 图

解 在左旋圆偏振光,o 光比 e 光的位相超前 $\frac{\pi}{2}$,经过四分之一波片后,o 光比 e 光却落后

$$\frac{2\pi}{\lambda}(n_o - n_e)d = \frac{2\pi}{\lambda}\left(\frac{\lambda}{4}\right) = \frac{\pi}{2}$$

所以,o 光与 e 光的总位相差

$$\Delta\varphi = \frac{\pi}{2} - \frac{\pi}{2} = 0$$

这说明从波片出射的光是线偏振光,其振动面处在一、三象限,与 y 轴成 45°,强度仍为 I_0.

再按马吕斯定律,通过偏振片后的出射光强为

$$I = I_0 \cos^2(45° + 15°) = \frac{1}{4} I_0$$

第五篇 量 子 论

第 16 章　早期量子理论

一、基本要求

(1) 理解光的量子性、光的波粒二象性,掌握爱因斯坦光子理论及其在光电效应和康普顿效应中的应用.

(2) 理解氢原子光谱的实验规律;理解玻尔的氢原子理论,能用于计算氢原子的稳定态能量和轨道半径,计算跃迁时的发光频率等.

(3) 了解产生激光的条件、激光的主要特性及其应用,了解激光器的构造.

二、内容提要

1. 黑体辐射

斯特藩-玻尔兹曼定律

$$M_0 = \sigma T^4$$

维恩位移定律

$$\lambda_m T = b$$

普朗克黑体辐射公式

$$e(\lambda, T) = \frac{2\pi c^2}{\lambda^5} \frac{h}{e^{hc/\lambda kT} - 1}$$

2. 光电效应

当入射光子的能量较低,处于可见光和紫外光频率范围内时,光子主要与束缚态的电子发生完全非弹性碰撞,能量全部被电子吸收.吸收光能的电子从金属中发射出来的现象,称为光电效应.

爱因斯坦方程$\frac{1}{2}mv^2 = h\nu - A$,可以解释光电效应的全部实验规律.

$$h\nu_0 = A$$

红限频率为 $\nu_0 = \frac{A}{h}$.

$$eU_a = \frac{1}{2}mv^2$$

U_a 遏止电压.

$$U_a = \frac{h\nu}{e} - \frac{A}{e}$$

与入射光的频率成线性关系.

3. 光子和光的波粒二象性

光的波动性:干涉、衍射、偏振.

光的粒子性:光是一粒粒以光速 c 运动的光子流.

光子能量

$$\varepsilon = mc^2 = h\nu = \frac{hc}{\lambda}$$

光子动量

$$p = mc = \frac{h}{\lambda} = \frac{h\nu}{c}$$

光子的质量

$$m = \frac{h\nu}{c^2}$$

4. 康普顿效应

康普顿效应发生在光子具有较高能量(如 X 射线)的情况下. 光子与自由电子发生弹性碰撞,发生波长变长的散射效应,即康普顿效应. 这种弹性碰撞应该用动量守恒与能量守恒处理,且由于光子能量较高,不可忽略相对论效应.

波长改变量与散射角 θ 的关系为

$$\Delta\lambda = \lambda - \lambda_0 = \frac{h}{m_0 c}(1-\cos\theta) = \frac{2h}{m_0 c}\sin^2\frac{\theta}{2}$$

电子康普顿波长

$$\lambda_e = \frac{h}{m_0 c} = 0.0024\text{nm} = 0.024\text{Å}$$

光电效应与康普顿效应的区别为:

光电效应——光子被电子(束缚)吸收,发射电子.

康普顿效应——光子被自由电子散射,电子(碰撞)被反冲.

5. 玻尔氢原子理论

氢原子的实验光谱为线状光谱,谱线的波数(波长的倒数)$\tilde{\nu}$ 满足里德伯公式

$$\tilde{\nu}_{mn} = T(m) - T(n) = R\left(\frac{1}{m^2} - \frac{1}{n^2}\right)$$

里德伯常量 $R=1.096776\times10^7\text{m}^{-1}$, m,n 可以取不同的正整数. $m=1,2,3,\cdots$ 的谱线系分别称为赖曼系,巴耳末系,帕刑系等. 式中 $n=m+1,m+2,m+3,\cdots$, 分别表示同一谱线系中的不同谱线,$T(m)$,$T(n)$称为光谱项.

玻尔氢原子理论由以下假设组成:

(1) 原子能够、而且只能够稳定地存在于与分立能量对应的一系列状态中,这些状态称为定态. 电子在各定态的相应轨道上运动时不辐射电磁波.

(2) 原子中的电子以速率 v 绕核做半径为 r 的圆周运动时，它的角动量取如下分立值：

$$L = mvr = n\frac{h}{2\pi},\quad n = 1,2,3,\cdots$$

式中，L 为角动量，n 称为量子数，其角动量是量子化的.

(3) 当原子中的电子从定态(n)跃迁至定态(m)时，发射或吸收一个光子，光子的频率为

$$\nu = \frac{|E_n - E_m|}{h}$$

由玻尔理论得出的电子轨道半径和能量都是量子化的.

$$r_n = n^2 a_0,\quad (n = 1, a_0 \text{ 第一轨道半径})$$

$$r_1 = a_0 = 5.29\times10^{-11}\text{m} = 0.0529\text{nm}$$

$$E_n = -\frac{1}{n^2}\left(\frac{me^4}{8\varepsilon_0^2 h^2}\right) = -\frac{Rhc}{n^2} = -\frac{13.6}{n^2}\text{eV}$$

$E_1 = -13.6\text{eV}$ 为基态能级. $E_\infty = 0$ 为静止自由电子的能量. 氢原子的结合能和电离能为 13.6eV.

6. 激光

自发辐射：在没有外界作用下，原子从高能级跃迁到低能级，自发辐射出光子. 因而各光子的发射方向和频率、偏振态、初相位都不同，不是相干光.

受激辐射：处于激发态的原子、分子受到外来光子的刺激而进行辐射，辐射光子的频率、初相位、偏振态、传播方向都与外来光子相同.

激光是受激辐射光放大的简称，是在原子或分子系统中实现粒子数反转(高能态上原子数多于较低能态上的原子数的情形)，通过受激辐射产生光放大而获得的强光束.

三、例题详解

例 16-1　波长为 450nm 的单色光射到金属钠表面并发生光电效应. 求：

(1) 这种光的光子能量和动量；

(2) 光电子逸出金属钠表面时的动能(钠的逸出功 $W = 2.28\text{eV}$).

解　(1) 光的频率与波长的关系为

$$\nu = \frac{c}{\lambda}$$

光子的能量

$$E = h\nu = \frac{hc}{\lambda}$$

代入数据有

$$E=\frac{6.63\times10^{-34}\times3.00\times10^{8}}{450\times10^{-9}}=4.42\times10^{-19}(\text{J})=2.76(\text{eV})$$

光子的动量

$$p=\frac{h}{\lambda}=\frac{E}{c}=1.47\times10^{-27}\text{kg}\cdot\text{m/s}$$

(2) 由爱因斯坦方程,有

$$E_{\text{k}}=E-W$$

钠的逸出功 $W=2.28\text{eV}$,得

$$E_{\text{k}}=(2.76-2.28)\text{eV}=0.48\text{eV}$$

例 16-2 (1) 已知铂的逸出功为 8eV,今用 250nm 的紫外光照射,能否产生光电效应?

(2) 若用波长为 400nm 的紫外光照射金属表面,产生的光子的最大速度为 $5\times10^{5}\text{m/s}$,求光电效应的红限频率.

解 (1) 入射光子的能量为

$$\varepsilon=h\nu=6.63\times10^{-34}\times\frac{3\times10^{8}}{250\times10^{-9}}=7.96\times10^{-19}(\text{J})=4.98(\text{eV})$$

由于此种光子的能量小于铂的逸出功(8eV),所以不能产生光电效应.

(2) 由光电效应公式

$$h\nu=E_{\text{k}}+A=\frac{1}{2}mv^{2}+A$$

红限频率和逸出功的关系为

$$h\nu_{0}=A$$

光电效应的红限频率为

$$\nu_{0}=\frac{A}{h}=\frac{h\nu-E_{\text{k}}}{h}=\frac{c}{\lambda}-\frac{mv^{2}}{2h}$$
$$=\frac{3\times10^{8}}{4\times10^{2}\times10^{-9}}-\frac{9.11\times10^{-31}\times(5\times10^{5})^{2}}{2\times6.63\times10^{-34}}=5.78\times10^{14}(\text{Hz})$$

例 16-3 当康普顿散射角为 90°时,试计算下列波长的光子被散射时,所损失的能量与被散射前光子能量的比值:(1)$\lambda_0=3\text{cm}$(微波);(2)$\lambda_0=500\text{nm}$(可见光);(3)$\lambda_0=0.1\text{nm}$(X 射线);(4)$\lambda_0=0.001\text{nm}$(γ 射线).

解 康普顿散射中,入射光波长为 λ_0,散射光波长为 λ. 则光子被散射时所损失的能量与散射前光子的能量的比为

$$\gamma=\frac{E_{0}-E}{E_{0}}=\frac{h\nu_{0}-h\nu}{h\nu_{0}}=\frac{(1/\lambda_{0}-1/\lambda)}{1/\lambda_{0}}=\frac{\lambda-\lambda_{0}}{\lambda}=\frac{\Delta\lambda}{\lambda_{0}+\Delta\lambda}$$

将散射角 $\varphi=90°$代入康普顿公式

$$\Delta\lambda=\lambda-\lambda_{0}=\frac{h}{m_{\text{e}}c}(1-\cos\varphi)$$

$$\Delta\lambda = \frac{h}{m_0 c}(1-\cos 90^\circ) = 2.43\times 10^{-12}\,\mathrm{m}$$

所以

$$\gamma = \frac{2.43\times 10^{-12}}{\lambda_0 + 2.43\times 10^{-12}}$$

将已知波长 λ_0 代入上式可得下列结果：

(1) $\lambda_0 = 3\mathrm{cm} = 3\times 10^{-2}\mathrm{m}, \gamma = 8.10\times 10^{-9}\%$；

(2) $\lambda_0 = 500\mathrm{nm} = 5\times 10^{-7}\mathrm{m}, \gamma = 4.90\times 10^{-4}\%$；

(3) $\lambda_0 = 0.1\mathrm{nm} = 1.00\times 10^{-10}\mathrm{m}, \gamma = 2.4\%$；

(4) $\lambda_0 = 0.001\mathrm{nm} = 1\times 10^{-12}\mathrm{m}, \gamma = 71.0\%$.

由以上计算结果可以清楚地看到：

入射光的波长愈短，散射时能量损失就愈大，则入射光与散射光的波长差别就愈明显，康普顿效应也就愈显著. 微波和可见光范围，康普顿效应不明显；X 射线、γ 射线的康普顿效应显著.

例 16-4　试确定氢原子位于可见光谱区域(380nm 到 770nm)的各波长.

解　氢原子光谱的谱系的波长可表示为

$$\tilde{\nu} = \frac{1}{\lambda} = R\left(\frac{1}{m^2} - \frac{1}{n^2}\right),\quad n = m+1, m+2, m+3, \cdots$$

其中 R 是里德伯常量，$R = 1.097\times 10^7\mathrm{m}^{-1}$.

取 $m=2$(巴耳末系)，其 $n=3$ 所对应的最长波长，可从下式求出

$$\frac{1}{\lambda_{\max}} = (1.097\times 10^7)\left(\frac{1}{2^2} - \frac{1}{3^2}\right)$$

$$\lambda_{\max} = 656.3\mathrm{nm}\quad \text{(属于可见光区)}$$

将 $\lambda = 380\mathrm{nm}$ 代入公式，有

$$\frac{1}{3.80\times 10^{-7}} = (1.097\times 10^7)\left(\frac{1}{2^2} - \frac{1}{n^2}\right)$$

得出

$$n = 9$$

所以，在巴耳末系中，可见光区的谱线由下式给出，即

$$\frac{1}{\lambda} = (1.097\times 10^7)\left(\frac{1}{2^2} - \frac{1}{n^2}\right),\quad n = 3, 4, 5, \cdots, 9.$$

取 $m=3$(帕刑系)，其最短波长为

$$\frac{1}{\lambda_{\min}} = (1.097\times 10^7)\left(\frac{1}{3^2} - \frac{1}{\infty^2}\right)$$

$$\lambda_{\min} = 820\mathrm{nm}$$

这已超出可见光区，其他光线更是超出可见光区以外了. 则氢原子位于可见光区谱

线的波长分别为

656.3nm,486.2nm,434.0nm,410.2nm,397.0nm,389.0nm,383.0nm

例 16-5　计算氢原子中的电子从量子数 n 的状态跃迁到量子数 $k=n-1$ 的状态时所发射的谱线的频率. 试证明:当 n 很大时,这个频率等于电子在量子数 n 的圆轨道上转动的频率.

解　氢原子能量

$$E_n=-\frac{e^2}{8\pi\varepsilon_0 r_n}=-\frac{1}{n^2}\left(\frac{me^4}{8\varepsilon_0^2h^2}\right),\quad n=1,2,3,\cdots$$

跃迁时满足公式

$$h\nu=E_k-E_n$$

则发射的谱线频率为

$$\nu_{n-1,n}=\frac{me^4}{8\varepsilon_0^2h^3}\left[\frac{1}{(n-1)^2}-\frac{1}{n^2}\right]=\frac{me^4}{8\varepsilon_0^2h^3}\frac{2n-1}{n^2(n-1)^2}$$

当 n 很大时

$$\nu_{n-1,n}\approx\frac{me^4}{4\varepsilon_0^2h^3n^3}$$

另一方面,可求得电子在半径 r_n 的圆轨道上转动的频率为

$$\nu=\frac{v_n}{2\pi r_n}=\frac{mv_nr_n}{m2\pi r_n^2}$$

根据玻尔量子化条件

$$r_nmv_n=n\frac{h}{2\pi}$$

解出轨道速率 v_n 代入上式可得

$$\nu=\frac{nh}{4\pi^2mr_n^2}$$

再代入玻尔的轨道量子化结果

$$r_n=n^2\left(\frac{\varepsilon_0h^2}{\pi me^2}\right),\quad n=1,2,3,\cdots$$

得

$$\nu=\frac{nh}{4\pi^2m}\left(\frac{\pi me^2}{n^2\varepsilon_0h^2}\right)^2=\frac{me^4}{4\varepsilon_0^2h^3n^3}$$

可见,在 n 很大时 $\nu_{n-1,n}$ 的值和 ν 的值相同. 所以跃迁发射的谱线频率等于电子在量子数 n 的圆轨道上转动的频率.

四、习题指导

(一) 思考题

16-1　以一定频率的单色光照射在某种金属上. 测得其光电流与外加电压的

关系曲线如附图中实线所示. 然后保持频率不变，增大光的强度，测得其光电流曲线如图中虚线所示. 则下面四个图像中正确的是(　　).

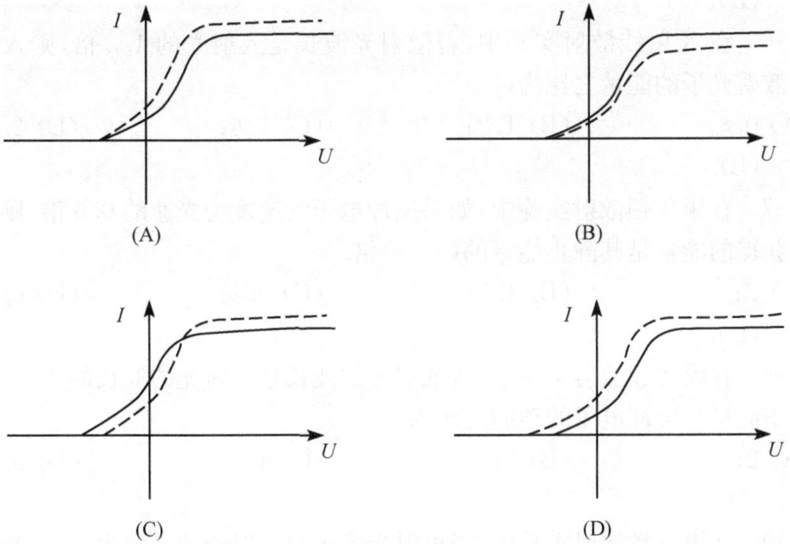

思考题 16-1 图

答　(C).

16-2　光子的波长为 λ，则其能量为(　　)，动量大小为(　　)，质量为(　　).

答　$hc/\lambda,h/\lambda h/c\lambda$.

16-3　若一无线电收音机接收到的频率为 10^8 Hz 的电磁波的功率为 1μW，则每秒接收到的光子数为(　).

答　1.5×10^{19}.

16-4　光电效应中发射的光电子的初动能随入射光的频率变化关系如附图所示，则可以求出普朗克常量为(　　).

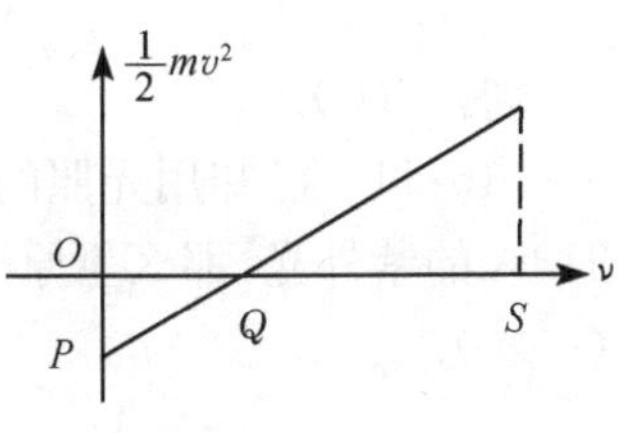

思考题 16-4 图

(A) OQ;　　(B) OP;　　(C) OP/OQ;　　(D) QS/OS.

答　(C).

16-5　康普顿效应的主要特点是(　　).

(A) 散射光的波长均比入射光的波长短，且随散射角的增大而减小，但与散射物的性质无关；

(B) 散射光的波长与入射光的波长相同，与散射角、散射物的性质无关；

(C) 散射光中既有与入射光相同波长的光，也有比入射光波长小的和比入射光波长长的，这与散射物的性质有关；

(D) 散射光中有的部分比入射光的波长长，且随散射角增大而增大，也有与入射光波长相同的光，这都与散射物的性质无关.

答 (D).

16-6 在X射线散射实验中，若散射光波长是入射光的1.2倍，则入射光子能量与散射光子的能量之比为( ).

(A) 0.8； (B) 1.2； (C) 1.6； (D) 2.0.

答 (B).

16-7 在康普顿散射实验中，如果反冲电子的速度为光速的0.6倍，则因散射使电子获得的能量是其静止能量的( )倍.

(A) 2； (B) 1.5； (C) 0.5； (D) 0.25.

答 (D).

16-8 在康普顿散射实验中，若散射光的波长是入射光的波长的1.2倍，则散射光光子能量与反冲电子的动能之比为( ).

(A) 2； (B) 3； (C) 4； (D) 5.

答 (D).

16-9 在康普顿散射实验中，当出射光光子与入射光的夹角为( )时，光子的频率减少得最多；当夹角为( )时，光子的频率保持不变.

答 180°,0°.

16-10 由氢原子理论可知，当大量的氢原子处于$n=3$的激发态时，原子跃迁将发出( )种波长的光.

(A) 1； (B) 2； (C) 3； (D) 4.

答 (C).

16-11 已知用光照的办法将氢原子基态的电子电离，可用的最长波长的光是913Å的紫外光，那么氢原子从各受激态跃迁至基态的赖曼系光谱的波长可表示为( ).

(A) $\lambda=913\dfrac{n-1}{n+1}$； (B) $\lambda=913\dfrac{n+1}{n-1}$；

(C) $\lambda=913\dfrac{n^2-1}{n^2+1}$； (D) $\lambda=913\dfrac{n^2}{n^2-1}$.

答 (D).

提示：波数公式

$$\tilde{\nu}=\frac{1}{\lambda}=\frac{\nu}{c}=R\left(\frac{1}{m^2}-\frac{1}{n^2}\right),\quad n=m+1,m+2,m+3,\cdots$$

赖曼系($m=1,n=2,3,4,\cdots$)，有

$$\tilde{\nu}=\frac{1}{\lambda}=\frac{\nu}{c}=R\left(\frac{1}{1^2}-\frac{1}{n^2}\right)$$

可用的最长波长 $\lambda=913\text{Å}$,那么 $m=1,n\to\infty$,可得

$$R=\frac{1}{913}$$

$$\lambda=\frac{1}{R}\frac{n^2}{n^2-1}=913\frac{n^2}{n^2-1}\text{Å}$$

16-12　在气体放电子表管中,用能量为 12.1eV 的电子去轰击处于基态的氢原子,此时氢原子所能发出的光子的能量只能是(　　).

(A) 12.1eV;　(B)10.2eV;

(C) 12.1eV、10.2eV 和 1.9eV;　(D) 12.1eV、10.2eV 和 3.4eV.

答　(C).

16-13　氢原子从能量为－0.85eV 的状态跃迁到能量为－3.4eV 的状态时,所发射的光子的能量是(　　)eV,它是电子从 $n=$(　　)的能级到 $n=$(　　)的能级的跃迁.

答　2.55;4;3.

16-14　在氢原子光谱的巴耳末线系中有一频率为 6.15×10^{14} Hz 的谱线.它是氢原子从能级 $E_n=$(　　)到 $E_n=$(　　)的跃迁.

答　－0.85eV;－3.4eV.

16-15　氢原子的基太的电离能是(　　),电离能为 0.544eV 的激发态氢原子,其电子处于 $n=$(　　)的轨道上运动.

答　13.6eV;5.

16-16　按照原子的量子理论,原子可以通过(　　)和(　　)两种辐射方式发光,而激光是由(　　)方式产生的.

答　自发辐射;受激辐射;受激辐射.

16-17　激光器的基本结构包括三部分,即(　　)、(　　)和(　　).

答　发光光物质;激励装置;谐振腔.

16-18　按照原子的量子理论,原子可以通过(　　)和(　　)两种辐射方式发光,而激光是由(　　)方式产生的.

答　自发辐射;受激辐射;受激辐射.

16-19　激光器的基本结构包括三部分,即(　　),(　　)和(　　).

答　工作物质;激励能源;光学谐振腔.

(二) 习题

16-1　天狼星的辐射波长的峰值在 257nm 附近,试求它的表面温度.

解　由维恩位移定律,可求得天狼星的温度

$$T=\frac{b}{\lambda_m}=1.1\times10^4\text{K}$$

16-2　用单色光照射某种金属能产生光电效应，如果入射光的波长从 $\lambda=400\text{nm}$ 减少到 $\lambda=360\text{nm}$，则相应的遏止电压减少多少？普朗克常数 $h=6.63\times10^{-34}\text{J}\cdot\text{s}$，电子电荷 $e=1.6\times10^{-19}\text{C}$.

解　由光电效应方程：

$$e\mid U_a\mid=\frac{hc}{\lambda}-A$$

得

$$e\Delta\mid U_a\mid=hc\Delta\frac{1}{\lambda}$$

所以

$$\Delta\mid U_a\mid=\frac{hc}{e}\left(\frac{1}{\lambda_2}-\frac{1}{\lambda_1}\right)=0.345\text{V}$$

16-3　波长为 3500Å 的光子照射某种金属表面，实验发现，从该表面发出的能量最大的光电子在磁场 $B=1.5\times10^{-5}\text{T}$ 的磁场中偏转形成的圆形轨道 $R=18\text{cm}$. 该材料的逸出功为多少(普朗克常量 $h=6.63\times10^{-34}\text{J}\cdot\text{s}$，电子电荷 $e=1.6\times10^{-19}\text{C}$，电子质量 $m=9.1\times10^{-31}\text{kg}$).

解　由光电效应方程

$$\frac{1}{2}mv^2=\frac{hc}{\lambda}-A$$

又

$$m\frac{v^2}{R}=Bev$$

所以

$$A=\frac{hc}{\lambda}-\frac{1}{2}\frac{B^2e^2R^2}{m}=5.6\times10^{-9}\text{J}$$

16-4　钾的截止频率为 $4.62\times10^{14}\text{Hz}$，现用波长为 435.8nm 的光照射，则：

(1) 能否产生光电效应？

(2) 若能，求发出电子的初速度.

解　(1) 求出入射光的频率

$$\nu=\frac{c}{\lambda}=6.88\times10^{14}\text{Hz}>\nu_0$$

所以能够发生光电效应.

(2) 光电效应方程

$$h\nu=h\nu_0+\frac{1}{2}mv^2$$

解得

$$v=5.7\times10^5\text{m/s}$$

16-5　频率为 f 的一束入射光以 i 的入射角照射在平面镜上并发生完全反射，设单位体积中的光子数为 n，求：

(1) 每一光子的能量、动量和质量；

(2) 光对平面镜的压强(称为光压).

解　(1)

$$p=\frac{h}{\lambda}=\frac{hf}{c}$$

$$\varepsilon=hf$$

$$m=\frac{hf}{c^2}$$

(2) 光压为

$$P=\frac{\Delta I}{\Delta t\Delta S}$$

$$=\frac{2nc\Delta t\Delta S\cdot h/\lambda\cos i}{\Delta t\Delta S}$$

$$=2nch\cos i/\lambda$$

16-6　证明在康普顿散射实验中，反冲电子的动能 K 和入射光子的能量 E 的关系为

$$\frac{K}{E}=\frac{\lambda-\lambda_0}{\lambda}$$

式中，λ，λ_0 分别代表散射光和入射光的波长.

解　因

$$\frac{h}{\lambda_0}=\frac{h}{\lambda}+E_k$$

而

$$E=\frac{h}{\lambda_0}$$

联立，求得

$$\frac{E_k}{E}=\frac{\lambda-\lambda_0}{\lambda}$$

16-7　如附图所示，设康普顿效应中入射的 X 射线的波长 $\lambda=0.7\text{Å}$，散射方向与入射方向相互垂直. 求：

(1) 反冲电子的动能；

(2) 反冲电子运动方向与入射方向的夹角.

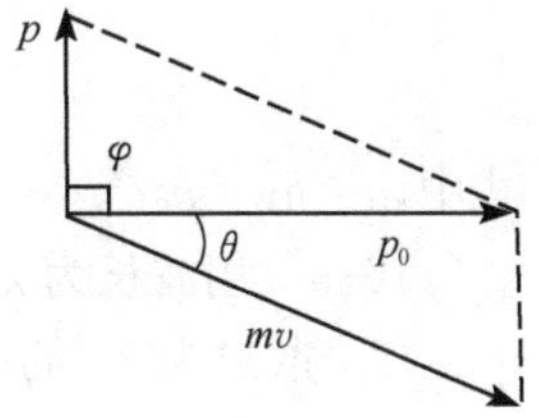

习题 16-7 图

解　(1) 由康普顿公式

$$\Delta\lambda=\lambda-\lambda_0=\frac{h}{m_e c}(1-\cos\varphi)$$

散射的 X 射线与入射的 X 射线垂直

$$\varphi = \frac{\pi}{2}$$

所以,散射 X 射线的波长为

$$\lambda = \lambda_0 + \frac{h}{m_e c}$$

根据能量守恒定律,有

$$m_e c^2 + h\nu_0 = mc^2 + h\nu$$

反冲电子的动能为

$$E_k = mc^2 - m_e c^2$$

$$E_k = h\nu_0 - h\nu = hc\left(\frac{\lambda - \lambda_0}{\lambda\lambda_0}\right) = 7.89 \times 10^{-17}\,\mathrm{J}$$

(2) 根据动量守恒定律,有

$$\boldsymbol{p}_0 = \boldsymbol{p} + m\boldsymbol{v}$$

$$\tan\theta = \frac{p}{p_0} = \frac{h/\lambda}{h/\lambda_0} = \frac{\lambda_0}{\lambda} = 0.972, \quad \theta = 44.2°$$

16-8　在康普顿效应中,如果电子的散射方向与入射光子 ν_0 的方向夹角为 φ,求电子的动能.

解　由能量守恒

$$h\nu_0 = h\nu + \left(\frac{m_0}{\sqrt{1 - v^2/c^2}} - m_0\right)c^2$$

和动量守恒

$$\frac{hc}{\nu_0} = \frac{hc}{\nu}\cos\theta + \frac{m_0 v}{\sqrt{1 - v^2/c^2}}\cos\varphi$$

$$\frac{hc}{\nu}\sin\theta = \frac{m_0 v}{\sqrt{1 - v^2/c^2}}\sin\varphi$$

动能

$$h\nu_0 = h\nu + E_k$$

联立以上四式,可求得

$$E_k = h\nu_0 \frac{2a\cos^2\varphi}{(1+a)^2 - a^2\cos^2\varphi}$$

式中,$a = h\nu_0 / m_0 c^2$.

16-9　用波长为 $\lambda_0 = 1\,\text{Å}$ 的光子做康普顿实验. 求

(1) 散射为 90°的康普顿散射波长是多少?

(2) 分配给这个反冲电子的动能为多大?

解　由

$$\Delta\lambda = \lambda_0 - \lambda$$

和
$$E_k=\frac{hc}{\lambda_0}-\frac{hc}{\lambda_0+\Delta\lambda}$$
得
$$\lambda=\lambda_0-0.024(1-\cos\theta)=0.976\text{Å}$$
$$E_k=4.77\times10^{-17}\text{J}$$

16-10　证明在康普顿实验中，波长为 λ_0 的一个光子与质量为 m_0 的静止电子碰撞后，电子的反冲角度 θ 与光子的散射角 ϕ 之间的关系为
$$\tan\theta=\left[\left(1+\frac{h}{m_0c\lambda_0}\right)\tan\frac{\phi}{2}\right]^{-1}$$

证明　由
$$\frac{h}{\lambda_0}=\frac{h}{\lambda}\cos\phi+mv\cos\theta$$
得
$$\frac{h}{\lambda}\sin\phi=mv\sin\theta$$
$$\frac{hc}{\lambda_0}=\frac{hc}{\lambda}+(m-m_0)c^2$$
$$\lambda-\lambda_0=\frac{2h}{m_0c}\sin^2\frac{\phi}{2}$$
所以
$$\tan\theta=\left[\left(1+\frac{h}{m_0c\lambda_0}\right)\tan\frac{\phi}{2}\right]^{-1}$$

16-11　已知氢光谱的某一线系的极限波长为 6347Å，其中有一谱线波长为 6565Å. 试由玻尔理论求与该波长相应的初始状态和终态的能量. 里德伯常量为 $R=1.097\times10^7\text{m}^{-1}$.

解　因为
$$\frac{1}{\lambda}=R\left(\frac{1}{m^2}-\frac{1}{n^2}\right)$$
当 $n\to\infty$ 时，得极限波长
$$\frac{1}{\lambda_m}=\frac{R}{m^2}$$
于是 $m=2,n=3$.

16-12　试求氢原子的赖曼系、巴耳末系、帕刑系的线系的最短和最长的波长.

解　由
$$\frac{1}{\lambda}=R\left(\frac{1}{m^2}-\frac{1}{n^2}\right)$$
得当 $n\to\infty$ 时，最短波长为
$$\lambda_{\min}=\frac{m^2}{R}$$

当 $n=m+1$ 时，最长波长为

$$\lambda_{\max}=\frac{1}{R\left(\frac{1}{m^2}-\frac{1}{(m+1)^2}\right)}$$

赖曼系，$m=1$，$\lambda_{\min}=91.1\text{nm}$，$\lambda_{\min}=121.5\text{nm}$；

巴尔末系，$m=2$，$\lambda_{\min}=364.6\text{nm}$，$\lambda_{\max}=656.3\text{nm}$；

帕刑系 $m=3$，$\lambda_{\min}=8204\text{nm}$，$\lambda_{\max}=1.88\times10^4\text{nm}$；

16-13　氢原子光谱的巴耳末线系中，有一光谱的波长为 4340Å，试求：

(1) 与这一谱线相应的光子能量为多少电子伏？

(2) 该谱线是氢原子由能级 E_n 跃迁到能级 E_k 产生的，那么 n 和 k 各为多少？

(3) 最高能级为 E_5 的大量氢原子，最多可以发射几个线系的谱线？共几条谱线？请在氢原子能级图中表示出来，并说明波长最短的是哪一条谱线.

解　(1) $h\nu=\dfrac{hc}{\lambda}=2.86\text{eV}$.

(2) 由于此谱线是巴耳末线系，$k=2$，又因为

$$h\nu=E_n-E_k$$

所以

$$E_k=\frac{E_1}{2^2}=-3.4\text{eV}$$

$$E_n=\frac{E_1}{n^2}=E_k+h\nu=-0.54\text{eV}$$

$$n=\sqrt{\frac{E_1}{E_k+h\nu}}=\sqrt{\frac{-13.6}{-0.54}}=5$$

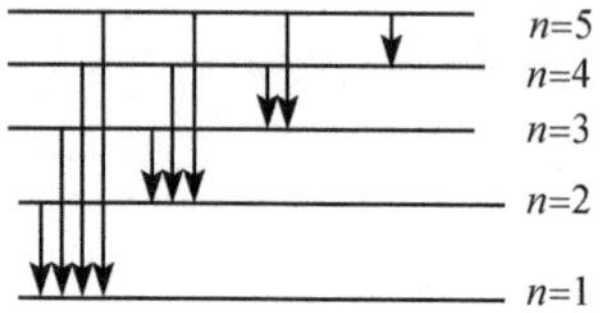

习题 16-13 图

(3) 最高能级为 E_5 的大量氢原子，可发射 4 个线系，共 10 条谱线，如附图所示. 其中波长最短的是赖曼系中由 $n=5$ 跃迁到 $n=1$ 的谱线.

16-14　氢原子激发态的平均寿命为 10^{-8} s. 假设氢原子处于激发态时，电子做圆周运动. 试求处于第四激发态的电子在它跃迁到基态之前绕核转了多少圈？

解　第四激发态，有

$$r=25a_0^2$$

又

$$mvr=\frac{5h}{2\pi}$$

和

$$N=T\Big/\frac{2\pi r}{v}$$

联立，得

$$N=5.23\times10^5$$

16-15　试根据玻尔关于氢原子结构的基本假说，推导出里德伯常量的理论表

达式.

解　玻尔理论的氢原子能级公式为

$$E_n = -\frac{me^4}{8\varepsilon_0^2 h^2} \cdot \frac{1}{n^2}$$

所以,氢原子光谱线为

$$h\nu = E_n - E_m = \frac{me^4}{8\varepsilon_0^2 h^2} \cdot \left(\frac{1}{m^2} - \frac{1}{n^2}\right)$$

即

$$\frac{1}{\lambda} = \frac{me^4}{8\varepsilon_0^2 h^3 c} \cdot \left(\frac{1}{m^2} - \frac{1}{n^2}\right)$$

与氢原子光谱公对比,得

$$R = \frac{me^4}{8\varepsilon_0^2 h^3 c}$$

16-16　假设氢原子光谱的巴耳末线系的第一条谱线的波长为 H_α,第二条谱线的波长为 H_β. 试证明:帕刑系中的第一条说线的波长为

$$\lambda = \frac{\lambda_\alpha \lambda_\beta}{\lambda_\alpha - \lambda_\beta}$$

证明　根据题意,有

$$\frac{1}{\lambda_\alpha} = R\left(\frac{1}{2^2} - \frac{1}{3^2}\right)$$

$$\frac{1}{\lambda_\beta} = R\left(\frac{1}{2^2} - \frac{1}{4^2}\right)$$

而帕刑系的第一条为

$$\frac{1}{\lambda} = R\left(\frac{1}{3^2} - \frac{1}{4^2}\right)$$

于是得

$$\lambda = \frac{\lambda_\alpha \lambda_\beta}{\lambda_\alpha - \lambda_\beta}$$

16-17　用能量为 12.6eV 的电子轰击处于基态的氢原子,能产生哪些谱线?

解　先求出基态氢原子能跃迁到的能级

$$\Delta E = R\left(\frac{1}{1^2} - \frac{1}{n^2}\right)$$

得

$$n = 3.69$$

所以,基态氢原子能跃迁到的能级为 $n=3$. 于是,能发出的谱线有

$$\lambda_1 = \left[R\left(\frac{1}{1^2} - \frac{1}{3^2}\right)\right]^{-1} = 102.6\text{nm}$$

$$\lambda_2 = \left[R\left(\frac{1}{1^2} - \frac{1}{2^2}\right)\right]^{-1} = 657.9\text{nm}$$

$$\lambda_3 = \left[R\left(\frac{1}{2^2} - \frac{1}{3^2}\right)\right]^{-1} = 121.6\text{nm}$$

16-18　解释下面概念:定态,基态,激发态,量子化条件.

答　定态是指原子系统的一系列分立的能量状态,处于定态的原子,电子虽然做加速运动,但不辐射能量.

基态指系统的最低能量状态.

激发态指系统的能量高于基态的量子状态.

量子化条件指决定系统的定态的条件.

16-19　什么是自发辐射?什么是受激辐射?两者有何区别?

答　自发辐射是指原子从高能量的态自发地,不受外界干扰地向低能量的定态跃迁,而发光的过程.各光子的频率、初相和振动方向都互不相同.

受激辐射指处于激发态 E_1 的原子在受到外来的能量为光子的影响,当光子的能量刚好为 E_1 原子系统的某一激发态的能量 E_2 之差时,就会刺激原子从 E_1 跃迁到 E_2,从而发出与外来光子频率、振动方向和初相完全相同的光子.

16-20　什么叫粒子数反转?如何实现粒子数反转?

答　一般地,在热平衡下,处于低能级的原子数比处于高能级的原子数要多,这时是不能产生受激辐射的.因为受激吸收比受激辐射要大.为了使受激辐射处于支配地位,就要让处于高能级的原子数多于处于低能级的原子数,这就是粒子数反转.

为了实现粒子数反转,首先必须选取适当的能级结构的物质,其次要用外界给予能量进行抽运.

第 17 章　量子力学基础

一、基本要求

（1）理解德布罗意的物质波假设和实物粒子的波粒二象性.

（2）理解不确定关系，能用不确定关系式估算微观粒子的某些物理量.

（3）理解波函数及其统计解释，理解波函数的标准化条件和归一化条件.

（4）了解一维定态薛定谔方程及其在一维无限深势阱中的求解方法.

（5）理解描述原子中电子运动的四个量子数的物理意义及其取值.

（6）了解泡利不相容原理和能量最低原理，了解原子的电子壳层结构.

二、内容提要

1. 德布罗意的物质波假设和实物粒子的波粒二象性

德布罗意假设：实物粒子和光子一样具有波粒二象性，能量 E，动量 p 的运动粒子与其伴随的物质波的频率 ν，波长 λ 之间，有式

$$E = mc^2 = h\nu$$

$$p = mv = \frac{h}{\lambda}$$

上式被称为德布罗意关系式.

由德布罗意关系可得，静止质量 m_0，以速度 v 运动的粒子的德布罗意波长

$$\lambda = \frac{h}{p} = \frac{h}{m_0 v}\sqrt{1-\frac{v^2}{c^2}}$$

德布罗意波是一种概率波，波动性是对运动粒子空间分布的统计描述.

设一初速为零的电子经过一加速电压 U 时，若不考虑相对论效应

$$eU = \frac{1}{2}m_0 v^2 = E_k = \frac{p^2}{2m_0}$$

$$\lambda = \frac{h}{\sqrt{2m_0 e\mathrm{U}}}$$

若考虑相对论效应

$$p^2c^2 = E^2 - m_0^2c^4$$

$$E = E_k + m_0c^2$$

$$\lambda = \frac{h}{p} = \frac{h}{\sqrt{e^2U^2 + 2m_0 eUc^2}}$$

2. 不确定关系式

由于微观粒子具有统计意义上的波动性，它不可能以确定的速度在确定的轨道上运动. 不确定关系指出，粒子的坐标和动量，能量和时间不能同时确定，有

$$\Delta x \Delta p_x \geqslant \frac{\hbar}{2}, \quad \Delta E \Delta t \geqslant \frac{\hbar}{2}$$

3. 波函数

波函数一般用复函数 $\Psi(x,y,z,t)$ 表示，是描述微观粒子波动性的函数. $\Psi^* \Psi = |\Psi|^2$ 表示 t 时刻在空间 (x,y,z) 点附近小体积元内粒子出现的概率密度.

波函数满足标准化条件：单值、有限、连续；归一化条件 $\int_V |\Psi|^2 \mathrm{d}V = 1$.

4. 薛定谔方程

波函数遵守薛定谔方程. 质量 m 的粒子在势场 $V(x,y,z,t)$ 中运动时的薛定谔方程为

$$-\frac{\hbar^2}{2m}\nabla^2\Psi + V\Psi = \mathrm{i}\hbar\frac{\partial\Psi}{\partial t}$$

当势能 V 与时间无关时，波函数可以写成

$$\Psi(x,y,z,t) = \psi(x,y,z)f(t)$$

$\psi(x,y,z)$ 被称为定态波函数，它遵守定态薛定谔方程：

$$\nabla^2\psi + \frac{2m}{\hbar^2}(E-V)\psi = 0,$$

其中 $E=\dfrac{p^2}{2m}+V$.

在一维运动的简单情况下，定态薛定谔方程被简化为

$$\frac{\mathrm{d}^2\psi}{\mathrm{d}x^2} + \frac{2m}{\hbar^2}(E-V)\psi = 0$$

由于波函数标准化条件的限制，定态薛定谔方程往往只在 E 为一些特殊值时才有解. 这些特殊的 E 值叫做能量本征值，表示粒子允许存在的能量状态，与这些 E 值对应的波函数叫做本征函数. 定态薛定谔方程亦称能量本征方程.

5. 一维无限深势阱中质量为 m 的运动粒子

势场

$$V(x) = \begin{cases} 0, & (0 < x < a) \\ \infty, & (x \leqslant 0, x \geqslant a) \end{cases}$$

能量本征值

$$E_n = \frac{n^2\pi^2\hbar^2}{2ma^2} \quad (n = 1,2,3,\cdots)$$

本征函数

$$\psi_n(x) = \sqrt{\frac{2}{a}}\sin\left(\frac{n\pi}{a}x\right)$$

6. 四个量子数

描述原子中电子运动状态的四个参数.

主量子数 n,$n=1,2,\cdots$,确定电子能量的主要部分.

角量子数 l,$l=0,1,\cdots,(n-1)$,确定电子角动量大小 $L=\sqrt{l(l+1)}\hbar$,决定电子能量的次要部分.

磁量子数 m_l,$m_l=0,\pm1,\pm2,\cdots,\pm l$,确定角动量对任一参考轴 z 的分量(即投影)L_z 只能取下列值:$L_z=m_l\hbar$. 对于确定的 l,共有 $2l+1$ 个可能的投影值.

自旋磁量子数 m_s,$m_s=\pm\dfrac{1}{2}$,确定自旋角动量在空间任一方向上的分量,$S_z=m_s\hbar$,它也影响原子在外磁场中的能量.

7. 泡利不相容原理、能量最小原理与原子壳层结构

(1) 泡利不相容原理:在一个原子系统中,不可能有两个或两个以上的电子处于同一量子态,即对于一个原子,任何两个电子不可能有完全相同的一组量子数 n,l,m_l,m_s.

(2) 能量最低原理:当原子处在稳定状态下,每个电子总是尽可能的占有最低的能量状态. 是物理学中的普遍原理.

(3) 原子的壳层结构:原子中的电子,按主量子数 n 的不同组成原子的一个电子壳层,在每一个电子壳层中,角量子数 l 不同的又分成一个个分壳层. 常用 K,L,M,N,…分别表示 $n=1,2,3,4,\cdots$ 的主壳层. 用 s,p,d,f…分别表示 $l=0,1,2,3,\cdots$ 的分壳层. 根据各量子数的可能取值和泡利不相容原理,主量子数为 n 的壳层中最多可容纳 $2n^2$ 个电子,角量子数为 l 的分壳层中最多可容纳 $2(2l+1)$ 个电子. 根据各量子态电子能量的大小,按能量最低原理进行填充,得到原子的壳层结构.

三、例题详解

例 17-1 假如电子的运动速度可与光速比拟,当电子的动能等于它静止能量的 2 倍时,其德布罗意波长是多少?

解 考虑相对论效应

$$E_k = mc^2 - m_e c^2 = 2m_e c^2$$

故

$$m = 3m_e$$

因为

$$m=\frac{m_e}{\sqrt{1-\dfrac{v^2}{c^2}}}=3m_e$$

所以

$$v=\frac{\sqrt{8}c}{3}$$

德布罗意波长为

$$\lambda=\frac{h}{mv}=\frac{h}{\sqrt{8}m_e c}\approx 8.58\times 10^{-13}\mathrm{m}$$

例 17-2　10000V 电压加速的质子，穿过直径 1μm 的小孔后形成的中央衍射斑的角半径是多大？质量为 20g 的铅丸以 30m/s 的速度穿过直径为 4cm 的圆孔后，形成的中央衍射斑的角半径又是多大（圆孔衍射形成的中央衍射斑的角半径 $\theta=1.22\lambda/D$，D 为圆孔直径）？

解　质子经电压 U 加速后，其速度为

$$v=\sqrt{\frac{2eU}{m}}$$

德布罗意波长为

$$\lambda=\frac{h}{mv}=\frac{h}{\sqrt{2meU}}=\frac{6.63\times 10^{-34}}{\sqrt{(2\times 1.67\times 10^{-27}\times 1.6\times 10^{-19}\times 10^4)}}$$
$$=2.87\times 10^{-13}(\mathrm{m})=2.87\times 10^{-3}(\text{Å})$$

通过圆孔后，形成的中央衍射斑的角半径为

$$\theta=1.22\frac{\lambda}{D}=1.22\times\frac{2.87\times 10^{-13}}{10^{-3}\times 10^{-3}}=3.50\times 10^{-7}(\mathrm{rad})$$

铅丸的德布罗意波长为

$$\lambda=\frac{h}{mv}=\frac{6.63\times 10^{-34}}{20\times 10^{-3}\times 30}=1.11\times 10^{-33}\mathrm{m}$$

这样短的波长不能为任何仪器测出，所以像铅丸这样的宏观物体不表现出波动性. 通过圆孔衍射后形成的中央衍射斑的角半径为

$$\theta=1.22\frac{\lambda}{D}=1.22\times\frac{1.11\times 10^{-33}}{4\times 10^{-7}}=3.38\times 10^{-32}(\mathrm{rad})$$

例 17-3　试证明：当粒子速度较小时，若粒子位置的不确定量等于其德布罗意波长，则粒子速度的不确定量大于或等于其速度.

证明　粒子的位置不确定量

$$\Delta x=\lambda=\frac{h}{mv}$$

代入不确定关系式

$$\Delta x\cdot\Delta p\geqslant h$$

得

$$\Delta p\geqslant mv$$

在粒子速度 v 较小的情况下，粒子的质量一定，所以

$$\Delta p=\Delta(mv)=m\Delta v$$

代入不确定关系式，即可得 $\Delta v\geqslant v$.

例 17-4　质量为 m 的粒子被约束在长为 L 的一维区间内，试由不确定关系估算这个粒子所具有的最小动能. 并由此估算在原子核内质子和中子的最小动能 ($m=1.67\times10^{-27}$ kg, $L=10^{-14}$ m).

解　将粒子的位置不确定量 L 代入不确定关系式

$$\Delta x\cdot\Delta p\geqslant\frac{\hbar}{2}$$

则粒子的动量不确定量为

$$\Delta p\geqslant\frac{\hbar}{2L}$$

上式说明，该粒子的最小动量为

$$\frac{\hbar}{2L}$$

若不考虑相对论效应，则该粒子的最小动能为

$$E_{\mathrm{k}}=\frac{p^2}{2m}=\frac{\hbar^2}{8mL^2}$$

对于核内的质子和中子，最小动能为

$$E_{\mathrm{k}}=\frac{1.0546^2\times10^{-68}}{8\times1.67\times10^{-27}\times10^{-28}}\approx8.3\times10^{-15}(\mathrm{J})$$

例 17-5　设粒子在一维空间运动，其状态可用波函数描述为，

$$\psi(x,t)=\begin{cases}0, & x\leqslant-\dfrac{b}{2},x\geqslant\dfrac{b}{2}\\ A\exp\left(-\dfrac{\mathrm{i}E}{\hbar}t\right)\cos\left(\dfrac{\pi x}{b}\right), & -\dfrac{b}{2}\leqslant x\leqslant\dfrac{b}{2}\end{cases}$$

其中 A 为任意常数，E 和 b 均为确定的常数，求：

(1) 归一化的波函数；

(2) 概率密度？

解　(1) 由波函数的归一化条件

$$\int_{-\infty}^{\infty}|\psi(x,t)|^2\mathrm{d}x=1$$

$$\int_{-\infty}^{-\frac{b}{2}}|\psi(x,t)|^2\mathrm{d}x+\int_{-\frac{b}{2}}^{\frac{b}{2}}|\psi(x,t)|^2\mathrm{d}x+\int_{\frac{b}{2}}^{\infty}|\psi(x,t)|^2\mathrm{d}x=1$$

即

$$A^2\int_{-\frac{b}{2}}^{\frac{b}{2}}\cos^2\left(\frac{\pi x}{b}\right)\mathrm{d}x=1$$

积分得

$$A=\sqrt{\frac{2}{b}}$$

归一化的波函数为

$$\psi(x,t)=\sqrt{\frac{2}{b}}\exp\left(-\frac{\mathrm{i}E}{\hbar}t\right)\cos\left(\frac{\pi x}{b}\right)$$

（2）概率密度

$$w(x,t)=|\psi(x,t)|^2=\begin{cases}0, & x\leqslant-\frac{b}{2},x\geqslant\frac{b}{2}\\ \frac{2}{b}\cos^2\left(\frac{\pi x}{b}\right), & -\frac{b}{2}\leqslant x\leqslant\frac{b}{2}\end{cases}$$

例 17-6　粒子沿 x 轴运动，其状态可用波函数 $\psi(x)=C\frac{1}{1+\mathrm{i}x}$ 描述，其中 C 是常数. 求：

（1）归一化波函数；

（2）概率密度 $w(x)$；

（3）什么位置出现粒子的概率最大？

解　波函数为

$$\psi=C\frac{1}{1+\mathrm{i}x}=C\frac{1-\mathrm{i}x}{1+x^2}$$

该波函数的共轭复数为

$$\psi^*=C\frac{1+\mathrm{i}x}{1+x^2}$$

概率密度

$$w=\psi^*(x)\psi(x)$$

（1）根据归一化条件

$$\int_{-\infty}^{\infty}\psi^*\psi\mathrm{d}x=1$$

$$\int_{-\infty}^{\infty}\psi^*\psi\mathrm{d}x=C^2\int_{-\infty}^{\infty}\frac{1+x^2}{(1+x^2)^2}=C^2\int_{-\infty}^{\infty}\frac{1}{1+x^2}\mathrm{d}x$$
$$=C^2[\arctan x]_{-\infty}^{\infty}=C^2\pi$$

得

$$C=\frac{1}{\sqrt{\pi}}$$

则归一化的波函数为

$$\psi(x)=\frac{1}{\sqrt{\pi}}\frac{1}{1+\mathrm{i}x}$$

（2）概率密度

$$w(x)=\psi^*\psi=\frac{1}{\pi(1+x^2)}$$

(3) 由

$$\frac{\mathrm{d}w(x)}{\mathrm{d}t}=0$$

即

$$\frac{\mathrm{d}}{\mathrm{d}t}\left[\frac{1}{\pi(1+x^2)}\right]=0$$

解出

$$x=0$$

又 $x=0$ 处，$\frac{\mathrm{d}^2w}{\mathrm{d}x^2}<0$，所以，$x=0$ 处粒子出现的概率最大.

例 17-7　根据泡利不相容原理，在主量子数 $n=3$ 的电子壳层上最多可能有多少个电子？试写出每个电子所具有的四个量子数(n,l,m_l,m_s)之值.

答　根据泡利不相容原理，对任一主壳层 n 能容纳的电子数为 $2n^2$. 在 $n=3$ 的电子壳层上最多可能有 18 个电子.

它们所具有的四个量子数(n,l,m_l,m_s)分别为

(1) $\left(3,0,0,\frac{1}{2}\right)$　(2) $\left(3,0,0,-\frac{1}{2}\right)$；　(3) $\left(3,1,0,\frac{1}{2}\right)$；

(4) $\left(3,1,0,-\frac{1}{2}\right)$；　(5) $\left(3,1,1,\frac{1}{2}\right)$；　(6) $\left(3,1,1,-\frac{1}{2}\right)$；

(7) $\left(3,1,-1,\frac{1}{2}\right)$；　(8) $\left(3,1,-1,-\frac{1}{2}\right)$；　(9) $\left(3,2,0,\frac{1}{2}\right)$；

(10) $\left(3,2,0,-\frac{1}{2}\right)$；　(11) $\left(3,2,1,\frac{1}{2}\right)$；　(12) $\left(3,2,1,-\frac{1}{2}\right)$；

(13) $\left(3,2,-1,\frac{1}{2}\right)$；　(14) $\left(3,2,-1,-\frac{1}{2}\right)$；　(15) $\left(3,2,2,\frac{1}{2}\right)$；

(16) $\left(3,2,2,-\frac{1}{2}\right)$；　(17) $\left(3,2,-2,\frac{1}{2}\right)$；　(18) $\left(3,2,-2,-\frac{1}{2}\right)$.

四、习题指导

(一) 思考题

17-1　知某电子的德布罗意波长和光子的波长相同.

(1) 它们的动量大小是否相同？为什么？

(2) 它们的总能量是否相同？为什么？

答　因为 $p=\frac{h}{\lambda}$ 对光子的实物粒子都适用，所以光子和电子的动量大小相同. 但从相对论，电子能量

$$E_e=mc^2$$
$$=\sqrt{p^2c^2+m_0^2c^4}$$

$$= \sqrt{\frac{h^2}{\lambda^2}c^2 + m_0^2 c^4}$$

$$= \frac{hc}{\lambda}\sqrt{1 + m_0^2 c^2 \lambda^2 / h^2}$$

$$= E\sqrt{1 + m_0^2 c^2 \lambda^2 / h^2}$$

式中,E 为光子能量.二者的总能量并不相同.

17-2　若 α 粒子在磁感应强度为 B 的磁场中沿半径为 R 有圆形轨道上运动,则它的德布罗意波长为(　　).

(A) $h/(2eRB)$；　(B) $h/(eRB)$；　(C) $1/(2eRBh)$；(D) $1/(eRBh)$.

答　(A).

17-3　设氢原子的动能等于氢原子处于温度为 T 的热平衡状态时的平均动能.设氢原子的质量为 m,那么此氢原子的德布罗意波长为(　　).

(A) $\dfrac{h}{\sqrt{3mkT}}$；　(B) $\dfrac{h}{\sqrt{5mkT}}$；　(C) $\dfrac{\sqrt{3mkT}}{h}$；　(D) $\dfrac{\sqrt{5mkT}}{h}$.

答　(A).

17-4　中子的德布罗意波长为 2Å,则它的动能为(　　).普朗克常量为 $h=6.63\times10^{-34}\,\mathrm{J\cdot s}$,中子质量为 $m=1.67\times10^{-27}\,\mathrm{kg}$.

答　$3.29\times10^{-21}\,\mathrm{J}$.

17-5　低速运动的质子和 α 粒子,若它们的德布罗意波长相等,则它们的动能之比为(　　),动量之比为(　　).

答　1∶1,4∶1.

17-6　粒子 A 和 B 的波函数分别如附图所示.两者中哪一个的位置的不确定量较大?哪一个的动量的不确定量较大?为什么?

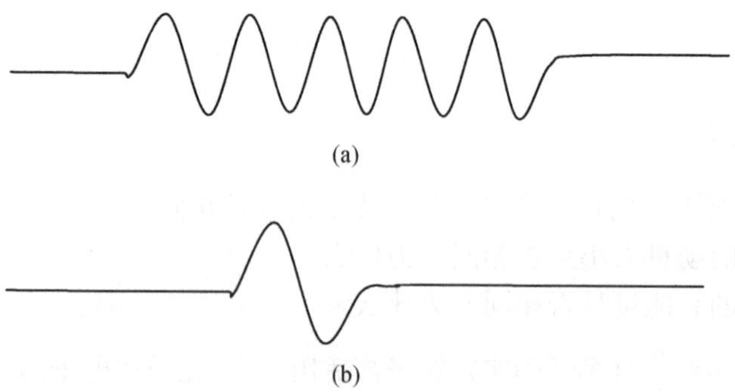

思考题 17-6 图

答　因为(a)中的粒子的位置的不确定量大,而(b)的位置的不确定量小,所以由不确定关系可知,(b)的动量不确定量大.

17-7　若用经典力学的物理量(如坐标和动量)来描写微观粒子的运动量,存在什么问题?原因何在?

答　由于微观粒子的波动性比较显著,其动量和位置的不确定量相当大,所以微观粒子是不可能用经典物理来描述的.

17-8　关于不确定关系,如下的理解:

(A) 粒子的动量不可能确定;

(B) 粒子的坐标不可能确定;

(C) 粒子的坐标和动量不可能同时确定;

(D) 不确定关系不仅适用于电子和光子,也适用于其他粒子.

其中正确的是(　　).

(1) A 和 B;　(2) B 和 C;　(3) C 和 D;　(4) D 和 A.

答　(3).

17-9　波长为 5000Å 的光沿 x 轴正方向传播,若光的波长的不确定量为 $\Delta\lambda=10^{-3}$Å,则可求得其坐标的不确定量为(　　).

(A) 25cm;　(B) 50cm;　(C) 250cm;　(D) 500cm.

答　(C).

17-10　如果光子被限制在 $x\sim x+\Delta x$,$\Delta x=0.5$Å. 则电子的 x 方向的动量的不确定量近似为(　　).

答　1.3×10^{-24}kg · m/s.

17-11　机械波的波幅、电磁波的振幅和物质波的振幅分别代表什么意义?

答　机械波的振动代表质点振动的最大位移. 电磁波的振幅代表电磁波中电场强度的最大值. 物质波的振幅是描写物质波的波函数的振幅,它体身没有任何物理意义,但其模的平方代表粒子的概率密度.

17-12　设描述微观粒子的波函数为 $\Psi(\boldsymbol{r},t)$,则 $\Psi^*\Psi$ 表示____;$\Psi(\boldsymbol{r},t)$需满足的标准化条件是____;其归一化条件是____.

答　t 时刻在 $\boldsymbol{r}$ 处的概率密度. 单值、连续、有限. $\iiint_{全空间}|\Psi|^2\mathrm{d}x\mathrm{d}y\mathrm{d}z=1$

17-13　已知粒子在一维无限深势阱中运动,其波函数为

$$\psi(x)=\frac{1}{\sqrt{a}}\cos\frac{3\pi x}{2a}\quad(-a\leqslant x\leqslant a)$$

则粒子在 $x=5a/6$ 处出现的概率密度为(　　).

(A) $1/2a$;　(B) $1/a$;　(C) $1/\sqrt{2a}$;　(D) $1/\sqrt{a}$.

答　(A).

17-14　根据量子力学理论,氢原子中电子的运动状态可用 n,l,m_l,m_s 四个量子数来描述. 试说明它们各自确定什么物理量.

答 n是主量子数,代表原子能量的主要部分. 角量子数 l 代表原子的角动量. m_l 代表原子中电子的轨道角动量的分量,m_s 代表原子中电子的自旋角动量的分量.

17-15 处列各组量子数中,( )组可以用来描写原子中电子的状态.

(A) $n=2, l=2, m_l=0, m_s=\frac{1}{2}$;

(B) $n=3, l=1, m_l=-1, m_s=-\frac{1}{2}$;

(C) $n=1, l=2, m_l=0, m_s=\frac{1}{2}$;

(D) $n=1, l=0, m_l=0, m_s=-\frac{1}{2}$.

答 (B).

17-16 根据量子理论,原子内电子的量子态由四个量数表示 n, l, m_l, m_s. 那么,处于基态的氦原子内的两个电子的量子态可由( )和( )两组量子数表征.

答 $\left(1,0,0,\frac{1}{2}\right)$;$\left(1,0,0,-\frac{1}{2}\right)$.

(二) 习题

17-1 当电子的德布罗意波长与可见光的波长 $\lambda=5500\text{Å}$ 相同时,求它的动能是多少电子伏特. 电子质量 9.11×10^{-31}kg,普朗克常量 6.63×10^{-34}J · s.

解 $E_k=\frac{p^2}{2m}=\frac{1}{2m}\frac{h^2}{\lambda^2}=5\times10^{-6}\text{eV}$

17-2 能量为 15eV 的光子,被处于基态的氢原子吸收,使氢原子电离发射出一个光电子. 求此光电子的德布罗意波长.

解 先求出光子的能量

$$\varepsilon = 15 - 13.6 = 1.4\text{eV}$$

再由

$$\varepsilon=\frac{hc}{\lambda}$$

得

$$\lambda=10.4\text{Å}$$

17-3 温度为 27℃时,处于方均根速率的氧分子的德布罗意波长.

解 理想气体的方均根速率为

$$\sqrt{\overline{v^2}}=\sqrt{\frac{3RT}{\mu}}$$

相应的德布罗意波长为

$$\lambda = \frac{h}{m\sqrt{\overline{v^2}}} = \frac{h}{m}\sqrt{\frac{\mu}{3RT}} = 2.58 \times 10^{-2}\,\text{nm}$$

17-4　如附图所示，一电子以初速 $v_0 = 6.0\times10^6\,\text{m/s}$ 逆着场强方向飞入电场强度为 $E=500\text{V/m}$ 的匀强电场中. 问该电子在电场中要飞行多长的距离 d，可使得电子的德布罗意波长为 1Å?

解

$$mv=\frac{h}{\lambda}$$

$$v^2-v_0^2=-2\,\frac{eE}{m}s$$

求得

$$s = 0.0968\text{m}$$

17-5　质量为 m 的电子被电势差为 100kV 的电场加速，如果考虑相对论效应，试计算其德布罗意波长. 若不用相对论计算，其相对误差为多少?

解　考虑相对论效应

$$m = \frac{m_0}{\sqrt{1-v^2/c^2}} \tag{1}$$

$$p = mv = \frac{m_0 v}{\sqrt{1-v^2/c^2}} \tag{2}$$

$$\begin{aligned} p^2c^2 &= m^2c^4 - m_0^2c^4 = (E_\text{k} + m_0c^2)^2 - m_0^2c^4 \\ &= E_\text{k}^2 + 2E_\text{k}m_0c^2 = e^2U_{12}^2 + 2eU_{12}m_0c^2 \end{aligned} \tag{3}$$

由式(1)～式(3)得德布罗意波长

$$\lambda = \frac{h}{p} = \frac{hc}{\sqrt{e^2U_{12}^2 + 2eU_{12}m_0c^2}} = 3.71\times10^{-12}\,\text{m}$$

若不考虑相对论效应

$$p = m_0 v \tag{4}$$

$$eU_{12} = \frac{1}{2}m_0v^2 \tag{5}$$

由式(4)、式(5)得德布罗意波长

$$\lambda' = \frac{h}{p} = \frac{h}{\sqrt{2m_0eU_{12}}} = 3.88\times10^{-12}\,\text{m}$$

则相对误差为

$$\frac{|\lambda'-\lambda|}{\lambda} = 4.6\%$$

17-6　一维运动的粒子，设其动量不确定量等于它的动量. 试求此粒子的位置不确定量与它的德布罗意波长的关系. 不确定关系取 $\Delta p\Delta x \geqslant h$.

解

$$\Delta x\Delta p \geqslant h$$

而
$$\Delta p = p = \frac{h}{\lambda}$$
所以
$$\Delta x \geqslant \lambda$$

17-7　同时测量能量为 1keV 的做一维运动的电子的位置和动量时，若位置的不确定量为 0.1nm，则动量的不确定量与动量的百分比为多少？

解
$$\Delta p \geqslant \frac{h}{\Delta x}$$
$$p = \sqrt{2meU}$$
所以
$$\frac{\Delta p}{p} = 0.062$$

17-8　铀核的线度为 7.2×10^{-15} m，求其中一个质子的动量和速度的不确定量.

解
$$\Delta p = \frac{h}{\Delta x} = 1.47 \times 10^{-20} \mathrm{kg \cdot m/s}$$
$$\Delta v = \frac{\Delta p}{m} = 8.80 \times 10^{6} \mathrm{m/s}$$

17-9　证明：如果粒子的位置的不确定量等于其德布罗意波长，则此粒子的速度的不确定量大于或等于其速度.

证明
$$\Delta x = \frac{h}{p}, \quad \Delta v = \frac{\Delta p}{m} \geqslant \frac{h}{m \Delta x}$$
得
$$\Delta v \geqslant \frac{p}{m} = v$$

17-10　光子的波长为 $\lambda = 3000$Å，如果测量此光子的波长的精度为 $\Delta\lambda/\lambda = 10^{-6}$，试求此光子的位置的不确定量大小.

解　由
$$p = \frac{h}{\lambda}$$
得
$$\Delta p = \frac{h}{\lambda^2} \Delta\lambda$$
由于
$$\Delta x \Delta p \geqslant h$$
得
$$\Delta x \geqslant \frac{\lambda^2}{\Delta\lambda} = 0.048\mathrm{m}$$

17-11　在一维无限深势阱中运动的粒子，由于边界条件的限制，势阱宽度 d 必须等于德布罗意波长的整数倍. 试利用这一条件导出能量量子化公式 $E_n = \frac{n^2 h^2}{8md^2}$，$n = 1, 2, 3, \cdots$.

解　因为

$$E=\frac{p^2}{2m}=\frac{h^2}{2m\lambda^2}$$

又

$$l=\frac{n\lambda}{2}$$

所以

$$E=\frac{h^2}{8ml^2}n^2$$

17-12　已知粒子在一维无限深势阱中运动,其波函数为

$$\psi(x)=\sqrt{\frac{2}{a}}\sin\left(\frac{\pi x}{a}\right),\quad 0\leqslant x\leqslant a$$

求:

(1) 发现粒子概率密度最大的位置,

(2) 在 $0\sim a/2$ 发现粒子的概率为多少?

解　(1) 粒子的概率密度为

$$|\Psi|^2=\frac{2}{a}\sin^2\frac{\pi x}{a}$$

最大值在 $x=\frac{a}{2}$ 处.

(2) 在 $0\sim a/2$ 的概率为

$$\int_0^{a/2}\frac{2}{a}\sin^2\frac{\pi x}{a}\mathrm{d}x=\frac{1}{2}$$

17-13　在线度为 1×10^{-5} m 的细胞中有许多质量为 1×10^{-17} kg 的生物粒子,试估算出粒子的 $n=100$ 和 $n=101$ 的能级各是多大?

解　将该问题看成为一维无限深势阱处理,由

$$E_n=\frac{h^2n^2}{8ma^2}$$

得

$$E_{100}=5.49\times10^{-37}\,\mathrm{J}$$
$$E_{101}=5.60\times10^{-37}\,\mathrm{J}$$

17-14　电子绕氢原子核旋转的玻尔轨道的圆轨道的周长刚好为电子的物质波的波长的整数倍.试从此导出玻尔的角动量量子化条件.

解　因为

$$p=\frac{h}{\lambda}$$

又由题意

$$2\pi r=n\lambda$$

联立,得

$$mvr = n\frac{h}{2\pi}$$

17-15　试求 d 分壳层最多能容纳的电子数,并写出这些电子的 m_l 和 m_s 值.

解　d 壳层,$l=2$,所以能容纳的电子数为 $2(2l+1)=10$ 个. 且 $m_l=0,\pm1,\pm2,m_s=\pm\frac{1}{2}$.

17-16　根据泡利不相容原理,在主量子数为 2 的电子壳层上最多可能有多少个电子. 并写出每个电子具有的四个量子数.

解　最多电子数 $2n^2=8$.

四个量子数的值为

$$\left(2,0,0,\pm\frac{1}{2}\right),\quad\left(2,1,0,\pm\frac{1}{2}\right),\quad\left(2,1,1,\pm\frac{1}{2}\right),\quad\left(2,1,-1,\pm\frac{1}{2}\right)$$

17-17　在原子的电子壳层结构中,为什么 $n=2$ 的壳层最多只能容纳 8 个电子?

答　由泡利不相容原理,对于 $n=2$,l 有两个可能取值 0,1;而对于 $l=0$,m_l 有一个可能取值 0,而 m_s 有两相可能取值$\pm\frac{1}{2}$,所以此时能容纳两个电子;而对于 $l=1$,m_l 有一个可能取值 0,1,-1,而 m_s 有两相可能取值$\pm\frac{1}{2}$,所以此时能容纳六个电子;所以总共能容纳 8 个电子.

第18章　固体的能带结构

一、基本要求

(1) 了解晶体的分类和晶体的基本性质.

(2) 了解晶体中的电子状态和固体能带的概念,能够从能带理论区分绝缘体、半导体和导体.

(3) 了解本征半导体和杂质半导体的概念以及它们的导电机制.

二、内容提要

1. 晶体的分类和基本性质

按结合力的性质将晶体分为四类:粒子晶体、共价晶体、分子晶体和金属晶体.

晶体具有一定的几何形状,具有各向异性的性质,晶体熔解时有一定的熔点.

2. 固体的能带结构,禁带、满带、导带、空带、价带

按单电子近似理论,由薛定谔方程求得原子能级分裂后晶体中电子的能态,是一些近似于连续分布的能带. 能带之间的能量间隙,不被允许的电子能态,称为禁带.

整个能带中所有能态都被电子填满,称为满带;完全没有电子填充的,称为空带;只有部分能态被电子填充的称为导带. 在导带中,电子一般占据能量较低能态.

由价电子能级分裂而成的能带称为价带. 金属的价带是未满带,而半导体和绝缘体的价带是满带.

满带中的电子没有导电作用;导带中的电子在电场的作用下可以运动到空着的高能态,产生导电. 空带中没有电子,但若有电子由于某种原因受到激发进入空带,也可在外电场作用下导电. 因此空带也称导带.

3. 导体、绝缘体、半导体

导体的能带结构中存在导带,或满带与空带重叠,在电场作用下可以导电.

绝缘体的能带结构中没有导带,而且最高满带与最低空带间禁带的宽度较大(3～6eV),即使激发后满带中的电子通常也只有很少能够进入空带,因而导电性能极弱.

半导体的能带结构中没有导带,但是最高满带与最低空带之间的禁带宽度较小(0.1～2eV),满带中的电子容易被激发到空带中去形成导带,具有一定导电性能. 半导体的导电方式有电子导电和空穴导电两种.

三、例题详解

例 18-1　硅与金刚石的能带结构相似,只是禁带宽度不同.试求它们能吸收的辐射的最大波长各是多少(金刚石的禁带宽度 5.33eV,硅的禁带宽度 1.14eV)?

解

$$\Delta E_g = h\gamma$$

$$\lambda = \frac{c}{\gamma} = \frac{hc}{\Delta E_g}$$

金刚石:

$$\Delta E_g = 5.33\text{eV}$$

$$\lambda = \frac{hc}{\Delta E_g} = 2.33 \times 10^{-7}\text{m} = 0.233\mu\text{m}$$

硅:

$$\Delta E_g = 1.14\text{eV}$$

$$\lambda = \frac{hc}{\Delta E_g} = 1.09 \times 10^{-6}\text{m} = 1.09\mu\text{m}$$

例 18-2　若在四价元素的半导体中掺入五价元素原子,则可构成____型半导体,参与导电的多数载流子是____.

答　n;电子.

例 18-3　太阳能电池中,本征半导体锗的禁带宽度是 0.67eV,则它能吸收的辐射的最大波长是____($h=6.63\times10^{-34}\text{J}\cdot\text{s}$).

答　1.85μm

例 18-4　p 型半导体中,空穴所形成的局部能级(也称受主能级),在能带中应处于(　　).

(A) 满带中;　　(B) 导带中;

(C) 禁带中,但接近满带顶;　　(D) 禁带中,但接近满带底.

答　(C).

四、习题指导

(一) 思考题

18-1　若在四价元素半导体中掺入三价元素的原子,机时可构成(　　)型半导体,参与导电的载流子多数是(　　).

答　p,空穴.

18-2　若在四价元素半导体中掺入五价元素的原子,机时可构成(　　)型半导体,参与导电的载流子多数是(　　).

答　n,电子.

18-3　已知 $T=0\mathrm{K}$ 时锗的禁带宽度为 0.78eV,则锗能吸收的辐射的波长为(　　).

答　1.59.

18-4　太阳能电池中,本征半导体锗的禁带宽度为 0.67eV,它能吸收辐射的最大波长为(　　).

答　1.85×10^4 Å.

18-5　本征半导体硅的禁带宽度为 1.14eV,它能吸收辐射的最大波长为(　　).

答　1.09×10^4 Å.

18-6　p 型半导体中掺入杂质原子形成的局部能级(也称为受主能级),在能带中应处于(　　).

(A) 满带中;　　(B) 导带中;

(C) 禁带中,但接近满带;　　(D) 禁带中,但接近导带.

答　(C).

18-7　n 型半导体中掺入杂质原子形成的局部能级(也称为施主能级),在能带中应处于(　　).

(A) 满带中;　　(B) 导带中;

(C) 禁带中,但接近带顶;　　(D) 禁带中,但接近带底.

答　(D).

18-8　硫化镉(CdS)晶体的禁带宽度为 2.42eV,要使这种晶体产生本征光电导,则入射到晶体上的波长不可能大于(　　).

(A) 650nm;　　(B) 628nm;

(C) 550nm;　　(D) 514nm.

答　(D).

(二) 习题

18-1　如附图所示,附图(a)是(　　)型半导体的能带结构图,附图(b)是(　　)型半导体的能带结构图.

答　n,p.

18-2　若锗用铟(三价元素)掺杂,则成为(　　)型半导体,请在所附图的能带图中定性画出施主能级或受主能级.

答　p,答案见习题 18-1 图(b).

18-3　若硅用锑(五价元素)掺杂,则成为(　　)型半导体,请在所附图的能带图中定性画出施主能级或受主能级.

答　n,答案见习题 18-1 图(a).

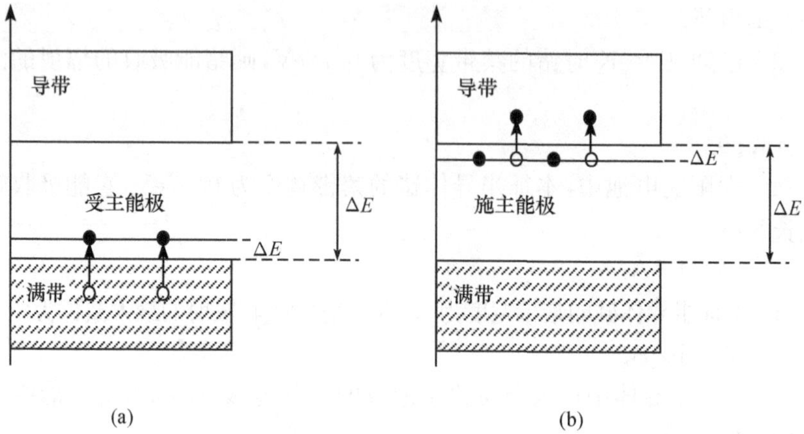

习题 18-1 图

18-4 试根据固体能带理论,从绝缘体与半导体的能带结构分析它们的导电性能的区别.

答 绝缘体和半导体具有相似的能带结构,都由满带,禁带和空带组成.如附图(a)所示,绝缘体的满带上方的禁带较宽.采用一般的热激发,光照或外加不太强的电场时,满带中的电子很少被激发越过禁带到导带中去.因此绝缘体的导电性能很差.如附图(b)所示,半导体的满带上方的禁带宽度较窄,用热激发,光照或外加不太强的电场时,就可以把价带中的电子激发到空带中去,并在价带中留下空穴.在外电场的作用下,电子和空穴都可能参与导电,因此半导体的导电性能比绝缘体好.

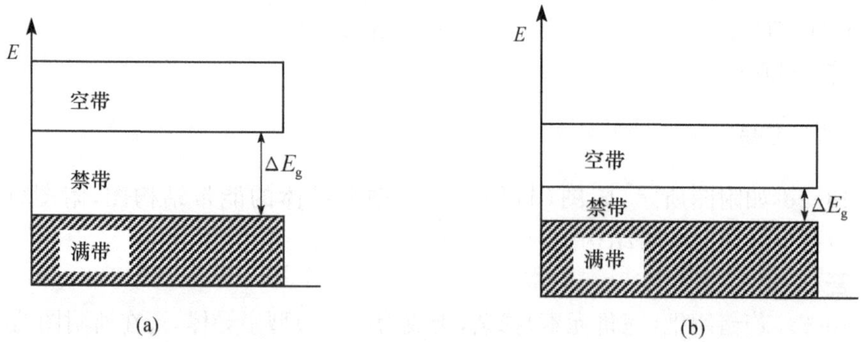

习题 18-4 图

18-5 解释下面名词:满带,空带,导带.

答 满带是能带的所有能级都被电子占据的能带.空带是没有电子占据的能带.导带是能够导电的能带.

第 19 章 粒子物理学简介

一、基本要求

（1）了解原子核的组成.

（2）了解原子核比结合能曲线的特征，了解其物理含义.

（3）了解粒子的性质以及它们的分类.

（4）了解粒子间几种相互作用的概况以及它们所遵循的守恒定律.

二、内容提要

1. 原子核的半径

原子核的半径近似地与质量数的立方根成正比，即

$$R = R_0 A^{1/3}$$

式中，R_0 为比例常数，实验测得 $R_0 \approx 1.2 \times 10^{-15}\,\mathrm{m} = 1.2\,\mathrm{fm}$（飞米）.

2. 原子核的结合能

实验发现，原子核的质量比核内所有质子、中子的质量总和总是小一些，这个差额称为原子核的质量亏损.

$$\Delta m = Zm_{\mathrm{p}} + (A - Z)m_{\mathrm{n}} - m_A$$

式中，m_A 表示质量数为 A 的原子核的质量.

若干质子和中子结合成核时，必须有 ΔE 的能量放出，称为核结合能.

$$\Delta E = [Zm_{\mathrm{p}} + (A - Z)m_{\mathrm{n}} - m_A]c^2$$

核中每个核子的平均结合能（即比结合能）为

$$\text{比结合能} = \frac{\Delta E}{A} = \frac{\Delta mc^2}{A}$$

比结合能愈大，原子核就愈稳定.

3. 原子核的自旋

质子和中子也具有自旋角动量

$$J = \sqrt{j(j+1)}\,\frac{h}{2\pi}$$

式中，$j = \frac{1}{2}$ 为自旋量子数，简称核自旋.

质子的磁矩为

$$M_p = 2.7896 \frac{e}{2m_p} \cdot \frac{h}{2\pi} = 2.7896\mu_p$$

中子的磁矩为

$$M_n = -1.9103\mu_p$$

$$\mu_p = \frac{eh}{4\pi m_p} = \frac{1}{1836.5}$$

μ_p 称为核磁子.

$$\mu_B = \frac{eh}{4\pi m_e} = 9.723 \times 10^{-24}\,\mathrm{A \cdot m^2}$$

μ_B 称为玻尔磁子.

4. 粒子间的相互作用

粒子间的相互作用有强相互作用、电磁相互作用、弱相互作用、引力相互作用，四种相互作用的特征祥见教科书.

5. 基本粒子的分类

轻子：不参与强相互作用的费米子.至今尚未发现轻子有任何的内部结构.

强子：绝大多数粒子属于这一类.它们既可参与强相互作用，又可参与弱相互作用.带电或具有磁矩的还可参与电磁相互作用.

反粒子：所有的粒子都有它的反粒子.反粒子和粒子有相同的质量、寿命和自旋，但它们的电荷、磁矩、轻子数、重子数和奇异数的符号相反.有些粒子，如 γ 光子和 π^0 介子等反粒子和粒子本身是完全相同的.正反粒子相遇时要发生湮灭而转化为光子或介子.

6. 守恒律

在基本粒子领域，质能、动量、角动量和电荷都是分别守恒的.另外还有一些特有的守恒定律.

三、例题详解

例 19-1　如果氘核内每个核子的平均结合能为 1.09MeV，氦核内每个核子的平均结合能为 7.06MeV，问由两个氘核组成氦核时放出多少热量？由氘核组成 1kg 氦核时，放出多少热量？为了得到同样多的热量，需要烧多少煤(已知煤的燃烧值 $\eta=2.93\times10^7\,\mathrm{J/kg}$)？

解　由于氦核的核子的比结合能 $\left(\dfrac{\Delta E}{A}\right)$ 特别大，所以两个氘核组成氦核的反应属于轻核的聚变过程，将放出巨大的能量.这一过程的反应式如下：

$${}_1^2\mathrm{D} + {}_1^2\mathrm{D} \longrightarrow {}_2^4\mathrm{He}$$

由题意知，核子结合成氦核放出的能量为

$$W_1 = 4 \times 7.06 = 28.24(\mathrm{MeV})$$

而核子结合成两个氘核时放出的能量为

$$W_2 = 2 \times 2 \times 1.09 = 4.36(\text{MeV})$$

所以由两个氘核结合成氦核时放出的能量为

$$\begin{aligned}\Delta W &= W_1 - W_2 = (28.24 - 4.36)\text{MeV} \\ &= 23.88\text{MeV} = 3.82 \times 10^{-12}\text{J}\end{aligned}$$

可见两氘核组成4原子质量单位的氦核时放出热量为3.82×10^{-12}J，而形成1kg氦核时放出的热量为

$$\begin{aligned}Q &= \Delta W \times \frac{1}{4 \times 1.66 \times 10^{-27}} = 3.82 \times 10^{-12} \times \frac{1}{4 \times 1.66 \times 10^{-27}} \\ &= 5.75 \times 10^{14}(\text{J})\end{aligned}$$

若用煤燃烧，也产生这么多热量，所需要的煤为

$$M = \frac{Q}{\eta} = \frac{5.75 \times 10^{14}}{2.93 \times 10^{7}} = 1.96 \times 10^{7}(\text{kg})$$

这一数值之大是很惊人的，正由于此，轻核的聚变在氢弹等方面得到应用.

本题在计算过程中最容易将将核子组合成氦核与氘核组合成氦核的能量混淆起来. 前者对应的是W_1，后者对应的是W_1减去核子合成氘核放出的能量W_2，两者是不同的.

例19-2　${}_2^6\text{He}$核的质量是6.01779原子质量单位，${}_3^6\text{Li}$核的质量是6.01348原子质量单位，试分别计算两核的结合能和比结合能.

解　首先应了解结合能和比结合能的概念，所谓结合能是指质子和中子组成核时放出的能量，反之要使原子核分裂成单个的质子和中子就必须提供与结合能等值的能量. 所谓比结合能，即当核子结合成核时，每个核子平均放出的能量.

${}_2^6\text{He}$分裂成2个质子和4个中子时，必须给予能量才能完成这一过程. 这一给予的能量值便是结合能的值，即

$$\begin{aligned}\Delta E &= (2M_\text{p} + 4M_\text{n} - M_\text{He})c^2 \\ &= (2 \times 1.00728 + 4 \times 1.00867 - 6.01779) \times 931.5 \\ &= 0.3145 \times 931.5 \\ &= 29.29(\text{MeV})\end{aligned}$$

因而比结合能为

$$\frac{\Delta E}{A} = \frac{29.29}{6} = 4.88[\text{MeV}/(\text{核子})]$$

同理可求出${}_3^6\text{Li}$的结合能和比结合能：

$$\begin{aligned}\Delta E &= (3M_\text{p} + 3M_\text{n} - M_\text{Li})c^2 \\ &= 0.03437 \times 931.5 \\ &= 32.0(\text{MeV})\end{aligned}$$

$$\frac{\Delta E}{A}=\frac{32}{6}=5.33[\text{MeV}/(\text{核子})]$$

$^6_3$Li 比$^6_2$He 的比结合能大，表明$^6_3$Li 比$^6_2$He 稳定.

本题易犯错误是对结合能这一概念的错误理解，误认为结合能为中子和质子组成核时必须提供的能量，这是不对的，中子和质子组成核时是放出巨大的能量的过程，也就是说这一过程中有较大的质量亏损.

例 19-3 指出下列每一种衰变属于何种相互作用.

(1) $\pi^{-1}\longrightarrow\mu^{-1}+\bar{\nu}_\mu$；

(2) $\sum^0\longrightarrow\Lambda^0+\gamma$；

(3) $\rho^+\longrightarrow\pi^++\pi^0$(寿命 4×10^{-23}s).

解 根据大量粒子的反应过程，可得出如下的规律：出现光子，这是电磁相互作用引起的(因为 γ 光子只参与电磁相互作用，它的出现即意味着过程的电磁性)；出现中微子或奇异数的改变，这是弱相互作用引起的(因中微子只参与弱作用，而奇异数不守恒的过程也只能是弱作用过程)；除此之外的一切相互作用都是强相互作用(需要用虚光子或中间玻色子 $W^\pm$，Z^0 解释的例外，前者当然是电磁相互作用，后者是弱作用). 因此，可以作出如下判断：

(1) $\pi^-\longrightarrow\mu^-+\bar{\nu}_\mu$，衰变产物中出现中微子，故此衰变是弱相互作用.

(2) $\sum^0\longrightarrow\Lambda^0+\gamma$，出现 γ 光子，此衰变属于电磁相互作用.

(3) $\rho^+\longrightarrow\pi^++\pi^0$(寿命 4×10^{-23}s)，由相互作用的特征时间可知，此衰变过程属于强相互作用(强相互作用的特征时间是这个数量级)

例 19-4 下列过程是否能发生？若能发生，是由什么相互作用引起的？

(1) $e^-\longrightarrow\nu_e+\gamma$；

(2) $\mu^+\longrightarrow\pi^++\nu_\mu$；

(3) $\mu^-\longrightarrow e^-+\gamma$；

(4) $K^-+p\longrightarrow\Lambda^0+K^0$

解 (1) $e^-\longrightarrow\nu_e+\gamma$，电荷 Q：$-1,0,0$，所以 $\Delta Q\neq0$. 衰变前后电荷数不守恒，故此过程不可能发生.

(2) $\mu^+\longrightarrow\pi^++\nu_\mu$，质量 m：105.7MeV，139.6MeV，0，无法满足质能守恒定律，故此衰变过程不可能发生.

(3) $\mu^-\longrightarrow e^-+\gamma$，

轻子数 $\begin{matrix}L_e:0,1,0\ \Delta L_e\neq0\\ L_\mu:1,0,0\ \Delta L_\mu\neq0\end{matrix}$，衰变前后轻子数不守恒，故此过程不能发生.

(4) $K^-+p\longrightarrow\Lambda^0+K^0$

奇异数 S：$-1,0,-1,+1$　$\Delta S=+1$

电荷 Q：$-1,1,0,0$　$\Delta Q=0$

轻子数 L：$0,0,0,0$　$\Delta L=0$

重子数 B：$0,1,1,0$　$\Delta B=0$

奇异数不守恒，但它满足电荷数、轻子数、重子数等守恒条件，因此反应可以发生，是弱相互作用.

四、习题指导

19-1　子核的体积与质量数之间有何关系？该关系说明了什么问题？

解　核的半径与质量数近似成正比

$$R = R_0 A^{1/3}$$

估算出原子核的体积为

$$V = \frac{4}{3}\pi R_0^3 A$$

于是原子核的体积与质量数成正比，说明核的密度近似恒定. 故有质量数与核的体积近似成正比，因而核半径近似与质量数的立方根成正比.

19-2　如果原子核半径按公式 $R=1.2\times 10^{-15}A^{1/3}$ 确定（式中 A 代表质量数），试估计原子核的密度及核物质的单位体积内的核子数.

解　核的密度

$$\rho = \frac{m}{\frac{4}{3}\pi R^3}$$

所以单位体积的核子数近似为

$$n = \frac{\rho}{m_{\mathrm{p}}} \approx 1.39\times 10^{44}\,\mathrm{m}^{-3}$$

19-3　已知 ${}^{232}_{90}\mathrm{Th}$ 的原子质量为 232.03821u，计算其原子核的平均结合能.

解　平均结合能为

$$\frac{\Delta mc^2}{A} = \frac{[90m_{\mathrm{p}} + (232-90)m_{\mathrm{n}} - M]c^2}{A} = 7.63\mathrm{MeV}$$

19-4　${}^{9}_{4}\mathrm{Be}$ 核内每个核子的平均结合能为 6.459MeV，而 ${}^{4}_{2}\mathrm{He}$ 核内每个核子的平均结合能为 7.072MeV. 要把分裂 ${}^{9}_{4}\mathrm{Be}$ 为两个 ${}^{4}_{2}\mathrm{He}$ 核和一个中子，须耗费多少能量？

解　${}^{9}_{4}\mathrm{Be} \longrightarrow 2{}^{4}_{2}\mathrm{He} + \mathrm{n} + Q$

由题意有

$$Q = -1.5559\mathrm{MeV}$$

因为 $Q<0$，故吸能.

19-5　(1) 产生一对电子偶的最小能量是多少？

(2) 质子和反质子湮灭时产生四个具有同样能量的 π^0 介子. 试求每个介子的动能.

解 (1) 产生一对电子偶的最小能量为

$$2m_{e0}c^2 = 1.022\text{MeV}$$

(2) 先求出每个介子的总能量

$$E = \frac{2m_p c^2}{4}$$

再求介子的动能

$$\begin{aligned} E_k &= E - m_0 c^2 \\ &= E - 264 m_{0e} c^2 \\ &= 334.3\text{MeV} \end{aligned}$$

第 20 章　软　物　质

一、基本要求

(1) 了解软物质的定义.

(2) 了解液晶的分类及其软物质特性.

(3) 了解聚合物体系的软物质特性.

(4) 了解胶体系统的软物质特性.

二、内容提要

1. 软物质

软物质(或称凝聚态软物质)是指处于固体和理想流体之间的物质.

一个热力学系统的平衡态由系统的自由能

$$F = E - TS$$

的极小值决定,其中 E 为系统的内能,而 T 和 S 分别为系统的温度和熵. 在硬物质中,物质的结构和性质主要由内能决定. 而在软物质中,熵远大于内能. 温度对软物质自由能影响极大,这导致软物质有极为复杂和丰富的相变.

软物质包括液晶、聚合物、胶体、乳液、泡沫、生物膜等.

2. 液晶

液晶是液态晶体的简称,是一种介于液体和晶体的中间态. 既有类似液体的可流动性,又有类似晶体分子结构的有序性. 液晶具有弱作用强变化的软物质特性.

液晶一般可分为热致液晶与溶致液晶.

(1) 热致液晶

由单一化合物或由少数化合物均匀混合形成的液晶. 由于其通常在一定温度范围内处于液晶相,因此成为热致液晶. 从微观的角度看,热致液晶基本上都是由分子链呈细长的棒状或类似棒状结构的高分子化合物构成.

按照长棒分子排列的有序性,可把液晶相区分为三大类:丝状相(也称向列相)、层状相(又称近晶相)和螺旋相(也称胆甾相).

(2) 溶致液晶

将某些物质溶于另一物质时形成的液晶态被称为溶致液晶. 双亲分子多数溶致液晶.

3. 聚合物体系

聚合物体系即高分子化合物，是由简单的组成单位重复多次聚合而成的长分子链.

聚合物的软物质特性.

(1) 硫化橡胶

硫化橡胶是一种典型的软物质. 微量的化学掺杂(硫原子和碳原子之比为1∶200)就使系统的特性发生了极大的改变，由液体变成了胶链状的固体.

(2) 航船提速

航船提速一般认为和链状分子的形态及其对水流造成的失湍作用有关.

4. 胶体

胶体系统通常是由某类物质构成的微小颗粒分散在另一类溶液中. 颗粒的尺寸一般在几纳米到微米之间，有球状、柱状或其他形状.